环保公益性行业科研专项经费项目系列丛书

水利水电工程建设的生态效应评价研究

刘世梁　赵清贺　董世魁　著

中国环境出版社·北京

图书在版编目（CIP）数据

水利水电工程建设的生态效应评价研究 / 刘世梁等著 . — 北京：中国环境出版社，2016.4

（环保公益性行业科研专项经费项目系列丛书）

ISBN 978-7-5111-2354-1

Ⅰ . ①水… Ⅱ . ①刘… Ⅲ . ①水利水电工程－影响－区域生态环境－环境生态评价－研究 Ⅳ . ① X826

中国版本图书馆 CIP 数据核字（2015）第 077120 号

出 版 人　王新程
责任编辑　李兰兰
责任校对　尹　芳
封面设计　宋　瑞

出版发行　中国环境出版社
　　　　　（100062　北京市东城区广渠门内大街16号）
　　　　　网　　址：http://www.cesp.com.cn
　　　　　电子邮箱：bjgl@cesp.com.cn
　　　　　联系电话：010-67112765（编辑管理部）
　　　　　　　　　　010-67112735（第一分社）
　　　　　发行热线：010-67125803　010-67113405（传真）
印　　刷　北京中科印刷有限公司
经　　销　各地新华书店
版　　次　2016年4月第1版
印　　次　2016年4月第1次印刷
开　　本　787×1092　1/16
印　　张　23
字　　数　500千字
定　　价　82.00元

本书的写作与出版得到环境保护部公益性行业科研专项重点项目"大坝水库建设工程生态环境影响定量评价技术和方法（201209029-4）"资助，也得到国家自然科学基金项目"重大工程干扰对流域生态网络影响及调控对策（41571173）"与"水坝工程的生态风险及安全调控机理研究（50939001）"的支持。

序　言

　　我国作为一个发展中的人口大国，资源环境问题是长期制约经济社会可持续发展的重大问题。党中央、国务院高度重视环境保护工作，提出了建设生态文明、建设资源节约型与环境友好型社会、推进环境保护历史性转变、让江河湖泊休养生息、节能减排是转方式调结构的重要抓手、环境保护是重大民生问题、探索中国环保新道路等一系列新理念新举措。在科学发展观的指导下，"十一五"环境保护工作成效显著，在经济增长超过预期的情况下，主要污染物减排任务超额完成，环境质量持续改善。

　　随着当前经济的高速增长，资源环境约束进一步强化，环境保护正处于负重爬坡的艰难阶段。治污减排的压力有增无减，环境质量改善的压力不断加大，防范环境风险的压力持续增加，确保核与辐射安全的压力继续加大，应对全球环境问题的压力急剧加大。要破解发展经济与保护环境的难点，解决影响可持续发展和群众健康的突出环境问题，确保环保工作不断上台阶出亮点，必须充分依靠科技创新和科技进步，构建强大坚实的科技支撑体系。

　　2006 年，我国发布了《国家中长期科学和技术发展规划纲要（2006—2020 年）》（以下简称《规划纲要》），提出了建设创新型国家战略，科技事业进入了发展的快车道，环保科技也迎来了蓬勃发展的春天。为适应环境保护历史性转变和创新型国家建设的要求，原国家环境保护总局于 2006 年召开了第一次全国环保科技大会，出台了《关于增强环境科技创新能力的若干意见》，确立了科技兴环保战略，建设了环境科技创新体系、环境标准体系、环境技术管理体系三大工程。五年来，在广大环境科技工作者的努力下，水体污染控制与治理科技重大专项启动实施，科技投入持续增加，科技创新能力显著增强；发布了 502 项新标准，现行国家标准达 1263 项，环境标准体系建设实现了跨越式发展；完成了 100 余项环保技术文件的制修订工作，初步建成以重点行业污染防治技术政策、技术指南和工程技术规范为主要内容的国家环境技术管理体系。环境科技为全面完成"十一五"环保规划的各项任务起到了重要的引领和支撑作用。

为优化中央财政科技投入结构,支持市场机制不能有效配置资源的社会公益研究活动,"十一五"期间国家设立了公益性行业科研专项经费。根据财政部、科技部的总体部署,环保公益性行业科研专项紧密围绕《规划纲要》和《国家环境保护"十一五"科技发展规划》确定的重点领域和优先主题,立足环境管理中的科技需求,积极开展应急性、培育性、基础性科学研究。"十一五"期间,环境保护部组织实施了公益性行业科研专项项目 234 项,涉及大气、水、生态、土壤、固废、核与辐射等领域,共有包括中央级科研院所、高等院校、地方环保科研单位和企业等几百家单位参与,逐步形成了优势互补、团结协作、良性竞争、共同发展的环保科技"统一战线"。目前,专项取得了重要研究成果,提出了一系列控制污染和改善环境质量技术方案,形成一批环境监测预警和监督管理技术体系,研发出一批与生态环境保护、国际履约、核与辐射安全相关的关键技术,提出了一系列环境标准、指南和技术规范建议,为解决我国环境保护和环境管理中急需的成套技术和政策制定提供了重要的科技支撑。

为广泛共享"十一五"期间环保公益性行业科研专项项目研究成果,及时总结项目组织管理经验,环境保护部科技标准司组织出版"十一五"环保公益性行业科研专项经费系列丛书。该丛书汇集了一批专项研究的代表性成果,具有较强的学术性和实用性,可以说是环境领域不可多得的资料文献。丛书的组织出版,在科技管理上也是一次很好的尝试,我们希望通过这一尝试,能够进一步活跃环保科技的学术氛围,促进科技成果的转化与应用,为探索中国环保新道路提供有力的科技支撑。

中华人民共和国环境保护部副部长

吴晓青

2011 年 10 月

前　言

　　水利资源是一个国家和地区的重要战略资源，也是社会发展进步的动力和保证，目前我国水电装机容量已居世界第一，但从水电开发程度来看，仍远低于西方发达国家水平，规划 2020 年全国水电总装机容量从目前的 2.9 亿 kW 增加到 4.2 亿 kW，可以看出，未来我国水利水电工程建设仍会较快发展。由此带来的生态环境影响巨大，然而如何定量识别大型水利工程建设的生态影响、评价影响的程度并作为环境管理的基础，是目前面临的突出问题。

　　环保部已颁布了《环境影响评价技术导则—生态影响》，生态影响评价是通过预测和估计人类活动对自然生态系统的结构和功能所造成的影响，提出预防或者减轻不良环境影响的对策和措施，为开展生态系统管理和实现区域可持续发展提供技术保障。但是对于如何评价大型水利工程潜在的长期的生态影响仍然缺乏定量的具体方法、模型支持与实证研究。由此导致生态影响评价的结果在很大程度上存在模糊性和不确定性，直接影响生态影响评价结果的客观性和公正性，在某种程度上削弱了环境影响评价结果的权威性。开展水利水电建设工程的生态影响定量评价的技术和方法的研究可以为环境影响评价提供科学依据。在环保部公益项目的支持下，针对典型水利水电工程建设，开展工程建设及其运行过程中生态影响的范围、程度和空间尺度效应的研究，建立工程建设中生态影响定量评价的研究方法，可以为我国生态环境影响评价、环境监理、环保验收和后评估等提供相关的技术范式与案例分析。

　　本书结合目前研究的最新进展，系统总结和梳理了水利水电建设工程对生态系统的影响，并评价了水利水电工程建设的生态效应。共分为 8 章，第 1 章为国内外水利水电工程建设的基本情况；第 2 章为水利水电工程生态效应研究的理论基础，系统论述了目前水利水电工程研究基本与前沿理论；第 3 章为水利水电工程生态影响评价的技术规范研究，针对目前的生态影响评价导则进行分析，提出研究的趋势与方向；第 4 章为水利水电工程生态效应的研究方法，主要针对目前研究方法进行论述；第 5 章为水利水电工程建设对陆域生态效应及其评价，主要以澜沧江梯级水电站为案例区，以漫湾水库为典型研究区开展研究；第 6 章为水利水电建设对水生生物的影响及其评价，主要针对澜沧江梯级水电站的相关案例开展工作；第 7 章为水利水电工程建设对生态水文效应，针对水文过程、泥沙沉积、水温变化等进行探讨，以澜沧江水电站建设为主；第 8 章主要是针对大坝影响下河流生态系统管理进行论述，从生态调度、生态恢复、生态补偿、绿色认证与生态系统管理等方面进行论述。

本书由刘世梁总体设计并拟定了章节内容。其中，第 1 章由刘世梁和董玉红撰写，第 2 章、第 3 章由刘世梁撰写，第 4 章由刘世梁、赵清贺、杨珏婕和王聪撰写，第 5 章由赵清贺、刘世梁、杨珏婕、董世魁、安南南、赵晨撰写，第 6 章由刘世梁、邓丽、杨珏婕和董玉红撰写，第 7 章由刘世梁、赵清贺、刘琦、安南南和贾天下撰写，第 8 章由刘世梁、董玉红、王聪、田韫钰撰写。刘世梁、董玉红、安南南和尹艺洁最后校稿。

本书的选题、立项、编写和出版过程中，得到了国内外众多同行的帮助和指导，在此一并致谢！

在相关的研究工作中，也有一些新的观点和发现，但限于技术和能力，未能深入地做出更多研究，希望本书能起到抛砖引玉的作用，希望更多学者能够关注此方面的研究，同时由于学科的交叉性，研究范围十分广泛，也引用了相关科研工作者的成果，由于时间仓促，因此书中难免会有疏漏之处，也希望同行与读者能够不吝赐教，多提出宝贵的意见。

刘世梁

2016 年 1 月 15 日于北京

目　录

第1章 国内外水利水电工程建设的基本情况

1.1 水利水电工程建设的基本特征

我国是世界上河流和湖泊众多的国家之一，水资源总量丰富。2010 年全国水资源总量为 30 906.4 亿 m^3，平均年降水量 695.4 mm，折合降水总量为 65 849.6 亿 m^3，地表水资源量 29 797.6 亿 m^3（中华人民共和国水利部，2012）。对于水能资源来说，我国河流径流丰沛、落差巨大，水能资源也非常丰富。据统计，我国河流水能资源蕴藏量约 6.8 亿 kW，居世界第一位。但我国水能资源的地区分布也是极端不平衡的，70% 分布在西南地区。按河流统计，以长江水系为最多，占全国的近 40%，其次是雅鲁藏布江水系，黄河水系和珠江水系也有较多的水能蕴藏量（表 1-1）。

表 1-1 我国主要水系水能蕴藏量

水系名称	水能蕴藏量 / 亿 kW	比例 /%
全国	6.8	100
长江	2.7	40
黄河	0.4	6
珠江	0.3	4
黑龙江	0.1	1
雅鲁藏布江及西藏其他河流	1.6	24

水利水电工程是国民经济的基础设施,修建水利水电工程,利用水库调节自然径流量,是人类防止水旱灾害和合理开发水资源的需要,我国在水能资源富集地区,已规划建设若干个大水电基地。由于水电工程一般是综合开发利用项目,通过在流域上某一河段修建能控制一定流域面积的水利枢纽工程,可以提高上游水位,增加蓄水量,解决水资源时空分布的矛盾,起到发电、防洪、灌溉、供水、航运、养殖、旅游等作用,具有显著的社会效益和经济效益（李凤楼等,2007;邹淑珍等,2010）。但水利水电工程对社会和环境存在潜在影响。如在我国长江和黄河等主要河流的梯级水库开发速度惊人,部分河流由于缺乏有效管理而引起河流断流和水污染等严重后果,极大地影响了河流生态系统的结构和功能（邹淑珍等,2010）。

对于水利水电工程形成的水坝而言，大坝受到的关注最多。大型水坝的定义很多，国际大坝委员会（ICOLD）定义的大型水坝是指比坝基高 15 m 或 15 m 以上的水坝。如果坝高在 5 ~ 15 m，库容在 300 m³ 以上，也被划归大型水坝。根据这个定义，全世界的大型水坝超过 45 000 座。大型水坝有两种主要类型，即水库型蓄水坝和径流坝，后者一般不储存水但可能有少量日常性蓄水。同种类型的水坝，它们的规模、设计、运行和产生的负面影响存在很大差异。水库工程在坝后拦蓄水，对河流进行季节性、年度以及多年的蓄水和调节。径流坝（包括堰和闸坝、溢流分水坝）在河流上形成一个水头，把部分河水分流入渠或流入发电站进行发电。世界上有几乎一半的大型水坝是专门或主要为灌溉而建，这些水坝为全球范围内 2.68 亿 hm² 灌溉农田中的 30% ~ 40% 提供水源。由图 1-1 可以看出水坝在灌溉中的作用和规模对各国来说是不一样的。非洲有 52% 的大坝建设用途为灌溉，其中埃及农田的灌溉用水几乎 100% 是由水坝提供的。在亚洲，中国和印度的灌溉面积是最大的，其中大坝提供了 30% ~ 35% 的灌溉用水（Cosgrove and Rijsberman，2000）。水力发电因其相对洁净、低成本和可再生而得到了大力倡导。统计数据表明，到 20 世纪全球有 150 多个国家使用水电，其中 24 个国家的水电占全国电力供应的 90% 以上，63 个国家的水电占 50% 以上，水力发电提供了世界电力的 19%（IEA，2004）。水坝还有一个重要的功能就是防洪。世界上约有 13% 的大型水坝具有防洪功能（世界水坝委员会，2000）。

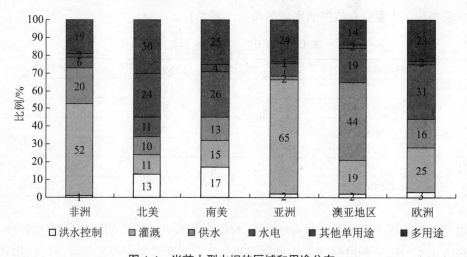

图 1-1　当前大型水坝的区域和用途分布

数据来源：世界水坝委员会报告，2000。

我国水利部门根据工程效益、政治及经济各方面的综合考虑，颁布了按工程规模分类的工程等级和按建筑物划分的防洪标准，即《防洪标准》（GB 50201—2014）和《水利水电工程等级划分及洪水标准》（SL 252—2000）。分别见表 1-2 至表 1-6。

表1-2　水利水电工程分等指标

工程等级	水库规模	水库总库容 /$10^8 m^3$	防洪		治涝	灌溉	供水	发电
			防护城镇及工矿企业的重要性	保护农田面积 /10^4亩*	治涝面积 /10^4亩	灌溉面积 /10^4亩	供水对象重要性	装机容量 /10^4kW
I	大（1）型	≥ 10	特别重要	≥ 500	≥ 200	≥ 150	特别重要	≥ 120
II	大（2）型	10 ～ 1.0	重要	500 ～ 100	200 ～ 60	150 ～ 50	重要	120 ～ 30
III	中型	1.0 ～ 0.1	中等	100 ～ 30	60 ～ 15	50 ～ 5	中等	30 ～ 5
IV	小（1）型	0.1 ～ 0.01	一般	30 ～ 5	15 ～ 3	5 ～ 0.5	一般	5 ～ 1
V	小（2）型	0.01 ～ 0.001		< 5	< 3	< 0.55		< 1

注：1. 水库总库容指水库最高水位以下的静库容；

2. 治涝面积和灌溉面积均指设计面积。

*1 亩 =1/15 hm²。

　　水利水电工程中的永久性水工建筑物根据其所属工程级别及其在工程中的作用分为五级（见表1-3至表1-6）。

表1-3　永久性水工建筑物级别

工程等级	主要建筑物	次要建筑物	工程等级	主要建筑物	次要建筑物
I	1	3	IV	4	5
II	2	3	V	5	5
III	3	4			

表1-4　山区、丘陵区水利水电工程永久性水工建筑物洪水标准［重现期（年）］

项目		水工建筑物级别				
		1	2	3	4	5
设计		1 000 ～ 500	500 ～ 100	100 ～ 50	50 ～ 30	30 ～ 20
核校	土石坝	可能最大洪水（PMF）或10 000 ～ 5 000	5 000 ～ 2 000	2 000 ～ 1 000	1 000 ～ 300	300 ～ 200
	混凝土坝浆砌石坝	5 000 ～ 2 000	2 000 ～ 1 000	1 000 ～ 500	500 ～ 200	200 ～ 100

表1-5　平原区水利水电工程永久性水工建筑物洪水标准［重现期（年）］

项目		水工建筑物级别				
		1	2	3	4	5
水库工程	设计	300 ～ 100	100 ～ 50	50 ～ 20	20 ～ 10	10
	校核	2 000 ～ 1 000	1 000 ～ 300	300 ～ 100	100 ～ 50	50 ～ 20

项目		水工建筑物级别				
		1	2	3	4	5
拦河水闸	设计	100～50	50～30	30～20	20～10	10
	校核	300～200	200～100	100～50	50～30	30～20

拦河水闸工程的等别应根据其过闸流量按表 1-6 确定。

表 1-6　拦河水闸工程分等指标

工程等别	工程规模	过闸流量 / (m³/s)
I	大（1）型	≥5 000
II	大（2）型	5 000～1 000
II	中型	1 000～100
IV	小（1）型	100～20
V	小（2）型	＜20

对于具体的水利水电工程，根据水利水电工程性质，其工程项目分别按枢纽工程、引水工程及河道工程划分（董哲仁，2007）。

1.2　国内外水利水电建设进展

1.2.1　水利水电工程发展历史

历史记录表明，最早的河流工程是建于 8 000 多年前的美索不达米亚的灌渠，在公元前 3000 年约旦、埃及和中东其他地区出现了蓄水坝。到公元前 2000 年左右，地中海地区、中国和中美地区都建有水坝，并广泛用于灌溉和供水。中国的都江堰灌溉工程就有 2 200 多年的历史，至今还能为 80 万 hm^2 的农田提供灌溉用水。大约在 1890 年，水坝首次用来发电。

我国有着悠久的水利工程建设与管理历史，战国以后相继修建了很多著名的水利工程，如在筑堤防洪（如黄河金堤）、挡潮、御咸蓄淡（如它山堰）、开渠引水灌溉（如安丰塘、水门塘、郑白渠、都江堰等）、排沙泄洪（如都江堰鱼嘴、飞沙堰）、筑坝壅水（如灵渠、浮山堰）、运河航运（如邗沟、鸿沟、汴河、大运河等）、水能利用（如郑白渠中的水磨及另一些河渠的水车）等诸多方面，都处于当时的世界先进行列。明清以后，由于统治者不重视科学技术，我国的水利工程建设与管理渐渐落伍，根据 1950 年国际大坝委员会统计资料，全球 5 268 座水库中，中国仅有 22 座，包括丰满重力坝等，数量极其有限，水库总库容和水电总发电量与国际比较，都处于非常落后的阶段（李君纯，2008）。

进入 20 世纪以来，随着西方技术的传入，中国逐步开始修建水库。1912 年，在云南昆明修建了石龙砌石闸坝，1922 年在四川泸州修建了济和水电厂，1944—1947 年在甘肃金塔县讨赖河上完成鸳鸯池土坝，后又增加了水电站（贾金生等，2008）。1950 年之后，特别是改革开放近 30 年来，中国的水库建设和坝工技术有了突飞猛进的发展，防洪、灌溉、供水和能源安全有了重要的保障措施。

据国际大坝委员会的统计标准与资料，2003 年全世界已经修建了 49 697 座大坝（高于 15 m 的坝或库容大于 100 万 m^3 的低坝），2006 年世界大坝总数为 51 837 座（高于 15 m），分布在 140 多个国家和地区。目前，全球范围内，一半以上的河流生态系统受到水坝工程的影响（孙继昌，2008）。到 2008 年我国水库数量已居世界首位，全国已有水库 87 085 座（不含港、澳、台地区），其中，大型水库 510 座 [大（1）型 81 座，大（2）型 429 座]，中型水库 3 260 座，小型水库 83 315 座 [小（1）型 16 672 座，小（2）型 66 643 座]（孙继昌，2008）。

依据《世界江河与大坝》（赵纯厚等，2000）、水利部大坝安全管理中心建立的全国水库大坝基础数据库、国际大坝会议发布的资料以及全球最大网络百科全书维基百科等相关资料，截至 2010 年 12 月 31 日，全球已建成的特大型水库中，坝高前 100 名的坝高范围为 166 ～ 300 m，库容前 100 名范围为 115.2 亿～ 2 048 亿 m^3。据最新统计显示，2010 年 8 月我国水电装机已经突破 2 亿 kW，稳居世界第一，不仅成为我国可再生能源中最重要的支柱，同时在全球水电开发中也具有重要的地位。世界前十大水电站见表 1-7。

表 1-7　世界前十大水电站

序号	坝名	完工年份	装机容量 / GW	年平均发电量 / （TW·h）	国家	洲
1	三峡	2009	18.2	84	中国	亚洲
2	Itaipu（伊泰普）	1991	12.6	90	巴西 / 巴拉圭	南美洲
3	溪洛渡	2010	12.6	57.12	中国	亚洲
4	Guri（古里）	1986	10	52	委内瑞拉	南美洲
5	Tucurui（图库鲁伊）	1984	8.37		巴西	南美洲
6	Sayano-Shushenskaya（萨扬舒申斯克）	1990	6.4	22.8	俄罗斯	亚洲
7	向家坝	在建	6	30.75	中国	亚洲
8	Krasnoyarsk（克拉斯诺雅尔斯克）	1967	6	19.6	俄罗斯	亚洲
9	龙滩（广西）	2001	5.4	18.71	中国	亚洲
10	Bratsk（布拉茨克）	1964	4.5	22.5	俄罗斯	亚洲

数据来源：贾金生等，2004，2008。

中国现代化的水利水电工程建设以三峡、二滩和小浪底工程为代表，其中二滩和小浪底工程已分别于 1999 年、2001 年完工投产，三峡于 2009 年竣工验收。三峡、二滩、小浪底这三座工程标志着中国在建设技术上由追赶世界水平到与世界水平同步（贾金生等，2008）。新坝型和新的坝工技术得到了广泛应用和进一步深化研究，如混凝土面板堆石坝、碾压混凝土坝、高拱坝等。

我国农村水电资源丰富，可开发量为 1.28 亿 kW，分布面广，在山区、丘陵地带的 1 600 多个县有小水电资源。小水电站工程相对比较简单，没有大量土地淹没和移民，建设周期短，见效快；具有分散开发、就近供电、不需要远距离高电压输电的优点。到 2007 年年底，全国共兴建农村小水电站 4 万多座，按装机容量计算，开发率达到 36.62%。

20 世纪 80 年代中后期，一些以水电为主的电网也开始研究兴建一定规模的抽水蓄能电站。抽水蓄能电站因为能够顶尖峰、填低谷，并有调频、调相、紧急事故备用、黑启动等方面的功能，在电力系统中有重要的作用，将进一步得到大力发展。与蓄水电站一样，抽水蓄能电站也使用水坝蓄水。但抽水蓄能电站有两个水库。一个在水坝之上，海拔较高，另一个则在水坝之下，海拔较低。能量需求高时，抽水蓄能电站从上端水库向下端水库放水，推动涡轮机旋转。能量需求减少时，发电站将水从下端水库抽回上端水库。抽水过程会消耗发电站自身的部分电量。干旱不会对抽水蓄能电站产生影响，因为水可以不断被抽入上端蓄水池，从而保持稳定的电力生产。然而，这些发电站的建造成本较高。此外，寻找合适的地点来容纳两个水库也是件难事。

图 1-2　三峡、小湾、小浪底与紫坪铺水库

截至 2012 年年底，我国水电总装机容量已达到 2.49 亿 kW。随着国家《水电发展"十二五"规划》出台并逐步实施，到 2015 年，我国非化石能源消费比重要提高到 11.4%，到 2020 年，这一比率要达到 15%，其中水电比重将占 8%，预示着"十二五"期间我国将有约 1.2 亿 kW 水电装机新开工建设，新增投产 7 400 万 kW，2020 年我国水

电总装机将达到 4.2 亿 kW，标志着未来一段时期水电开发面临着前所未有的高速态势。

目前，拟开工与规划的重大水利水电项目较多，且集中在西南地区，生态环境敏感程度参差不齐，部分存在重大环境制约因素或社会争议。一是一部分河流规划和项目触及法律"红线"。涉及珍稀特有鱼类、国家级自然保护区和"三江并流"、国家级风景名胜区等重要生态敏感区域。二是部分河流规划和项目建设生态风险重大涉及多种珍稀特有鱼类"避难所"和洄游通道、重要生态敏感区或者涉及的移民量和优质土地面积巨大、重要物种的重要水生生境等。三是部分河流和项目社会关注度高，社会风险较大，如怒江干流的梯级开发、移民搬迁等备受国内外媒体和社会各界的高度关注。

重大的水利水电工程项目均存在重大的自然或社会环境制约因素，潜在的生态和社会风险隐患不容忽视。部分项目其河流规划环评、回顾性评价仍在进行中，流域生态本底、梯级开发累积性影响尚不清楚，尚需结合相关研究工作进展，对其规划选址、开发方式、建设时序、工程设计等从环保角度进行深入优化和调整，广泛开展多领域、深层次并行研究，分阶段、分类别予以科学、慎重决策。

总之，中国经过 60 多年发展，在水利水电工程建设方面已经取得了巨大成就，面向未来和国家发展需要，仍有一系列的技术问题需要关注。

1.2.2　国内外水利水电工程建设的比较

到 20 世纪 50 年代世界各地已建成的大坝约有 5 000 座，其中 3/4 位于工业化国家。20 世纪 70 年代在水坝发展的高峰期内，世界范围内建成了近 5 500 座水坝，其中 60%的大型水坝位于欧洲和北美。到 20 世纪 90 年代后，欧洲和北美地区的水坝建设步伐急剧放慢，现在这些地区的活动主要集中在对已建水坝的管理上，如水坝的优化运行、设施更新和库区生态恢复等内容（IEA，2004）。

水电开发的合理度在国内外都是比较受关注的问题之一。由于采用的数据来源、数据的可靠程度以及数据的科学性不同，分歧往往比较大。以往的比较（包括国内、国际不同文献）过于强调 15 m 以上大坝数量，这在 1980 年以前是基本可行的，那时世界总的大坝数以及 30 m 以上的水库大坝数还比较少，由于大坝的技术发展趋势主要由重要的高坝代表，用 15 m 的大坝难以准确反映发展趋势。由于技术进展比较快，各国 30 m 以上的大坝建设较受关注。

随着社会经济的发展，水资源开发利用的强度越来越大。国际大坝委员会的统计资料显示，2003 年全世界已经修建 49 697 座大坝（高于 15 m 或库容大于 100 万 m³），分布在 140 多个国家和地区。发达国家水电的平均开发度已在 60% 以上，其中美国水电资源已开发约 82%，日本约 84%，加拿大约 65%，德国约 73%，法国、挪威、瑞士也均在80% 以上，图 1-3 显示的是中国和国际大坝数量的发展趋势。

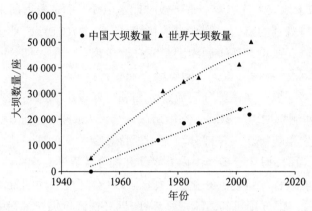

图 1-3　中国大坝数量与国际比较

　　表 1-8 给出了国内大坝工程在数量、高度、新坝型、水库库容、单个工程发电量等与国际代表性国家、典型工程的比较。

表 1-8　100 m 以上坝数较多的国家（截至 2005 年）

国家	100 m 以上坝数 / 座	最大坝高 /m	最高坝坝名
中国	130	305	锦屏一级
日本	102	186	Kurobe No Ⅳ Dam
美国	80	234	Oroville Dam
西班牙	48	202	Almendra Dam
土耳其	45	247	Deriner Dam
伊朗	37	222	Karun Ⅳ Dam
印度	29	261	Tehri Dam
意大利	24	262	Vaiont Dam
瑞士	23	285	Grande Dixence Dam
越南	10	139	Son La Dam
智利	8	155	Ralco Dam

　　从工程建设的规模和主要坝型分类看，全世界 2005 年已完工、在建高度大于 30 m 的碾压混凝土坝 290 座（以重力坝为主）；2005 年已完工、在建高度大于 30 m 的面板堆石坝有 418 座；新建的和在建的沥青混凝土心墙坝 95 座；沥青混凝土面板防渗坝 100 座。面板堆石坝较多的国家有中国、澳大利亚、西班牙、美国等，碾压混凝土坝较多的国家有中国、日本、美国、巴西、西班牙等，见表 1-9。

表 1-9　面板坝和碾压混凝土坝较多的国家

国家	已建、在建 30 m 以上面板坝数	最高面板坝坝高 /m	国家	已建、在建 30 m 以上碾压混凝土坝数 / 座	最高碾压混凝土坝坝高 /m
中国	169	233	中国	90	216.5
澳大利亚	29	122	日本	46	156
西班牙	24	117	巴西	29	80
美国	17	150	美国	24	97
朝鲜	15	97	西班牙	17	125
墨西哥	14	208	摩洛哥	13	120
罗马尼亚	14	110	南非	11	81
巴西	13	200	越南	10	139
智利	13	136	澳大利亚	6	52
阿根廷	9	138	墨西哥	6	100

2008 年全球水电总发电量 30 450 亿 kW·h，占经济可开发量 87 280 亿 kW·h 的 39.5%，其中，多数发达国家开发度都在 80% 以上，发展中国家水平多在 30% 以下，非洲总的开发度还不到 8%。我国水电经济可开发量 24 740 亿 kW·h，占世界的 28.3%，排在世界第一位。截至 2008 年年底，全国水电发电量为 5 655 亿 kW·h，占世界的 18.6%，占全国经济可开发量的 22.86%（我国的水电装机达到 172.6 GW，按装机算达到经济可开发量的 42.7%）。美国 1999 年、2003 年水电发电量分别为 3 560 亿 kW·h 和 3 953 亿 kW·h，接近或超过经济可开发量 3 750 亿 kW·h，原因是有抽水蓄能发电。不计抽水蓄能，开发度约为 80%（2007 年美国水电发电量是 2 700 亿 kW·h，占经济可开发量的 71.8%）。

根据 2008 年的统计数据，世界上有 16 个国家依靠水电为其提供 90% 以上的能源，如挪威、阿尔巴尼亚等国；有 49 个国家依靠水电为其提供 50% 以上的能源，包括巴西、加拿大、瑞士、瑞典等国；有 57 个国家依靠水电为其提供 40% 以上的能源，包括南美的大部分国家。全世界水电的发电量占所有发电量总和的 17%，水电总装机容量为 8.48 亿 kW。发达国家水电的平均开发度已在 60% 以上，其中日本约 84%，加拿大约 65%，德国约 73%，法国达到 90%，意大利超过 90%。

20 世纪末期，随着对水利水电工程负面影响的认识，与大型水利水电工程相关的另一种趋势开始出现，即让那些不再有用处、安全维护费用过高或者在今天看来其影响无法接受的大坝退役。在很多国家，恢复自然河流的推动力量正日益增加，如在美国，大约有 500 座相对年久的小水坝已经退役，到 1998 年美国大型水坝退役的速度已经超过建设速度。

1.3 水利水电工程建设关注的问题与未来发展

在发展中国家，水利水电建设依旧是提供水源和能源的必要发展选项。只是在做出水利水电工程决议时，开始基于方案的开放进行全面评估，并出台相关指导政策以减小其不利影响，合理分配水利水电工程的各种效益。国际大坝委员会（2000）基于对此方面的未来方向的考虑提出了七个战略要点：

（1）获取公共支持

国际大坝委员会认为，获取公共对关键决定的认同是进行全面方案评估的一个基本组成。这需要决策的过程与机制来保证"可以使最广泛的人群参与进来，并且关键的决定是可以被论证接受的"。

（2）全面方案评估

有效地开展方案评估，要从决策制定的过程一直评估到项目实施的完成，对于水利水电工程建设而言，还应考虑退役处置问题。建议全面方案评估要从水资源发展项目的决策制定阶段开始，贯穿整个项目进程的始终；环境、体制和社会问题要与经济、财务和技术问题一并通盘考虑。

（3）着眼于改善现有工程

世界上的大型水利水电工程中绝大多数都已经建成。其潜在发展趋势还没有被发觉，所以，相比建造新的水利水电工程，旧坝的现代化发展应得到优先重视。同时委员会建议，一条河流上的梯级坝应该受到同等的重视；要关注流域之间传输对流域环境和社会经济的影响。

（4）可持续的河流和生计

在评估选择过程中，应更关注水利水电工程不可挽回的环境影响，同时加强对自由水流提供生物维持体系的研究；在蓄水层、三角洲和湿地等重点地区的生态环境影响研究应当成为全球关注要点；未来的评估选择指导方针应包含环境影响指标等。

（5）权利认证与利益分配

世界水坝委员会认为，成功的项目实施、移民安置和未来发展是政府和开发商基本的义务和责任。影响评估要包括所有库区居民、上下游居民以及河口居民的生计、财产和无形资产的受影响情况，即受损人群应成为工程项目的首批受益者。

（6）保证履行协议

国际大坝委员会强调，一组通用的履行协议的指导方针是必要的，在每个工程开工前应将履行协议的计划编入文件和预算中。

（7）和平、发展和安全的共享河流

过去几十年，由于对持续增长的水危机意识的增强，全球关于水战争风险的关注一直在持续。国际大坝委员会建议，国家之间有诚意的关于河流流域分享的谈判协商必须得到国际法的支持。

综上所述，无论是从科学、社会还是从公众的角度考虑，水利水电工程建设与生态、环境保护问题都是当前研究和关注的焦点。河流是陆地生态系统和水生生态系统间物质循环的通道。水利水电工程人为改变了河流物理、化学、生物地球化学循环模式，影响河流生态系统的结构、功能（毛战坡等，2005）。大型水利枢纽工程建设后，改变了河流的径流量和其原有的季节分配和年内分配，河流下游的地貌、水文条件和水文特征的物理和化学性质也将随之改变，诸如输沙量、营养物质、水力学特征、水质、温度、水体的自净能力等将发生变化。这些变化将直接或间接地影响流域重要生物资源的栖息水域和生活习性，改变生物群落的结构、组成、分布特征和生产力（邹淑珍，2010）。一方面，社会经济发展需要建设水利水电工程；另一方面，水利水电工程建设带来的生态、环境问题，如水文变化、水环境变化、鱼类以及其他野生生物数量和生境的减少等关系到流域生态可持续发展。为此，全世界大多数的国家都在比以往任何时候更加认真地考证、研究水利水电工程的生态效应问题，这些问题主要集中在水利水电工程对环境的影响、环境对工程本身的影响、水库淤积、库岸稳定、工程建设与可持续发展等。如何正确认识和处理水利水电工程建设和生态、环境保护之间的关系依然是管理者、科研工作者面临的重大问题。

　　总的来说，水利水电工程的生态与环境影响，既有有利的，又有不利的。其有利影响主要体现在：可以在一定程度上提高防御自然灾害的能力，可以改善水质和提高供水情况，可以提高和改善航运条件，可以创造和改善旅游环境等；其不利的影响主要体现在：水利水电工程是一类有重大生态与环境影响的工程（潘家铮，2000）。在我国，一些主要河流梯级水库的开发引起部分河流缺乏有效管理，出现断流、水污染等后果，严重影响了河流生态系统的结构和功能（毛战坡等，2004）。

　　对水利水电工程的生态效应研究清楚地反映了水坝生态效应研究的发展，图 1-4 和图 1-5 是我国发表论文中，对于水利水电工程生态效应研究增长状况与研究内容的增长曲线。由图可以看出，1995 年以前研究文章相对较少，但在近 20 年急剧增加，这反映了对水利水电工程对生态环境影响的关注程度。

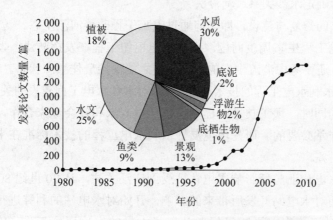

图 1-4　水利水电工程生态效应研究增长状况与比例

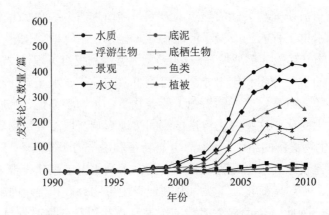

图 1-5 水利水电工程生态效应研究内容的增长趋势

在我国的水利水电工程建设和管理过程中，生态问题仍面临着很多挑战性的技术困难与问题，我国目前对于生态环境问题的认识也越来越深刻，环保部等管理部门已经对水利工程的评价管理进行了一些具体的规定，比如回顾性评价的开展就是针对水电工程影响开展分析，规定对水电开发历史较早、未开展水电开发规划环境影响评价的流域，应及时组织开展流域水电开发的环境影响回顾性评价研究。而回顾性评价的重点问题集中在生态方面及对项目建设运行过程中产生不符合经审批的环境影响评价文件的情形，以及实施后对环境产生持久性、累积性重大影响的建设项目进行分析、验证与评价，提出改进措施，实现项目建设与环境保护协调发展的方法与制度。

对于水利水电工程的发展，必须在"生态优先、统筹考虑、适度开发、确保底线"的原则指导下，全面落实水电开发的生态环境保护要求。较为关注的有以下几方面：

（1）水利水电工程与生态。水利水电工程建设，需要在保护生态基础上进行有序和适当的开发，如何维护河流健康、实现水资源的可持续利用，支持经济社会的可持续发展是值得关注的问题，如量化河流健康的标准，量化水利水电工程的影响并确定可接受的影响程度，科学确定水沙关系、河湖关系等。

（2）河流生态的修复与建设，即如何通过人工干预改善河流生态。

（3）水利水电工程生态调度问题。水利水电枢纽工程在发挥防洪、发电、供水、航运等功能的同时，还要考虑河流生态的影响，使之能保持最佳生态状态。

（4）环境友好水利水电工程的技术标准。公众对水利水电工程建设的关注度日益增加，在提高筑坝技术的同时，坝工技术工程专家与环境专家和社会专家合作，共同寻求对环境的有效保护是非常必要的。研究环境友好水利水电工程的技术标准在未来一段时间内将成为一项重要任务。

目前，绿色水电认证与低影响水电认证受到广泛关注，从 20 世纪 80 年代开始，国外一些发达国家面对水电站开发所带来的影响，开始对水电站的利弊进行反思，并围绕水电站建设项目对河流生态影响等问题开展了大量的案例研究工作（Kondolf, 1998；Dudgeon, 2000；Nilsson and Berggren, 2000；Pringle et al., 2000；Renöfält et al., 2010）。

通过研究逐渐认识到，河流作为自然界长期发展演变的生态系统，水电站的开发对河流生态系统将产生直接和间接、显著和潜在、短期和长期等多方面的影响，必须采取相应的措施来恢复。瑞士的绿色水电认证体系和美国的低影响水电认证标准正是他们为缓解水电站的负面影响，进行河流生态系统恢复所采取的措施（Truffer et al.，2001；Bratrich and Truffer，2001；Bratrich et al.，2004；Low Impact HydroPower Institute，2004）。近年来，国际上召开了一系列重要会议，如 2002 年世界首脑峰会、波恩能源会议、2004 年联合国水电与可持续发展会议等。在联合国水电与可持续发展会议上，通过了《水电与可持续发展北京宣言》，这是国际上对 20 多年来水电开发中热点问题讨论的总结。基于对水电发展的新认识，为应对经济危机和全球气候变化，各国在加大对病险水库除险加固、提高水利水电工程安全能力的同时，进一步加大了对水电的投入力度。总体上，对于水电开发与可持续发展的研究进展来说，优先发展水电是各国政府及国际各界人士当前的共识。能源是实现可持续发展的必要条件，水电作为清洁、可再生能源，以环境友好的、社会和谐的各种方式开发水电，符合可持续发展的目标，以有效减少温室气体排放。水电开发中要充分重视对社会、环境的负面影响，要特别关注受水电影响的弱势群体。《水电与可持续发展北京宣言》支持各国，特别是发展中国家对水电的可持续性开发；强调要高度重视水电开发对社会、环境及生态等的负面影响；强调水电开发中没有全球通用的准则，各国应结合国情积极探讨，努力实践。

参考文献

[1]　董哲仁，孙东亚.生态水利工程原理与技术 [M].北京：中国水利水电出版社，2007.
[2]　贾金生.世界水电开发情况及对我国水电发展的认识 [J].中国水利，2004(13): 10-12.
[3]　贾金生，袁玉兰，郑璀莹，等.中国 2008 水库大坝统计、技术进展与关注的问题简论.中国大坝协会秘书处.2008.
[4]　李凤楼，王亚杰，王立民.浅谈水利工程措施的生态环境危害 [J].地下水，2007, 29(2): 128-129.
[5]　李君纯.中国坝工建设及管理的历史与现状 [J].中国水利，2008, 20:24-28.
[6]　毛战坡，彭文启，周怀东.大坝的河流生态效应及对策研究 [J].江河治理，2004(15):43-45.
[7]　毛战坡，王雨春，彭文启，等.筑坝对河流生态系统影响研究进展 [J].水科学进展，2005, 16(1): 134-140.
[8]　潘家铮，何璟.中国大坝 50 年 [M].北京：中国水利水电出版社，2000.
[9]　世界水坝委员会.水坝与发展——决策的新框架 [M].刘毅，张伟，译.北京：中国环境科学出版社，2000.
[10]　孙继昌.中国的水库大坝安全管理 [J].中国水利，2008(20): 10-14.
[11]　王东胜，谭红武.人类活动对河流生态系统的影响 [J].科学技术与工程，2004, 4(4): 299-302.

[12] 赵纯厚, 朱振宏, 周端庄 . 世界江河与大坝 [M]. 北京 : 中国水利水电出版社 , 2000.

[13] 中华人民共和国水利部 . 2012 年中国水资源公报 [M]. 北京 : 中国水利水电出版社 , 2012.

[14] 邹淑珍, 吴志强, 胡茂林, 等 . 水利枢纽对河流生态系统的影响 [J]. 安徽农业科学 , 2010, 38(22): 11923-11925.

[15] GB 50201—2014 防洪标准 [S]. 北京 : 中国计划出版社 , 2014.

[16] SL 252—2000 水利水电工程等级划分及洪水标准 [S]. 北京 : 中国水利水电出版社 , 2000.

[17] Bratrich C, Truffer B. Green electricity certification for hydropower plants: concept, procedure, criteria[M]. Green Poroer Publications, 2001.

[18] Bratrich C, Truffer B, Jorde K, et al. Green hydropower: a new assessment procedure for river management[J]. River Research and Applications, 2004, 20(7): 865-882.

[19] Cosgrove B, Rijsberman F R. World Water Vision: Making Water Everybody's Business[M]. London, World Water Council, Earthscan Publications Ltd. , 2000.

[20] Dam Register 1973, 1988, 2003, International Commission on Large Dams.

[21] Dudgeon D. Large-Scale Hydrological Changes in Tropical Asia: Prospects for Riverine Biodiversity//The construction of large dams will have an impact on the biodiversity of tropical Asian rivers and their associated wetlands[J]. BioScience, 2000, 50(9): 793-806.

[22] IEA. World Energy Outlook 2004[M]. IEA Publications. 2004.

[23] Kondolf G M. Lessons learned from river restoration projects in California[J]. Aquatic Conservation: Marine and Freshwater Ecosystems, 1998, 8(1): 39-52.

[24] Low Impact HydroPower Institute. Low impact hydroPower certifieation Program: certifieation Paekage. 2004.

[25] Nilsson C, Berggren K. Alterations of Riparian Ecosystems Caused by River Regulation[J]. BioScience, 2000, 50(9): 783-792.

[26] Pringle C M, Freeman M C, Freeman B J. Regional Effects of Hydrologic Alterations on Riverine Macrobiota in the New World: Tropical-Temperate Comparisons[J]. BioScience, 2000, 50(9): 807-823.

[27] Renöfält B, Jansson R, Nilsson C. Effects of hydropower generation and opportunities for environmental flow management in Swedish riverine ecosystems[J]. Freshwater Biology, 2010, 55(1): 49-67.

[28] Truffer B, Markard J, Bratrich C, et al. Green electricity from Alpine hydropower plants[J]. Mountain Research and Development, 2001, 21(1): 19-24.

[29] World Atlas 2008. Hydropower & Dams.

第2章　水利水电工程生态效应研究的理论基础

2.1　水利水电工程的生态影响途径与特点

水利水电工程对于生态系统的作用是双重的，一方面，水库为生物生长提供了丰富的水源，也能缓解大洪水对于生态系统的冲击等，这些因素对河流生态系统是有利的。另一方面，水利水电工程对于河流生态系统产生干扰（董哲仁，2006）。

河流生态系统的基本要素包括流态、沉积物及化学营养物质、光热条件和生物群落，其中流态是河流生境的重要因素，由水文和河床地貌长期的相互作用形成并不断演替，具有动态性，在一定的时空尺度上，表现为相对稳定的水文情势和水力条件。这些要素依靠物种流动、能量流动、物质循环、信息传递和价值流动，相互联系、相互制约，形成具有自调节功能的复合体（刘湘春和彭金涛，2011）（图2-1）。

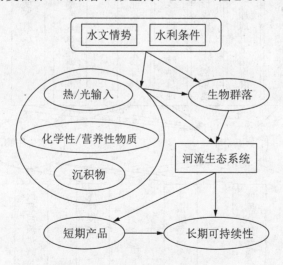

图 2-1　河流生态系统基本要素

资料来源：刘湘春和彭金涛，2011。

从现象上看，水利水电对于河流生态系统的影响包括两个方面：一是水利水电与水库本身带来的负面影响；二是在水利水电运行过程中对生态系统的胁迫。前者的影响主要是造成水利水电上下游河流地貌学特征的变化。后者的影响主要是造成自然水文周期的人工化（董哲仁，2006）。

  水利水电工程建设人为改变了河流原有的自然演进和变化过程，进而改变了河流生态系统的生态功能。水利工程对河流生态系统的影响主要通过对大坝上下游的水文水力学特征间接引起。水利工程通过截留径流量，人为地改变河流的水文、水力特性的时空变化，包括河流低流量、高流量的频率，时空分布特性，以及河流的流动特性及其时空分布，从而改变河流上下游生态系统的水文、水力特征（毛战坡等，2004）。一般来说，水利水电工程对下游的影响更为剧烈，特别是对河口的影响更为剧烈。主要包括河流的径流量和其原有的季节分配和年内分配，河流下游的地貌、水文条件和水文特征的物理和化学性质也将随之改变，诸如输沙量、营养物质、水力学特征、水质、温度、水体的自净能力等将发生变化。这些变化将直接或间接地影响流域重要生物资源的栖息水域和生活习性，改变生物群落的结构、组成、分布特征和生产力。

  水利水电工程对河流生态系统的影响途径可以分成以下四种情况：通道阻隔、水库淹没、人为径流调节、水温结构变化。其主要的影响为：对水文特性的影响、对化学特性的影响、对生态功能的影响以及对这些影响的生态响应等（陈庆伟等，2007）。对于生物多样性的影响来说，水利水电工程对陆生与水生生态系统的影响途径如图 2-2 所示。

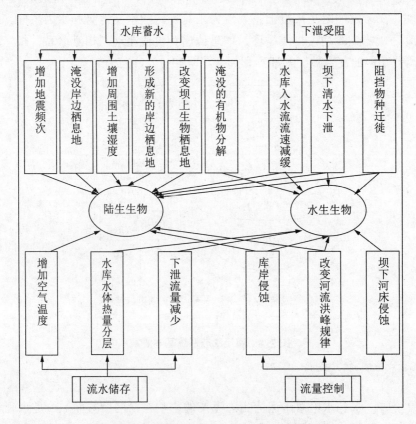

图 2-2 水利水电工程对生物多样性的影响途径

资料来源：陈凯麒等，2013。

　　河流的物理、化学、生态特征是流域许多因素综合作用的结果，在水库蓄水后，河流将产生一系列复杂的连锁反应改变河流的物理、生物、化学因素。根据水利水电工程对河流生态系统的影响程度，可以将生态影响划分为三个层次：第一层次是水利水电工程对河流能量、物质（悬浮物、生源要素等）输送通量的影响；第二层次是河道结构（河道形态、泥沙淤积、冲刷等）和河流生态系统结构和功能（种群数量、物种数量、栖息地等）的变化，主要是河流能量和物质输送在水利水电工程建设后的调整结果；第三层次综合反映所有第一、第二层次影响引起的变化（图 2-3）。结合上述影响途径的分析，来研究水利水电工程对河道生态不同层次的影响（Petts，1984；毛战坡，2004，2005；陈庆伟等，2007）。

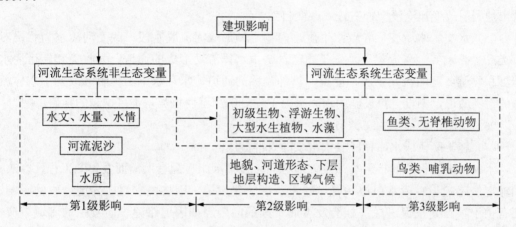

图 2-3　建坝对河流生态系统影响的分级

资料来源：祁继英和阮晓红，2005；毛战坡等，2005。

　　按照影响的情况，水利水电工程的生态与环境影响有直接影响和间接影响，可逆影响与不可逆影响，长期影响与短期影响之分；也有施工期影响与运营期影响之别。这是一类对生态与环境有重大影响的工程，其影响对象有库区和下游陆地生态系统，也有河流水生生态系统甚至河口生态系统。水利水电工程建在不同的地方会有不同的问题产生。从保障水利水电工程的长远利益出发，不仅应考虑工程对外部环境的影响，还需考虑外部环境对水利水电工程的影响。这是此类工程的特点。

　　直接影响主要是指水利水电工程对环境的直接影响，包括施工期和运营期对工程及地区的影响。这些影响有的是由主要工程造成的，有的是由辅助工程造成的。主要影响有：

　　（1）施工道路建设所导致的植被破坏、水土流失、地质灾害问题及土地碾压占用问题。

　　（2）大坝坝基开挖及其他土石方开挖导致的植被破坏、水土流失问题，一级弃土、石渣堆放占地及水土流失问题。

　　（3）交通噪声、爆破噪声等噪声扰民、扬尘影响及拥挤堵塞等对社会生活的影响。

　　（4）水库淹没使土地资源丧失，清除植被使生物资源和生物多样性损失；地质问题（水库淹没导致塌方、滑坡、库区周围及下游地区地下水位升高等），水库诱发地震；

在干旱、半干旱地区存在的库区周围土壤浸没与盐渍化问题；污染物积累等。水库淹没损坏了河流的部分生态功能，河流正常发挥作用、维持自然特征如森林覆盖的河岸、完整无损的漫滩和充足的湿地是至关重要的。由于水库泥沙淤积，也截留了河流的营养物质，促使藻类在水体表层大量繁殖，在库区的沟汊部位可能产生水华现象。在热带和亚热带地区的森林被水库淹没后，还会产生大量的二氧化碳、甲烷等温室气体（董哲仁，2006）。水库形成后，流速、水深、水温及水流边界条件都发生了变化，水库中出现明显的温度分层现象。水库的运行管理方式、取水口的位置和型式、进出水量等使得不同水深处温度变化的幅度不同（陈庆伟等，2007）。水利水电工程建设后，河谷变成了水库，陆地及丘陵生境被破碎化、片断化导致陆生动物被迫迁徙。兴建水库造成移民搬迁，区域土地利用改变，淹没文物古迹或改变自然景观。

（5）水文、水质变化导致水生生态影响，如形成河流脱水段，改变河流水力状况对鱼类产生影响等。河流首先是一条通道，是由水体流动形成的通道，为收集和转运河水和沉积物服务。河流是物质、能量、物种输移的通道，水利水电工程阻隔改变了水体流畅的自然通道，不设过鱼设施的水利水电工程对于洄游性鱼类是不可逾越的障碍。

（6）下游地区陆生生态影响。

（7）施工队伍或水库移民安置带来的人群健康影响。

水利水电工程的间接影响涉及许多方面。包括因工程配套所需而发生的工程性影响，如输电线路建设、输水渠道和管道建设、灌区建设等；因移民安置在异地产生的影响；还有由于项目建设促进经济社会发展而带来的问题，如因道路建设而发生的廊道效应、接近效应、城镇化效应等。

另外，水利水电工程的生态与环境影响具有流域性和区域性特征，许多影响具有相关性质：

（1）水库上游森林砍伐、开垦种植，会导致水土流失，引起水库水质恶化和淤积。这种影响有可能来源于道路建设，或由库区迁出人口的回流造成。

（2）工业废水或居民生活污水排入水库或水渠，使水质污染，导致水利工程丧失其供水或灌溉功能。这种增加的影响有的是由水库修建引起，有的是区域发展所致。

（3）流域内建造多座水利水电工程，无统一规划，使得大型水利水电工程的效益不能发挥，生态影响程度增加。

（4）赋予水库过多的功能，各功能之间相互影响，如航运污染使供水功能受影响，发电功能与蓄水灌溉（季节性强）不相匹配。

2.2 水利水电工程生态效应类型

2.2.1 水利水电工程的生态水文效应

水利水电工程蓄水对河流流量的调节，使河道流量的流动模式发生变化。使沿水流方向的河流非连续化，水面线由天然的连续状态变成为阶梯状，使河流片段化。河流片段化的形成或加剧，使流动的河流变成了相对静止的人工湖泊，流速、水深、水温结构及水流边界条件等都发生了重大的变化（陈庆伟等，2007）。水库对河流径流进行人工调节，使水资源为人类所用，大规模地改变江河系统的边界、径流条件。

　　水利水电工程建设对河流的影响表现为分割作用和径流调节作用。水利水电工程建设的本身直接对河流产生了分割作用，水利水电工程的建设将天然的河道分成了以水库为中心的三部分，即水库上游、水库库区和坝下游区，流域梯级开发活动更是把河流切割成一个个相互联系的水库（王东胜和谭红武，2004）（图 2-4）。在河流上修建水利水电工程会深刻改变河流的水文状况：或导致季节性断流，或改变洪水状况，或增加局部河流域积，或使河口泥沙减少而加剧侵蚀，或咸水上溯，污染源滞流，水质也会因之而有所改变（潘家铮，2000）。

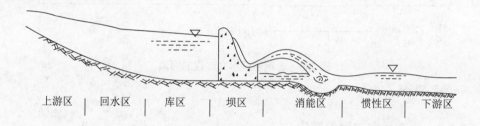

| 上游区 | 回水区 | 库区 | 坝区 | 消能区 | 惯性区 | 下游区 |

图 2-4　水利工程影响区的水力过渡区示意

资料来源：于国荣等，2006。

2.2.1.1　对河流径流的影响

　　水利水电工程的蓄水作用改变了河流原有的径流模式，对径流产生显著的径流调节作用，这种作用既是其能够发挥工程效益的根本保障，也是下游河流生态效应变化的根本诱因，图 2-5 显示了影响河流水文过程的因素。从大多数水坝的运行情况来看，大坝已经使坝址下游 100 km 范围内的径流及泥沙流的运动规律发生了季节性的变化（邹淑珍等，2010）。有些重要的水利工程对下游的影响范围甚至达到了 1 000 km 以远。水利工程对每一次的洪水均将进行不同程度的调蓄、削峰和错峰。邱成德等（2007）对桃江（赣江支流）上游南径水文站建库前后次降雨径流关系的分析结果证明，在次降雨径流关系中，如果对建库后的每次洪水不进行还原计算，就很容易看出水库的调蓄作用。如该流域平均降雨量为 212.3 mm，还原后产生 138.2 mm 的径流深，洪峰流量为 380 m³/s，由于水库的拦蓄和削峰作用，在未经过还原计算的情况下，次径流深为 30.3 mm，洪峰流量为 116 m³/s，拦蓄径流量 1.014 万 m³，削峰达 69.5%。

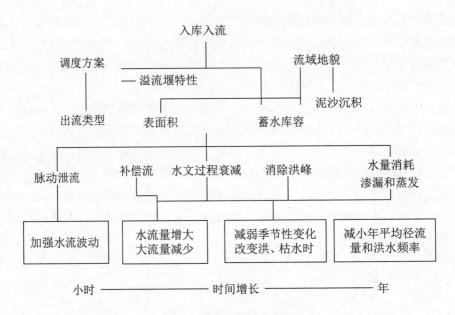

图 2-5　影响河流水文过程的因素

资料来源：佩茨，1988。

2.2.1.2　生态水文过程的变化

河流是一个完整的连续体，上下游、左右岸、水深构成一个完整的体系，河流上为防洪、发电、灌溉、航运等而建设的大坝通过影响径流总量、水质、径流的大小、径流极值的持续时间、纵向和横向上的连续性等而对下游水文状况产生显著的影响（Stanford et al.，1996；Lajoie et al.，2007；Hu et al.，2008）。发生改变的水文状况，如径流量（水流通过河流某个断面的量）、时间（特定流量出现的时间或日期）、频率（极端径流出现的机会）、历时（特定径流条件持续的时间长度）和变化速率（径流随天数增加而上涨或下降的速度）等（Poff et al.，2007；Naik and Jay，2011），又对河流生态系统、生物多样性和水生动植物的生命循环造成严重的影响（Maingi and Marsh，2002；Revenga，2005；Naik and Jay，2010）。

例如，月径流量能够定义栖息环境特征，如湿周、流速、栖息地面积等，能够满足水生生物的栖息地需求、植物对土壤含水量的需求、具有较高可靠度的陆地生物的水需求、食肉动物的迁徙需求；水温、含氧量的变化，及其化学成分和物理性质的改变会影响生态系统，其水量、水位和水力坡度等水力特性的变化更会直接改变流域生态系统的特性。极端水文事件的出现时间与频率可作为水生生物特定的生命周期或者生命活动的信号，满足生物繁殖期的栖息地条件、鱼类的洄游产卵、生命体的循环繁衍、物种的进化需要，同时能够满足植被扩张、河流渠道地貌和自然栖息地的构建、河流和滞洪区的养分交换以及湖、池塘、滞洪区的植物群落分布的需要等；特定径流条件持续的时间长度（持续时间）能够产生植被所需的土壤湿度的频率和大小、满足滞洪区对渠道结构、水生生物的支持、底层扰动、泥沙运输等的需要，如洪水时间的长短决定了鱼类能否完成生命阶段的各种行为，决定了植物物种在流域内的存在（根据植物对持续洪水的忍耐力而定）；洪水涨落速度或者径流随天数增加而上涨或下降的速度（变化速率）与生物承受变化的能力强弱有关，被认为是主要生物群生存和生产力相互影响的主要驱动力，能够导致植物的干旱并促成岛上、滞洪区的有机物的诱捕、低速生物体的干燥胁迫等行为需要，如由岛屿组成的分叉河道漫滩，其植被变化主要发生在大洪水中，而在次洪水中几乎未出现植被侵蚀（Ward and Stanford，1995；Stanford et al.，1996；Richter et al.，1998；Van Der Nat et al.，2003；Hu et al.，2008）。总之，水利水电工程建设在改变库区水文过程的同时会对河流生态系统产生不同程度的影响。

总之，水坝工程的建设、蓄水、泄洪等过程会引起水文、水质、栖息地、气候等因素改变，进而导致水生藻类、底栖生物、鱼类等水生生物及库区植物物种和群落组成变化，甚至破坏了河流生态系统的稳定性，给库区带来一定的景观生态风险。因此，在不同的尺度上研究水利水电工程建设的生态效应、建立水坝工程生态风险评价体系是实现流域水坝工程运行与生态环境保护相协调、维系河流生态系统健康和区域可持续发展水平的迫切需要。

2.2.1.3　湖沼效应

水库形成后，也改变了原来河流营养盐输移转化的规律。由于水库截留河流的营养物质，气温较高时，促使藻类在水体表层大量繁殖，严重的会产生水华现象。藻类蔓延阻碍大型水生植物的生长并使之萎缩，而死亡的藻类沉入水底，腐烂的同时还消耗氧气，溶解氧含量低的水体会使水生生物"窒息而死"。由于水库的水深高于河流，在深水处阳光微弱，光合作用也较弱，导致水库的生态系统比河流的生物生产量低，相对脆弱，自我恢复能力弱。

水利水电工程建设后的蓄水，形成人工湖泊，会发生一系列湖泊生态效应：淹没区植被和土壤的有机物会进入库水中，上游地区流失的肥料也会在库中积聚，库水的营养物质逐渐增加，水草就会大量增加，营养物就会再循环和再积聚，于是开始湖泊富营养化过程；河流来水的泥沙逐渐在水库中沉积，水库逐渐淤积变浅，像湖泊一样"老化"；水库水面面积大，下垫面改变，水分蒸发增加，可对局地小气候有所调节，等等。

从机理分析看，河流、湖泊和水库都是生物地球化学循环过程中物质迁移转化和能量传递的"交换库"。而在湖泊与水库中往往滞留时间长，一些物质的输入量大于输出量，其滞留量超出生态系统自我调节能力，由此导致污染、富营养化等，这种现象称为"生态阻滞"。

水利水电工程除对径流量的变化产生重要影响（Benn and Erskine，1994；崔保山，2006），其引起的泥沙淤积也导致河道形态发生改变，同时附着在泥沙上的污染物对水库水质也会产生重要影响（韩其为和杨小庆，2003）。由于水库的水深高于河流，在深水处阳光微弱，光合作用减弱，与河流相比，其生物生产量低。在水利水电工程下游，因为水流携沙能力增强，加剧了水流对于河岸的冲刷，可能引起河势变化。由于水库泥沙淤积及营养物质被截流，水利水电工程下游河流廊道的营养物质输移扩散规律也发生改变。

2.2.2 水利水电工程的陆域生态效应

水电站建设与运行会对区域生态环境产生显著影响，具有复杂性、潜在性、空间性、累积性及规模大的特点，往往造成难以估计的后果。随着水电站数量的日益增加，其对区域生态环境的影响受到越来越多的关注。国内外研究人员从物种群落、生态系统和景观等不同的尺度对水电站建设的生态影响进行了研究。

2.2.2.1 物种和群落尺度

水电站建设对库区陆生植被的种群结构和多样性产生影响，主要表现为群落优势种的改变、外来物种入侵和栖息地破碎化及环境因子变化导致的濒危珍稀物种消失。赵常明等（2007）对三峡库区移民区和淹没区的植物群落物种多样性进行了研究，发现建坝之后这两个受人类干扰严重的地区群落物种数和多样性指数都有所降低而且变异幅度增大，其中淹没区受影响最大的物种为疏花水柏枝（*Myricaria laxiflora*）和荷叶铁线蕨（*Adiantum nelumboides*）。孙纪周等（2000）对甘肃九甸峡水利枢纽工程库区的植物和植被进行调查发现，原生植物群落组成和结构的变化主要发生在离水库 2 km 范围内，表现为新的水生、湿生植物群落的出现和草本植物发展为优势种。在澜沧江地区，李小艳等（2012）对澜沧江中游陆生植物的生态风险进行评估，结果表明，小湾电站建设之后余甘子（*Phyllanthus emblica*）和虾子花（*Woodfordia fruticosa*）等原生优势种减少，外来入侵植物紫茎泽兰（*Eupatorium adenophora*）大量出现，研究区的陆生植物物种生态风险增加。有学者对漫湾库区建坝前后的山地植被也进行了对比研究，发现建坝之后木本植物群落结构发生较大程度的改变，河滩水杨柳（*Homonoia riparia*）因水位提高而消失，坝体建设、道路修筑和移民搬迁等人类干扰都会引起紫茎泽兰等外来物种的入侵（马江南和王平，2000；邓晴和曾广权，2004）。水利水电工程建设对植物种群和群落的影响主要是通过改变土地利用格局（由气候、氮沉降、物种入侵或灭亡导致）、生态功能（如落叶面积、叶子干物质含量、叶中氮浓度等）以及植物本身特性（如生活史、生理特征、竞争能力等）三方面因素间接影响植物演替过程（Garnier et al.，2004；李光录和赵晓江，1995；曹永强等，2005）。

2.2.2.2 生态系统尺度

在生态系统水平上，由于水电站建设和水库蓄水造成的河漫滩面积减少，Assani 等（2006）研究了河滨生态系统河床组成、河段物种组成和种类受水电站建设的影响，结果表明水电站建设后河滨生态系统生物生存空间减少，物种多样性降低，植被发生变化，野生动物栖息地恶化。在小区域水平上，安伸义（2000）和郭志华等（2010）研究了水电站建设及水库蓄水对周围小气候的影响，结果表明修建水电站对局地气候产生的影响是明显的，修建水库产生的"大水体效应"改变了库区的小气候条件。

对土壤生态环境的影响主要表现在正负两方面的影响，一方面通过筑堤建库、疏通水道等措施，保护农田免受淹没冲刷等灾害；通过拦截天然径流、调节地表径流等措施补充了土壤的水分，改善了土壤的养分和热状况。另一方面水利工程的兴建也使下游平原的淤泥肥源减少，土壤肥力下降。同时输水渠道两岸由于渗漏而使地下水位抬高，当地下水位上升到距地面 1.0～1.5 m，干旱地区达到 2.0～3.0 m 时，浸没就开始了；当潜水层达到耕作层时，造成土壤湿度过大，以至大多数包气带破坏，结果使大片土地沼泽化。在森林和森林草原地区库岸沼泽化相对严重，在干旱气候条件下，土壤常会发生盐渍化（张传新和戴克义，2010）。

2.2.2.3　景观尺度

在景观尺度上，大型水利工程建设工程量大、施工期长，坝体基础建设和环库公路的修筑都需要采挖大量石土方，会造成库区原有地表植被的破坏；水库建成蓄水后，河道水位上升也会淹没大面积的森林、草地和耕地；库区移民安置、新村建设的过程中滥伐森林、陡坡开荒等现象增加，这些都会改变库区的植被覆盖、土地利用与总体景观格局，进而影响生境质量和库区的生态水文过程。

由于库区不同土地利用类型的转化，植被斑块的形状、优势度、多样性等景观格局指数发生变化，植被斑块空间配置和分布也发生变化。黄秋燕等（2009）对广西红水河梯级开发 18 年间库区景观格局变化进行了研究，结果表明景观整体破碎程度加强，耕地、林地、灌草地、裸岩砾石地景观要素之间转换频繁，景观多样性和均匀度增加，而优势度减少；吴柏清等（2008）用 TM 遥感影像反演二滩库区米易县植被格局指数（NDVI）研究二滩水库建设对库区植被覆盖的影响，结果表明，植被破坏主要发生在低山、丘陵等人类活动频繁的地区，移民因生活所需大量毁林造地是导致植被覆盖减少的首要原因；李春晖等（2003）选取优势度、多样性、均匀度、分离度等 8 个景观格局指数定量研究黄河拉西瓦水电站建设对区域景观格局的影响特征，发现水利工程建设后植被斑块类型的景观比例、密度、优势度、分离度等都有一定变化，总体景观的均匀度、多样性都相应增加；在澜沧江流域也有大量的学者对水电站建设的景观生态影响进行了研究。赵清贺等（2011）研究发现漫湾水电站建设后库区景观格局发生了显著变化，在 1974—2004 年的 30 年间，林地和灌丛面积减少，草地、农田、水域和建设用地面积增加，景观总体呈现破碎化和离散分布的特征，库区综合景观动态度降低。总之，漫湾水电站建设后库区景观格局发生了显著变化，其研究结果对科学认识水电开发的景观生态效应具有重要的意义。周庆等（2008）利用 RS 与 GIS 技术研究澜沧江流域梯级电站建设土地利用变化，结果表明，水电站建设后次生林和裸地减少，但是密林面积基本不变，其中 80% 的景观类型转变在海拔 1 000～2 500 m，澜沧江流域海拔 2 500 m 以下的景观生态风险有扩大的趋势；周庆等（2010）进一步分析了澜沧江漫湾水电站库区土地利用格局的时空动态和驱动因子，研究表明，随着水电站建设时间的延长，土地利用逐渐处于平衡状态，电站建设的驱动作用逐渐减弱。由于水电站建设对陆生景观的最显著影响就是岸边大量植被及农田被淹没，转而形成大片的水域景观，因此，单纯分析大坝建设后的陆生景观格局不能完全反映陆生景观的变化。

在景观尺度，针对水电开发可能带来的拦河筑坝、开山铺路等剧烈景观改变，景观影响评价（Landscape Impact Assessment，LIA）也成为一项重要内容。

2.2.3　水利水电工程的水生生态效应

2.2.3.1　水利水电工程对水生生物的影响

水电建设对河流生态系统影响的研究大多数是从河流生态系统健康的角度进行分析，如河流水环境、生物群落等某一层面分析。如：大型无脊椎动物群落、鱼类群落、河漫滩生物等（Cortes et al.，1998，2002；Ward & Stanford，1983；Bain et al.，1988；Langler & Smith，2001；Richard，2004）。David 等（2004）从河流自然水文的角度分析了水库建设对河流演变及保护的影响，运用多个模型分析了生物对于流量调节性河流（flow-altered river）的适应以便于河流生态的保护。

水利水电工程对河流水生生态有很大影响，在物种和群落尺度上，Bretschko 和 Moog（1990）以及 Gore 等（1994）针对水电站建设引起的环境因子变化（输沙量、水力学特征、水质、温度、水体的自净能力），研究了水生群落的生物结构、组成、分布和生产力的响应；Zhou 等（2009）研究了梯级小水电建设对浮游动物群落的影响，结果表明梯级小水电群开发范围内对浮游动物群落丰富度和多样性有着明显的影响；党安志（2008）通过对乌江上游各水库浮游植物群落分布现状及其与营养元素相关性的研究表明，水库修建后浮游植物细胞密度和生物量迅速增加，特别是蓝绿藻增加明显，并呈现出向富营养化方向发展的趋势。对不同时期修建的水库及同一水库不同时期浮游植物演变的比较发现，水库蓄水后，随着时间的推移，富营养化程度加重，水库由硅藻型水体向着蓝绿藻型水体演化。张桂华（2011）对水库蓄水前后浮游植物种类和组成在时间和空间上的变化进行了研究，结果表明，水库蓄水后浮游植物的数量和结构发生了一定的变化，季节性变化明显，丰水期以蓝藻为优势，枯水期以蓝藻、绿藻共同占据优势。

水文周期过程是众多植物、鱼类和无脊椎动物的生命活动的主要驱动力之一。比如1965 年后多年调查资料显示，长江的四大家鱼每年 5—8 月水温升高到 18℃以上时，如逢长江发生洪水，家鱼便集中在重庆至江西彭泽的 38 处产卵场进行繁殖。产卵规模与涨水过程的流量增量和洪水持续时间有关。如遇大洪水则产卵数量很多，捞苗渔民称之为"大江"，小洪水产卵量相对较小，渔民称之为"小江"。家鱼往往在涨水第一天开始产卵，如果江水不再继续上涨或涨幅很小，产卵活动即告终止。在长江中游段 5—6 月家鱼繁殖量占繁殖季节的 70% ～ 80%。另外，依据洪水的信号，一些具有江湖洄游习性的鱼类或者在干流与支流之间洄游的鱼类，在洪水期进入湖泊或支流，随洪水消退回到干流。比如属于国家一级保护动物的达氏鲟（*Acipenser dabryanus*），主要在宜昌段干流和金沙江等处活动。春季产卵，产卵场在金沙江下游至长江上游的和江处。在汛期，达氏鲟则进入水质较清的支流活动（长江水利委员会，1997）。

大坝等水利工程对河流的人为分割引起的径流模式的改变，损害了河流廊道的物质、能量、物种输移通道的能力（王东胜和谭红武，2004）。由于水电站建设，河流自下而上的物质和能量传输阻断，鱼类的洄游通道被阻隔，进而鱼类洄游通道出现连续性中断，使鱼类觅食洄游和生殖洄游受阻，对鱼类生物量和多样性产生明显的影响（Santos et al.，2006；MacDougall et al.，2007；Draštík et al.，2008）；水库建设造成的阻隔影响、水文情势变化、饵料和生境改变，将会是造成该流域鱼类物种多样性严重丧失的主要原因（原居林等，2009）。易雨君和王兆印（2009）的研究表明，大坝的隔离，使洄游性鱼类失去了原有丰富的栖息地，直接影响了一些江湖洄游性鱼类的生长与繁殖，三峡大坝对长江中下游鱼类物种组成和丰度有一定影响，优势物种趋于集中，大坝对水文规律的调节对鱼类的产卵量有一定不利影响，江湖关系的连通度决定着洄游性鱼类的生长与繁殖。

2.2.3.2　水利水电工程对河道的河岸带生态功能的影响

河岸带包括非永久被水淹没的河床及其周围新生的或残余的洪泛平原，由于河岸带是水陆相互作用的地区，河岸带生态系统具有明显的边缘效应，是地球生物圈中最复杂的生态系统之一。河岸带植被对水陆生态系统间的物流、能流、信息流和生物流能发挥廊道（corridor）、过滤器（filter）和屏障（barrier）的作用。河岸带生态系统对增加动植物物种种源、提高生物多样性和生态系统生产力、进行水土污染治理和保护、稳定河岸、调节微气候和美化环境、开展旅游活动均有重要的现实和潜在价值。

水利水电工程建设蓄水后，改变了河流消长周期和规律，破坏了原河岸带生态系统和其原来的功能（陈庆伟等，2007）。水量的多少直接影响河岸带的生态，而且在对应不同保护目标的情况下，河道水体本身的生态系统将对应不同的河道流量，其界线可以根据土壤、植被和其他可以指示水陆相互作用的因素变化来确定。对于水利水电工程建设后的河岸带来说，其包括库区消落带与坝下的河流岸带。大坝蓄水水位的波动使得岸带的形状发生改变。

2.2.4　水利水电工程建设的区域生态效应

水利水电工程的区域生态效应，是基于时间尺度和生态空间尺度上的生态破坏和生态修复的综合结果。主要体现在河流所在区域的非生态变量和生态变量的变化两个方面，非生态变量主要是指流域内与水文、泥沙、水质、地形地貌、水环境、区域气候等有关的流域与区域特征；生态变量是陆域与水域生物、环境生态因子的变化与区域的相互耦合关系。生态变量与非生态变量的变化之间相互作用、相互联系。

区域生态效应在水利水电工程不同影响分级中都有体现，区域尺度上，更侧重水域与陆域的综合影响。不仅考虑区域生态因子的改变、物种栖息地的改变，还考虑气候的变化、区域水土流失、区域生态安全的影响，也包括移民的影响、人群健康、地质条件的改变状况。

大坝建成蓄水后，水面面积增加、水深加大，水库的蒸发量加大，同时又能得到太阳辐射的调节，使库区及邻近地区等区域气温和温度场等要素发生变化，从而引起区域小气候的变化。一般来说，水库面积越大，蓄水越深，库容越大，对区域气候的影响越大。而大型水库主要是影响本地的水汽从而影响降雨。从我国实际看，一般来说，大型大坝水库使当地区域的降水出现夏季减少、而冬季增加的现象，由此出现的湿度和热容量增大、年温差减小、无霜期可能延长，这些区域气候变化的效应，也会有利于植物的生长和扩大其分布，有利于经济林木的种植，为区域带来经济效益。如浙江新安江水库建成后，全年平均降水量减少 13%，使库区及沿岸十几公里范围内降雨减小，影响的最大距离高达 81 km。湖北丹江口水库建成后，降水量减少，但水库南北两地变化程度不同，北面降水量减少 11%，南面降水则增加了 3%（李桂中，2000）。美国、瑞士也对湖泊如密执安湖、莱曼湖进行了大量的研究，说明水库蓄水对周围局地气候有影响，使气温、降水、湿度、风等气象要素发生改变。

　　区域尺度上，更侧重生态服务功能、河流生态系统健康等综合性指标。河流生态系统的保持功能是指河流生态系统具有维护生物多样性、维持自然生态过程与生态环境条件的功能，如保持生物多样性、土壤保持和提供生境等。调节功能是指人类从河流生态系统过程的调节作用中获取的服务功能和利益，如水文调节、河流输送、侵蚀控制、水质净化、气候调节等。水利水电工程完成后，区域生态系统的响应是功能受损、平衡打破，经过很长的周期才能达到新的平衡（陈庆伟等，2007）。

　　区域尺度不仅考虑上游库区，对下游直接或间接的生态效应也不容忽视。大坝运行过程中泄水会对坝下游生态系统产生负面影响，体现在河道生态环境、洪泛区生态环境和河口生态环境中水文水力情势、河道形态和地貌、水质、原有生物生存和繁衍环境等发生变化，生物种类和数量减少，生物多样性降低（石晓丹和焦涛，2007）。大坝形成的水库对下游的生态影响不仅包括截流改变下游水文和水生态状况，引起渔业资源损失；关键是改变河流泥沙运行的固有规律，减少下游河水营养物携带，从而影响下游或河口地区生态和农业生产；扩大灌溉面积和输水距离，有可能使水媒性疫病传播区域扩大；扩大灌区，旱田变水田，会导致区域性生态系统的改变等（李凤楼等，2007；潘家铮，2000）。

2.3　水利水电工程影响下生态效应的相关原理

　　水利水电工程的生态效应和河流生态学、景观生态学、流域生态系统管理紧密结合在一起。对于河流生态学，自 1980 年后，在河流生态学范畴内，相继提出了一系列的概念和理论，诸如河流连续体概念（river continuum concept）、资源螺旋概念（resource spiralling concept）、序列不连续体概念（serial discontinuity concept）、河流水力概念（stream hydraulics concept）、洪水脉动概念（flood pulse concept）、河流生产力概念（riverine productivity concept）、流域等级概念（catchment hierarchy concept）等，这些为河流生态系统的恢复提供了有用的模式。

　　在景观生态学方面，重大工程的陆域生态影响及其流域尺度的评价研究借鉴了较多的景观生态学理论,如景观生态学中的斑块 - 廊道 - 基质模式、格局 - 过程 - 尺度理论、异质性、景观生态网络理论等。而流域尺度上,水利水电工程的影响体现在对流域生态安全的影响上,生态系统服务、生态风险、生态完整性等研究也受到越来越多的重视(图 2-6)。

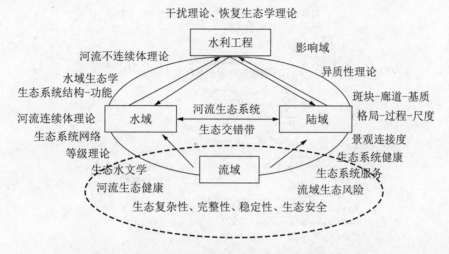

图 2-6　水利水电工程对流域生态系统影响的理论框架

资料来源:刘世梁,2012。

2.3.1　河流连续体与序列不连续体

河流连续体(River Continuum Concept,RCC)是流域中的狭长网络状系统,包括河流的干流及其各级支流,以及与河流连通的湖泊、水库、湿地等,它是流域中的廊道系统,起着连通流域内各生态系统的作用(邓红兵等,1998)。河流连续体概念认为,由源头集水区的各级河流流域,形成连续的、流动的、独特而完整的系统,不仅指地理空间上的连续,更重要的是生物学过程及其物理环境的连续(Vannote,1980;蔡庆华等,2003)。河流网络是一个连续的整体系统,不仅强调河流生态系统的结构、功能与河流生境的研究,而且强调河流网络和流域景观的相互作用。河道物理结构、水文循环和能量输入,在河流生物系统中产生一系列响应,即连续的生物学调整,以及沿河有机质、养分、悬浮物等的运动、搬运、利用和储蓄,即河流生态系统中生物因素及其物理环境的连续性和系统景观的空间异质性(毛战坡,2004)。河流连续体重要性表现在突出河流的纵向连续梯度,提出了河流对非生物环境的响应与适应性。连续梯度可通过有机质和大型无脊椎动物的功能摄食群的分布来表现,其核心内容可概括如下:生产力与水生群落的呼吸作用之比(P/R)及有机质尺寸沿河流纵向的变化(赵进勇等,2007)。

河流连续体不仅表现在河流内部本身,更重要的是与河流相关的地形、生态系统等的连续体状况。图 2-7 为河流连续体与地貌的关系。河道按流域形态分为五段——河源、上游、中游、下游和河口,其中上、中、下河段类型特征为:上游河谷呈“V”形,河床多为基岩或砾石,比降大,流速大,下切力强,流量小,水位变幅大;中游河谷呈“U”

形，河床多为粗砾，比降较缓，下切力不大但侧蚀显著，流量较大，水位变幅较小；下游河谷宽广、呈"⌣"形，河床多为细纱或淤泥，比降很小，流速也很小，水流无侵蚀力，流量大，水位变幅小（崔保山，2008）。

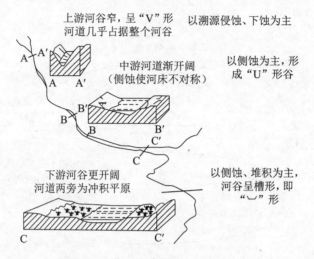

图 2-7 河流连续体与地形地貌的关系

研究大坝建设对河流生态的影响，离不开对地形地貌的认识，也不能脱离河流连续体的框架来分析生态的特征。图 2-8 显示的是河岸带森林对河流碳的输入、运输与存储的过程，河流影响碳的运移，也影响下游生态系统的初级生产力。

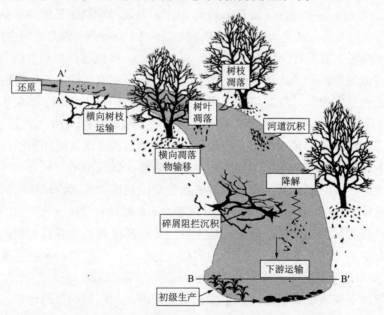

图 2-8 河岸带森林对河流碳的输入、运输与存储

资料来源：Allan 和 Castillo，2007。

近 100 多年来，人类利用现代工程技术手段，对河流进行了大规模开发利用，兴建了大量工程设施，改变了河流地貌学特征。自然河流的非连续化是最主要的表征，为了充分利用天然河流所蕴藏的水力资源，往往在一条河流上不仅建造一座水电站，而且根据河流的地形、地质、水源等条件，同时考虑水淹没损失的大小和各用水部门的要求，将拟开发的河分成若干级，分别建设水电站。这种一条河流上修建的、上下游互相联系的一系列电站也可以称为梯级水电站。

水电开发对河流生态系统基本功能的影响正是从中断河流连续体开始发生。现在大多数河流都已经受到了强烈的人类干扰。基于人类活动的干扰作用，Ward 和 Stanford（1995）提出了"序列不连续体概念"（Serial Discontinuity Concept，SDC），并于 1995 年研究了因水流的调控而对连续体产生的干扰。河流连续体中断，生态系统结构破碎化，物质循环、能量流动阻塞导致河流网络的联通性降低（Seitzinger et al.，1998；Rinne et al.，1999；Gowan et al.，2006）。河流的人工渠道化破坏了自然河流所特有的蜿蜒性特征，改变了深潭与浅滩交错、急流与缓流交替的格局。不透水和光滑的护坡材料阻碍了地表水与地下水的连通，改变了鱼类产卵条件。这些因素的叠加，造成生物异质性下降，导致生物栖息地的质量下降。水域生态系统的结构与功能随之发生变化，特别是生物群落多样性将随之降低，引起淡水生态系统不同程度的退化。Naiman（2000）也认为应该把人类活动作为生态系统中的一个重要环境参数加以考虑。大坝改变了河流的化学、物理和生物功能（Petts，1979；Bain et al.，1988；Ligon et al.，1995）。序列不连续体最初通过定义不连续体距离和参数强度两个变量，来预测各种生物物理的反应。其中，不连续体距离是物理或生物变量的期望值沿上游或下游方向发生变化的距离。参数强度是指作为河流调节的结果，变量发生的绝对变化，常用偏离自然或参照状况的程度来表示。河流不连续体概念比较真实地反映了客观现象，继承了 RCC 概念的某些思想，同时也对具体变量的连续性和

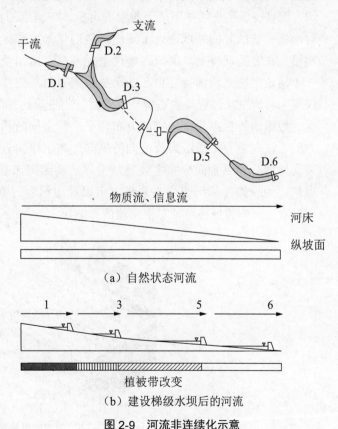

（a）自然状态河流

（b）建设梯级水坝后的河流

图 2-9　河流非连续化示意

资料来源：改自董哲仁，2008。

梯度进行了界定，通过对比分析来反映大坝的作用，体现了水库上下游的差异，而且体现了生态环境影响的梯度性和可预测性（张水龙等，2005），如梯级水坝由于水流速度的变化，减小了水体要素异质性（图2-9）。

2.3.2　四维河流系统

在河流连续体概念的基础上，Ward 将河流生态系统描述为四维系统，即具有纵向、横向、竖向和时间维度的生态系统（Ward，1989；宁远等，1997）。纵向上，河流生态系统是一个线性系统，从河源到河口均发生物理、化学和生物变化。河流是生物适应性和有机物处理的连续体，生物物种和群落随上、中、下游河道物理条件的连续变化而不断地进行调整和适应，这个和河流连续体理论一致。横向上，河流与其周围区域的横向流通性非常重要，横向主要是水陆交错区，体现水域和陆域之间的交互作用，包括了河滩、湿地、死水区、河汊等形成了复杂的系统，河流与横向区域之间存在着能量流、物质流等多种联系，共同构成了小范围的生态系统。自然的水文循环产生洪水漫溢与回落过程，是一个脉冲式的水文过程，也是一个促进营养物质迁移扩散和水生动物繁殖的过程。竖向上，与河流发生相互作用的垂直范围不仅包括地下水对河流水文要素和化学成分的影响，而且还包括生活在下层土壤中的有机体与河流的相互作用。Stanford 和 Ward（1988）对河流系统的竖向领域进行了观测，他们认为这个区域的生物量远远超过河流的底栖生物量。在时间尺度上，河流四维模型强调在河流修复中要重视河流演进历史和特征。每一个河流生态系统都有它自己的历史。需要对历史资料进行收集、整理，以掌握长时间尺度的河流变化过程与生态现状的关系（赵进勇，2007）。

根据河流生态系统的空间分布特征，其空间结构分布包括纵向、横向以及垂向三个方面，纵向主要是指沿河流流向的纵向分布；横向分布主要是指从河流中心到河岸带边坡高地的分布；垂向分布主要是从河流水面到河床基底（崔保山等，2008）。图2-10是理想化的三维冲积河流生态系统，可以看出纵向、侧向与垂向的空间关系与相互作用，可以看出河岸带植被特征对于河流的影响巨大。

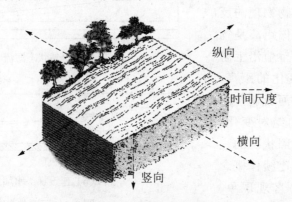

图 2-10　河流四维模型

引自：董哲仁，2007。

2.3.3　洪水脉冲与水陆交错带

洪水脉冲理论则重点阐述四维河流系统时空尺度中的横向维，强调周期性的洪水脉冲驱动下的河流与其洪泛区系统的横向水力联系对河流及其洪泛区系统进程的重要性，突出河流洪泛区系统的整体性及洪泛区功能的发挥。洪水脉冲概念完善了早期应用河流连续体理论预测的河流生态系统过程。这一概念的变化也直接影响了序列不连续体概念，使之认识到并考虑横向和垂直的连续以及河岸生态交错带在河流生态学中的功能重要性（张水龙和冯平，2005）。

由于洪水脉动的原因，在枯水季节，河流只限于河道范围内，洪水区与其河流系统脱离，两者独立发展其自身的营养物质循环。在丰水季节，河流水位上涨，水体侧向漫溢到洪泛区。洪水建立了河流与洪泛区之间的直接联系，河流向洪泛区通过洪水径流不断输入有机和无机营养物质，主要表现为洪泛区初级生产力增加。此时，陆生生物腐烂分解或迁移到未淹没地区，也有可能对洪水产生适应性；而水栖生物及无脊椎动物生长迅速，鱼类迁移至河滨洪泛区湿地觅食并大量产卵（卢晓宁等，2007）。因此，洪水期，洪泛区成为河流系统的一个积极的动态组分。洪水消退时，水体回归河道范围内。洪泛区退水流又携带营养物质及有机体返回到河流系统，使得河流系统单位面积生物量增加。洪泛区湿地随着洪水位的消退而逐渐干旱化，陆生生物又逐渐重新占领洪泛区。此时，沉积的营养物质可以成为陆生生物食物网的组成部分（张水龙和冯平，2005；卢晓宁等，2007）。

洪水对河流地貌的塑造有较大的影响，其影响要素包括洪水大小、频率、流速、含沙量、水能、洪水动力、有效径流历时、洪水过程、沉积物来源及河道几何形态等，并随着河流和时间的变化其作用也在不断改变。洪水脉冲可以直接或间接地通过植被类型因素对土壤中有机和无机态氮的转化产生较大影响，从而促进生态系统的氮循环。除此之外，通过对洪水脉冲对洪泛林地的呼吸、溶解性有机碳、无机氮和磷截留效果的影响研究，结果显示，洪水脉冲是河流洪泛区新陈代谢和生物地球化学循环的重要驱动力（卢晓宁等，2007）。

研究发现：冬季洪水脉冲与夏季洪水脉冲相比，对那些不适应洪水的树木所造成的危害较小（Junker and Wantzen，2003）；在墨累河，春夏洪和夏洪利于洪泛区橡胶林生物量的提高，春洪尽管对林木生长的益处较小，但却是影响洪泛湿地大型植物生长、维持物种丰富度的一个至关重要因素（Robertson et al.，2001）；在美国，突发性冬季洪水对鱼类吸收洪泛区碳源的影响不显著（Delong et al.，2001），而 Pantanal 河可预测性的洪水脉冲对鱼类食物源却产生显著影响（Wantzen et al.，2002）。在洪泛区动物方面，鱼种在水位上升阶段的生长率大大超过水位下降阶段，杂食动物的生长率随季节性水位波动而变化，与水位的增长速率成正比（Bayley et al.，1988）；另外，水鸟的数量也受干湿交替周期以及湿地面积波动大小的影响（Roshiier，2002）。所以洪水脉动的意义在于生物总生产力在洪水循环中因过程的多变性、循环性和整体性得以提高，因此研究洪水脉冲对维持生物遗传和变异、物种多样性和保护特有的自然现象有重要意义。

图 2-11 显示的是水生生物多样性与自然流过程的关系。可以看出，洪水的作用对于水生生物多样性来说至关重要，可以影响水生生物的生境、生活史与生物多样性。

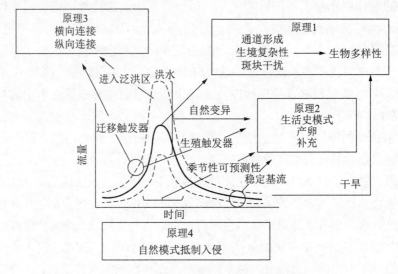

图 2-11 水生生物多样性与自然流过程

资料来源：Allan 和 Castillo，2007。

水陆交错带或者过渡带是生态交错带的主要类型之一，它是指内陆水生生态系统和陆地生态系统之间的界面区。水陆交错带主要是指河岸带，包括河岸边交错带、湖周交错带、河口三角洲交错带等，是具有丰富生物多样性的生态交错带。水陆交错地带有较充足的水分、营养元素、阳光和食物；非均一的环境为生物提供了充分的繁殖、生长和隐蔽场所，同时干湿交替的条件造就了土壤中氧化还原电位的交替和不同性质微生物群落的周期交替，为有机质的降解和腐化，营养物质的截留、沉积及转化提供了有利的条件，这些都决定了水陆交错带在生态系统中的特殊地位（赵长盛等，2012）。

水电站建设不仅对河道内水域系统产生直接的影响，而且还通过工程施工和水分的媒介作用直接或间接影响河岸带生态系统的结构功能。水陆交错带与大坝建设后的湖沼效应紧密联系在一起，蓄水形成的人工湖泊，会淹没植被与土壤的有机物，加上泥沙的淤积，开始了水库的富营养化。纵观全球，人们对河流调节所有活动的 60% 造成了河岸带物种和生态系统的极大损失。随着研究的深入，对河流两侧的坡高地和洪泛平原也受到关注（丰华丽等，2002）。水陆交错带是河流四维系统理论和洪水脉动概念（Flood Pulse Concept，FPC）的发展。

水陆交错带含有边界和梯度两个特点，其范围通常是指景观和性质受水体及陆地两方面影响的地带。与毗邻的陆地生态系统和水域生态系统相比，交错带中生物多样性、初级生产力、次级生产力、土壤中腐殖质含量、对有机物质的降解速率都比较高。发育良好的水陆交错带具有一定的结构，这种结构在自然条件下呈与水边平行的带状，其植被因当地气候、土壤、微地形、水体营养状况和水文条件各异（周婷和彭少麟，2008）。

按景观作用，可以将水陆交错带划分为四种类型：湖周（或水库、沼泽周边）交错带、河岸边交错带、源头水交错带以及地表水地下水交错带（赵进勇等，2007）。水陆交错带在纵向上将上游和下游植被连为一体，在横向上是高地植被和河流之间的桥梁。近年来对水政策和大坝可行性的详细调查表明，全球正在掀起一股研究和管理河岸带生态系统的热潮（Naiman et al.，2000；Hirsch et al.，2001）。

历史上人们根据黄河的流域面积计算出了最大峰值流量，然后根据这个值设计了黄河下游的河道。因为流域面积巨大，跟美国的密西西比河类似，河道主槽设计得非常宽。又因为中国的人工费比较便宜，所以动用了大量的人员清除河道的障碍，建成了宽阔的主槽。这样做的结果就是导致河道的宽深比巨大，泥沙的输送受到了很大的影响，大量的泥沙沉积在下游的河槽，导致河床逐步抬高，洪水位也越来越高，两岸的堤坝也只好随之加高，导致洪水来临时巨大的势能冲击两岸的堤防，威胁周边的城市。

2.3.4　生态系统相关原理

2.3.4.1　生态系统结构与功能

生态学是以生物学为基础、综合多个学科知识的一门新学科，其研究领域、研究内容和研究方法不断丰富和发展，其研究对象在属性上向理论和应用两个方面不断扩大，在水平上向宏观和微观两个方向不断发展。现代生态学的研究对象可以用"组织水平"（levels of organization）来准确界定，具体包括生态范围（ecological spectrum）和生态等级（ecological hierarchy）两个方面。从生态范围看，生态学的研究对象包括生物因子、非生物因子和生命系统；从生态等级看，生态学的研究对象包括细胞、组织、器官、（器官）系统、个体、种群、群落、生态系统、景观、区域、生物圈及其进化、发展、活动、行为、变化（多样性）、整合、调节功能和过程（董世魁等，2008）。

以研究宏观世界综合规律为方向的生态系统生态学是研究大坝生态效应的主要方向。生态系统是一定空间中共同栖居着的所有生物（即生物群落）与其环境之间由于不断地进行物质循环和能量流动而形成的统一整体，是生态学的基本功能单位。大坝建设前后，河流及其所在流域仍可以视为同一个生态系统，但是其生态系统的结构与功能发生了改变，具体来分，也可分为自然生态系统、人工生态系统；水生生态系统、陆地生态系统；森林生态系统、草地生态系统和农田生态系统。

对于大坝建设对河流的影响，从生态学角度来说，应该从不同层次、不同生态因子及其结构与功能入手来分析。其生态效应的研究遵循生态学研究的思路。对于河流来说，其生态系统结构是指流域生态系统内各组成因素在时空连续空间上的排列组合方式、相互作用形式以及相互联系规则，是河流生态系统构成要素的组织形式和秩序（于贵瑞，2001）。对于特定的生态系统，生态系统的三大功能类群——生产者、消费者和分解者通过食物链和食物网形成营养结构。生态系统功能主要指与能量流动和物质迁移相关的整个河流生态系统的基本功能。生态系统的功能主要表现在生物生产、物质循环、能量流动和信息传递四个方面。生态系统通过这些功能发挥生态系统的自我调节功能。结构和功能相互依存，同时又相互制约、相互转化。而反馈是生态系统的固有属性，生态系统自我调控就是其反馈功能的一个体现，增强生态功能作用的称为正反馈，削弱系统功能作用的称为负反馈。功能和结构息息相关，生态系统功能的变化会引起系统内结构组分的相应变化，同样生态系统结构的变化也会导致生态系统功能某些方面的相应改变（King，1993；崔保山等，2008）。图 2-12 为水库生态系统结构与功能。

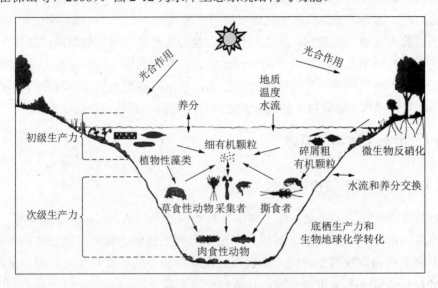

图 2-12　水库生态系统结构与功能

资料来源：改自 Committee on River Science at the U.S. Geological Survey，2007。

　　河流生态系统是一种开放的、流动的生态系统，其连续性不仅指一条河流的水文学意义上的连续性，同时也是对于生物群落至关重要的营养物质输移的连续性（Vannote et al.，1980）。营养物质以河流为载体，随着自然水文周期的丰枯变化以及洪水漫溢，进行交换、扩散、转化、积累和释放。沿河的水生与陆生生物随之生存繁衍，相应形成了上、中、下游多样而有序的生物群落，包括连续的水陆交错带的植被，自河口至上游洄游的鱼类以及沿河连续分布的水禽和两栖动物等，这些生物群落与生境共同组成了具有较为完善结构与功能的河流生态系统（董哲仁，2006）。图 2-13 为河流及其河岸带水文生态过程，在流域尺度上，河流与周边陆域可以通过物质循环等紧密联系在一起。

　　生物多样性是反映生态系统功能的重要特征。生物多样性可以分为景观多样性、生态系统多样性、物种多样性和遗传多样性等几个层次。最重要的是物种多样性，是其他生物多样性的基础或载体。生态系统的物种结构对于生态系统的功能也有较大影响。除了优势种、建群种、伴生种和偶见种外，关键种（keystone-species）和冗余种（redundancy species）也具有重要的意义。生物多样性具有很高的价值，生物多样性的直接价值即为人类所直接利用的生物资源；生物多样性的间接价值较之直接价值更为重要，完善而稳

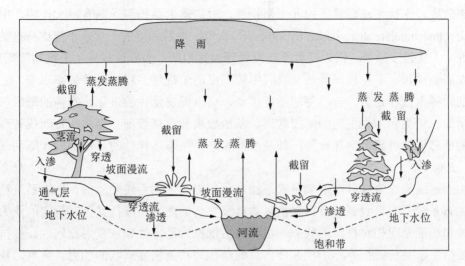

图 2-13　河流及其河岸带水文生态过程

资料来源：改自 Allan 和 Castillo，2007。

定的生态系统对调节气候、稳定水文、保护土壤作用巨大，目前没有得到利用的诸多物种在所处的生态系统中几乎都有不可替代的重要作用，此外生物多样性还有不可估量的美学、文化价值，同时也是旅游资源中极为重要的成分。对大坝生态效应的研究和生态服务价值的评估，离不开生物多样性的调查。

2.3.4.2　生态系统变化

生态演替（ecological succession）更多的是从机制上研究大坝干扰的生态效应。生态演替理论是生态系统的结构和功能随时间推移发生变化的过程。大坝建设后，由于生态系统内部、外界环境条件的变化和人类活动的干扰，植物繁殖体的迁移、散布和动物的活动性，种间和种内关系等都会发生改变，从而导致生态系统结构与功能的变化。

生态演替与干扰密切相关，大坝建设属于强烈的干扰，从生态因子角度考虑，"干扰"较普遍和典型的定义是：群落外部不连续存在的因子的突然作用或连续存在的因子超"正常"范围的波动，引起有机体、种群或者群落发生全部或部分明显变化，从而使生态系统的结构和功能受到损害或者发生改变的现象（周道玮和钟秀丽，1996）。干扰的生态影响主要反映在对各种自然因素的改变，导致光、水、土壤养分的改变，进而导致微生态环境的变化，最后直接影响到地表植物对土壤中各种养分的吸收和利用。对于生态演替的研究可以分析大坝的潜在的生态效应，预测未来生态系统的变化。

干扰存在于许多的系统、空间范围和时间尺度上，并且在所有的生态学组织水平上都可以看到。美国科学家 Forman（1995）指出干扰从景观尺度上来说，是指一些强烈改变景观结构和功能的事件。这些事件可以是从小到大，从轻微到灾难性，从自然到人为，从短期到长期的影响。大坝建设的干扰可以有直接干扰与间接干扰，可以是短期与长期的生态效应。干扰可造成群落的非平衡特性，对群落的结构和动态有重大作用。中度干扰理论（intermediate disturbance hypothesis）认为，中等程度的干扰水平能维持高的物种多样性；干扰过于频繁，则先锋种不能发展到演替中期，多样性较低；干扰间隔期过长，演替发展到顶极，多样性又降低；只有中等程度的干扰使多样性维持最高水平，它允许更多的物种入侵和定居。自然界的适度扰动，可以促进生物的进化、物种的形成和多样性的增加。鱼类和水生生物的捕捞管理、草地放牧和火烧管理、森林抚育间伐管理、野生动物栖息地廊道和斑块建设等，都是维持和产生生态多样性的可能手段（陈利顶和傅伯杰，2000）。

生态系统的稳定性可以用来研究干扰是如何影响生态系统功能的。生态系统稳定性是指生态系统具有自我调节、自我恢复、自我更新的能力，维持其相对稳定的能力，使其结构和功能呈现相对稳定的状态，主要包括抵抗力稳定性和恢复力稳定性。抵抗力稳定性是指生态系统抵抗外界干扰并使自身的结构和功能恢复原状的能力。恢复力稳定性是指生态系统在遭到外界干扰因素的破坏后，恢复原状的能力。

研究大坝产生的干扰所导致的生物多样性、生态演替与稳定性的变化是生态效应的重点，对研究生态系统影响机理、干扰的发展演化过程、生态系统管理有重要的意义。

2.3.4.3　生态完整性理论

从重大工程对流域的影响方面来说，生态完整性（ecological integrity）是目前备受关注的概念。地球上任何一个水体中现有的生物群落都是一个长期地理变迁和生物进化的结果，它的一个重要体现就是"完整性"，生物完整性包含生物的群落、种群、物种和基因及其过程等，非生物的水循环、水量、流速、水理化因子和底质组成等，以及生物与非生物之间的相互作用。生物完整性指数（Index of Biological Integrity，IBI）是指"支持和维护一个与地区性自然生境相对等的生物集合群的物种组成、多样性和功能等的稳定能力，是生物适应外界环境的长期进化结果"。IBI 法就是用多个生物参数综合反映水体的生物学状况，从而评价河流乃至整个流域的健康。水生生态系统常常用不同的生物群落评价其生物完整性，主要有底栖动物完整性指数（Benthic Index of Biological Integrative，B-IBI）、鱼类群落生物综合指数（Fish Index of Biotic Integrity，F-IBI）、附着生物完整性指数（epiphyte index of biotic integrity）、EPT 物种丰富度指数（pettishness）和无脊椎动物群落指数（invertebrate community index）等。随着 IBI 方法的完善，一些生境评价指标也得到了发展。如物理完整性可以用定性生境评价指数（qualitative habitat evaluation index）和物理生境指数（physical habitat index）进行评价。

生态完整性是物理、化学和生物完整性之和，是与某一原始的状态相比，质量和状态没有遭受破坏的一种状态。一般来说，生态完整性包括自然系统生产能力和稳定状况两个方面，稳定性可以通过恢复稳定性和阻抗稳定性来指示。狭义上，生态完整性包含生态系统健康、生物多样性、稳定性、可持续性、自然性和野生性以及美誉度（张明阳等，2005）。对于生态完整性评价来说，一般意义上，从指示物种、结构 - 功能 - 组成，压力 -

状态 - 响应等来评价。所以从某种意义上来说，完整性更能体现重大工程的干扰效应，由于目前完整性评价和其他区域安全、健康等评价在意义上有重叠之处，所以针对工程干扰下的具体对象如流域、生态网络或者河流系统等的完整性评价得到认同与重视（Zhai et al.，2008）。而对于线性公路工程和重大水利工程来说，对区域生态网络和水系网络的破碎化、阻隔等效应是最为显著的特征。

生态完整性，即生态系统结构和功能的完整性，是生态系统维持各生态因子相互关系并达到最佳状态的自然特性（张明杨等，2005）。生态系统完整性的评价主要是从其偏离原始的未受人类干扰的或者少受人类干扰的生态系统的程度来考虑的。在当今人类足迹遍及生物圈各个角落情况下，未受人类干扰的生态系统很难找到（刘世梁等，2008）。因而，通常是评价生态系统偏离参照系的程度来评价其完整性的。因此，指标选取最大的挑战在于对参照系的选取和描述。工程对生态完整性的影响，首先是对生态系统的结构产生影响，根据结构决定功能的原理，结构的变化必然引起其功能的变化。因此，可以找出表征生态系统结构变化的物理量来表征生态完整性。由于水利工程建设的时效性较强，所以参照系统的选取往往具有可比性。

从目前国内对生态完整性的研究来看，总体来看，仍没有脱离环境影响评价的范式，国外生态完整性由生物完整性演变而来（Karr，1996），认为还包括物理与化学完整性。有的学者结合了以上两种观点，认为生态系统完整性包括结构完整性、过程完整性和功能完整性。对于河流生态系统来说，完整性评价较多，比较成熟的有专家经验法、数学模型法、类比法、对比法和实验模拟法五类。对于生态网络来说，由于评价指标可以对比，并且可以综合考虑格局和过程的影响，其完整性的评价可以作为工程建设前后生态效应的间接指标。

2.3.5 景观生态学理论

景观生态学是地理学与生态学之间的交叉学科，以景观为对象，通过能量流、物质流、物种流及信息流在地球表层的交换，研究景观的空间结构、内部功能、时间与空间的相互关系及时空模型的建立。景观生态学研究内容主要包括景观结构、功能和动态。景观生态学强调格局对过程的影响，强调景观的时空异质性，同时突出人类干扰在景观变化中的作用。对于大坝干扰来说，其景观生态效应可以体现在结构和功能上，而且长期来看表现出动态特征。对于景观生态学的一般理论与原理，可以按照整体性原理、时空尺度与等级组织原理、空间格局与生态过程原理以及镶嵌稳定性与生态控制原理所构成的框架体系进行归纳。一般来说，与河流生态学相关的景观生态学的基本理论包含等级理论、空间异质性与景观格局、时空尺度理论、景观连接度理论、岛屿生物地理学理论、源 - 汇理论等。

2.3.5.1 流域等级理论

等级理论认为，在一个复杂的系统内可分为有序的层次若干，从低层次到高层次。

不同等级的层次系统之间具有相互作用的关系，高层次对低层次有制约作用，低层次为高层次提供机制与功能（邬建国，2000）。流域本身作为河流系统的依托，由不同等级河流形成的等级体系，也是水文过程自然发生的完整区域。流域是具有连续和异质性的统一体：地形地貌、河流水文等物理参数的连续变化梯度形成系统的连贯结构，一个流域的形成，是该流域中气候、地貌、水平衡、土地利用以及人类活动等因素的综合反映。而河流的等级系统正是与空间结构组成伴随在一起的直接标志。在地球表面上，水系的网络是有等级的内部组合。通过对一个流域（流域本身也带上了等级性和有序性的烙印）或一个集水盆地上的河道网络分析，可以发现水系面积的增加、不同等级的河道长度、不同等级的河道数目、河系网络的特点等，均呈现出几何级数式的规律性变化。图2-14显示的是河道等级序列方案。在地表形态的定量表达中，最有价值的证据之一就出现在流域水系空间分布之中。河流生态系统是一种巢式等级系统，从垂直结构上看，高层次由低层次组成，相邻的两层之间存在着包含与被包含的关系，这种包含与被包含的等级关系可用于简化河流生态系统的复杂性，有利于增强对其结构、功能及动态的理解（崔保山，2008）。河流景观过程受河流的地形、地貌与生物特征等影响（图2-15）。

而生态系统的景观异质性又使得生态和水文过程产生不同的功能。对河流生态系统来说，水文连续性是其最主要的特点，而流域景观中，镶嵌和梯度化分布体现了空间尺度的异质性（毛战坡，2004）。流域景观生态学以流域景观类型为研究单元，应用等级嵌块动态（hierarchial patch dynamics）理论，研究流域内高地、沿岸带、水体间的信息、能量、物质变动规律。姚维科等（2006）也从生态效应链和生态效应网角度来评述国内外对大坝生态效应的概念和内涵。

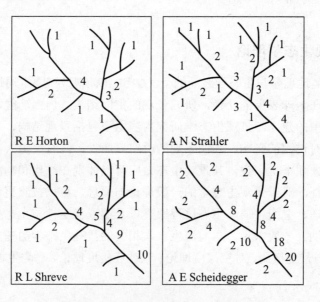

图2-14　不同河道等级序列方案

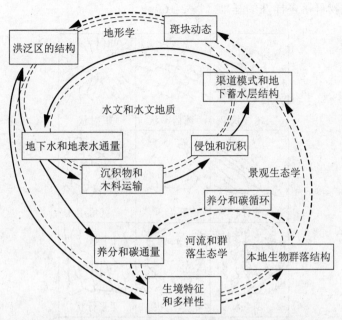

图 2-15　河流景观的动态过程（箭头代表影响与反馈）

资料来源：Allan 和 Castillo，2007。

2.3.5.2　景观空间格局与过程

景观空间格局一般指大小和形状不一的景观斑块在空间上的配置。景观格局是景观异质性的具体表现，同时又是包括干扰在内的各种生态过程在不同尺度上作用的结果。景观结构单元可以划分为 3 种类型：斑块、廊道、基质。对于流域景观来说，景观斑块的大小、数量、形状、位置、边界特征的变化具有特定的生态学意义。景观基质决定着流域产汇流的强度，景观斑块与生态过程如土壤侵蚀、物种运动等密切相关，廊道影响着斑块间的连通性，也影响着斑块间物种、营养物质、能量的交流和基因交换。河流生态系统中，从流域生态系统组分结构上可以把河流生态系统分为水体、河道、河漫滩、通河湿地、人工湿地及功能保护区等几个部分（崔保山等，2008）。

空间异质性可以包括时间和空间异质性，是指生态学过程和格局在时间和空间分布上的不均匀性和复杂性。异质性是系统或系统属性的变异程度，景观异质性是景观尺度上景观要素组成和空间结构上的变异性和复杂性。景观是由异质要素组成，景观异质性一直是景观生态研究的基本问题之一。

在流域生态系统的各种生境因素中，河流形态多样性是流域生态系统最重要的生态因子之一。河流形态多样性及与生物群落多样性密切相关。网络形态决定了水域与陆地间过渡带是两种生境交汇的异质性，而且网络形态影响上、中、下游的生境异质性，造就了丰富的流域生境多样化条件，纵向的蜿蜒性形成了急流与缓流相间，使得河流形成主流、支流、河湾、沼泽、急流和浅滩等生境（董哲仁和孙东亚，2007）。河流形态多样性是维持河流生物群落多样性的基础（图 2-16）。

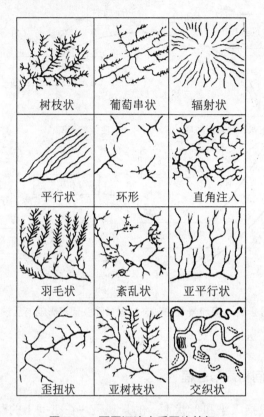

图 2-16　不同河流水系网络特征

资料来源：Allan 和 Castillo，2007。

2.3.5.3　尺度理论

尺度是景观生态学研究的核心问题，是指所研究客体或过程的时间维和空间维，即客观实体的变化过程或测量它们的时间或空间坐标。在生态学研究中，对同一过程采用不同的观测尺度得出不同的结果。因此，尺度理论在生态学研究中逐渐得到重视。尺度可以分为空间尺度和时间尺度以及组织尺度或功能尺度。生态学中包含的物种个体、种群、群落以及生态系统等生态学层次在自然等级系统所处的位置和具备的功能指组织尺度或功能尺度（邬建国，2000；吕一河和傅伯杰，2001）。肖笃宁等（1997）和 Almo（1998）提出微观尺度域（micro-scale dominion）、中观尺度域（meso-scale dominion）、宏观尺度域（macro-scale dominion）（图 2-17）。在中、大尺度上我们研究更多的是考察变化问题，遥感数据存在周期性、大尺度的特征，广泛应用于生态系统变化、群落变化、景观格局改变等方面的研究（崔保山，2008）。对于河流生态系统来说，河流具有明显的等级结构和与尺度特征，随着空间的变化，水利水电工程的生态效应也存在不同的尺度特征，在不同尺度上的表征具有差异性（图 2-17）（崔保山等，2008）。

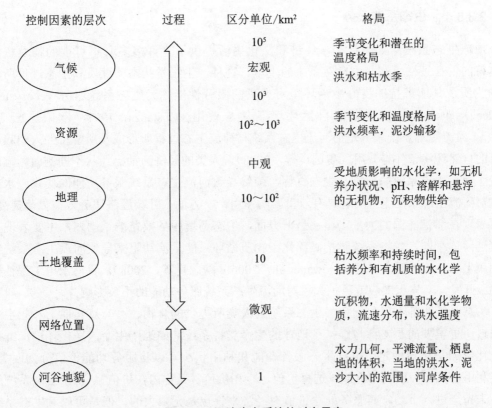

图 2-17　河流生态系统的时空尺度

资料来源：Allan 和 Castillo，2007。

尺度的选择至关重要，尺度选择的不同会导致对生态学格局、过程及其相互作用规律不同程度的把握，影响研究成果的科学性与实用性（赵彦伟和杨志峰，2005）。目前，关于尺度的选取以及界定主要是基于等级理论。

尺度转换和尺度关联是尺度研究中的重要问题，包括尺度上推和尺度下推，一般通过控制模型的粒度和幅度来实现（邬建国，2000）。生态学研究中，往往采用数学模型和计算机模拟作为重要工具来完成尺度转换。尺度转换的方法和技术有图示法、回归分析、半变异函数、自相关分析、分形、小波分析以及遥感和地理信息系统技术等，梯度分析是跨尺度整合的重要技术（吕一河等，2001）。

河流生态系统作为一个时空融合的生态实体，在不同的时空尺度上，对同样强度的扰动或胁迫会表现出显著不同的生态效应。作为由社会、经济与自然组成的复杂系统，河流生态系统与外界存在着物质与能量的交换，其结构与功能具有鲜明的复杂性特征（吕一河等，2001），同时由于水电工程建设的复杂性与累积性，增加了水电大坝建设影响下河流生态系统多样性研究的工作难度，合理的时空尺度分析对于研究复杂系统十分有效。针对河流水电工程建设下生态系统多样性变化的时空尺度分析有助于针对性地进行研究对象的选择以及生态环境问题的识别，提高研究的目的性、针对性与可操作性。

2.3.5.4 生态系统服务

地球生态系统给人类社会、经济和文化生活提供了许许多多必不可少的物质资源和良好的生存条件。这些由自然系统的生境、物种、生物学状态、性质和生态过程所生产的物质及其所维持的良好生活环境对人类的服务性能称为生态系统服务（ecosystem service），即人类赖以生存的自然环境条件与效用（Costanza，1997；欧阳志云等，1999）。河流生态系统服务是指河流生态系统与河流生态过程所形成及所维持的人类赖以生存的自然环境条件与效用（魏国良等，2008）。人类的经济活动已经从不同侧面影响或改变了河流生态系统的结构及生态过程，最终导致河流生态系统服务功能的变化。水电开发对河流生态系统服务功能具有双重影响作用，一方面，社会经济服务效益显著提高，主要表现在清洁能源的大量产出；另一方面，生态环境服务效益严重削弱，主要表现在河流连续体中断，生态系统结构破碎化，物质循环、能量流动阻塞导致河流生态系统维持健康生态环境的能力减弱（Gowanet al.，2006；魏国良等，2008）。目前水电工程往往是梯级开发，其累积效应就更扩大了对河流生态系统服务功能的正负影响。

生态系统服务不仅包括各类生态系统为人类所提供的食物、医药及其他工农业生产的原料，更重要的是支撑与维持了地球的生命支持系统，如维持生命，净化环境，维持大气化学的平衡与稳定。根据生态服务功能和利用状况可以将服务功能价值分为四类：直接利用价值、间接利用价值、选择价值、存在价值（又称内在价值）。由于生态系统的服务未完全进入市场，其服务的总价值对经济来说也是无限大的，但是可以对生态系统服务的"增量"价值或"边际"价值（价值的变化和生态系统服务从其现有的水平上变化的比率）进行估计。许多研究者对生态服务的经济价值进行了评估，对于不同的生态系统来说，评价的指标不尽一致，但总体的评价方法有直接市场价格法、替代市场价格法、权变估值法、生产成本法、实际影响的市场估值法等（杨志峰和刘静玲，2004）（图2-18）。

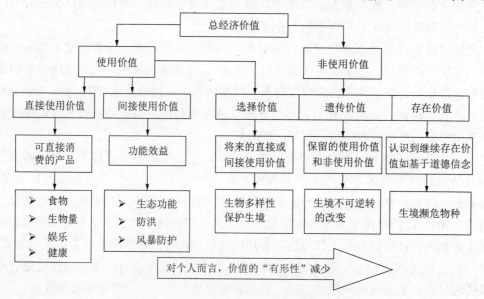

图2-18 OCED 生物多样性经济价值分类系统

资料来源：盛连喜，2002；杨志峰和刘静玲，2004。

河流生态系统功能是系统在相互作用中所呈现的属性，它表现了系统的功效和作用，基本功能主要是指物质循环、能量流动以及信息传递，而服务功能主要包括供水及相关功能、物质生产功能、生态支持功能、调节功能和娱乐美学功能五方面（图 2-19）。关于水电大坝建设对河流生态系统服务功能影响的研究成为当前研究的热点（崔保山等，2008）。

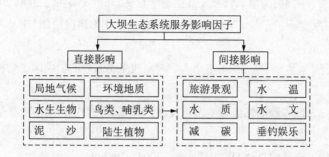

图 2-19　工程影响下的生态系统服务影响因子框架

资料来源：陈绍金等，2010。

2.3.5.5　流域生态系统管理

景观尺度上的重大工程干扰的研究对于辨识水利工程的潜在时空风险、保护策略等具有重要意义。景观生态学中的干扰理论及与之相关的空间异质性理论、格局 - 过程及其尺度理论与流域生态安全相结合，并运用到流域生态评价与规划中。

流域生态系统管理是以景观生态学和流域生态学为基础，以流域为研究单元，应用现代生态学和数理科学理论和方法，如等级嵌块动态理论，研究流域内高地、沿岸带、水体间的信息、能量、物质变动规律。流域生态系统管理重视从综合的角度论述各个重要的系统过程对包括全球变化在内的人为与自然干扰的响应，提出了相应的流域管理策略；在阐述中强调生态系统的综合性和复杂性，以生态水文过程为中心，从流域研究、规划、管理与政策多个方面论述流域生态系统过程之间的相互作用。重视 GIS 和流域生态系统模型的应用，强调适应性管理策略，如人造洪水，维持和保护部分河流的自然生态系统，以及将洪泛区纳入河流生态系统的管理，重视洪泛区的生态功能（毛战坡等，2004）。对于水电干扰下生态恢复途径，也可以利用景观生态学的原理与方法，通过构建景观生态廊道等恢复生态扰动区的生态系统结构和服务功能（许文年等，2010）。通过研究干扰对景观结构与功能关系的机制，确定流域自然生态过程的一系列安全层次，提出维护与控制生态过程的关键性时空量序格局，调整一些关键性的点、线、局部（面）或其他空间组合，恢复一个景观中某种潜在的空间格局。国际上，从流域整体考虑，功能网络的完整性研究已成趋势，国内相关研究也亟待进一步加强。

参考文献

[1] 曹永强, 倪广恒, 胡和平. 水利水电工程建设对生态环境的影响分析 [J]. 人民黄河, 2005, 27 (1): 56-58.

[2] 长江水利委员会. 三峡工程生态环境影响研究 [M]. 武汉: 湖北科学技术出版社, 1997.

[3] 陈利顶, 傅伯杰. 干扰的类型、特征及其生态学意义 [J]. 生态学报, 2000, 20(4): 581-586.

[4] 陈庆伟, 刘兰芬, 孟凡光, 等. 筑坝的河流生态效应及生态调度措施 [J]. 水利发展研究, 2007, 6:15-19.

[5] 陈绍金, 王勇泽, 刘华平, 等. 湖南皂市大坝对河流生态系统的影响因子辨析 [J]. 水资源保护, 2010, 6:47-51.

[6] 邓晴, 曾广权. 云南省澜沧江流域生态环境保护对策研究 [J]. 云南环境科学, 2004, 23 (B04): 135-136.

[7] 董哲仁. 河流生态恢复的目标 [J]. 中国水利, 2004 (10): 6-9, 5.

[8] 董哲仁. 筑坝河流的生态补偿 [J]. 中国工程科学, 2006, 8(1): 5-10.

[9] 董哲仁, 孙东亚. 生态水利工程原理与技术 [M]. 北京: 中国水利水电出版社, 2007.

[10] 韩其为, 杨小庆. 我国水库泥沙淤积研究综述 [J]. 中国水利水电科学研究院学报, 2003, 1(3): 169-178.

[11] 黄秋燕, 胡宝清, 曾令锋. 红水河梯级电站喀斯特库区土地利用与景观格局变化研究 [J]. 资源科学, 2009, 31 (10): 46-50.

[12] 李春晖, 杨志峰, 郭乔羽. 黄河拉西瓦水电站建设对区域景观格局的影响 [J]. 安全与环境学报, 2003 (2):28-33.

[13] 李凤楼, 王亚杰, 王立民. 浅谈水利工程措施的生态环境危害 [J]. 地下水, 2007, 29(2): 128-129.

[14] 李光录, 赵晓江. 水土流失对土壤养分的影响研究 [J]. 西北林学院学报, 1995, 10 (S1): 28-33.

[15] 李桂中. 电力建设与环境保护 [M]. 天津: 天津大学出版社, 2000.

[16] 李小艳, 董世魁, 刘世梁, 等. 水坝工程对澜沧江中游陆生植物的生态风险评估 [J]. 应用生态学报, 2012, 23 (8): 2242-2248.

[17] 刘世梁, 温敏霞, 崔保山, 等. 道路影响域的界定及其空间分异规律——以纵向岭谷区为例 [J]. 地理科学进展, 2008, 27(5): 122-128.

[18] 刘湘春, 彭金涛. 水利水电建设项目对河流生态的影响及保护修复对策 [J]. 水电站设计, 2011,1: 58-62.

[19] 卢晓宁, 邓伟, 张树清. 洪水脉冲理论及其应用 [J]. 生态学杂志, 2007,26(2):269-277.

[20] 马江南, 王平. 漫湾水电站库区自然生态环境变化浅析 [J]. 城市管理, 2000 (7): 48-49.

[21] 毛战坡, 彭文启, 周怀东. 大坝的河流生态效应及对策研究 [J]. 江河治理, 2004 (15):43-45.

[22] 毛战坡, 王雨春, 彭文启, 等. 筑坝对河流生态系统影响研究进展 [J]. 水科学进展, 2005, 1: 134-140.

[23] 欧阳志云，王效科，苗鸿．中国陆地生态系统服务功能及其生态经济价值的初步研究 [J]．生态学报，1999, 19(5): 607-613.

[24] 潘家铮，何璟．中国大坝 50 年 [M]．北京：中国水利水电出版社，2000.

[25] 佩茨．蓄水河流对环境的影响 [M]．王兆印，曾庆华，等译．北京：中国环境科学出版社，1988.

[26] 祁继英，阮晓红．大坝对河流生态系统的环境影响分析 [J]．河海大学学报：自然科学版，2005, 1:37-40.

[27] 邱成德，曾礼生．赣江上游水利工程对水文测站影响分析 [J]．江西水利科技，2007, 33(1): 38-42.

[28] 盛连喜．环境生态学导论 [M]．北京：高等教育出版社，2002.

[29] 石晓丹，焦涛．大坝运行过程中泄水对坝下游生态系统的影响分析及控制 [J]．水利科技与经济，2007, 13(5): 320-323.

[30] 孙纪周．洮河九甸峡水利枢纽工程对库区植被和植物影响的评价 [J]．西北植物学报，2000, 20(3): 442-447.

[31] 王东胜，谭红武．人类活动对河流生态系统的影响 [J]．科学技术与工程，2004, 4(4): 299-302.

[32] 王娟，崔保山，刘杰，等．云南澜沧江流域土地利用及其变化对景观生态风险的影响 [J]．环境科学学报，2008, 28 (2): 269-277.

[33] 魏国良，崔保山，董世魁，等．水电开发对河流生态系统服务功能的影响——以澜沧江漫湾水电工程为例 [J]．环境科学学报，2008, 28(2): 235-242.

[34] 邬建国．景观生态学格局过程、尺度与等级 [M]．北京：高等教育出版社，2000.

[35] 吴柏清，何政伟，闫静，等．基于遥感与 GIS 技术的水电站库区植被覆盖度动态变化分析 [J]．水土保持研究，2008, 15 (3): 39-42.

[36] 许文年，熊诗源，夏振尧．水利水电工程扰动区景观生态廊道构建方法研究 [J]．水利水电技术，2010, 41(3): 17-20.

[37] 杨志峰，刘静玲．环境科学概论 [M]．北京：高等教育出版社，2004.

[38] 易雨君，王兆印．大坝对长江流域洄游鱼类的影响 [J]．水利水电，2009, 40(1): 29-33.

[39] 于国荣，夏自强，蔡玉鹏，等．河道大型水库水力过渡区及其生态影响研究 [J]．河海大学学报：自然科学版，2006, 6: 618-621.

[40] 原居林，朱俊杰，张爱菊．钦寸水库大坝建设对鱼类资源的影响预测及其保护对策 [J]．水生态学杂志，2009, 2(5): 123-127.

[41] 张桂华．剑潭大坝对东江惠州河段浮游植物的影响研究 [J]．四川环境，2011, 30(2): 37-43.

[42] 张水龙，冯平．河流不连续体概念及其在河流生态系统研究中的发展现状 [J]．水科学进展，2005, 16(5): 758-762.

[43] 赵常明，陈伟烈，黄汉东，等．三峡库区移民区和淹没区植物群落物种多样性的空间分布格局 [J]．生物多样性，2007, 15 (5): 510-522.

[44] 赵进勇，孙东亚，董哲仁．河流地貌多样性修复方法 [J]．水利水电技术，2007, 38(2):78-85.

[45] 赵清贺，刘世梁，张兆苓，等．漫湾水电开发对库区景观动态的影响 [J]．生态学杂志，2011, 30(10): 2343-2350.

[46] 张传新，戴克义 . 水利水电工程建设对生态环境的影响及保护措施 [J]. 水科学与工程技术，2010(5):53-55.

[47] 赵长盛，陈庆峰，赵明，等 . 我国北方水陆交错带的功能与发展方向研究 [J]. 安徽农业科学，2012(30):14823-14826.

[48] 周道玮，钟秀丽 . 干扰生态理论的基本概念和扰动生态学理论框架 [J]. 东北师大学报：自然科学版，1996(1):90-96.

[49] 周庆，欧晓昆，张志明，等 . 澜沧江漫湾水电站库区土地利用格局的时空动态特征 [J]. 山地学报，2008, 26 (4): 481-489.

[50] 周庆，张志明，欧晓昆，等 . 漫湾水电站库区土地利用变化社会经济因子的多变量分析 [J]. 生态学报，2010 (1): 165-173.

[51] 周婷，彭少麟 . 边缘效应的空间尺度与测度 [J]. 生态学报，2008, 28(7):3322-3333.

[52] 邹淑珍，吴志强，胡茂林，等 . 水利枢纽对河流生态系统的影响 [J]. 安徽农业科学，2010, 38(22) : 11923-11925.

[53] Allan J D, Castillo M M. Stream ecology: structure and function of running waters[M]. Springer, The Netherlands, 2007.

[54] Bayley P B. Factors affecting growth rates of young tropical flood plain fishes: Seasonality and density-dependence[J]. Environmental Biology of Fishes, 1988, 21: 127-142.

[55] Committee on river science at the U.S. Geological Survey. River Science at the U.S. Geological Survey. National Research Council. National Academies Press, 2007.

[56] Costanza R, d'Arge R, de Groot R, et al. The value of the world's ecosystem services and natural capital[J]. Nature, 1997, 387: 253-260.

[57] Delong M D, Thorp J H, Greenwood K S, et al. Responses of consumers and food resources to a high magnitude, unpredicted flood in the upper Mississippi River Basin[J]. Regulated Rivers: Research & Management, 2001, 17: 217-234.

[58] Forman R T T. Land Mosaics. The ecology of landscape and region[M]. Cambridge University Press, 1995.

[59] Garnier E, Cortez J, Billès G, et al. Plant functional markers capture ecosystem properties during secondary succession [J]. Ecology, 2004, 85 (9): 2630-2637.

[60] Gowan C, Stephenson K, Shabman L. The role of ecosystem valuation in environmental decision making: Hydropower relicensing and dam removal on the Elwha River [J]. Ecological Economics, 2006, 56(4):508-523.

[61] Junk W J, Wantzen K M. The flood pulse concept: new aspects approaches and applications-An update//Welcomme RI Proceedings of the Second International Symposium on the Management of Iarge Rivers for Fisherie. RAP Publication. 2003.

[62] Lajoie F, Assani A A, Roy A G, et al. Impacts of dams on monthly flow characteristics. The influence of watershed size and seasons[J]. Journal of Hydrology, 2007, 334(3): 423-439.

[63] Maingi J K，Marsh S E. Quantifying hydrologic impacts following dam construction along the Tana River, Kenya[J]. Journal of Arid Environments, 2002, 50(1): 53-79.

[64] Petts G.Impounded rivers: perspectives for ecological management[M]. New York: Wiley, Chichebster, 1984.

[65] Robertson AI, Bacon P, Heagney G. The responses of floodpla in primary production to flood frequency and timing[J]. Journal of Applied Ecology, 2001, 38: 126-136.

[66] Roshiier D A, Robertson A I, Kingsford R T. Responses of waterbirds to flooding in an arid region of Australia and implications for conservation[J]. Biological Conservation, 2002, 106: 399-411.

[67] Vannote R L，et al. The river continuum concept[J]. Canadian Journal of Fisheries and Aquatic Sciences, 1980, 37: 130-137.

[68] Wantzen K M, Machado F A, Voss M, et al. Seasonal isotoic changes in fish of the Pantanal wetland[J]. Aquatic Sciences, 2002, 64: 239-251.

[69] Ward J V, Stanford J A. Ecological connectivity in alluvial river ecosystems and its disruption by flow regulation[J]. Regulated Rivers: Research & Management, 1995, 11:105-119.

第3章 水利水电工程生态影响评价的技术规范研究

水利水电工程的生态评价技术发展与环境影响评价的发展密不可分。生态影响评价是环境影响评价在生态学的延伸，它的发展得益于环境影响评价工作的大量实践和深入开展。20世纪六七十年代，美国、瑞典、新西兰、加拿大等许多国家陆续建立了各自的环境影响评价制度；八九十年代，美国和加拿大采用环境经济学和生态学的方法从规划管理的角度对区域环境影响进行了研究，同时加强了生态、环境方面的立法（侯小波，2010）。

目前，生态影响评价方法仍处于探索与发展阶段，目前以物种或生境评价为主。美国是较早开展生态影响评价的国家，从20世纪70年代开始，为了建立生态影响预测和评价中的结构化方法，美国的研究者开发了多种基于栖息地和生态系统的生态影响评价方法，如最常用的是生境评价系统（Habitat Evaluations System，HES）和生境评价程序（Habitat Evaluations Program，HEP），HES主要用于密西西比河下游地区的洼地森林生境的评价，而HEP则被广泛用于区域生态影响的评价；1991年Simenstad等建立的"湿地评价技术"（WET），是评价项目对湿地生境功能影响的生境评价方法；有学者还建立了一套海湾生境评价（EHA）方案，该方案是为了定量评价海湾湿地和沿海区域中鱼类和野生动物生境的功能，也可用于影响预测和评价（陈联乔，2007）。

本章主要通过对我国环境影响评价中生态评价技术规范的发展介绍，依据目前我国已经存在的规范、指南，对其中的生态影响评价相关内容进行解读，主要针对水利部与环境保护部制定的相关规定，特别是环境影响评价规范中对生态调查及评价、生态影响预测与评价的内容进行分析，并分析目前生态评价方法对水利水电工程的适用性，提出存在的问题与发展趋势。

3.1 环境影响评价中生态评价技术规范的发展

20世纪70年代初到80年代初，随着《关于保护和改善环境的若干规定》《中华人民共和国环境保护法（试行）》《基本建设项目环境保护管理办法》的颁布实施，我国逐步对建设工程的环境影响评价的适用范围、评价内容、工作程序等都作了较为明确的规定。水利水电建设也是最早开始建设项目环境影响评价和规划环境影响评价的领域之一。1981年，水利部和能源部发布了《加强水电规划工作的几点意见》，其第7点要求在规划阶段开展环境和生态平衡影响的调查研究工作，此后水利水电规划编制工作开始探讨和实施环境影响评价工作。1982 年，水利部颁布试行《关于水利水电工程环境影响评价的若干规定（草案）》，明确规定一切对自然环境、社会环境和生态平衡产生影响的大中型水利水电工程应编写环境影响报告书，并对环境影响报告书的内容、环境影响评价的范围、环境影响评价的方法和步骤以及规划设计各阶段环境影响评价的要求等方面做了相应规定，从此，水利水电工程环境影响评价工作开始步入规范化轨道。如 1985 年东江流域规划的环境影响分析、1987 年松辽流域水资源综合规划中"北水南调"规划的环境影响评价和新疆叶尔羌河流域规划的环境影响分析等。1988 年 12 月，水利部、能源部颁布了《水利水电工程环境影响评价规范》（试行），环境影响评价方式上采取分工程阶段分别进行评价，建议按规划设计、施工、运行三个阶段进行，如在规划设计阶段要重点分析社会影响和经济影响（李香云，2010）。

同时，20 世纪 80 年代，我国通过各种具体立法对环境影响评价制度作了规定，《中华人民共和国环境保护法》《中华人民共和国水污染防治法》等法律法规的颁布实施，1982 年颁布的《海洋环境保护法》、1984 年颁布的《水污染防治法》、1987 年颁布的《大气污染防治法》、1988 年颁布的《水法》、1988 年颁布的《野生动物保护法》等法律中对海洋环境影响评价、水环境影响评价、大气环境影响评价、水资源环境影响评价、野生动物环境影响评价等作了明确规定。同时，国家的一系列环境质量标准，如《地面水环境质量标准》、《海水水质标准》（GB 3097—82）、《生活饮用水卫生标准》（GB 5749—85）等实施，使得我国的环境保护工作有了更加完善的法律依据（潘家铮和何璟，2000）。

进入 20 世纪 90 年代，我国的环境影响评价开始与国际社会接轨，环境影响评价工作发展很快，建设工程环境影响评价的数量与质量都有较大的提升，为了进一步加强对建设项目环境保护的管理，1998 年 11 月 18 日，国务院审议通过了《建设项目环境保护管理条例》（以下简称《条例》），对 1986 年的《基本建设项目环境保护管理办法》进行补充、修改、完善，并提升为行政法规。至此，可以说我国的环境影响评价制度进入一个新的发展阶段。为了贯彻实施《条例》，1999 年国家环境保护总局公布了《建设项目环境影响评价证书管理办法》《建设项目环境保护分类管理名录》《关于执行建设项目环境影响评价制度有关问题的通知》等，形成了较为完善的环境影响评价法律制度体系。

这一期间，环保部等相关的管理机构对于生态环境调查、环境影响评价、生态环境因子的质量标准、排放标准等进行了一系列的规定，如《水质 湖泊和水库采样技术指导》（GB/T 14581—93）、《水库渔业资源调查规范》（SL167—96）、《地面水环境质量标准》（GHZB1—1999）、《自然保护区类型与级别划分原则》（GB/T 14529—93）。水利部于 1988 年 12 月颁布试行《水利水电工程环境影响评价规范》（SD 302—88），明确规定了水利水电工程环境影响评价的内容。1992 年 11 月颁发了《江河流域规划环境影响评价规范》（SL 45—92），明确规定了对流域规划方案的环境影响评价内容。1993 年，国家环境保护局颁布《环境影响评价技术导则—总纲》（HJ/T 2.1—93），规定了建设项目环境影响评价的一般性原则、方法、内容及要求。这一期间，对于水利水电工程环境影响评价内容也逐步确定，包括环境状况调查、环境影响识别、预测和综合评价等。流域环境影响评价是预估、评价江河治理、开发对流域环境的影响，并研究维护和改善环境的对策、措施，完善规划方案（潘家铮和何璟，2000）。

进入 21 世纪后，随着三峡水库的建设完成，水利水电的重要性也越发受到重视，而且其受公众的关注程度也日益增加，特别是在生态方面的影响始终是热点问题之一。在这一期间，国家及管理部门针对生态环境的调查、监测及其影响的方面补充了相关的规范或者标准。2003 年《中华人民共和国环境影响评价法》（以下简称《环评法》）的实施，环境影响评价从项目环境影响评价进入规划环境影响评价，是环境影响评价制度的又一重大发展。按照规定，环境评价分为两类，一类是区域、流域、海域的建设、开发规划以及包括水利、能源等有关专项规划的环境评价。另一类是建设项目的环境评价。对于水利水电工程来说，无论是在河流建设的单座水利水电工程还是梯级开发，建成后对于生态系统的影响范围是全流域的。所以，要按照《环评法》的要求，重视流域规划中河流建坝后环境影响的分析预测和评估，对于全流域各种生境因子和生物因子间的相互关系进行综合、整体研究。

2000 年后，对于环境影响评价的相关导则与标准进行了不断的更新。如 2003 年，国家环保总局颁布了《环境影响评价技术导则—水利水电工程》（HJ/T 88—2003），也颁布了相关的验收规范，如《建设项目竣工环境保护验收技术规范—水利水电》（HJ 464—2009）和《建设项目竣工环境保护验收技术规范—生态影响类》（HJ/T 394—2007）。2011 年，明确了《环境影响评价技术导则—生态影响》（HJ 19—2011），将过去非污染环境影响明确为生态影响，并明确了生态影响评价的内容和相关方法，环保部在生态评价方面也制定了相关的规范与标准，如《生态环境状况评价技术规范》（HJ 192—2015）、《生物遗传资源等级划分标准》（HJ 626—2011）、《外来物种环境风险评估技术导则》（HJ 624—2011）、《区域生物多样性评价标准》（HJ 623—2011）。水利部也颁布了《江河流域规划环境影响评价规范》（SL 45—2006）、《河湖生态需水评估导则》（SLZ 479—2010）。2006 年，国家环保总局印发了《水利水电建设项目河道生态用水、低温水和过鱼设施环境影响评价技术指南（试行）》。近些年，相关部门也开展了河流健康评估指标、标准与方法试点、水电绿色认证等工作。2003 年后，我国一些河流水电开发规划开始进行环境影响评价实践研究，如澜沧江、大渡河、怒江、雅砻江、红水河等水电基地。此外，近几年围绕河流水电开发的主要问题开展了许多应用基础研究，如评价模型、累积性环境影响识别等（付雅琴和张秋文，2007；钟华平等，2008；许向宁等，2008）。总体上，这些研究和实践对河流生态系统保护起到了重要作用。

综上所述，随着对生态环境的重视，生态评价的技术、制度逐步发展，规范和指南也逐步细化，水利水电建设项目和规划的环境影响评价已从早期的对生态环境的影响定性分析到目前定量和定性评价相结合，环境影响评价质量得到较大幅度提高。总体上讲，初期对于生态环境的影响评价更多的是定性的描述为主，但是逐步侧重生态调查的规范性及其与不同工作等级的对应性，而过去 20 年，随着 GIS、遥感等手段的发展，生态评价的手段与方法也越来越先进，随着对不同生态因子调查的规范，生态评价的结果也向定量化发展，而且也越来越具有可解释性。如三峡水利水电工程的生态环境影响就进行了大量的、多年的研究，取得了许多研究成果，大大降低或减轻了水利水电工程的生态环境影响，是我国水利水电工程注重生态环境保护的典范。

针对目前《环境影响评价技术导则—生态影响》（HJ 19—2011）的规定，分析目前对生态评价技术规范的现状，对涉及水利水电工程生态评价的技术规范进行进一步的解读，并分析水利水电工程在相关评价中的适用性，提出相关的建议与意见。

3.2　水利水电工程评价等级与范围分析

3.2.1　评价的分级标准

《环境影响评价技术导则—生态影响》（HJ 19—2011）指出，依据影响区域的生态敏感性和评价项目的工程占地（含水域）范围，包括永久占地和临时占地，将生态影响评价工作等级划分为一级、二级和三级，如表 3-1 所示。

表 3-1　生态影响评价工作等级划分

影响区域生态敏感性	工程占地（水域）		
	面积 ≥ 20 km² 或长度 ≥ 100 km	面积 2 ～ 20 km² 或长度 50 ～ 100 km	面积 ≤ 2 km² 或长度 ≤ 50 km
特殊生态敏感区	一级	一级	一级
重要生态敏感区	二级	二级	二级
一般区域	三级	三级	三级

水利工程按其所在位置和形成条件，通常分为山谷水库与平原丘陵型水库。山谷水库多是用拦河坝截断河谷,拦截河川径流,抬高水位形成。平原丘陵型水库是在平原地区,利用天然湖泊、洼淀、河道,通过修筑围堤和控制闸等建筑物形成的水库。

水利水电工程的等别应根据其工程规模、效益及在国民经济中的重要性，按照《水利水电工程等级划分及洪水标准》进行确定。对综合利用的水利水电工程，当按各综合利用项目的分等指标确定的等别不同时，其工程等别应按其中的最高等别确定（SL 252—2000）。

依据对于水利水电工程等级的划分，可以参考表 3-1，按照评价工作等级按较高的原则，可以初步综合确定水利水电工程生态影响评价工作等级划分表（表 3-2），该表可以作为参考，对于流域水电开发的环境影响评价，宜进行分段开展工作，对于南北方的水利水电工程类型来说，水利水电工程的地貌、景观类型有较大的差别，也需要进行区别对待。对于工程占地或者淹没区评价来说，很难完全统一，也可以需要针对具体情况加以分析，可以利用类比法来确定评价等级，特别是峡谷类水电开发，库尾延伸较远，淹没区如果涉及特殊敏感点，可以单独分段分析，而不是整体提高工作等级。

表 3-2　水利水电工程生态影响评价工作等级划分

影响区域生态敏感性	水利水电工程占地或者淹没区面积	水利水电工程级别				
		I	II	III	IV	V
特殊生态敏感区	面积≥ 20 km² 或长度≥ 100 km	一级	一级	一级	一级	一级
	面积 2～20 km² 或长度 50～100 km	一级	一级	一级	一级	一级
	面积≤ 2 km² 或长度≤ 50 km	一级	一级	一级	一级	一级
重要生态敏感区	面积≥ 20 km² 或长度≥ 100 km	一级	一级	一级	一级	一级
	面积 2～20 km² 或长度 50～100 km	一级	一级	二级	二级	二级
	面积≤ 2 km² 或长度≤ 50 km	二级	二级	二级	三级	三级
一般区域	面积≥ 20 km² 或长度≥ 100 km	一级	一级	二级	二级	二级
	面积 2～20 km² 或长度 50～100 km	一级	二级	二级	三级	三级
	面积≤ 2 km² 或长度≤ 50 km	二级	二级	三级	三级	三级

依据《环境影响评价技术导则—生态影响》，凡涉及影响特殊生态敏感区（表 3-3），需开展一级生态影响评价；不会造成不可逆生态影响，或者通过人为努力可以使生态功能得以恢复，或者虽有不可逆生态影响，但由于规模小、范围有限，不会对区域主导生态功能造成破坏的评价项目，开展二级生态影响评价；本身无害于生态系统或生态影响很小的项目开展三级生态影响评价。生态敏感区的分类见表 3-4。对于建设项目生态影响评价与生态影响的验收，重点关注生态敏感目标的影响，生态敏感目标列表见表 3-5。

表 3-3　生态敏感性等级划分参考标准

生态过程或要素		特殊生态敏感区	重要生态敏感区	一般生态敏感区
水生态保护	水系格局	一级河流河道及滨水缓冲区	区域 3 级、4 级水系，区域大型湖泊、水库及其周边区域	其他水系及一般湖泊水库
	重要湿地	关键区域重要湿地保护区	具有重要意义的湿地保护区	一般湿地
	水源涵养	水源涵养极重要区	水源涵养重要和中等重要区	水源涵养一般重要区
生物保护	生物多样性	生物多样性极重要区	生物多样性中等重要区	生物多样性较重要区
	生境敏感区	生境极敏感区	生境高度敏感区	生境中度敏感区
	植被盖度	高植被盖度区	中植被盖度	低植被盖度
	土地覆盖类型	河流、湖泊水域和阔叶林、针叶林	草甸、灌丛、萌生矮林	稀疏灌丛草地
土壤保持	土壤侵蚀	土壤侵蚀极敏感区	土壤侵蚀高度及中度敏感区	土壤侵蚀一般敏感区
	石漠化	石漠化极敏感区	石漠化高度及中度敏感区	石漠化一般敏感区
	土壤保持	土壤保持极重要区	土壤保持重要及中等重要区	土壤保持一般重要区

表 3-4　生态敏感区分类

生态系统类型	特殊生态敏感区	重要生态敏感区
森林生态系统	①国际公约、议定书、协定保护目标；国家法律、法规、行政规章及规划保护的或监督管理的，如珍稀动植物栖息地或特殊生态系统、国际生物圈保护区、国家级自然保护区核心区和缓冲区、江河源头水源保护区等；列入珍稀动植物保护名录的物种的生境以及其他特有种的生境；②重要的天然林和热带雨林；③极具生态价值区，如生物廊道、洪泛区；④沙化、荒漠化、石漠化土地封禁保护区；⑤其他已经科学判明的区域	①国家级自然保护区的实验区，省级自然保护区、风景名胜区、森林公园、一级、二级水源涵养区，河流源头区，蓄滞洪区，防洪保护区；②生态脆弱区，如25°以上陡坡地、水土流失重点治理区、重点预防保护区、重点监督区；③面积超过 1 hm² 的天然、次生林地或热带雨林地区；④防护林、护路林、实验林、母树林、退耕还林地
湿地、河流生态系统	①同上"森林生态系统"的第①条；②极具生态价值区，如生物廊道、洪泛区；③重要湿地、鱼虾产卵场、天然渔场等	面积超过 1 hm² 湿地、长度超过 100 m 的天然溪流或河道、鱼类产卵场、索饵场、越冬场

注 1. 国际公约、议定书、协定：《生物多样性公约》《野生动植物保护公约》《濒危野生动植物物种国际贸易公约》《湿地公约》《保护世界文化和遗产公约》《中美自然保护议定书》等。
　2. 国家法律、法规、行政规章及规划：《中华人民共和国自然保护区条例》《风景名胜区条例》《中华人民共和国饮用水水源保护区污染防治管理规定》《中华人民共和国渔业法》《中华人民共和国野生动物保护法》《中华人民共和国森林法》《中华人民共和国草原法》《中华人民共和国水土保持条例》《中华人民共和国文物保护法》等。
　3. 珍稀动植物：指列入《国家重点保护野生动物名录》《国家重点保护野生植物名录（第一批）》《中国濒危物种红色名录》等受重点保护的物种。同时，需要考虑《国家保护的有益的或者有重要经济、科学研究价值的陆生野生动物名录》。

表 3-5　生态敏感目标一览

生态敏感目标	主要内容
需特殊保护地区	国家法律、法规、行政规章及规划确定的或经县级以上人民政府批准的需要特殊保护的地区，如饮用水水源保护区、自然保护区、风景名胜区、生态功能保护区、基本农田保护区、水土流失重点防治区、森林公园、地质公园、世界遗产地、国家重点文物保护单位、历史文化保护地等，以及有特殊价值的生物物种资源分布区域
生态敏感与脆弱区	沙尘暴源区、石漠化区、荒漠中的绿洲、严重缺水地区、珍稀动植物栖息地或特殊生态系统、天然林、热带雨林、红树林、珊瑚礁、鱼虾产卵场、重要湿地和天然渔场等
社会关注区	具有历史、文化、科学、民族意义的保护地等

对于水生生物工作的分级，除了依照表 3-2 所示的工作分级外，涉及河流影响区的，河流与水库采用不同的标准。河流以河流年径流量进行分级（HJ/T 2.3—93），按河段的多年平均流量或平水期平均流量划分为三个级别：大河：≥ 150 m³/s；中河：15 ~ 150 m³/s；小河：< 15 m³/s。

涉及水利工程河流等级的评价级别，可以参考水利工程的大中小型进行划分，并参考水利水电工程占地或者淹没区水域面积确定级别。

具体应用上述划分原则时，可根据我国南方和北方，干旱、湿润地区以及地形地貌的特点进行适当调整。当工程占地（含水域）范围的面积或长度分别属于两个不同评价工作等级时，原则上应按其中较高的评价工作等级进行评价。改扩建工程的工程占地范围以新增占地（含水域）面积或长度计算。拦河闸坝建设可能明显改变水文情势等情况下，评价工作等级应上调一级（HJ 19—2011）。

3.2.2 评价工作范围

生态影响评价应能够充分体现生态完整性，涵盖评价项目全部活动的直接影响区域和间接影响区域。评价工作范围应依据评价项目对生态因子的影响方式、影响程度和生态因子之间的相互影响和相互依存关系确定。可综合考虑评价项目与项目区的气候过程、水文过程、生物过程等生物地球化学循环过程的相互作用关系，以评价项目影响区域所涉及的完整气候单元、水文单元、生态单元、地理单元界限为参照边界。

水利水电工程影响区域包括施工区、淹没区、移民安置区、工程上下游河段、湖泊、湿地、河口区、自然保护区、陆域与水域重要栖息地生境等（HJ/T 88—2003）。

3.2.2.1 陆域植被

陆域植被的生态影响评价应能够充分体现生态完整性，涵盖评价水利水电工程活动的直接影响区域和间接影响区域，直接影响区域包括水库蓄水永久淹没区、蓄水消落区、水利水电工程永久占地和施工临时占地（李小艳等，2012）。间接影响区域包括水库周边生态系统、水库下游河岸带。对于水利工程周边有特殊生态敏感区和重要生态敏感区的，应适当扩大评价工作范围。

评价范围可以根据对植被变化的响应进行设定，一般来说，一级植被调查范围，调查范围为以坝址为中心的 5 km 范围内，回水区缓冲区 1 km 范围内，调查重要生物栖息地与物种情况；二级植被调查范围，调查范围为以坝址为以中心的 3 km 范围内，回水区缓冲区 500 m 范围内，调查重要生物栖息地与物种情况；三级植被调查范围，调查范围为以坝址为中心的 1km 范围内，调查重要生物栖息地与物种情况。

临时占地按照一般工程生态调查进行调查，参考《环境影响评价技术导则—生态影响》（HJ 19—2011）的调查方法。调查时段为建设前期，评价时段主要为建设期与运行期。

3.2.2.2 水生生物

水生生物现状调查范围可以体现工程对水生生物、生态系统与关键物种栖息地的影响程度，调查范围涵盖工程影响的水域浮游动植物、底栖生物、水生高等植物、鱼类；调查范围的确定主要考虑受影响的珍稀水生生物与自然保护区的特点。水生生物现状调查范围应为工程影响区域，包括工程上游水库、下游河道，重点考虑减脱水河段、重要物种栖息地，具体范围根据蓄水的水库淹没特征、水库建设后水文情势变化、下泄生态流量、低温水与河流下游河道地形受影响情况确定。

水生生物的评价范围应为工程影响区域，包括工程上游水库、下游河道。各生态要素及因子的调查范围应根据影响区域的环境特点，结合评价工作等级确定。一级评价应该需要考虑受影响的关键水生生物的栖息地的变化范围，综合考虑水文、地形等变化。包括蓄水区与下游水文影响区。二级评价主要根据水文特征变化，蓄水淹没区特征，主要针对水生生物的生物多样性、生物量等受影响的范围进行确定。三级评价主要根据调查与河流形态变化范围进行确定，可借鉴相关资料进行确定。调查时段为建设前期，评价时段主要为运行期。

对于生态影响判定依据，主要是结合国家、行业和地方已颁布的资源环境保护等相关法规、政策、标准、规划和区划等确定的目标、措施与要求；科学研究判定的生态效应或评价项目实际的生态监测、模拟结果；评价项目所在地区及相似区域生态背景值或本底值；已有性质、规模以及区域生态敏感性相似项目的实际生态影响类比；相关领域专家、管理部门及公众的咨询意见（HJ 19—2011）。水电项目建设对所在流域造成较大影响时，应分析工程对流域生态环境和生物多样性的影响。涉及自然保护区的建设项目，在进行环境影响评价时，应编写专门章节，就项目对保护区结构功能、保护对象及价值的影响作出预测，提出保护方案，根据影响大小由开发建设单位落实有关保护、恢复和补偿措施（国家环保总局，2004）。

3.3　生态现状调查与评价

3.3.1　生态现状调查

3.3.1.1　生态背景调查

重点调查受水库淹没所影响的植被类型，植物群落优势种、建群种、关键种、特有种，受保护的珍稀濒危物种，天然的重要经济物种。对水库淹没的植被类型、特有的植物群落生产力和生物量进行调查。如淹没区和工程建设区涉及国家级和省级保护物种，珍稀濒危物种和地方特有种时，应逐个或逐类说明其类型、分布、保护级别、保护状况以及受水库淹没和水利水电工程影响程度等；如涉及特殊生态敏感区和重要生态敏感区时，应说明其类型、等级、分布、保护对象、功能区划、保护要求等。

自然保护区类型与级别依据《自然保护区类型与级别划分原则》（GB/T 14529—93）确定。水利工程对河口海洋系统产生影响的，依据《海洋调查规范 第 9 部分：海洋生态调查指南》（GB/T 12763.9—2007）进行调查。生态现状调查是生态现状评价、影响预测的基础和依据，调查的内容和指标应能反映项目影响区域内的生物多样性、生态系统背景特征和存在的主要生态问题。

生态现状调查应在收集资料基础上开展现场工作，调查范围应不小于评价工作范围，生态现状调查方法与主要生态系统类型监测方法可参考《环境影响评价技术导则—生态影响》（HJ 19—2011）附录 A；图件收集和编制要求可以参考附录 D。

3.3.1.2 主要生态问题调查

调查影响区域内已经存在的制约本区域可持续发展的主要生态问题，如水土流失、盐渍化、自然灾害、生物入侵和污染危害等，指出其类型、成因、空间分布、发生特点等。水利水电工程导致的生物入侵调查参考植被调查，生物入侵的风险可以参考《外来物种环境风险评估技术导则》（HJ 624—2011）进行分析。

3.3.1.3 生态现状调查内容

生态现状调查是生态现状评价、影响预测的基础和依据，调查的内容和指标应能反映评价工作范围内的生态背景特征和现存的主要生态问题。在有敏感生态保护目标（包括特殊生态敏感区和重要生态敏感区）或其他特别保护要求对象时，应做专题调查。生态现状调查应在收集资料基础上开展现场工作，生态现状调查的范围应不小于评价工作的范围。

（1）陆域植被调查

陆生生物与生态现状调查应包括：工程影响区植物区系、植被类型及分布、盖度、优势种类；野生动物区系、种类及分布；珍稀动植物种类、种群规模、生态习性、种群结构、生境条件及分布、保护级别与保护状况等；受工程影响的自然保护区的类型、级别、范围与功能分区及主要保护对象状况；进行生态完整性评价时，应调查自然系统生产能力和稳定状况（SL 315—2005，HJ/T 88—2003）。

针对水利水电工程建设，一级评价应给出评价范围样方实测、遥感等方法测定的库区永久淹没区、消落区、水利水电工程永久占地和临时占地损失的生物量和植被类型，并对评价区范围内生物区系、物种多样性、植被类型的多样性、植物物种名录、受保护的野生动植物物种及其生境条件进行调查；二级评价应给出评价范围内的生物量损失、植被类型多样性、物种多样性情况，可以参考现有资料，或实测一定数量的、具有代表性的样方予以验证；三级评价可以借鉴已有相关资料进行说明。

依据《国家林业局关于加强自然保护区建设管理工作的意见》（林护发〔2005〕55 号）要求，对于涉及陆域自然保护区的，自然保护区的生物多样性现状评价重点对下列情况进行评价说明：保护区的主要保护对象及其分布，物种多样性现状（附珍稀濒危动植物资源分布图），植被类型分布现状（附植被类型分布图），土地利用现状（附土地利用现状图），绿地、水体的空间分布及其内部的异质性状况，区域环境生物量，土地的生产能力，人口、资源和经济的相互关系等。对于保护区生物多样性影响评价，主要是分析以下内容：对景观 / 生态系统的影响，对生物群落（栖息地）的影响，对种群 / 物种的影响，对主要保护对象的影响，对生物安全的影响，对相关利益群体的影响。

（2）水生生物调查

水生生物调查布点与水质调查点相结合，具体调查采样可以参考《水质湖泊和水库采样技术指导》（GB/T 14581—93）。对于水库类型鱼类水生生物调查，具体参考《水库渔业资源调查规范》（SL 167—96）。多泥沙河流水生生物调查部分可以参考《多泥沙河流水环境样品采集及预处理技术规程》（SL 270—2001）。

水生生物与生态现状调查应包括：工程影响水域浮游动植物、底栖生物、水生高等植物的种类、数量、分布；鱼类区系组成、种类、优势种、产卵场；洄游性鱼类生活习性、产卵场等分布，珍稀水生生物种类、种群规模、生态习性、种群结构、生境条件与分布、保护级别与状况等；受工程影响的自然保护区的类型、级别、范围与功能分区及主要保护对象状况（SL 315—2005，HJ/T 88—2003）。具体来说，包括以下几方面的内容。

对于鱼类，鱼类栖息地是鱼类赖以生活及居住的场所，各种鱼类在不同的生命时期对环境有特定的偏好。鱼类在不同的生命阶段分别选择相应的栖息场所，如产卵期对应的栖息地为育幼场，捕食阶段对应的栖息地为索饵场，洄游性鱼类还对应有洄游通道等。这些地理上的栖息地概念包含着各种复杂的生命及非生命环境要素，因此应对产卵、孵化、育幼、觅食、洄游等生命活动对应的时期及相应的场所进行生态因子调查。

库区鱼类调查参见《水库渔业资源调查规范》（SL 167—96）。参考该规范，鱼类栖息地特征主要包括：栖息地环境因子（栖息地的地貌、水位、流量、流速、水质状况和栖息地基质等环境因子）；鱼类生活习性（应查明产卵、孵化、育幼、觅食、洄游等的季节行为及所要求的外界条件等）；栖息地分布（栖息地的分布状况和栖息地规模）。对于鱼类栖息地的调查内容包括：河道状况、河床底质、水流形态及鱼类状况等。数据来源包括野外调查和遥感数据。受人类活动干扰较大的河流，野外调查时需结合工程类型、工程材料、水质污染和栖息地物理退化等影响河流生物的因子进行调查。栖息地野外调查应满足五个基本原则：①应用简单；②普适性，可应用于任何河道；③能提供一致的数据和结果；④结构的多样性具有代表性；⑤数据容易统计和分析。

对于不同评价等级，一级评价应给出受影响的物种生物多样性特征、数量、关键物种栖息地的分布，主要包括：①库区生境改变；②水利水电工程阻隔影响；③坝下生境改变：a）水文情势变化，b）低温水影响，c）下泄水气体过饱和；④对鱼类重要生境的影响。二级评价应给出受影响的物种生物多样性特征、数量。三级评价可以借鉴已有相关资料进行说明。

对于浮游植物与动物，其调查方法可以参考《水库渔业资源调查规范》（SL 167—96）。浮游植物的一级评价应给出评价范围内浮游植物的实测数据，并对评价区范围内浮游植物的区系、物种多样性、植物类型的多样性、浮游植物物种名录及其生境条件进行调查；二级评价应给出评价范围内的浮游植物类型多样性、物种多样性，可以参考现有资料，或实测一定数量的、具有代表性的样方予以验证；三级评价可以借鉴已有相关资料进行说明。

对于浮游动物，一级评价应给出评价范围内浮游动物的实测数据，并对评价区范围内浮游动物的区系、动物物种多样性、动物类群、动物物种名录及其生境条件进行调查；二级评价应给出评价范围内的浮游动物类型多样性、物种多样性，可以参考现有资料，或实测一定数量的、具有代表性的样方予以验证；三级评价可以借鉴已有相关资料进行说明。

对于底栖生物，底栖生物调查可以参考《水库渔业资源调查规范》（SL 167—96）。底栖生物调查主要包括：种类组成及多样性；数量分布；栖息密度；生物量；优势类群的种类组成、群落结构。一级评价应给出评价范围底栖动物的实测数据，并对评价区范围内底栖动物的区系，动物物种多样性，动物类群，动物物种名录及其生境条件进行调查；二级评价应给出评价范围内的底栖动物类型多样性、物种多样性，可以参考现有资料，或实测一定数量的、具有代表性的样方予以验证；三级评价可以借鉴已有相关资料进行说明。

3.3.2 生态现状评价

在区域生态基本特征现状调查的基础上，对评价区的生态现状进行定量或定性的分析评价，评价应采用文字和图件相结合的表现形式，图件制作应遵照《环境影响评价技术导则—生态影响》（HJ 19—2011）附录 B 的规定，评价方法可参见附录 C。

通过现状评价，对生态影响因子进行进一步的影响识别和筛选，可采用类比分析法、矩阵法、专家判断法等方法。

综上所述，一级评价原则上应出示采用样地样方实测或遥感方法估测的生物量数据、物种多样性数据，出示主要生物物种名录、受保护的野生动植物物种调查报告；二级、三级评价的生物量和物种多样性调查可以依据已有资料推断，或实测一定数量的、具有代表性的样方予以验证，但需对主要生物物种名录、受保护的野生动植物物种进行实际调查。

对于现状评价来说，主要的评价结论应该包括以下内容：

①在阐明生态系统现状的基础上，分析影响区域内生态系统状况的主要原因。评价生态系统的结构与功能状况（如生物多样性保护、水源涵养、土壤形成、防风固沙等主导生态功能）、生态系统面临的压力和存在的问题、生态系统的总体变化趋势等。

②分析和评价受影响区域内动植物等生态因子的现状组成、分布；当评价区域涉及受保护的敏感物种时，应重点分析该敏感物种的生态学特征；当评价区域涉及特殊生态敏感区或重要生态敏感区时，应分析其生态现状、保护现状和存在的问题等。

3.4 水利水电工程项目生态现状调查方法

3.4.1 资料收集法

调查方法上可以将野外样地调查、遥感影像解译、GIS 分析相结合，通过大尺度遥感调查和样带踏勘，结合中尺度样地调查和采样分析完成。

即收集现有的能反映生态现状或生态背景的资料，从表现形式上分为文字资料和图形资料，从时间上可分为历史资料和现状资料，从收集行业类别上可分为农、林、牧、渔和环境保护部门，从资料性质上可分为环境影响报告书、有关污染调查、生态保护规划、规定、生态功能区划、生态敏感目标的基本情况以及其他生态调查材料等。使用资料收集法时，应保证资料的现时性，引用资料必须建立在现场校验的基础上。

3.4.2　现场勘查法

现场勘查应遵循整体与重点相结合的原则，在综合考虑主导生态因子结构与功能的完整性的同时，突出重点区域和关键时段的调查，并通过对影响区域的实际踏勘，核实收集资料的准确性，以获取实际资料和数据。

3.4.2.1　陆生植物群落调查

陆生生物群落调查可以参考环境保护部 2010 年发布的《全国植物物种资源调查技术规定（试行）》与《全国动物物种资源调查技术规定（试行）》进行。对于植物群落调查来说，主要参考《全国植物物种资源调查技术规定（试行）》中关于野生植物资源的调查技术，调查方法主要是样方法与样线（带）法，对于物种稀少、分布面积小、种群数量相对较少的区域，宜采全查法。动物群落的调查主要包括昆虫、两栖爬行类、鸟类和兽类。调查方法包括样方法、样线调查法、样点调查法，还包括网捕调查法、标记 - 重捕法、踪迹判断法、铗捕调查法、洞口统计法、直观调查法、鸣叫调查法、访问调查法。

对于工程干扰下的流域，特别需要调查国家重点保护植物与古树资源，特别是珍稀濒危动植物资源的调查。具体名录可以参考《国家重点保护野生植物名录（第一批）》《国家重点保护野生植物名录（第二批）》《国家重点保护野生动物名录》。对于影响较大的流域或者濒危物种评价，可以参考《生物遗传资源等级划分标准》（HJ 626—2011）加以分析，分析工程影响下濒危等级的变化。

对于水利水电工程，陆生植物群落类型调查，参考重点在水坝淹没区、坝系区、坝下区，在横向上和纵向上，分别于河流左右岸垂直于河流流向设置植物群落调查样带，在样带上根据地形（坡度、坡向、坡位）、人为干扰强度和植物群落组成变化布设相应的调查样方。库区样方设置按照"永久淹没区—消落区—坡面"设置；水库下游按照"河岸带—坡面"设置（Li et al.，2012 a，2012 b）。

样方调查：森林群落调查采用 20 m×20 m 样方（地形起伏变化不大、群落组成较为均匀的地方采用 10 m×10 m 样方），灌丛调查采用 5 m×5 m 样方，草本群落调查采用 1 m×1 m 样方。森林群落的调查根据实际情况可在样方内设 2～3 个 5 m×5 m 的灌丛样方、5～7 个草本样方进行林下植被调查。灌丛群落的调查可根据实际情况布设 3～5 个 1 m×1 m 的样方进行草本群落植被的调查。植被调查的主要内容包括群落类型、建群种和优势种、群落生活型组成（乔木、灌木和草本）、不同生活型植被数量特征（高度、盖度、生物多样性等），测算植物群落的生物多样性、初级生产力。

3.4.2.2　水生生物群落调查

水生生物群落调查,可以参考《全国淡水生物物种资源调查技术规定(试行)》(2007),对于水库蓄水,可以参考《水库渔业资源调查规范》(SL 167—96),如水利水电工程影响沿海海洋系统,参考《海洋调查规范 第 9 部分:海洋生态调查指南》(GB/T 12763.9—2007)。具体来说,重点为底栖生物与鱼类。

对于采样的时间、频率,针对北方河流,通常春初或秋末,南方河流,可考虑夏季(雨季前)和冬季;一般以 5 月、8 月、11 月和 2 月代表春季、夏季、秋季和冬季。对于一级评价或者专题调查,频率通常应该每月(至少每季度)调查一次,如有特殊情况可酌情调整调查次数。针对不同的物种,采样时间有差异:

①大型底栖动物具有极强的季节差异;大型底栖动物生长和发育差异大,有的一年一代,有的一年数代;不同季节的个体发育差异有别,会对鉴定造成难度,有时需同时采集成虫;

②鱼类采样频率:可依据河流按平水期、枯水期、丰水期,依据本地鱼类群落的洄游、繁殖和生长特征,设定监测次数。

对于采样范围,对具有水库的水利水电工程的环境影响评价范围一般应包括库区周围及水库下游影响河段,以库区周围为重点。水生生物中,以底栖生物作为主要调查对象。对于水生生物采样,调查或者监测断面可以用 Z 字形或者平行断面。

对于采样方法,采样点布设大型水库的采样断面一般为 3 ~ 5 个,中型水库的采样断面一般为 2 ~ 3 个,小型水库的采样断面一般为 1 ~ 2 个,采样断面上采样点的间距一般为 100 ~ 500 m,除采样断面上的采样点外还应根据实际情况在水库的入水口区、出水口区、中心区、最深水区、沿岸带库湾污染区及相对清洁区等水域设置采样点。

浮游植物、浮游动物、底栖动物、鱼类等可以用浮游生物网、沉淀法、采泥器法、电鱼法、网捕等进行采样。螺蚌等较大型底栖动物一般用带网夹泥器采集,水生昆虫水栖寡毛类和小型软体动物一般用改良彼得生采泥器采集 [《水库渔业资源调查规范》(SL 167—96)]。

采样方法又分为半定量、定量和定性采样,一级评价中,需要进行定量与半定量的采样,目前半定量方法常见。定量采样方法通常需要大量的重复样,减小采样误差;半定量方法与定性采样方法可以提供最广泛的物种信息。

对于鱼类调查,三级评价可以收集现有的各种有关数据、分析报告及图件。一二级评价应该具有现场调查资料,特别是现有资料不能满足评价要求,应到实地对环境要素进行调查和测试。

对库区和坝下河段的鱼类资源进行调查,库区调查结合水库渔业资源调查方法,并针对重要栖息地与淹没区进行调查,坝下河段需要调查受影响的重要鱼类生境栖息地、关键湿地、河口等生态系统,记录敏感生态区域的环境因子。

主要测定鱼类的种群数量,研究鱼类种群和数量变动规律,对建坝前后鱼类群体的结构状况进行比较,以判断资源现状和变化趋势。摸清主要鱼类物种的产卵场、越冬场、幼鱼育肥场的水域分布位置、面积大小、鱼类的活动及洄游规律，记录上述生境的水位、水深、水温、透明度、溶氧浓度、流速及底质等环境条件。结合渔业捕捞生产采集常见鱼类和经济鱼类标本，对非渔业水域、非经济鱼类、稀有与珍贵的鱼类标本，则需进行专门采捕。主要采用网具采集、虾笼捕捉、岸边计数等对鱼类种群分布进行监测，也可以从鱼市购买。若从鱼市场、收购站购买标本，则要了解其捕捞地点、渔具和水域情况。

鱼类需要种类鉴定，并进行体长、体重测定，并对典型标本进行固定，先在含 10% 福尔马林溶液中浸泡固定，待鱼体定型变硬后，换到 5% 福尔马林溶液中浸泡保存。夏季高温时采到的标本，应及时固定。长期保存的标本应将标本瓶用石蜡封口。

3.4.3　专家和公众咨询法

专家和公众咨询法是对现场勘查的有益补充。通过咨询有关专家，收集评价范围内的公众、社会团体和相关管理部门对项目影响的意见，发现现场踏勘中遗漏的生态问题。专家和公众咨询应与资料收集和现场勘查同步开展。

3.4.4　生态监测法

当资料收集、现场勘查、专家和公众咨询提供的数据无法满足评价的定量需要，或项目可能产生潜在的或长期累积效应时，可考虑选用生态监测法。生态监测应根据监测因子的生态学特点和干扰活动的特点确定监测位置和频次，有代表性地布点。生态监测方法与技术要求须符合国家现行的有关生态监测规范和监测标准分析方法；对于生态系统生产力的调查，必要时需现场采样、实验室测定。

对于水利水电工程的生态监测，在河流布点时，样点根据不同生态因子与取样时间的要求，选择应具有针对性，而且应使监测样点能够获得足够的信息。

美国、澳大利亚河流生态监测采用随机布点法，在全流域调查时，可考虑不同的河流类型、不同的河流级别，用经纬度将整个流域划分，使用平均布点法。

进行单一水利水电工程建设时，在考虑水利水电工程的生态影响基础上，从干扰入手，考虑干扰区域的上下游，可以考虑与水质取样相配合，并且兼顾陆域植被与水域生物群落分布的特征，采用水域重点断面监测，陆域纵向布点与横向布点相结合的原则，较为完整地体现受影响的生态因子的变化。同时要考虑水利水电工程造成的淹没区、减脱水河段、低温水河段、支流特征的生态状况。

同一水电工程生态监测，应注明采样的时间、地点及其他环境生态因素，使得采样具有一致性、持续性，便于评价与研究的比较。

3.4.5　遥感调查法

当水利水电工程的影响涉及区域范围较大或主导生态因子的空间等级尺度较大，通过人力踏勘较为困难或难以完成评价时，可采用遥感调查法。遥感调查过程中必须辅助必要的现场勘查工作。遥感调查法可以用于制图，也可进而用于 GIS 分析、景观生态学分析与评价。

遥感调查中，按照图件构成的要求，采用合适的分辨率或者比例尺的影像，而且需要区分建设期与运营期。

3.5 生态影响预测与评价

3.5.1 生态影响预测和评价要求

生态影响评价与预测必须遵循以下原则：①客观性原则：工程对环境的影响应客观、公正、科学地预测和评价；②突出重点原则：重点环境要素及因子应进行详细、全面的预测和评价；③实用性原则：预测方法应有针对性、实用性、可操作性。

生物多样性影响预测和评价的范围：评价范围内涉及的生态系统及其主要生态因子的影响评价。通过分析影响作用的方式、范围、强度和持续时间来判别生态系统和生物多样性受影响的范围、强度和持续时间，预测生态系统组成和服务功能的变化趋势，重点关注造成影响中的不利、不可逆影响。图件内容和比例尺应满足生物多样性保护和管理要求。

3.5.2 生态影响预测与评价内容

3.5.2.1 评价内容依据

参照《环境影响评价技术导则—生态影响》（HJ 19—2011），生态影响预测与评价内容应与现状评价内容相对应，依据区域生态保护的需要和受影响生态系统的主导生态功能选择评价预测指标。主要包括以下内容：

①评价工作范围内涉及的生态系统及其主要生态因子的影响评价。通过分析影响作用的方式、范围、强度和持续时间来判别生态系统受影响的范围、强度和持续时间；预测生态系统组成和服务功能的变化趋势，重点关注其中的不利影响、不可逆影响和累积生态影响。

②敏感生态保护目标的影响评价应在明确保护目标的性质、特点、法律地位和保护要求的情况下，分析评价项目的影响途径、影响方式和影响程度，预测潜在的后果。

③预测评价项目对区域现存主要生态问题的影响趋势。

参照《环境影响评价技术导则—水利水电工程》（HJ/T 88—2003）5.7 生态预测内容，主要包括以下内容：

①生态完整性影响应分析预测工程对区域自然系统生物生产能力和稳定状况的影响。

②陆生植物影响应预测对森林、草原等植被类型、分布及演替趋势，珍稀濒危和特有植物、古树名木种类及分布等的影响。

③陆生动物影响应预测对陆生动物、珍稀濒危和特有动物种类及分布与栖息地的影响。

④水生生物影响应预测对浮游植物、浮游动物、底栖生物、高等水生植物、重要经

济鱼类及其他水生动物，珍稀濒危、特有水生生物种类及分布与栖息地的影响。

⑤确定河道生态用水量，并且在此基础上进行河流生境状况的预测评价。

⑥湿地影响应预测对河滩、湖滨、沼泽、海涂等生态环境以及物种多样性的影响。

⑦自然保护区影响应预测对保护对象、保护范围及保护区的结构与功能的影响。

⑧水土流失影响应预测工程施工扰动原地貌、损坏土地和植被、弃渣、损坏水土保持设施和造成水土流失的类型、分布、流失总量及危害。

同时也可以参考《农村水电站工程环境影响评价规程》（SL 315—2005）。

水利水电工程环境影响预测，一般可按运行后 3～5 年作为预测水平年；某些长期和积累性因子可根据具体需要确定预测水平年。

3.5.2.2　评价内容

对于陆域植被，生态影响预测与评价内容应与现状评价内容相对应，依据区域生态保护的需要和受影响生态系统的主导生态功能选择评价预测指标。对于水利水电工程，应对以下方面进行预测：

①对水库回水区和水库淹没线以下植被类型，植物群落的优势种和建群种、特有种、受保护的珍稀濒危物种和天然的重要经济物种影响进行预测；对水库淹没对陆生植物群落生产力和生物量的影响进行预测；从评价区生态完整性角度，预测区域生态系统的组成和服务功能的变化趋势；②水库大坝建设永久占地和临时施工占地对植物群落类型影响，关注对植物群落的优势种和建群种、特有种、受保护的珍稀濒危物种和天然的重要经济物种的影响；对水库大坝永久占地和临时占地对陆生植物群落生产力和生物量的影响进行预测；③对敏感生态保护目标的影响评价应在明确保护目标的性质、特点、法律地位和保护要求的情况下，分析水利水电工程的影响方式、影响程度及预测后果。

对于水生生物，水生生物影响预测与评价内容应与现状评价内容相对应。分析水利水电工程影响作用的方式、范围、强度和持续时间，判别生态系统及其生态因子受影响的范围、强度和持续时间，预测变化趋势，重点关注其中的不利影响、不可逆影响和累积生态影响。重点关注珍稀敏感生态保护目标。主要内容包括：①预测对受影响的物种的种类、分布、生物多样性特征、数量、关键物种栖息地的分布的影响；②利用水生生物为指示生物评价水生生态系统完整性；③对于鱼类，依据区域生态保护的需要和受影响鱼类的主导生态功能选择评价预测指标。

水利水电工程建设的工程分析，主要包括三部分内容：库区生境改变，大坝阻隔影响和坝下生境改变。其中，坝下生境改变为评价重点，依据工程建设特点，主要分析水文情势变化、低温水影响、下泄水气体过饱和对珍稀鱼类、濒危鱼类、特有鱼类和洄游性鱼类重要生境的影响。

3.5.2.3　评价要求

若评估结果出现下列情形之一，可以建议对拟建项目实行一票否决：

①造成某一生态系统或者物种的消失。

②某一野生动植物物种失去有效生存的种群数量。

③对某一野生动植物物种生境造成片断化,不能满足某一物种最小生存面积。

④造成某一特殊生态系统的面积减少,可能改变生态系统的功能。

⑤引入的外来物种可能导致建设和生产经营活动范围内某一生态系统或物种的灭绝。

3.5.3　生态影响预测与评价方法要求

生态影响预测与评价方法应根据评价对象的生态学特性,在调查、判定该区主要的、辅助的生态功能以及完成功能必需的生态过程的基础上,分别采用定量分析与定性分析相结合的方法进行预测与评价。常用的方法包括列表清单法、图形叠置法、生态机理分析法、景观生态学法、指数法与综合指数法、类比分析法、系统分析法和生物多样性评价等,见下 3.6 节内容。

生物影响预测应在实地调查的基础上,采用定量分析与定性分析相结合的方法进行评价。对于水电站建设的生态影响预测来说,需要利用不同方法对陆域植被与水生生物进行评价分析,评价需要从物种、群落、生态系统与景观(栖息地)层次展开。并尽可能利用定量方法,分析水利水电工程建设后的变化趋势,重点分析珍稀、濒危与特有物种的影响与变化预测,给出确定性的结论。采用生物多样性评价等方法进行评价。

3.6　水利水电工程推荐的生态影响评价和预测方法

3.6.1　列表清单法

列表清单法的基本做法是,将拟实施的开发建设活动的影响因素与可能受影响的环境因子分别列在同一张表格的行与列内。逐点进行分析,并逐条阐明影响的性质、强度等。由此分析开发建设活动的生态影响(HJ 19—2011)。

该方法主要用于拟建与规划水利水电工程影响评价中,陆域与水域不同生态因子敏感性评价、影响程度的分析,重要评价因子的筛选,物种或栖息地重要性或优先度比选;对不同生态保护措施的筛选等方面。该方法属于定性与半定量的方法,可以和类比分析法结合使用。

3.6.2　图形叠置法

图形叠置法,是把两个以上的生态信息叠合到一张图上,构成复合图,用以表示生态变化的方向和程度。本方法的特点是直观、形象,简单明了,主要有指标法和 3S 叠图法。

该方法主要用于评价水利水电工程建设对陆域植被、土地利用与景观格局的影响;陆域和水域生物栖息地的生态质量评价与生态影响评价。其中指标法的步骤如下:确定评价区域范围;进行生态调查,收集评价工作范围与周边地区自然环境、动植物等的信息,同时收集社会经济和环境污染及环境质量信息；进行影响识别并筛选拟评价因子，其中包括识别和分析主要生态问题；研究拟评价生态系统或生态因子的地域分异特点与规律，对拟评价的生态系统、生态因子或生态问题建立表征其特性的指标体系，并通过定性分析或定量方法对指标赋值或分级，再依据指标值进行区域划分；将上述区划信息绘制在生态图上。3S 叠图法主要包括以下步骤：选用地形图，或正式出版的地理地图，或经过精校正的遥感影像作为工作底图，底图范围应略大于评价工作范围；在底图上描绘主要生态因子信息，如植被覆盖、动物分布、河流水系、土地利用和特别保护目标等；进行影响识别与筛选评价因子；运用 3S 技术，分析评价因子的不同影响性质、类型和程度；将影响因子图和底图叠加，得到生态影响评价图。可以利用综合指数法进行分析，3S 图形叠置法加以展示（HJ 19—2011）。

3.6.3　生态机理分析法

生态机理分析法是根据建设项目的特点和受其影响的动植物的生物学特征，依照生态学原理分析、预测工程生态影响的方法《环境影响评价技术导则—生态影响》（HJ 19—2011）。

该方法在水利水电工程影响评价中，主要涉及如下内容：

①调查水利水电工程影响范围内的植物和动物分布，陆地动物栖息地和迁徙路线；水生鱼类的越冬场、产卵场和索饵场（三场）与洄游路径；

②根据调查结果分别对水利水电工程影响下植物、动物种群、群落和生态系统进行分析，描述其分布特点、结构特征和演化等级；

③识别有无珍稀濒危物种及重要经济、历史、景观和科研价值的物种，具体可以参考生态调查一节；

④监测项目建成后该地区动物、植物生长环境的变化；

⑤根据项目建成后的关键环境因子的变化，对照无开发项目条件下动物、植物或生态系统演替趋势，预测项目对动物和植物个体、种群和群落的影响，并预测生态系统演替方向。

评价过程中有时要根据实际情况进行相应的生物模拟试验，如环境条件、生物习性模拟试验、生物毒理学试验、实地种植或放养试验等；或进行数学模拟，如鱼类种群模型的应用。该方法需与生物学、地理学、水文学、数学及其他多学科合作评价，才能得出较为客观的结果。该研究方法主要用于水利水电工程对关键敏感物种的影响，可以结合景观生态学方法进一步对栖息地等进行分析。

3.6.4　景观生态学法

景观生态学法是通过研究某一区域、一定时段内的生态系统类群的格局、特点、综合资源状况等自然规律，以及人为干预下的演替趋势，揭示人类活动在改变生物与环境方面的作用的方法。景观生态学对生态质量状况的评判是通过两个方面进行的，一是空间结构分析,二是功能与稳定性分析。景观生态学认为,景观的结构与功能是相当匹配的,且增加景观异质性和共生性也是生态学和社会学整体论的基本原则。景观生态学的方法逐渐得到重视,成为大尺度上生态环境评价工作采用的主要方法。

该方法在水利水电工程影响评价中,是对水电建设区域进行土地利用类型预测分析和水电建设后河流生境破碎化分析的较好方法。主要涉及如下内容:

3.6.4.1 景观结构分析

主要计算水利水电工程建设对优势度变化的影响,包括了密度(Rd)、频率(Rf)和景观比例(Lp)三个参数,可以计算水利水电工程建设后对库区景观的结构影响的程度,详细计算见《环境影响评价技术导则—生态影响》(HJ 19—2011)。

通过对澜沧江水利工程景观的影响分析,对于水利工程建设前后景观格局的分析,可以用景观动态度来综合分析水利工程建设对景观的影响。景观动态度可定量描述景观空间变化程度(周庆等,2008;赵清贺等,2012)。其中,单一景观动态度指一定时间范围内,区域某种景观类型空间变化的程度,公式表达为:

$$R_{ss} = \frac{\Delta U_{in} + \Delta U_{out}}{U_a} \times \frac{1}{T} \times 100\% \tag{3-1}$$

式中,R_{ss} 为某种景观类型空间变化程度;ΔU_{in} 为研究时段 T 内其他类型转变为该类型的面积之和;ΔU_{out} 为某一类型转变为其他类型的面积之和;U_a 为研究初期某一土地利用类型的面积。

该方法可以用于评价水利水电工程干扰的陆域景观的程度与范围,用于水利水电工程的后评价分析。并且可以结合 GIS 的缓冲区分析,识别大坝建设与水库淹没对景观结构影响较为显著的区域。

3.6.4.2 景观的功能和稳定性

包括如下四方面内容:

①生物恢复力分析:分析景观基本元素的再生能力或高亚稳定性元素能否占主导地位。

②异质性分析:基质为绿地时,由于异质化程度高的基质很容易维护它的基质地位,从而达到增强景观稳定性的作用。

③种群源的持久性和可达性分析:分析动植物物种能否持久保持能量流、养分流,分析物种流可否顺利地从一种景观元素迁移到另一种元素,从而增强共生性。

④景观组织的开放性分析:分析景观组织与周边生境的交流渠道是否畅通。开放性强的景观组织可以增强抵抗力和恢复力。

3.6.4.3 栖息地评价

涉及水利水电工程对陆域生物栖息地及其自然保护区影响评价,可以参考《自然保护区生物多样性影响评价技术规范》，对景观 / 生态系统的影响也可参考该技术规范。

该方法主要反映水利水电工程建设对景观结构与功能在时间与空间上的差异。需要对差异的结果进行合理的解释与定量化的评价。

景观影响评价可参考或采用国家、地方的有关标准，如国家标准《旅游资源分类、调查与评价》（GB/T 18972—2003）和中国环境保护行业标准《山岳型风景资源开发环境影响评价指标体系》（HJ/T 6—94）。《环境影响评价技术手册》结合景观美感文字描述法来进行评价。根据专家给出的景观相融性评价标准和评分结果比较，得出自然景观与项目的景观是否相协调，从而判断项目是否可行。随着计算机技术，特别是 GIS 的广泛应用，景观影响评价方法得到很大发展，如景观生态学方法、峡谷空间分析法和敏感度评价法等方法。有关景观生态学方法在水利水电工程环境影响评价中已广泛应用，结合水利水电工程的特点，可以利用风景质量评价法、峡谷空间分析法、敏感度评价法、视觉污染评价、加权综合评价法等方法进行评价。

3.6.5　指数法与综合指数法

指数法是利用同度量因素的相对值来表明因素变化状况的方法，是建设项目环境影响评价中规定的评价方法，指数法同样可将其拓展而用于生态影响评价中。指数法简明扼要，且符合人们所熟悉的环境污染影响评价思路，但困难之点在于需明确建立表征生态质量的标准体系，且难以赋权和准确定量。综合指数法是从确定同度量因素出发，把不能直接对比的事物变成能够同度量的方法（HJ 19—2011）。

（1）单因子指数法

选定合适的评价标准，采集拟评价项目区的现状资料。可进行生态因子现状评价：如以同类型立地条件的森林植被覆盖率为标准，可评价项目建设区的植被覆盖现状情况；也可进行生态因子的预测评价：如以评价区现状植被盖度为评价标准，可评价建设项目建成后植被盖度的变化率。

（2）综合指数法

综合指数法主要用于分析研究评价的生态因子的性质及变化规律。其主要步骤包括：建立表征各生态因子特性的指标体系；确定评价标准；建立评价函数曲线，将评价的环境因子的现状值（开发建设活动前）与预测值（开发建设活动后）转换为统一的量纲为一的环境质量指标。用 1～0 表示优劣（"1"表示最佳的、顶极的、原始或人类干预甚少的生态状况，"0"表示最差的、极度破坏的、几乎无生物性的生态状况），由此计算出开发建设活动前后环境因子质量的变化值；根据各评价因子的相对重要性赋予权重；将各因子的变化值综合，提出综合影响评价值。即：

$$\Delta E = \sum (E_{hi} - E_{qi}) \times W_i \tag{3-2}$$

式中：ΔE——开发建设活动前后生态质量变化值；

　　　　E_{hi}——开发建设活动后 i 因子的质量指标；

E_{qi}——开发建设活动前 i 因子的质量指标；

W_i——i 因子的权值。

该方法在水利水电工程影响评价中，单因子法主要用于某一因子建设前后或者不同空间上的对比，如水利工程对景观格局的影响，综合指数法主要用于不同生态因子影响的综合评价，一般需要对不同生态因子进行归类，并进行标准化，主要用于水利工程建设前后生态质量的综合评价，或者生态功能评价。

综合指数法可以结合其他方法，如生物多样性评价、栖息地因子质量评价等方法。

对于区域生态环境状况来说，可以参考《生态环境状况评价技术规范》（HJ 192—2015），生态环境状况评价利用一个综合指数（生态环境状况指数，EI）反映区域生态环境的整体状态，指标体系包括生物丰度指数、植被覆盖指数、水网密度指数、土地胁迫指数、污染负荷指数五个分指数和一个环境限制指数，五个分指数分别反映被评价区域内生物的丰贫、植被覆盖的高低、水的丰富程度、遭受的胁迫强度、承载的污染物压力，环境限制指数是约束性指标，指根据区域内出现的严重影响人居生产生活安全的生态破坏和环境污染事项对生态环境状况进行限制和调节。

通过各个分因子的计算，总体的生态环境状况指数（EI）＝ 0.35× 生物丰度指数＋0.25× 植被覆盖指数＋ 0.15× 水网密度指数＋ 0.15×（100 －土地胁迫指数）＋ 0.10×（100 －污染负荷指数)+ 环境限制指数。并根据生态环境状况指数，将生态环境分为五级，即优、良、一般、较差和差。并依据开发建设活动分析生态环境变化情况即 ΔEI。生态环境状况变化幅度分为 4 级，即无明显变化、略有变化（好或差）、明显变化（好或差）和显著变化（好或差）。

3.6.6　生物多样性评价方法

生物多样性评价是指通过实地调查，分析生态系统和生物种的历史变迁、现状和存在主要问题的方法，评价目的是有效保护生物多样性。

生物多样性通常用香农 - 威纳指数（Shannon-Wiener index）表征：

$$H = -\sum_{i=1}^{s} p_i \ln(P_i) \tag{3-3}$$

式中：H——样品的信息含量（彼得 / 个体）＝群落的多样性指数；

S——种数；

P_i——样品中属于第 i 种的个体比例，如样品总个体数为 N，第 i 种个体数为 n_i，则 $P_i=n_i/N$。

3.6.7　土壤侵蚀预测方法

土壤侵蚀预测方法参见《开发建设项目水土保持技术规范》（GB 50433—2008）。

水利水电工程建设中，对淹没区、移民区、施工区与河道两侧由于地形改变导致的土壤侵蚀进行预测。

3.6.8　类比分析法

根据已有的开发建设活动（项目、工程）对生态系统产生的影响来分析或预测拟进行的开发建设活动（项目、工程）可能产生的影响。选择好类比对象（类比项目）是进行类比分析或预测评价的基础，也是该方法成败的关键。

类比对象的选择条件是：工程性质、工艺和规模与拟建项目基本相当，生态因子（地理、地质、气候、生物因素等）相似，项目建成已有一定时间，所产生的影响已基本全部显现。

类比对象确定后，则需选择和确定类比因子及指标，并对类比对象开展调查与评价，再分析拟建项目与类比对象的差异。根据类比对象与拟建项目的比较，做出类比分析结论 [《环境影响评价技术导则—生态影响》（HJ 19—2011）]，属于常用的定性和半定量评价方法，可以对生态整体、生态因子和生态问题类比。

该方法在水利水电工程影响评价中，主要选择工程特性、地理位置、地貌与地质、气候因素、动植物背景等与拟建工程相似的已建工程作为类比，并且具有同本工程相似的功能、特性及运行方式，具有一定的运行年限。该方法可以用于生态影响识别和评价因子筛选；可评价目标生态系统的质量；对生态影响的定性分析与评价；生态因子的影响评价；预测生态问题的发生与发展趋势及其危害；确定环保目标和寻求最有效、可行的生态保护措施。具体应用时，可用于评价等级要求不高或者目前生态导则未有明确规定，而有相关科学研究发现的生态影响中。

通过对以上不同方法的比较，可以看出，不同方法的有效性和适用性不同，根据专业程度、公众解释有效性、环境影响识别、环境影响计算、相对费用和评价使用频率等特点，大致对不同方法的情况作了比较。可以看出，景观生态学方法、生物多样性评价、生态机理方法的利用与发展是未来生态预测与评价的方向。

表 3-6　规范中不同评价方法比较

特点	列表清单法	图形叠置法	生态机理法	指数法	景观生态学法	生物多样性评价	类比法
专业程度	高	中	高	高	高	中	低
公众解释有效性	高	高	中	中	中	高	中
环境影响识别	低	高	高	中	中	高	低
环境影响计算	中	中	高	中	高	高	低
相对费用	低	中	高	中	高	高	低
使用频率	高	高	低	高	高	高	中

3.7　存在的问题与发展趋势

3.7.1　生物多样性评价不足

生物多样性一般包含了景观多样性、生态系统多样性、物种多样性和基因多样性，所以在评价指标的选择上应考虑不同层次景观多样性的指标筛选（陈薇等，2007）。景观多样性指数包括丰富度及相对丰富度、Simpson 指数、Shannon-Weiner 指数、优势度等指数描述（傅伯杰，1995a，1995b）。生态系统多样性包括生物群落和生态系统两个水平的多样性测定（吴甘霖，2004），物种多样性需要涉及物种相对丰度、物种濒危程度、生物种群稳定性等（王华东和刘贤姝，1996；曾志新等，1999）。

群落层次上，生物多样性指数是指通过实地调查，分析生态系统和生物物种的历史变迁、现状和存在主要问题的方法，其分析生态效应的目的是有效保护生物多样性。生物多样性指数主要包括 Berger-Parker 指数、Margalaf 指数、Simposon 指数、Shannon 指数和 Pielou 指数。Berger-Parker 指数用于表征物种的优势度，Margalaf 指数表征物种的丰富度，Simposon 指数表征多样性的概率，Shannon 指数表征群落多样性的高低，Pielou 指数表征物种均匀度。生物多样性指数计算公式见表 3-7，目前在研究中，生物多样性的计算多样化程度较高。

表 3-7　生物多样性指数计算公式

生物多样性指数	计算公式	计算说明
Berger-Parker 指数 d	$d = 1 / \dfrac{n_{\max}}{N}$	$n_{\max}$ 为数量最多物种数目
Margalaf 指数 d_{Ma}	$d_{\mathrm{Ma}} = \dfrac{s-1}{\ln N}$	
Simposon 指数 λ 形式	$\lambda = \sum\limits_{i=1}^{s} p_i{}^2$	$p_i{}^2 = \dfrac{n_i(n_i-1)}{N(N-1)}$
Simposon 指数 D 形式	$D = 1 - \sum\limits_{i=1}^{s} p_i{}^2$	$p_i{}^2 = \dfrac{n_i(n_i-1)}{N(N-1)}$
Simposon 指数 D_r 形式	$D_r = 1 / \sum\limits_{i=1}^{s} p_i{}^2$	$p_i{}^2 = \dfrac{n_i(n_i-1)}{N(N-1)}$
Shannon 指数（以 e 为底）H'_e	$H'_e = -\sum\limits_{i=1}^{s} p_i \ln p_i$	$p_i = \dfrac{n_i}{N}$
Shannon 指数（以 2 为底）H'_2	$H'_2 = -\sum\limits_{i=1}^{s} p_i \log_2 p_i$	$p_i = \dfrac{n_i}{N}$
Pielou 指数 J_e	$J_e = \dfrac{H'_e}{H'_{\max}}$	$H'_{\max} = \ln S$

注：S 为物种数目；N 为所有物种的个体数之和；n_i 为第 i 个种个体数量。

由于发展时间较短，建设项目环境影响评价与规划环境影响评价中的生物多样性影响评价仍有不足之处（表 3-8）。规划与建设项目的生物多样性影响评价的不足，主要是因为现今还没有统一规定生物多样性评价方法和制订统一的生物多样性评价指标体系，所以要解决这些问题就要筛选评价指标构建评价指标体系（陈薇等，2007）。

表 3-8　生物多样性影响评价的不足

建设项目生物多样性评价	规划生物多样性影响评价
评价方法众多，不统一	无特定的评价方法，沿袭或借用其他方法
以点带面，对每个层次评价不全面	评价太笼统，不具体
无完善统一的评价指标体系	无具体的统一的评价指标
未跟踪监测	评价的操作性低
公众参与少	定性评价大大超过定量评价

对于生物多样性评价，可以分为通过群落生物多样性与景观尺度生物多样性、景观尺度生物多样性与流域生物多样性进行分析。

目前的生态影响评价导则对于生物多样性评价的方法，推荐香农 - 威纳指数（Shannon-Weiner）作为生物多样性信息的反映，常用的有均匀度和优势度指数 [《环境影响评价技术导则—生态影响》（HJ 19—2011）]。主要是针对种群、群落生态系统的生物多样性分析。

对于敏感区的研究，特别是对于工程建设涉及对自然保护区生物多样性影响的，可参考《自然保护区生物多样性影响评价技术规范》展开，该规范评价指标体系主要分为建设工程对景观 / 生态系统的影响、对生物群落（栖息地）的影响、对种群 / 物种的影响、对主要保护对象的影响、对生物安全的影响、对相关利益群体的影响，每项评价指标级别划分并评分见《国家林业局关于加强自然保护区建设管理工作的意见》（林护发〔2005〕55 号）。综合指标法一般需要考虑多个生态因子的集成，对于陆地生态系统影响来说，可以在完成野外调查和内业工作之后，评估专家使用评分表，对各部分内容的每项评价指标按照项目对生物多样性的影响程度从小到大的梯度分别赋予由低到高不等的分值，由评估专家根据专业知识和经验进行评分，并计算出综合的生物多样性影响程度，见《国家林业局关于加强自然保护区建设管理工作的意见》（林护发〔2005〕55 号）。

目前，水利水电工程环境影响评价大多只关注了物种多样性层面的影响，对于基因多样性、生态系统多样性及景观多样性层面需要加强；水生生物大部分集中于对珍稀鱼类的影响评价，较少涉及其他水生生物物种；针对陆生生物的影响评价，往往侧重具体或单一物种及栖息地的保护（如对保护鸟类的问题），没有考虑物种生活史尤其是繁殖遗传受到的系统影响和保护问题；很少考虑对非珍稀保护动植物以及非自然保护区生物多样性的影响；没有考虑对工程影响范围内的生物多样性资源进行监测和评估，对工程的间接影响、长期影响的定量预测评价工作没有全面开展。

总之，开展生物多样性评价，除了深入工程影响区的生物多样性调查外，还需要关注生境变化对生物多样性的影响，重视生态系统中高营养级类群的保护，并且重视生态系统完整性评价。

对于景观层次的多样性来说，景观格局指数的计算需要赋予生态学意义，否则单纯的景观格局指数运算没有实际的意义。从景观尺度上来说，水利水电工程景观及视觉影响也受到关注，虽然有研究分析了水利水电工程的景观及视觉影响，但总体而言，国内对水电开发的景观影响评价研究还不完善，仍缺乏较系统的理论方法，可供参考的案例定量研究也不多。

3.7.2 生态过程评价需要加强

水利水电工程环境评价的重点应是工程对于河流生态系统的健康和可持续性的影响，内容是对于河流生态系统的结构和功能影响的分析、预测和评估。对于大坝建设期，主要是对生态系统的格局施加影响，但是运营期，影响区生态过程的变化是个长期的过程，需要更加侧重。目前的研究对于生态过程的研究仍较弱。生态机理法是研究生态过程的重要方法，但是对于重要的生态过程，需要采用模型模拟、实验等方法开展。如水电工程对陆域生物栖息地的影响，更多的侧重格局的改变方面，而对于实际野生动物的迁徙路径等仍需要进一步加强分析，图3-1为水利水电工程与栖息地交互作用的时空尺度特征。

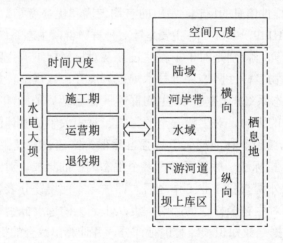

图 3-1 水利水电工程与栖息地交互作用的时空尺度特征

资料来源：崔保山和翟红娟，2008。

水利水电工程对生态过程的影响大多是通过直接改变生态系统结构而间接影响生态过程，尤其是景观格局、河流生态系统水动力学条件和水文情势变化。因此，需要在关注生境变化的同时，考虑生态过程的改变，以预测生物多样性的改变。对于工程来说，以干扰影响途径分析为主链，分析陆域与水域生态过程的改变。对于水生生物来说，水生生物"三场"的变化，包括水生生物的迁徙洄游途径是最重要的生态过程，目前的研究更多地集中在水电工程对栖息地模拟上。

在生态过程评价中，评价的时间尺度也很重要。水利水电工程引起河流生态系统的演进是一个动态过程。一些工程案例表明，经过十几到几十年的时间，水利水电工程对于河流生态系统的影响才逐步显现出来。因此，进行长期的生物、水文监测，掌握长时间尺度的河流生态演变信息，并在此基础上进行动态评估是十分必要的。

3.7.3　评价技术的支撑作用需加强

目前，我国虽然开展了许多水利水电建设项目和规划环境影响评价研究和管理工作，逐步建立了水生生态、陆地生态、水环境以及水库淹没和移民安置环境影响评价体系和方法。虽然生态影响评价的手段与方法也越来越先进，生态评价的结果也向定量化发展，但总体上，目前的技术规范，尤其在生态影响评价的评价分级、评价范围确定、评价内容与方法、结果判定等方面还缺乏科学、系统和具有针对性的指标和方法。

按技术规范和环境影响评价制度要求进行的环境影响评价，多采用的是基于影响分析的指标体系法，如对于规划环评来说，已经形成了一套程式化的评价体系。像三峡等水利水电工程一样进行较强研究性的环境影响评价的工程还不多（李香云，2010）。在逐步完善指标体系法的过程中，一方面受指标体系评价方法本身的局限性影响，构建的指标体系可能没有充分反映水能资源开发的不同时空尺度的特点和生态环境特征，多为中、微观尺度的评价指标，由于评价指标选择的不足，导致有限的环境影响评价；另一方面，虽然评价指标体系以量化指标为主，但还未做到主要评价结论的定量化，特别是由于缺少生物监测指标的数据，大部分的环境影响评价对生态环境效应的预测性分析研究工作不足，缺少关键性/敏感性生物指标变化阈值或极限的预测，评价结果多为有利和不利的定性结论，但不利到何种程度、如何补偿及采取何种措施可使这种影响降低到最低程度，或应采取何种替代方案可避免生态环境的严重影响等方面还没有科学的方法来测定和技术支撑，从而缺乏令公众和决策者信服的结果（李香云，2010）。

总体上，在评价分类定级上主要依据工程规模，虽然提出了生态因子分析的大致内容和过程，但缺乏对典型项目的工程类型、规模、区域生态系统特点与生态环境影响关系的系统辨识和深入研究，盲目追求对生态影响的全面评价，评价范围和内容的特征性和针对性不突出，评价结果缺乏科学明确的评判依据，此外，也缺乏对关键敏感生态因子尺度特征的考虑。如流域水电开发规划涉及的生态环境要素不仅囊括了所有单项水电工程所涉及的影响要素，还包括了潜在的、累积的和系统的影响要素，这需要在理论分析的基础上，对关键生态环境问题进行情景模拟和预测，科学的分析模拟需要建立在完备、先进的信息基础上，才能真正对决策起到参考的作用。目前，我国的有关河流水生态的监测主要侧重于理化指标，对生物性指标的监测还较少，特别是对河流开发带来的主要生态环境因素变化的监测较少，缺少令决策和社会公众信服的环境影响预测分析（李香云，2010）。

总之，由于社会、经济、环境这一复合生态系统和水电规划环境影响本身的多样性、复杂性和非线性特征，识别、预测大量的相互关系和间接的协同影响受知识、信息、技术水平和其他因素的限制，环境影响问题尚不能进行全面、科学的预测，对一些能够进行预测的环境问题也还缺乏解决的能力和有效手段（欧晓昆和杨永宏，2008），所有这些问题，造成了建设项目生态环境影响评价在实际操作中具有一定程度的不确定性，从而造成评价结论的不确定性。由于环境影响评价技术还不能提供确定性程度较高的定量支撑，这在一定程度上影响了环境影响评价结果在决策中的作用，如当前影响水电开发决策的因素实际上并不是环境影响评价报告本身的结果而是社会公众的参与。

此外，工作中政府职能与市场行为的交叉、管理职责不清，直接导致了水电资源开发规划、权属管理方面的工作滞后或缺位，并导致后续开发和建设的一系列环境、生态问题，甚至开发建设的混乱，如水电规划编制与流域综合规划编制在时间上的不衔接、河流干流和支流水电开发规划的不统筹等，同一区域内水利和电力部门对水电开发观点不一致的情况（何少苓，2008）；也存在"四无"水电站（无立项、无设计、无验收、无管理）。在一定程度上，正是由于规划滞后、缺位和管理的混乱，许多河流水电资源过度开发，加剧了河流生态问题（李香云，2010）。

随着国民经济和社会的发展，我国也日益重视流域规划、管理和环境保护工作，水利水电工程的环境管理也将向纵深发展。对于水利水电工程的环境影响评价来说，必须坚持重点与全面相结合的原则。既要突出评价项目所涉及的重点区域、关键时段和主导生态因子，又要从整体上兼顾评价项目所涉及的生态系统和生态因子在不同时空等级尺度上结构与功能的完整性。坚持预防与恢复相结合的原则。预防优先，恢复补偿为辅。恢复、补偿等措施必须与项目所在地的生态功能区划的要求相适应。另外，坚持定量与定性相结合的原则。生态影响评价应尽量采用定量方法进行描述和分析，当现有科学方法不能满足定量需要或因其他原因无法实现定量测定时，生态影响评价可通过定性或类比的方法进行描述和分析。

参考文献

[1] 陈联乔. 资源开发项目影响综合评价方法研究及生态修复对策 [D]. 武汉：武汉理工大学，2007.

[2] 陈薇，杨宇明，王娟，等. 环境影响评价中生物多样性的影响评价探析 [J]. 资源开发与市场，2007, 23(3): 224-226.

[3] 崔保山，翟红娟. 水电大坝扰动与栖息地质量变化—以漫湾电站为例 [J]. 环境科学学报，2008, 2: 227-234.

[4] 傅伯杰. 景观多样性分析及其制图研究 [J]. 生态学报，1995a, 15(4): 345-350.

[5] 傅伯杰. 黄土区农业景观空间格局分析 [J]. 生态学报，1995b, 15(2): 113-120.

[6] 付雅琴，张秋文. 梯级与单项水电工程生态环境影响的类比分析 [J]. 水力发电，2007, 33(12): 5-9.

[7] 何少苓. 流域水电开发规划的制定应纳入流域统一管理 [J]. 中国水能及电气化，2008(10): 14-16.

[8] 侯小波，何孟. 水电开发生态环境影响评价方法研究进展 [A]. 中国环境科学学会学术年会论文集，2010:1752-1758.

[9]　李香云 . 规划环境影响评价如何解决水电发展生态问题的难点与对策 [J]. 水利发展研究 ,
　　　2010, 10:7-14.

[10]　欧晓昆 , 杨永宏 . 战略环境影响评价与流域水电规划环境影响评价实践 [J]. 电力环境保护 ,
　　　2008, 24 (3) : 1-4.

[11]　潘家铮 , 何璟 . 中国大坝 50 年 [M]. 北京 : 中国水利水电出版社 , 2000.

[12]　水电水利建设项目河道生态用水、低温水和过鱼设施环境影响评价技术指南 (试行)(环评函
　　　〔2006〕4 号). 2006.

[13]　水利部水资源司 . 河流健康评估指标、标准与方法 (试点工作用). 2010.

[14]　万本太 , 徐海根 , 丁晖 , 等 . 生物多样性调查与评价 [J]. 生物多样性 , 2007, 15 (1): 97-106.

[15]　王华东 , 刘贤姝 . 开发建设项目对生物多样性的影响评价方法构想 [J]. 重庆环境科学 , 1996,
　　　(18): 1.

[16]　吴甘霖 . 生态系统多样性的测度方法及其应用分析 [J]. 安庆师范学院学报 : 自然科学版 , 2004,
　　　10(3): 18-21.

[17]　许向宁 , 葛文彬 , 等 . 梯级水电开发对生态地质环境影响评价的思路与方法初探 [J]. 中国地质 ,
　　　2008, 35 (2) : 351-356.

[18]　曾志新 , 罗军 , 颜立红 , 等 . 生物多样性的评价指标和评价标准 [J]. 湖南林业科技 , 1999,
　　　26(2): 26-29.

[19]　钟华平 , 刘恒 , 等 . 怒江水电梯级开发的生态环境累积效应 [J]. 水电能源科学 , 2008, 26(1):
　　　52-57.

[20]　GB/T 14529—93 自然保护区类型与级别划分原则 [S]. 北京 : 中国标准出版社 , 1993.

[21]　GB/T 14581—93 水质 湖泊和水库采样技术指导 [S]. 北京 : 中国标准出版社 , 1993.

[22]　GB/T 12763.9—200 海洋生态调查方法 [S]. 北京 : 中国标准出版社 , 2007.

[23]　HJ 19—2011 环境影响评价技术导则—生态影响 [S]. 北京 : 中国环境科学出版社 , 2011.

[24]　HJ 616—2011 建设项目环境影响技术评估导则 [S]. 北京 : 中国环境科学出版社 , 2011.

[25]　HJ 623—2011 区域生物多样性评价标准 [S]. 北京 : 中国环境科学出版社 , 2011.

[26]　HJ 624—2011 外来物种环境风险评估技术导则 [S]. 北京 : 中国环境科学出版社 , 2011.

[27]　HJ 626—2011 生物遗传资源等级划分标准 [S]. 北京 : 中国环境科学出版社 , 2011.

[28]　HJ/T 88—2003 环境影响评价技术导则—水利水电工程 [S]. 北京 : 中国环境科学出版社 ,
　　　2003.

[29]　HJ/T 394—2007 建设项目竣工环境保护验收技术规范—生态影响类 [S]. 北京 : 中国环境科学
　　　出版社 , 2007.

[30]　HJ/T 192—2015 生态环境状况评价技术规范 [S]. 北京 : 中国环境科学出版社 , 2015.

[31]　HJ 464—2009 建设项目竣工环境保护验收技术规范—水利水电 [S]. 北京 : 中国环境科学出版
　　　社 , 2009.

[32]　LY/T 2242—2014 自然保护区生物多样性影响评价技术规范（试行）[S]. 北京 : 中国林业出
　　　版社 , 2014.

[33] SL 270—2001 多泥沙河流水环境样品采集及预处理技术规程 [S]. 北京：中国水利水电出版社，2001.

[34] SL 167—96 水库渔业资源调查规范 [S]. 北京：中国水利水电出版社，1996.

[35] SL 252—2000 水利水电工程等级划分及洪水标准 [S]. 北京：中国水利水电出版社，2000.

[36] SL 315—2005 农村水电站工程环境影响评价规程 [S]. 北京：中国水利水电出版社，2005.

[37] SL 45—2006 江河流域规划环境影响评价规范 [S]. 北京：中国水利水电出版社，2006.

[38] SL Z 479—2010 河湖生态需水评估导则 [S]. 北京：中国水利水电出版社，2010.

[39] Li J P, Dong S K, Peng M C, et al. Vegetation distribution pattern in the dam areas along middle-low reach of Lancang-Mekong River in Yunnan Province, China[S]. Frontier of Earth Science, 2012, 6(3): 283-290.

[40] Li J P, Dong S K, Yang Z F, et al. Effects of cascade hydropower dams on the structure and distribution of riparian and upland vegetation along the middle-lower Lancang-Mekong River[J]. Forest Ecology and Management, 2012, 284: 251-259.

[41] Ward J V, Stanford J A. The serial discontinuity concept of lotic ecosystems [A]//Fontaine T D, Bartell S M.In Dynamics of Lotic Ecosystems. Ann Arbor Science Publishers: Ann Arbor, MI, 1983: 29-42.

第4章 水利水电工程生态效应的研究方法

对于水利水电工程的生态效应研究，所使用的方法与生态评价规范相比，具有探索性和前沿性，研究涉及生态效应的各个方面，针对不同水电站的研究情况不同，有些研究从单一尺度开展，有些研究从综合角度入手。但总体上来说，这些研究的进展，也促进了对大坝生态效应定量化评价标准的规范。

目前来看，对于生态效应研究来说，除了基础生态调查与监测外，生态效应的预测与评价越来越受到关注，特别是在生物多样性的评价、水生生物多样性的评价方面，利用 GIS 空间分析方法、景观生态学的方法进行研究也受到关注。

4.1 GIS 空间分析方法

当水利水电工程的影响涉及区域范围较大或主导生态因子的空间等级尺度较大，通过人力踏勘较为困难或难以完成评价时，可采用遥感调查法。遥感调查过程中必须辅助必要的现场勘查工作。遥感调查法可以用于制图，也可进而用于 GIS 分析、景观生态学分析与评价。遥感调查中，按照图件构成的要求，采用合适的分辨率或者比例尺的影像，而且需要区分建设期与运营期的差别。水利水电工程的景观生态效应相关研究中，空间分析是常用的基本方法。

GIS 空间分析源于 20 世纪 60 年代地理和区域科学的计量革命，在开始阶段，主要是应用定量（主要是统计）分析手段分析点、线、面的空间分布模式；后来更多的是强调地理空间本身的特征、空间决策过程和复杂空间系统的时空演化过程分析。一般 GIS 都能实现空间分析的基本功能，如空间查询与量算、缓冲区分析、叠加分析、路径分析、空间插值、统计分类分析等。对于不同数据类型来说，分析处理方法也不同，栅格数据可以有聚类聚合分析、多层面复合叠置分析、窗口分析及追踪分析等几种基本的分析模型；而矢量数据一般不存在模式化的分析处理方法，因而表现为处理方法的多样性与复杂性。GIS 中常用的空间分析也包括一些高级的空间分析功能如空间自相关分析、空间回归、地统计学分析，广义上，也包括图像分析功能、地形分析、多元统计分析、小波分析、聚块样方方差分析、谱分析、尺度方差分析、分维特征分析等内容（黄杏元和马劲松，2008）。

利用空间分析来分析生态效应的主要原理是基于生态系统空间布局的数据分析，揭示生态环境空间分布和空间变异的一种方法。以生态学系统空间布局为分析对象，从传统的数量统计与数据分析的角度出发，可以将空间分析分为三部分：统计分析、地图分析和数学模型（张治国，2007）。空间分析的基础是各种生态空间数据和属性数据。根据研究者的目的不同，可以利用不同空间分析来揭示景观生态学现象。如空间自相关分析是解释空间变量的相关性距离，为格局的机理分析创造条件；而地统计学分析可以分析空间变量的相关性特点，了解大型景观格局的成因；缓冲区分析可以直观反映景观变量的自然分异特点。总之，景观空间格局分析方法可以直观描述景观属性特征的空间分异特征；揭示景观空间变量的内在变化规律；为景观格局的成因及机制分析提供线索。一般而言，景观空间分析至少要同时使用 2～3 种不同的方法，而且多尺度分析往往也是必要的。

4.1.1 图层叠加法

GIS 技术的发展与应用为水利水电工程的景观生态效应研究提供了更为多样化的手段，图层叠加分析方法是被普遍利用的一种空间分析方法，也可称为叠图分析、叠置分析。叠加分析是指将两个或两个以上的图层以相同空间位置叠加到一起，通过图形和属性的运算，进行相关分析的方法。图层叠加分析可以是栅格数据，也可以是矢量数据，一般来说，由于属性表的灵活性，矢量数据的空间叠加应用更为广泛。

叠加分析是将两层或多层地图要素进行叠加产生一个新要素层的操作，其结果是将原来要素分割生成新的要素，新要素综合了原来两层或多层要素所具有的属性。也就是说，叠加分析不仅生成了新的空间关系，还将输入数据层的属性联系起来产生了新的属性关系。叠加分析是对新要素的属性按一定的数学模型进行计算分析，进而产生所需要的结果或回答用户提出的问题（黄杏元和马劲松，2008）。

一般来说，存在多边形之间的叠置，点与多边形叠加，线与多边形叠加，其中多边形之间的叠置主要包括合并、相交、擦除等方法。图层叠加法为水利水电工程的景观生态效应的研究提供了新的方法，比如在评估大坝景观生态风险和确定大坝影响域的时候，图层叠置可以将多种库区的景观要素作为单要素图层，加以综合考虑（黄杏元和马劲松，2008）。

4.1.2 缓冲区分析

缓冲区分析是针对点、线、面实体，自动建立其周围一定宽度范围以内的缓冲区多边形。缓冲区的产生有三种情况：一是基于点要素的缓冲区，通常以点为圆心、以一定距离为半径的圆；二是基于线要素的缓冲区，通常是以线为中心轴线，距中心轴线一定距离的平行条带多边形；三是基于面要素多边形边界的缓冲区，向外或向内扩展一定距离以生成新的多边形（黄杏元和马劲松，2008）。

缓冲分析法是以距干扰源不同距离为变量，是基于 GIS 的评价人类干扰范围的一个有效方法（Zeng et al.，2005；Xu et al.，2007；Liu et al.，2008）。利用缓冲分析法，可以识别大坝建设和水库蓄水的影响范围。例如，可以设定距离坝址或距离河道等特定变量的不同缓冲区，然后计算缓冲区内单一土地利用动态度、综合土地利用动态度或转换斑块密度等衡量景观变化程度的指数，从而研究大坝建设和水库蓄水影响土地利用的范围。

4.1.3 空间统计分析方法

空间统计分析方法是对空间实体的分布和格局进行分析，主要应用于空间数据的分类和综合评价，其核心是认识与地理位置相关的数据间的空间依赖、空间关联或空间自相关，通过空间位置建立数据间的统计关系。空间统计是 GIS 的主要应用技术之一。在流域生态效应的评价工作中，可将地理信息与生态、环境要素的监测数据结合在一起，利用 GIS 软件的空间分析模块，对整个区域的环境质量现状进行客观、全面的评价，以反映区域中受影响的程度以及空间分布情况。

（1）常规统计分析

常规统计分析主要完成对数据集合的均值、总和、方差、频数、峰度系数等参数的统计分析。

（2）空间自相关分析

空间自相关分析用来确定空间变量的取值是否与相邻空间上该变量的取值有关。在现实世界中，在空间上越靠近的事物或现象就越相似，这也称为地理学第一定律。其步骤为对所要检验的空间要素进行采样，然后计算其自相关系数，最后对自相关系数进行显著性检验。用自相关系数来判断变量在空间分布上的自相关性或随机性。最常用的自相关系数计算方法有 Moran 的 I 系数和 Geary 的 C 系数。计算公式分别如下：

$$I = \frac{n \sum_{i=1}^{n} \sum_{j=1}^{n} w_{ij}(x_i - \bar{x})(x_j - \bar{x})}{\sum_{i=1}^{n} \sum_{j=1}^{n} w_{ij} \sum_{i=1}^{n} (x_i - \bar{x})^2} \qquad (i \neq j) \qquad (4-1)$$

$$C = \frac{(n-1) \sum_{i=1}^{n} \sum_{j=1}^{n} w_{ij} \sum (x_i - x_j)^2}{2(\sum_{i=1}^{n} \sum_{j=1}^{n} w_{ij}) \sum_{i=1}^{n} \sum_{j=1}^{n} (x_i - x_j)^2} \qquad (i \neq j) \qquad (4-2)$$

式中，x_i 和 x_j 为景观要素在空间单元 i 和 j 中的观测值；$\bar{x}$ 为 x 的平均值；w_{ij} 为相邻权重，一般采用二元相邻权重，即空间单元相接取 1，否则为 0，n 为空间单元的总数目。I 取值为 $-1 \sim 1$，等于 0 时表示空间无关，大于 0 为正相关，小于 0 为负相关；C 值的范围为 $0 \sim 3$，小于 1 为正相关，C 越大相关性越小。

（3）回归分析

回归分析用于分析两组或多组变量之间的相关关系，常见回归分析方程有：线性回归、指数回归、对数回归、多元回归等。

（4）趋势分析

通过数学模型模拟地理特征的空间分布与时间过程，把地理要素时空分布的实测数据点之间的不足部分内插或预测出来。

另外，还有专家打分模型、变异函数、趋势面分析、克吕格插值、空间自相关等分析方法。

4.2 景观生态学方法

大坝建设和水库蓄水对不同地带的景观带来的压力不同，影响方式也不同。因此，在确定的影响阈值内，评价水电站建设景观生态效应的时候不能对不同类型景观一概而论，有必要对不同地带的景观或者生态系统进行分区域评价。景观生态学最突出的特点是强调空间异质性、生态学过程和尺度的关系。目前利用"3S"技术获得景观基础数据，进行景观的调查与监测，然后利用各种景观指数、统计分析和模型方法进行规律性分析已经成为景观生态学研究中最重要的方法。

自 20 世纪 90 年代以来，景观生态学法逐渐成为研究区域生态与环境问题的有效手段。利用 GIS 和景观格局分析软件，对遥感影像的信息进行提取，获取各种斑块、斑块类型及景观类型等的景观格局指数信息，是目前景观生态学常用的技术手段（杨帆等，2007）。通过格局分析，可以揭示景观格局的空间关系，并可在此基础上根据景观生态学中的结构—功能原理，进行景观生态规划与设计，从而调整景观格局，优化景观功能。景观格局研究的目的是剖析异质性地表不同景观组分的组成情况和构建特点，总结景观异质性的内在规律，从表面上无序的景观中发现潜在的、有意义的有序性，从而深入了解景观空间结构的基本特点。景观指标不仅量化了流域及周围土地利用变化的数量和距离，解释了河流湿地水体理化性质的变化，而且能够指示湿地河流生物群落的多样性（杨帆等，2007）。景观指标的优点是可以结合许多传统的评价指标把评价范围拓展到整个流域，而许多其他指标则主要集中在流域生态系统本身上。现在地理信息系统已经广泛应用于大学和公共机构，并且可以产生国家、区域、地区级别的数据序列，一旦有空间数据，技术熟练的操作人员和相关的分析软件就可以很容易地进行这些监测与评价。因此，景观指标在很难进行野外取样的地区，在大尺度的湿地流域生态系统健康监测规划方面将发挥重要作用。

4.2.1 景观评价分类

景观有狭义与广义的内涵，可通过其结构与功能成分的相互连接并体现出空间异质性特征来作为认识和研究比物种、种群、群落或生态系统更大尺度的生态过程的框架，是介于生态系统和区域之间的一个宽广部分。人类的经济、开发活动主要在景观层次上进行，因此景观是研究人类活动对环境影响的合适尺度之一。景观格局是区域气候、土壤、地形、植被等分异过程的产物，并主导着资源的综合开发利用与其环境的变化。因此，在分析大坝建设和水库蓄水的景观生态效应时，可以按照不同的景观类型如陆生景观、水域景观和水陆交错景观受大坝和水库的影响方式的不同来研究，对深入了解水电站建设的景观生态效应更有帮助和意义。

水电站建设对陆生景观的影响主要表现为大坝主体及其附属工程建设占地和淹没等（周庆等，2008；Zhao et al.，2012）；与陆生景观相比，水电站建设对水域景观则是通过改变水质、底泥质量、泥沙含量、流量、流速、水温和水生生物物种组成与种群结构等一系列因素而改变水域景观内部物质与能量的变化（姚维科等，2006；Kummu and Varis，2007；Alados et al.，2009；Wei et al.，2009b；Wang et al.，2011b）。与陆生景观和水域景观相比，对水陆交错景观受水电站的影响的研究目前还比较少（Riis and Hawes，2002；Wang and Yin，2008）。水库蓄水后，由于剧烈的周期性的水位波动，形成一种典型的生态过渡带，即水陆交错景观。这是一种既不同于陆生景观也不同于水域景观的特殊过渡带，其受力方式、强度、频繁的侵蚀与堆积作用的特点使得这一景观呈现不稳定的特征，生态形式比较脆弱，生态功能极不稳定、景观异质性降低（Censi et al.，2006）。受水位剧烈的周期性波动影响，水陆交错景观可能受到来自水陆的交叉污染，被认为是水生和陆地生态系统的污染物的汇（Tam and Wong，2000；Ye et al.，2011），例如在高水位期间，洪水中携带的上游地区人类活动排放的污染物沉降在水陆交错带（Loska and Wiechula，2003）；在低水位期间，水陆交错带中的人类活动和自然风化进一步造成重金属富集（Ye et al.，2011）。同时，水位较高容易引起较高的湿害威胁，水位较低时则容易发生旱灾，并造成土壤退化。另外，水电站运行引起的非自然的水位波动时间与频率，通过改变库区生物地球化学特征等足以使生态系统偏离其稳定状态（Leira and Cantonati，2008；Wang and Yin，2008）。

水电站建设工程浩大，施工期长，在建设过程中筑路、开山取土，采挖大量土石方及修建环库公路破坏了原有地表植被，而且水库建成蓄水后，抬高库区水位，淹没大面积的耕地、森林等，导致下游地下水位上升，同时水电站建设会驱动土地利用变化、加剧土壤侵蚀与景观破碎等（Ashraf et al.，2007）。因此，水电站建设的景观尺度上的生态效应已得到越来越多的重视（Yang et al.，2010b；Bergerot et al.，2011），成为生态影响评价的重要组成部分（Verbunt et al.，2005；王兵等，2009）。

对景观的狭义理解主要指视觉可见的景观资源特征。从视觉上，水利水电工程景观及视觉影响评价也是其中一个重要的内容，这一方面是出于保护自然美景和旅游资源的目标，景观环境作为客观物质系统，由于鲜明的色彩、线条、形态和性质等呈现出来的某些特定形式，具有满足人类追求美的客观意义。所以，狭义的景观影响评价主要评价视觉可见的景观外在物质空间特征的变化影响。而人们感受的主客双重性决定了还要研究人们对景观要素的感知的变化（刘海龙等，2006）。景观及视觉影响评价的目的在于预测和评价拟建项目在某一特定区域造成的景观及视觉影响的显著性和强度，以便采取相应的减缓措施。一些发达国家（如日本、美国、英国等）早已受到重视。欧盟明确规定，在评价拟建项目时，必须进行景观的直接和间接潜在影响评价。我国的景观及视觉影响评价工作起步较晚，迄今尚未形成一套完整的评价方法，但目前已开展此方面的研究，如刘海龙等（2006）根据怒江峡谷水电开发对景观的视觉影响程度分析，分别从宏观、中观和微观尺度来设置测度参数，具体的评价参数根据工程的影响进行分析，见表 4-1。

表 4-1　怒江峡谷景观影响测度参数

	评价参数	说明
宏观评价参数	整体可视域损失（VL1）	水位上升淹没的可视域面积 / 原水位（常年水位）可视域面积
	整体大坝视觉影响范围（VD1）	在各坝附近可见到坝顶的视觉影响距离之和 / 峡谷整体视觉可视长度
	整体急流损失（RFL）	各坝水位上升后形成的连续平湖水面长度 / 峡谷河段总长度
中观评价参数	各段可视域损失（VL2）	各坝水位上升后淹没的可视域面积 / 峡谷各段原水位（常年水位）可视域面积
	各坝视觉影响范围（VD2）	在各个坝附近可以看到大坝的范围
	景点损失（SSL）	分析水位上升后对峡谷各段具体景点的影响
微观评价参数	高差损失（AL）	水位上升后损失的山体高度 / 原水位（常年水位）水面与河流两侧视觉可达最高山脊处的高差

资料来源：刘海龙等，2006。

4.2.2　景观格局指数法

对于水利水电站建设后的区域景观格局变化，一般采用景观格局指数进行分析。景观格局指数是指能够高度浓缩景观格局信息，反映其结构组成和空间配置某些方面特征的简单定量指标。对景观格局的分析，有助于分析景观组成单元的形状、大小、数量和空间组合；有助于对宏观区域生态环境状况评价及发展趋势分析；同时也有助于探索自然因素与人类活动对景观格局及动态过程的影响。景观格局指数包括三个层次上的指数：单个缀块、由若干单个缀块组成的缀块类型以及包括若干缀块类型的整个景观镶嵌体。对景观指数进行分类，可分为描述景观要素的指数和描述景观总体特征的指数两个层次（图 4-1）（傅伯杰等，2001）。

描述单个要素的指数：如描述斑块的面积、周长、形状指数；描述廊道的长度、曲度等。描述同类型要素之间关系的指数：主要是指单个要素指数的统计值，如均值、极值、离差及空间关系（斑块密度、斑块平均大小、斑块面积方差等）。描述不同要素之间关系的指数：如描述斑块与廊道之间空间关系（空间距离等）的指数，如最邻近距离、平均邻近距离等。描述不同类型要素之间关系的指数：主要是指描述具有相同生态学意义的不同类型要素统计值及空间关系指数（傅伯杰等，2001）。

可以把数值受要素大小、个数影响的景观指数划分为基于景观要素的景观总体特征指数，如优势度（dominance）、蔓延度（contagion）。基于景观构型的景观总体特征指数是指景观构型的数量化表示，Forman 曾根据景观结构特征划分出 4 种景观类型，即斑块散布的景观、网格状景观、指状景观和棋盘状景观，4 种景观中斑块分布构型不同，对应的基本生态过程也各异。

格局指数主要包括几何特征指数（缀块和景观水平）、景观异质性指数。几何特征指

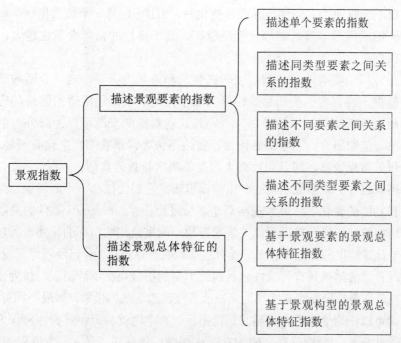

图 4-1　景观指数分类系统

数主要有缀块形状指数、缀块分维数、景观形状指数（landscape shape index）。景观异质性指数主要有景观丰富度指数（landscape richness index），景观多样性指数，景观均匀度指数（landscape evenness index），景观优势度指数（landscape dominance index），景观聚集度指数（contagion index），镶嵌度（patchness，景观中所有斑块的对比程度），距离指数，邻近度指数（proximity index）等。目前在相关研究中，特别是大坝的景观生态影响评价中，一般是从斑块、类型和景观水平上分别选取不同的指数来表征库区景观格局的变化，斑块类型上主要选取斑块数（NP）、斑块密度（PD）、最大斑块指数（LPI）、景观形状指数（LSI）、周长 - 面积分维数（PAFRAC）和景观分离度（SPLIT）等指数，景观水平上除上述指数外还可以加入香农多样性指数（SHDI）和香农均匀度指数（SHEI）等指数。以香农多样性指数为例，其计算公式如下：

$$SHDI = -\sum_{i=1}^{m}(P_i \times \ln P_i)$$

（4-3）

式中，P_i 为 i 类型斑块所占面积百分比；m 为景观中斑块类型的总数（不包含景观边缘的斑块）。香农多样性指数取值范围大于等于 0。当景观中只有一个斑块时，其多样性指数为 0，随着景观类型的增加或者随着不同类型的景观类型分布的更加均衡，多样性指数也会随之上升，若各类斑块所占的景观的比例差异增大，则景观多样性指数降低。

香农多样性指数：是基于信息论基础之上，用来度量系统结构复杂程度的一些指数。该指标能反映景观异质性，特别对景观中各斑块类型非均衡分布状况较为敏感，即强调稀有斑块类型对信息的贡献，这也是与其他多样性指数不同之处。在比较和分析不同景观或同一景观不同时期的多样性与异质性变化时，SHDI 也是一个敏感指标。如在一个景观系统中，土地利用越丰富，破碎化程度越高，其不定性的信息含量也越大，计算出的 SHDI 值也就越高。

景观指数分析主要有以下步骤：以研究目的和方案为指导，选择合适的尺度，收集和处理景观数据，将真实的景观系统转换为数字化的景观，选用适当的格局研究方法进行分析，最后对分析结果加以解释和综合。其景观数据的来源可以为野外考察、大地测量、现有地图、航空照片、卫星遥感图像、雷达图像等，景观的数字化有两种表达形式：栅格化数据和矢量化数据，即景观数据类型类型数据与数值数据。

目前，越来越多的新指数在实验和模型模拟研究发展的推动下不断涌现，综合地反映了景观结构和功能的变化，体现景观格局动态与过程模拟。Fragstats 软件的局限在于仅仅通过对景观结构的栅格化计算得到相关景观指数，侧重结构性指标的论述，需要研究者仔细甄别与赋予计算结果的生态学意义。而有些指数在计算过程中，已经考虑景观生态过程，这样可以使得计算的结果具有可比性。目前此类型的指数也在不断涌现，作为传统景观格局指数的补充。许多模型能够直接作为指数或者经过改造成为指数，如最小耗费距离模型，因为其本身就可以作为景观阻力功能的量化指标。有学者就将最小耗费距离作为景观通达性分析的定量化指标，分析景观之间的功能连接度。如基于"源 - 汇"过程的景观指数，用来分析坡面景观格局对土壤侵蚀的过程。某些研究，已经区分不出景观指数与景观模型的差别。如目前景观连接度可以分析景观变化对物种迁移运动的影响（刘世梁等，2012）。

4.2.3 景观连接度

水利水电工程不仅影响区域栖息地的质量，也影响各物种在栖息地之间的迁移与连接。利用景观连接度来定量表述影响受到关注。景观连接度是一定区域内物种特性以及景观结构对种群运动的综合作用的测度指标。景观连接度可影响一些基本过程，包括物种的扩散和迁移、种群遗传结构的形成、源汇动态、群落对气候变化的潜在响应等，而这些过程是生态学和物种进化学的研究主题。连接度也影响保护区网络设计、生态修复、入侵种控制、边界资源的管理等生物保护方面的决策。景观连接度包含结构连接度（structural connectivity）和功能连接度（functional connectivity）两个层面。结构连接度是指景观在空间结构特征上表现出来的连续性，主要受需要研究的特定景观要素的空间分布特征和空间关系的控制（刘世梁等，2012）。功能连接度比结构连接度要复杂得多，指以景观要素的生态过程和功能关系为主要特征和指标反映的景观连续性。对生物群落而言，当景观连接度较大时，生物群落在景观中迁徙觅食、交换、繁殖和生存较容易，受到阻力较小；相反运动阻力大，生存困难（傅伯杰等，2001）。

在景观连接度理论研究不断深入的同时，其数量化方法也在不断地发展和完善。很早就有研究人员研究结构连接度定量化的指数，代表性的指数有最近距离指数（nearest-neighbor distance）、破碎度指数（fractal dimension）（O'Neill et al.，1988）、斑块聚合度指数（path cohesion）（Schumaker，1996）、景观分离度指数（landscape division）、分割指数（splitting index）、邻近度指数（proximity Index）和有效网格面积（effective mesh size）等（Jaeger，2000）。虽然这些指数的评价并不是完全与生态过程相分离，但是由于在量化过程中缺少了对生态过程的反映，仍然不能满足景观结构和功能的综合研究需要。图论的引入不但简化了景观功能连接度的研究方法而且易于直观表示研究结果（刘世梁等，2012）。不同的学者先后提出了用流动指数（flux）、相关长度指数（correlation length）、综合连接指数（integral index of connectivity）、可能性连接指数（probability connectivity）等指数进行区域景观功能连接度评价。Saura 和 Pascual-Hortal（2007）综述了图论的功能连接度指数，将其分为概率和二元指数两大类，并对比了这些指数的数据格式、误差大小、灵敏度、对尺度的响应等 13 种特性。经过评价，PC 指数 [式（4-4）]和 IIC 指数被认为是较为简便和准确的指数。

$$PC = \frac{\sum\limits_{i=1}^{n}\sum\limits_{j=1}^{n} a_i \cdot a_j \cdot p_{ij}^{*}}{A_L^2} \tag{4-4}$$

式中，a_i 为斑块 i 的面积；a_j 为斑块 j 的面积；p_{ij}^{*} 表示在斑块 i 和 j 之间所有可能的路径中的最大迁移概率；A_L 为研究区总面积。

景观连接度可以将景观的格局与生物过程结合起来，景观连接度是一个反映生态过程能否在不同景观组分之间顺利进行的抽象的指标。对于水利水电工程建设的生态过程影响来说，具有重要的意义。可以用于定量评价景观变化对陆域生物生境的影响。

4.2.4　景观模型方法

景观生态学研究通常涉及较大的时空尺度。在较大尺度上进行实验和观测研究往往困难重重，受限于各种客观条件，在许多情况下甚至是不可能的，也不能进行重复研究或条件控制，而且对某时不同地点及某地不同时间的系统对比研究也很困难（张娜，2014）。

根据模型所涉及的生态学过程和机制的多少，可分为经验（empirical）或现象（phenomenological）模型、机制（mechanistic）模型、过程（process-based）模型。过程模型包括经验过程模型和机制过程模型（张娜，2014）。对于描述景观动态的模型，可以根据景观变化的集合程度将景观模型分为景观整体变化模型、景观分布变化模型和景观空间变化模型（傅伯杰等，2011）。

对于复杂的流域生态学问题来说，可将景观过程模型分为空间生态系统模型（spatial ecosystem model）和空间显式斑块动态模型（spatially explicit patch dynamic model，简称空间斑块模型）。前者通常基于栅格，如 LANDIS 模型、土壤侵蚀模型、碳 - 水循环模型；后者则基于斑块，如扩散 - 反应模型、斑块占有率模型、斑块统计学模型、空间显式林隙动态模型（张娜，2010）。

景观生态学不仅要考虑较大时空尺度的异质性，而且还要定量研究景观格局和过程在多尺度上的相互作用及其动态变化。这需要将系统的各组分有机地联系起来，将不同学科、不同时空尺度上格局与过程的信息整合到一起，如对植被蒸腾动态的研究。只有模型才能整合复杂系统的多组分、多尺度、多因子和多过程。因此，模型已成为理解和预测景观复杂动态的最有效工具（张娜，2014）。此类复杂模型一般用于研究方面。

对于大坝引起的生态水文变化来说，流域生态水文模型是最主要的方法之一，景观与流域尺度的模拟是必需的。其中，分布式水文模型由于考虑了水文要素及其影响因素空间分布差异的分布式模型以及水文过程与生物过程耦合作用的物理模型，是流域生态水文模型目前的发展方向。如目前应用较为广泛的 SWAT 模型，该模型可以预测在流域复杂多变的土壤类型、土地利用方式和管理措施条件下，土地管理对水分、泥沙和化学物质的长期影响。SWAT 模型采用日为时间连续计算，利用遥感和地理信息系统提供的空间信息模拟多种不同的水文物理化学过程，如水量、水质以及杀虫剂的输移与转化过程。SWAT 模拟的流域水文过程分为水循环的陆面部分（产流和坡面汇流部分）和水循环的水面部分（河道汇流部分）。前者控制着每个子流域内主河道的水、沙、营养物质和化学物质等的输入量；后者决定水、沙等物质从河网向流域出口的输移运动。整个水分循环系统遵循水量平衡规律。SWAT 模型涉及降水、径流、土壤水、地下水、蒸散以及河道汇流等。

4.3　生物多样性评价方法

4.3.1　陆域植被群落生物多样性评价方法

对于水利水电工程影响的蓄水前后、坝上与坝下或者梯级水库不同库区区域植被群落类型来说，可以采用相似性指数进行空间的分析（李晋鹏，2011）。主要利用群落相似性指数进行评价。

Jaccard 相似性指数：

$$S_f = c / (a + b - c) \tag{4-5}$$

式中，a 为 S_i 站点植物群落的物种数；b 为 S_j 站点植物群落的物种数；c 为两个站点共有的种数。

对于水利水电站建设导致的淹没造成的植被影响来说，可以利用植被影响指数进行表征，可以分析水坝的蓄水和运行对河岸带和坡面植被的影响，植被影响指数（VII）作为定量指标来预测水坝蓄水淹没对各植被类型的影响程度（李晋鹏，2013）。植被影响指数（VII）的计算如下所示：

河岸带植被：$$\text{VII}=\text{Ra/Rr} \tag{4-6}$$

坡面植被：$$\text{VII}=\text{Rb/Ru} \tag{4-7}$$

其中，Ra 是水坝蓄水淹没后河岸带植被的分布范围（河岸带植被不受水坝蓄水回水影响的范围），Rr 是水坝建设前河岸带植被的分布范围；Rb 是坡面植被在水坝库区蓄水后海拔高度上的分布范围，Ru 是水坝建设前坡面植被在海拔高度上的分布范围。本书依据植被影响指数（VII）的数值大小分为 5 个等级：① $0 \leqslant \text{VII} < 0.20$ 为 5 级，代表严重

影响；② 0.20 ≤ VII ＜ 0.40 为 4 级，代表重度影响；③ 0.40 ≤ VII ＜ 0.60 为 3 级，代表中度影响；④ 0.60 ≤ VII ＜ 0.80 为 2 级，代表轻度影响；⑤ 0.80 ≤ VII ≤ 1 为 1 级，代表轻微或无影响（李晋鹏，2013）。

对于水利水电站建设导致景观多样性的影响，需要考虑景观的斑块在数量、大小、形状和景观的类型、分布及其斑块间的连接性、连通性等结构和功能上的多样性（陈薇等，2007）。景观多样性的影响，可以结合景观生态学格局分析展开。在景观尺度上，可以 Shannon-Winner 指数计算景观格局变化，计算方法如群落生物多样性评价，利用景观斑块面积比例代替概率进行分析（赵清贺等，2012）。

梯级水电站建设及其流域水利水电规划项目的回顾性评价等需要考虑流域生态环境的演变过程，可以参考《生态环境状况评价技术规范（试行）》（HJ 192—2015）展开研究。

对于生物多样性现状综合评价来说，区域尺度与流域尺度可以参考物种丰富度、生态系统类型多样性、植被垂直层谱的完整性、物种特有性和外来物种入侵度来进行评价（万本太等，2007）。

水利水电工程建设前后流域生态环境状况评价中，对于生物丰度的影响，可以采用生物丰度指数方法，对植被覆盖的影响也可以用植被覆盖指数进行计算。并可以进一步分析环境质量指数。生物丰度指数、植被覆盖指数与环境质量指数主要是评价景观尺度上生态系统状况。流域尺度总体的生物多样性评价一般用于流域梯级水电开发规划或后评价中生物多样性水平评价。

4.3.2　水域生物群落生物多样性评价方法

水利水电工程对河流水生生物多样性影响，可用传统生物多样性指数进行分析，《环境影响评价技术导则—生态影响》（HJ 19—2011）主要推荐香农 - 威纳指数作为生物多样性信息的反映。主要是针对种群、群落和生态系统的生物多样性分析。

对于水利水电工程影响的坝上与坝下区域水生生物影响来说，可以采用相似性指数进行空间的分析（霍堂斌等，2012；黄道建等，2011）。主要利用群落相似性指数进行评价。

Sorensen 相似性指数：

$$S = 2c / (a + b) \qquad (4\text{-}8)$$

Jaccard 相似性指数：

$$S_j = c / (a + b - c) \qquad (4\text{-}9)$$

式中，a 为 S_i 站点大型水生生物群落的物种数；b 为 S_j 站点水生生物群落的物种数；c 为两个站点共有的种数。

4.3.3　水生生物的生物完整性指数（IBI）

目前，关于水生生物的评价，相关的指标很多，如鱼类的生物多样性、Berger-Parker 优势度指数等。Meta 分析表明，生物完整性评价已经成为河流生物状况、水生生物栖息地和河湖健康等综合评价的主要方法。

生物完整性是指生物群落的结构和功能相对于自然状态保持平衡和完整性，是生态系统的各组成要素（与最初的原始状态相比）保持稳定完整性，因受人类活动的影响，同时其也是生态系统保护和恢复的目标。生物完整性指数（Index of Biological Integrity，IBI）最初建立于 20 世纪 80 年代，并最早运用于采用鱼类群落评价水生生态系统健康的研究中，其克服了单纯采用物理化学指标对水生态系统健康评价的局限性，因此经修正后被广泛应用于水生态系统健康的评价研究中，且参与评价的生物类群逐渐发展到湖滨带植物、浮游生物、水生昆虫、大型底栖动物和底栖硅藻群落。目前，河流、湖泊生物完整性指数的发展较为成熟，可以用于评价水库建设前后不同河流断面的生物多样性的总体水平。

构建 IBI 评价指标体系的基本步骤包括 4 步（张方方，2011）：首先，提出候选生物参数；其次，通过对参数值的分布范围、判别能力和相关关系分析，建立评价指标体系；再次，确定每种生物参数值及 IBI 指数的计算方法；最后，确定生物完整性的评分标准。

4.3.3.1 鱼类 F-IBI 完整性评价指标

生物完整性指数（IBI）提供了一个采用综合生物学指标来指示水体生态系统健康的研究方法。鱼类生物完整性指数（F-IBI）的建立被认为需要结合研究区当地的鱼类区系、气候、生境条件和水生态系统状况。结合目前对鱼类 F-IBI 完整性评价指数的选择，一般认为鱼类生物完整性指数是一个多指标的体系，其综合了鱼类群落的组成、生物学因子、水生生态系统的结构和功能。针对水利水电工程项目，鱼类完整性指标包括物种的组成、丰富度、营养类型、生境类型以及对干扰的耐受性。利用 Meta 分析和参考在澜沧江流域的研究，结合 Spearman 秩相关分析，对不同候选指标的冗余性进行了分析，最终得到 8 个指标作为最适合水利水电工程影响评价的生物完整性指标（李晋鹏，2013），指标见表 4-2。

表 4-2 鱼类生物完整性指数（F-IBI）

类型	候选指标	指标与自然水生态关系
物种组成和丰富度	土著种鱼类的物种数目	+
	土著种鱼类的比例	+
	特有种鱼类的比例	+
营养类型	肉食类比例	−
	杂食类比例	−
	浮游生物类比例	−
生境耐受性	急流生境比例（包括急流水体和急流底栖类）	+
	耐受种个体的比例	−

注：“+”代表正相关关系，“−”代表负相关关系。

确定指标后，对水利水电工程上下游各采样点的数据进行标准化，其值范围为 0～100。如果入选指标数值变化与自然河流原始水环境状况呈负相关，则以 100 减去各采样点的数据标准化后的数值。最终的鱼类生物完整性指数（F-IBI）为计算所有入选指标的平均值，数值范围 0 ～ 100，并按照表 4-3 分析生物完整性水平（李晋鹏，2013）。

表 4-3　鱼类生物完整性指数（F-IBI）划分标准与水利水电工程干扰特征

F-IBI 值	等级	评价	特征
81 ≤ F-IBI ≤ 100	Ⅰ	优	相对自然原始的生态状况，多样性的土著鱼类分布
61 ≤ F-IBI ≤ 80	Ⅱ	良	土著鱼类种类降低，受低强度人类活动的干扰
41 ≤ F-IBI ≤ 60	Ⅲ	中	河流保持自然流动状态，土著鱼类种类明显降低，受相对较高人类活动强度的干扰
21 ≤ F-IBI ≤ 40	Ⅳ	劣	很少发现土著鱼类的生存，其生境受水坝蓄水淹没和径流调节影响，主要以外来种鱼类为主，土著鱼类的物种消失
1 ≤ F-IBI ≤ 20	Ⅴ	差，无鱼类分布	重复调查未发现鱼类的分布

4.3.3.2　浮游植物生物完整性指数（P-IBI）计算的候选指标

利用 Meta 分析与在澜沧江流域的研究，得到浮游植物生物完整性指数为 16 个指标，划分为以下 4 大类：生物量、丰度、生物多样性指数和营养状况。为了减少冗余指标的影响，利用 Spearman 相关分析，最终确定浮游植物生物完整性指数（P-IBI）计算的指标为 5 个（表 4-4）。以各入选指标的 25%、50%、75% 和 90% 加权平均值划分为 5 个等级。如果该入选指标数值变化与河流原始状态的水环境状况呈正相关，则≤ 25%、25% ～ 50%、50% ～ 75%、75% ～ 90%、≥ 90% 加权平均值分别对应赋值 1、2、3、4 和 5。相反，如果该入选指标数值变化与河流原始状态的水环境状况呈负相关，则≤ 25%、25% ～ 50%、50% ～ 75%、75% ～ 90%、≥ 90% 加权平均值分别对应赋值 5、4、3、2 和 1。最终的浮游植物生物完整性指数（P-IBI）计算为所有入选指标对应赋值的平均值，其数值范围 1 ～ 5。浮游植物生物完整性指数（P-IBI）的数值可以把梯级水坝开发前后水生态系统健康的状况划分为 5 个等级：4 ～ 5（Ⅰ，优），3 ～ 4（Ⅱ，良），2 ～ 3（Ⅲ，中），1 ～ 2（Ⅳ，劣）和 1（Ⅴ，差）（Karr et al.，1986；Launois et al.，2011；Wu et al.，2012；李晋鹏，2013）。

表 4-4　浮游植物生物完整性指数（P-IBI）的计算指标及赋值

参与计算指标	单位	缩写	赋值				
			5（最优）	4	3	2	1（最差）
丰度	ind/L	M5	< 61 850	61 850 ～ 15 200	154 201 ～ 2 260 548	2 260 549 ～ 4 584 580	> 4 584 580
蓝藻门百分比	%	M6	0	0.01 ～ 0.39	0.40 ～ 2.34	2.35 ～ 6.10	> 6.10
硅藻门百分比	%	M8	> 99.63	98.57 ～ 99.63	92.72 ～ 98.56	73.86 ～ 92.71	< 73.86
Margalef 指数	—	M12	> 1.88	1.88 ～ 1.24	0.89 ～ 1.23	0.69 ～ 0.88	< 0.69
硅藻商	—	M16	< 0.18	0.18 ～ 0.25	0.26 ～ 0.58	0.59 ～ 0.90	> 0.90

资料来源：李晋鹏，2013。

4.3.3.3 浮游动物生物完整性指数（Z-IBI）计算的候选指标

浮游动物生物完整性指数为 16 个指标，分别隶属于生物量、丰度、生物多样性指数和营养状况共计 4 大类指标。利用 Spearman 相关分析，确定浮游动物生物完整性指数（Z-IBI）计算的指标为 7 个（表 4-5）。以各入选指标的 25%、50%、75% 和 90% 加权平均值等分划分为 5 个等级（Wu et al.，2012）。如果该入选指标的数值与原生水环境状况呈正相关，则 < 25%、25% ~ 50%、50% ~ 75%、75% ~ 90%、> 90% 的加权平均值分别对应赋值 1、2、3、4 和 5。相反，如果该入选矩阵数值与原生水环境状况呈负相关，则 < 25%、25% ~ 50%、50% ~ 75%、75% ~ 90%、> 90% 的加权平均值分别对应赋值 5、4、3、2 和 1。最终的浮游动物生物完整性指数（Z-IBI）的数值（表 4-5）计算为所有入选指标对应赋值的平均值，其数值范围为 1 ~ 5。浮游动物生物完整性指数（Z-IBI）的数值可以把梯级水坝开发前后水生态系统健康的变化情况划分为 5 个等级：4 ~ 5（Ⅰ，优），3 ~ 4（Ⅱ，良），2 ~ 3（Ⅲ，中），1 ~ 2（Ⅳ，劣）和 1（Ⅴ，差）（Karr et al.，1986；Launois et al.，2011；Wu et al.，2012；李晋鹏，2013）。

表 4-5　浮游动物生物完整性指数（Z-IBI）的计算指标及赋值

参与计算指标		单位	赋值				
			5（最优）	4	3	2	1（最差）
浮游动物的生物量	M1	mg/L	< 152.69	152.69 ~ 474.75	474.76 ~ 951.86	951.87 ~ 2 187.10	> 2 187.10
原生动物的丰度	M2	ind/L	< 345	345 ~ 900	901 ~ 906	6 907 ~ 14 382	> 14 382
浮游甲壳类动物的丰度	M4	ind/L	< 0	0.01 ~ 1.00	2.00 ~ 28.00	29.00 ~ 302.00	> 302.00
Margalef 多样性指数	M10	—	> 6.30	3.40 ~ 6.30	1.67 ~ 3.39	0.82 ~ 1.66	< 0.82
Shannon 多样性指数	M11	—	> 2.32	2.15 ~ 2.32	1.64 ~ 2.14	1.03 ~ 1.63	< 1.03
Pielou 均匀度性指数	M13	—	> 1.00	0.86 ~ 1.00	0.70 ~ 0.85	0.54 ~ 0.69	< 0.54
E/O	M14	—	< 0.46	0.46 ~ 0.86	0.87 ~ 1.16	1.17 ~ 1.95	> 1.95

4.3.3.4 底栖动物生物完整性指数（B-IBI）计算的候选指标

根据评估河流所在的水生态分区，设计水生态分区底栖动物取样监测方案，结合《河流健康评估调查监测技术方法》开展取样调查。构建底栖动物完整性指数（B-IBI），主要反映底栖动物的群落组成、物种多样性和丰富性、耐污度（抗逆力）和营养结构组成及生境质量信息 [河流健康评估指标、标准与方法（试点工作用）]。常用的参数指标见表 4-6。

表 4-6　河流底栖动物完整性评价指标

类群	编号	参数	含义
多样性与丰富度	1	No. Total_Taxa_	总物种数
	2	No. EPT_taxa	蜉蝣目、毛翅目和襀翅目种类数
	3	No. Ephemeroptera taxa	蜉蝣目种类数
	4	No. Plecoptera taxa	襀翅目种类数
	5	No. Trichoptera taxa	毛翅目种类数
群落结构与组成	6	% EPT	蜉蝣目、毛翅目和襀翅目数量所占百分比
	7	% Ephemeroptera	蜉蝣目数量所占百分比
	8	% Chironomidae	摇蚊类数量所占百分比
耐污度（抗逆力）	9	No. Intolerant Taxa	敏感类群数量所占百分比
	10	% Tolerant Organisms	耐污类群数量所占百分比
	11	% Hisenhoff Biotic index(HBI)	Hisenhoff 生物指数
	12	% Dominant_Taxon	优势类群数量所占百分比
营养及生境质量	13	No. Clinger_taxa	黏食者种类数
	14	% Clingers	黏食者数量所占百分比
	15	% Filterers	滤食者数量所占百分比
	16	% Scrapers	刮食者数量所占百分比

对于以上备选参数，进行判别能力分析、冗余度与变异度分析，淘汰不能反映水生态系统情况的参数。采用比值法统一各入选参数的量纲，比值法的计算方法为：

对于外界压力响应下降的参数，以所有样点由高到低的排序的 5% 的分位值为最佳期望值，该类参数的分值等于参数实际值除以最佳期望值。

对于外界压力响应增加或者上升的参数，则以 95% 的分位值作为最佳期望值，该类参数的分值等于（最大值－实际值）/（最大值－最佳期望值）。

将各评估参数的分值进行加和，得到 IBI 数值，以采样点的 IBI 数值由高到低排序，选取 25% 的分位值作为最佳期望值，IBI 指数赋分为 100。

评估河段 IBI 赋分采用下式计算：

$$IBIr=IBI/IBIE \times 100 \qquad (4-10)$$

式中，IBIr 为评估河段底栖动物生物完整性指标，IBI 为评估河段底栖动物生物完整性指标值，IBIE 为河流所在的水生态分区底栖动物生物完整性指标最佳期望值。

对评估河流监测底栖生物调查数据按照评估参数分值计算方法，计算其 IBI 指数值，根据河流所在水生态分区大型无脊椎动物 IBI 最佳期望值，按照公式计算评估河段 IBI 指标赋值。

4.3.4　底栖生物（BI）的计算

生物指数（Biotic Index，BI），由 Chutter（1972）提出并应用于水质的生物评价，该指数综合了底栖动物的耐污能力和底栖动物的物种多样性，因而被广泛应用于国内外水质的生物评价研究中（吴东浩等，2011）。

$$\mathrm{BI} = \sum_{i=1}^{n} n_i t_i / N \tag{4-11}$$

式中，n_i 为第 i 个分类单元（属或种）的个体数量，N 为总个体数，t_i 为第 i 个分类单元（属或种）的耐污值。耐污值（Tolerance Values，TV），是底栖动物对水环境的忍耐能力，其值范围为 0 ~ 10，数值越高表示该底栖动物耐污性越强，反之则越低。根据相关学者的研究（王备新和杨莲芳，2004；张跃平，2006），依据耐污值的高低将底栖动物分为 3 类：TV ≤ 3，敏感类群（Intolerant Group，IG）；3 < TV < 7，中间类群（Medium Group，MG）；TV ≥ 7，耐污类群（Tolerant Group，TG）。耐污值的高低反映了底栖动物对水环境污染的敏感性。库区底栖动物的耐污值参照表 4-7。

该方法对于评价污染较为严重的河流生态系统中底栖动物的整体生态状况，用于水利水电工程建设后，富营养化或污染型水库的生态评价。

表 4-7　底栖动物的耐污值参考

物种 / 属	拉丁名	耐污值	类型	物种 / 属	拉丁名	耐污值	类型
苏氏尾鳃蚓	*Branchiara sowerbyi*	10	TG	褐跗隐摇蚊	*Cryptochironomus fuscimanus*	4.9	MG
水丝蚓	*Limnodrilus* sp.	10	TG	异腹腮摇蚊	*Einfeldia insolita*	5	MG
霍普水丝蚓	*Limnodrilus hoffmeisteri*	10	TG	羽摇蚊	*Chironomus plumosus*	9.1	TG
河蚬	*Corbicula fluminea*	8	TG	齿斑摇蚊	*Stictochironomus* sp.	6.1	MG
花纹前突摇蚊	*Procladias choreas*	9.3	TG	寡角摇蚊	*Diamesa* sp.	5	MG
结合隐摇蚊	*Cryptochironoraus conjugens*	4.9	MG	隐摇蚊	*Cryptochironomus* sp.	6.7	MG
梯形多足摇蚊	*Polypedilum scalaenum*	8.7	TG	额突雕翅摇蚊	*Glyptotendipes gripekoveni*	8.5	TG
指突隐摇蚊	*Cryptochironomus digitatus*	4.9	MG	直突摇蚊	*Orthocladius* sp.	4.7	MG

4.3.5　鱼类损失指数

采用生物完整性评估的生物物种损失方法确定。鱼类生物损失指数用于评估河段内鱼类种数现状与历史参考系鱼类种数的差异状况，调查鱼类种类不包括外来物种。该指标反映流域开发后，河流生态系统中顶级物种的受损失状况，可以用于水利水电工程建设的后评价或者河流健康的现状评价。

鱼类生物损失指标标准建立采用历史背景调查方法确定。选用 1980 年作为历史基点。

调查评估河流流域鱼类历史调查数据或文献，其中比较典型的历史调查成果如《中国内陆水域渔业资源调查与区划（1980—1988）》，其调查指标包括物理性状、化学性状、浮游植物、浮游动物、底栖动物、水生维管束植物、鱼类、鱼类区系，调查水系包括黑龙江水系，鸭绿江、图们江、辽河水系，海河水系，黄河水系，淮河水系，长江水系，珠江水系。

基于历史调查数据分析统计评估河流的鱼类种类数，在此基础上，开展专家咨询调查，确定本评估河流所在水生态分区的鱼类历史背景状况，建立鱼类指标调查评估预期。

鱼类生物损失指标计算公式如下：

$$FOE = \frac{FO}{FE} \tag{4-12}$$

式中，FOE 为鱼类生物损失指数，FO 为评估河段调查获得的鱼类种类数量，FE 为1980 年以前评估河段的鱼类种类数量。鱼类生物损失指标赋分（FOEr）见表 4-8。

表 4-8　鱼类生物损失指数赋分标准

鱼类生物损失指数（FOE）	1	0.85	0.75	0.6	0.5	0.25	0
指标赋分（FOEr）	100	80	60	40	30	10	0

4.4　生态需水量评价

20 世纪 90 年代后期，环境需水量和生态需水量开始成为人们关注的焦点。目前，国外有关生态环境需水量研究主要有：河道流量与鱼类生息环境关系研究；河流流量、水生生物与溶解氧三者关系研究；水生生物指示物与流量间的关系研究；湿地调度中生态需水量的优化配置研究；环境用水与经济用水关系研究等。研究方法有流量增量法、蒙大拿法、7Q10 法、流量历时曲线分析法、湿周法、栖息地排水法、BBM 法、水利额定法等。对水库、湖泊、湿地的生态环境需水尚无成熟理论、指标体系和计算方法（丁文荣，2005）。

河道外植被生态需水量计算参考《水电水利建设项目河道生态用水、低温水和过鱼设施环境影响评价技术指南（试行）》。

河道内生态需水量计算主要参考《江河流域规划环境影响评价规范》（SL 45—2006）和《河湖生态需水评估导则》（SL/Z 479—2010）。

表 4-9　河流生态需水计算参考方法表

序号	方法名称	方法分类
1	蒙大拿法（Tennant Methods）	水文学法
2	流量历时曲线法（Flow Duration Curve Methods）	水文学法
3	RVA 法（Range of Variability Approach）	水文学法
4	湿周法（Wetted Perimeter Method）	水文学法

序号	方法名称	方法分类
5	IFIM 法（Instream Flow Incremental Methodology）	栖息地评价法
6	自然生境模拟系统 [Physical Habitat Simulation (PHABSIM) System]	栖息地评价法
7	BBM 法（the Building Block Methodology）	整体分析法
8	DRIFT 法（Downstream Response to Imposed Flow Transformation）	整体分析法

资料来源：《河湖生态需水评估导则》（SL/Z 479—2010）。

生态需水量方法可以用于水利水电工程建设对下游水文影响评价，同时可以基于生态需水的变化，分析水文变化对生物栖息地的影响与对下游河道生态系统的影响。

主要的计算方法有以下几类：

①对有长序列水文资料河流，通过河道流量与生境关系计算生态需水量，可采用综合法计算。通常可采用 Tennant 法、BBM 法等。

采用 Tennant 法可将全年分为多水期和少水期两个时段，根据多年平均流量百分比计算维持河道一定功能的生态需水量。河道内不同生态环境状况和与之相对应的流量百分比见表 4-10。

表 4-10 在河道内不同生境状况下推荐的河道流量百分比 单位：%

河道内生境状况	少水期平均流量百分比	多水期平均流量百分比
最大	200	200
最佳范围	60 ～ 100	60 ～ 100
很好	40	60
好	30	50
较好	20	40
中	10	30
差	10	10
极差	0 ～ 10	0 ～ 10

采用 Tennant 法计算维持河道一定功能的生态需水量，应根据生态保护要求和河流实际情况选取合理的流量百分比。河流生态保护对象对水流有特殊要求时，应考虑增加生态需水量在年内不同时段的分配过程。

②河道生态基流方法：河道生态基流应根据维持河床基本形态、防止河道断流、避免河流水体生物群落遭到无法恢复的破坏河道中所需的最小水（流）量确定。可采用相应频率最枯月平均流量法（简称 Qp 法）、湿周法或其他方法。采用 Qp 法时，频率 P 可取 90% 或 95%，也可根据需要作适当调整。

③生物需水量：应根据维持河道内水生生态系统稳定性和保护生物多样性，保证河流水生生物及其栖息地处于良好状态所需要的水量确定。可采用水文—生物分析法、生境模拟法、生态水力学法等方法计算。通过建立水生生物生长繁殖与水流条件关系，选取计算指标，综合确定生态需水量。

对于生态需水量计算要求来说，采用分项计算河流控制节点生态需水量时，应在各单项需水量计算成果基础上，选取可满足各项生态功能的综合需水量。当上游控制断面生态需水量不能满足河口生态需水要求时，应进行适当调整。选择其他方法计算时，应根据河流特性及生态保护目标，经合理分析比较后确定生态需水量。

4.5　栖息地评价研究方法

广义上来讲，河流栖息地包括为河流生物提供生活环境的所有的物理、化学、生物特性（Karr et al.，1986）。栖息地环境是保持河流生态完整性的一个必要条件，对其状况的评价不仅可以潜在表征河流生态系统的健康程度，而且有助于识别出导致河流生态退化的根本原因，为此关于栖息地评价方法的研究得到了重视和发展（郑丙辉等，2007）。生物栖息地评估的内容是勘查分析河流走廊的生物栖息地状况，调查生物栖息地对于河流生态系统结构与功能的影响因素，进而对栖息地质量进行评估，具体体现在河流的物理 - 化学条件、水文条件和河流地貌学特征对于生物群落的适宜程度，特别是对于形成完整的食物链结构和完善的生态功能的作用（董哲仁，2005）。栖息地评估是河流管理的一个重要工具，可用来评价水生生物的生境适宜度如深度、流速等，由于这些变量依赖于水文状况，可分析流量变化对生物多样性的影响，这对于水电站或取水对河流生态状况的影响评价和决定水生生物的最小流量要求非常有用，物理生境模型也可用于通过调节输入变量模拟和评价恢复计划（Mouton et al.，2007）。在河流生态修复中，河流生物栖息地评估具有重要作用，通常可为河流生态修复项目提供基本的信息基础和依据，栖息地评估往往是系统性评估工作的重要组成部分，在河流生态修复项目后评估方法中，将栖息地评估作为三个评估因素之一（Downs and Kondolf，2002）。在许多国家，在较大的空间尺度上的物理环境评估已成为流域管理计划的常规部分，大规模的栖息地评估的主要方法是评价标准和专门设计来确定关键功能和过程的完整的河流系统定义的选择（Muhar and Jungwirth，1998）。

河流栖息地评估首先要明确评价尺度，不同尺度栖息地对应不同的评估参数和指标体系。河流生物栖息地根据空间尺度可大致分为宏观栖息地（macro-habitat）、中观栖息地（meso-habitat）和微观栖息地（micro-habitat）三种类型，如图 4-2 所示（Frissell et al.，1986；赵进勇等，2008），其中，宏观栖息地包括流域和整体河段（segment）两个层次，中观栖息地包括局部河段（reach）和深潭 / 浅滩（pool/riffle）序列两个层次，微观栖息地指流态、河床结构、岸边覆盖物等局部状况。

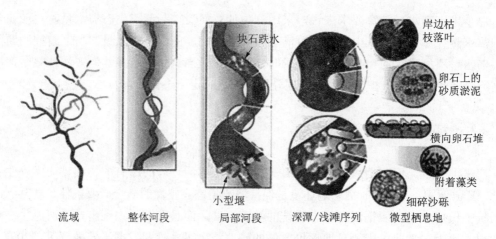

块石跌水

岸边枯枝落叶

卵石上的砂质淤泥

横向卵石堆

附着藻类

小型堰

细碎沙砾

| 流域 | 整体河段 | 局部河段 | 深潭/浅滩序列 | 微型栖息地 |

图 4-2　河流生物栖息地尺度示意

资料来源：董哲仁等，2007。

　　赵进勇等（2008）根据不同方法的特点，将河流生物栖息地评估方法分为水文水力学方法、河流地貌法、栖息地模拟法和综合评估法四种类型，如图 4-3 所示。

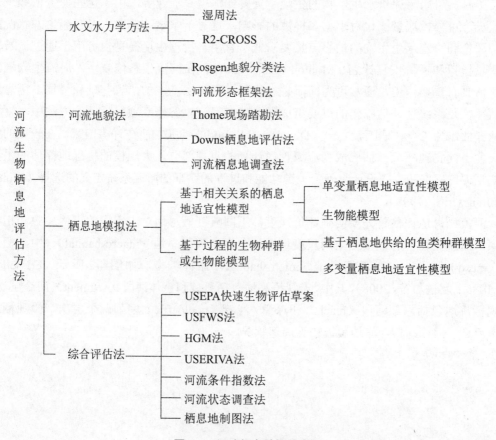

- 水文水力学方法
  - 湿周法
  - R2-CROSS
- 河流地貌法
  - Rosgen 地貌分类法
  - 河流形态框架法
  - Thome 现场踏勘法
  - Downs 栖息地评估法
  - 河流栖息地调查法
- 栖息地模拟法
  - 基于相关关系的栖息地适宜性模型
    - 单变量栖息地适宜性模型
    - 生物能模型
  - 基于过程的生物种群或生物能模型
    - 基于栖息地供给的鱼类种群模型
    - 多变量栖息地适宜性模型
- 综合评估法
  - USEPA 快速生物评估草案
  - USFWS 法
  - HGM 法
  - USERIVA 法
  - 河流条件指数法
  - 河流状态调查法
  - 栖息地制图法

（河流生物栖息地评估方法）

图 4-3　河流栖息地评估方法

石瑞花和许十国（2008）汇总了河流生物栖息地的评估方法，见表 4-11。

表 4-11　河流生物栖息地的主要评估方法

评估方法	主要设计者	内容简介	特点
栖息地评估程序（Habitat Evaluation Procedure，PHE）	美国鱼类和野生动物署	用于影响评估和工程规划，基于两个基本变量：①栖息地适宜性指数（HIS）；②可利用的栖息地总面积，提供了野生生物栖息地的量化方法。HSI 值乘以可利用栖息地的面积得到单个物种的栖息地单元（HU's），栖息地单元的变化或差异代表工程项目或各种预测状况的潜在影响	从物种水平提出基于生境单元来评价生境质量和生境数量的方法为对保护河流生态系统的策略提供依据
栖息地适宜性指数（Habitat Suitability Index，HIS）	美国鱼类和野生动物署（1981）	量化生境的经典方法，是 IHFM 法的生物学基础，代表不同水生生物在不同生命阶段对河道内各种变量的偏好。定义为不同状况下栖息地质量（由生态模式、水质模式、生物调查等得到）与设定的标准栖息地质量的比值，介于 0～1，0 意味着对特殊的栖息地条件没有偏爱，1 意味着对特定条件有最高偏好	需选取代表性物种作为参考；需要较多调查或试验资料；适用于河流、湿地、陆域野生动物栖息地研究
河流内流量增加法（Instream Flow Incremental Methodology，IFIM）	美国鱼类和野生动物署（1980）	将水力学模型与生物信息结合，建立流量与鱼类适宜栖息地之间的定量关系，再由水文模型确定栖息地时间序列。可以为河流规划、保护和管理提供科学依据，目前在美国、法国、日本和英国等国家均得到了广泛应用	以栖息地模拟为主，可用来评价河道修复的效果
物理栖息地模拟（Physical Habitat Simulation System，PHABSIM）	Gordom（1992）	使用水力模拟、水文模拟和物种栖息地参考曲线，分析由流量或河道形态引起的受保护物种，如鱼类、无脊椎动物和大型植物不同生命周期物理栖息地的变化，是河道内流量增加方法的一个模块。目前在全世界得到广泛应用，欧洲国家普遍用它来支持水资源决策的制定	微生境模拟模型，用于评价生境的可持续性，需要用到物种栖息地参考曲线，这些曲线由大量的实际观测得到
澳大利亚河流评估系统（Australian River Assessment System，AusRiv AS）	Davies（1994），Parsons（1996）	通过比较水生大型无脊椎动物的观测值和预测值进行评估的一种预测模型法，预测值由参照河流建立的经验模型得到，AusRiv AS 模型整合了水质评估、栖息地评估和生物学测量，可用来评估河流的健康	适用于环境压力较小的河流；需选择参照河流；以大型无脊椎动物为研究对象
栖息地评分法（HABSCORE）	Wyatt（1995）	需要记录的变量有平均宽度、水深、流动类型和流量范围。有两个主要输出结果：栖息地质量得分 HQS（一个测量点期望的种群密度）和栖息地使用指数 HUI（观测值和期望值的比率）。该方法可用于环境影响评估、环境质量和鱼类资源评估	基于鱼类种群数量的经验模型。模型中使用的变量与测量点和流域的特征有关

评估方法	主要设计者	内容简介	特点
快速生评估草案（Rapid Bioassessment Protocol，RBP）	美国环保局（1998）	一种综合评估方法，涵盖水生附着生物、底栖无脊椎动物及鱼类的栖息地评估。评估内容包括：①传统的物理-化学水质参数；②自然状况定量特征，包括周围土地利用、河流起源和特征、岸边植被状况、大型木质碎屑密度等；③河道特征，包括宽度、流量、底质类型及尺寸	通过比较当前状况与参照状况，得到最终的栖息地等级，以反映栖息地对于生物群落支持的不同水平
定性栖息地评价指数（Qualitative Habitat Evaluation Index，QHEI）	Gordom（2001）	美国俄亥俄州州立大学提出的栖息地评价指数，包括底质（20分）、河道内遮蔽覆盖（20分）、河道形态（20分）、滨岸区（10分）、水型（12分）、急流品质（8分）、坡度（10分）六类指数，评分共计100分	与仿生物性整合指数（IBI）联合运用来评估河流水系物理性栖息地及生物状况
澳大利亚河岸快速评估法（Rapid Appraisal of Riparian Condition，RARC）	Jansen（2005）	使用反映物理、群落、滨河区域的景观特征功能方面的指标评估河岸栖息地的生态条件。RARC指数由5个次指数组成：①栖息地连续性和宽度（HABITAT）；②植被覆盖度和结构复杂性（COVER）；③本土种的优势度（NATIVE）；④枯枝落叶（DEBRIS）；⑤指示特征（TURES）。每个指数由相应的多个指标组成。采用打分法对这些指标和指数进行评估	适于树木占主导地位、自然状态的河岸带评估，是反映当前状况的指标，不能反映恢复区生态系统功能的恢复潜力

水生生物栖息地模拟与生态需水的计算方法可以相互结合，突出体现关键敏感物种的栖息地特征。生态需水方法可参考《江河流域规划环境影响评价规范》（SL 45—2006）。

根据水利水电工程的生态效应的情况与评价的复杂程度，可以选择不同的评价等级。一般来说，一级评价和预测可用栖息地模拟法，该方法是鱼类栖息地定量评价中最具科学依据的，但也最复杂，其中应用最广的属采用偏好曲线方法的PHABSIM模型（易雨君等，2013）。

二级评价和预测可用水力学方法。水力学方法包含了一定的具体的河流信息。但是该方法假设单一或一组水力学变量足以反映目标物种在进行特定活动时对流量的需求，同时也未考虑到河流的季节及丰枯变化。采用湿周法、R2-CROSS进行分析（易雨君等，2012）。

三级评价和预测方法可用水文学方法。该方法操作最为简单，仅需要历史流量数据，不需要进行大量的野外工作，仅适合在规划层次使用。其中Tennant法为其典型的方法。

总体上，栖息地模型需要给出敏感物种栖息地的变化，并评价栖息地改变程度。栖息地模拟法被认为是迄今为止生态需水计算方法中最复杂和最具科学依据的方法。其中应用最广的属PHABSIM模型，据统计，全球评价建坝河流对水生生物的影响中80%应用了该模型。栖息地模拟法适用于以生态功能为主、具有敏感水生生物保护的河流。但是栖息地模拟法对数据要求较高,需要进行大量的野外现场调查工作,这也是其制约条件。

本节对主要栖息地评价的研究方法进行简要介绍。

4.5.1　水文水力学方法

水文水力学方法是通过流量、水位等水文参数反映栖息地的状况,也是河道生态需水量计算常采用的方法,如河道湿周法和 R2-CROSS 法(Parker and Armstrong,2001;王蛟龙和郭晓明,2011),假设浅滩是最临界的河流栖息地类型,而保护浅滩栖息地也将保护其他的水生生物栖息地(Parker and Armstrong,2001)。

4.5.1.1　湿周法

湿周法假设在浅滩急流环境下,鱼的栖息地和湿周有直接的关系,用湿周法来度量超过一定流量范围的水生栖息地的有效面积,湿周法基于湿周和流量关系曲线来决定保护栖息地所需的流量(Parker and Armstrong,2001)。湿周的定义如图 4-4 所示。具体步骤是首先根据现场调查资料绘制湿周 - 流量关系图,然后确定关系曲线中湿周随流量增加的突变点,最后根据该突变点确定河流推荐流量,这个推荐流量被认为是保护最小栖息地的需要。湿周与流量之间的关系可从多个河道断面的几何尺寸 - 流量关系实测数据经验推求,或从单一河道断面的一组几何尺寸 - 流量数据中计算得出。湿周法河道内流量推荐值是依据湿周 - 流量关系图中影响点的位置而确定(图 4-5)。湿周法受河道形状影响较大,适用于河床形状稳定的宽浅矩形和抛物线形河道,三角形、河床形状不稳定且随时间变化的河道不宜用湿周法。

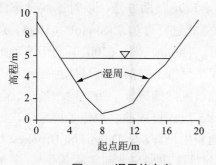

图 4-4　湿周的定义

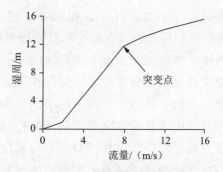

图 4-5　湿周与流量的关系

4.5.1.2　R2-CROSS

R2-CROSS 法以曼宁公式为基础,R2-CROSS 法是沿着河流选择一个临界浅滩,并且假定在浅滩处选择的流量可以满足鱼类和水生无脊椎动物在深槽附近大多数生命阶段的需要(Nehring,1979),采用河宽、平均水深、湿周率及平均流速指标来评估河流栖息地的保护水平,从而确定河流目标流量(表 4-12)。R2-CROSS 法不能确定季节性河流的生态流量，精度不高，标准设定范围较小，只适用于非季节性小型河流。

表 4-12　R2-CROSS 法确定最小河道流量的标准

河宽 /m	平均水深 /m	湿周率 /%	平均流速 / (m/s)
0.3～6.3	0.06	50	0.3
6.3～12.3	0.06～0.12	50	0.3
12.3～18.3	0.12～0.18	50～60	0.3
18.3～30.5	0.18～0.3	＞70	0.3

注：计算步骤参考《江河流域规划环境影响评价规范》（SL 45—2006）。

4.5.2　河流地貌法

研究表明，在水量与水质不变的情况下，河流地貌特征与生物群落的多样性存在着线性关系，影响着生物群落的结构和功能，地貌改变影响河流结构和功能，改变了水生植物覆盖和河床基底，间接影响了生境变异性，水系内的横向、纵向和垂直方向的联系改变，影响了水、沉淀物、营养物和其他生物相互作用的转移（Brierley，2000）。地貌在河流管理里的应用领域包括风险和关键影响评价、洪泛区规划、河流调查、确定河道内流量需求、河流恢复、生态可接受的渠道和结构设计，河流地貌控制栖息地类型和多样性的重要性已被河流工程认可（Gilvear，1999）。Rosgen（1985，1994）提出了将不同河流类型通过形态特征进行分类的河流分类系统，划分的标准是河流梯度、弯曲度、宽度／深度比、河床材料和土壤／地形特征等，提出河流层次清查系统在鱼类栖息地的恢复上的应用。Brierley 和 Fryirs 利用河流形态框架方法（river style framework）在流域、景观单元、河段和地貌单元等尺度上对河流栖息地的评估和预测进行了研究。Thorne 和 Easton 设计了一套现场踏勘方法，以对地貌学家或河流生态学家惯用的、没有统一标准的栖息地观测方式进行分类。Kondolf（1995）总结了河流地貌特征分类在水生栖息地恢复上的应用。Thomson 等（2001）利用河流形态框架方法在流域、景观单元、河段和地貌单元四个尺度上对河流栖息地进行评估。郭维东等（2012）提出了包括河道横向形态多样性、纵向蜿蜒性、铅直向渗透性、河道稳定性及河岸带状况 5 大要素构成的指标体系及 5 级评价标准，构建了模糊层次综合评价模型对辽河中下游柳河口至盘山闸段进行地貌生境评价。Downs 和 Brookes 利用河谷特性（比如洪泛区的土地利用情况）、河道属性（比如岸坡和底质条件）、河道动力特性（比如地形、河道内小型地貌单元的情况）等信息对当前的河流栖息地状况进行评估。应用这种方法时，流域内的其他部分也需要进行评估，因为流域特性对河流生态修复项目有重要影响。英国环境署编写的河流栖息地调查手册通过现场调查河段的物理特征来对栖息地状况进行评估，调查内容主要包括河道形态、岸坡状况、流态、植被结构、土地利用状况、深潭 - 浅滩序列、人工结构物等。迄今为止，在英国已经利用手册进行了将近 17 000 次调查，并将数据输入了数据库。

4.5.3 栖息地模拟法

通常在河流中，栖息地和生物多样性是紧密相连的（Raven et al.，1998）。"栖息地"包括物理化学过程及其生物交互作用。在这些手册里，"栖息地"可以狭义地定义为能影响河流水生群落功能及结构的河道和河岸带质量。栖息地结构的改变被认为是水生生态系统的主要压力源之一（Karr et al.，1986）。生物栖息地评估在大坝影响的生态效应研究中具有重要作用，通过栖息地评估可为大坝对河流的生态影响提供基础信息和依据。栖息地质量评价是河流生态系统评价的重要的核心内容，理论上，在每一个生物样本的采样地都应该对其栖息地进行质量评价。

栖息地法是基于生物学原则的定量方法，该方法综合考虑了生物偏好的栖息地特征与河流水文特性之间的关系，栖息地模拟法包括基于相关关系的栖息地适宜性模型和基于过程的生物种群或生物能模型两大类，表 4-13 为栖息地模拟法中所使用的比较有代表性的模型及其主要用途（Harby et al.，2004；赵进勇等，2008）。

表 4-13 栖息地模拟法使用的比较有代表性的模型及其主要用途

栖息地适宜性模型	主要用途	生物过程模型	主要用途
5M7	鲤科鱼类栖息地模拟	BIORIV	模拟河流中鲑鱼和鳟鱼的生长情况
BfG Habitat	大型底栖动物和鱼类栖息地模拟	ENERGI	进行栖息地质量分析的鱼类能力预算模型
BfG ZooAuto	鱼类栖息地模拟和鱼类种群动力特性分析	NORSALMOD	大西洋鲑的种群动力特性模拟
CASIMIR-BHABIM	底栖动物栖息地模拟		
CASIMIR-FHABIM	鱼类栖息地模拟		
FISU	鱼类或其他水生物种栖息地模拟		
HABITAT	鱼类和其他水生物种栖息地模拟		
HARPHA	鱼类最小流量和栖息地修复分析		
MesoHABSIM	鱼类最小流量和栖息地修复的多尺度模型		
MORRES	栖息地质量及其适用性，植物演替分析		
PHABSIM	鱼类栖息地质量模拟		
RHYHABSIM	水力分析和鱼类栖息地模拟		
RIVER2D	鱼类栖息地适宜性分析		

栖息地法中最常用的是河道内流量增加法（IFIM），该方法通过结合水力学模型和

生物信息模型，建立不同流态和特征物种的有效栖息地之间的关系，利用 IFIM 原理开发的 PHABSIM 模型是迄今使用最为广泛的栖息地评估法模型（Huusk A and Yrjänä，1997；Spence and Hickley，2000），随着对 IFIM 法的研究不断深入，也产生了如 RHYHABSIM（Paul and John，2006）、MesoHABSIM（Parasiewicz，2001；Parasiewicz and Walker，2007）和 River-2D（Yi et al.，2010；孙嘉宁等，2013）等相关栖息地评估模型。基于相关关系的栖息地适宜性模型包括单变量栖息地适宜性模型和多变量栖息地适宜性模型，IFIM 方法是一种单变量栖息地适宜性模型。多变量栖息地适宜性模型包括普通多远线性回归、逻辑回归、广义线性模型、模糊逻辑方法和人工神经网络等方法（Ahmadi-Nedushan et al.，2006）。

PHABSIM 模型主要由两部分构成：水力学模型和栖息地模型。

首先用断面将河道按一定长度分割，用水力学模型确定每部分的水深、垂向平均流速、水位、基质和覆盖物类型等。

然后调查分析指示物种对水深、流速等参数的适宜要求，绘制水深、流速等环境参数与喜好度（被表示为 0 ～ 1 之间的值）之间的适宜性曲线。

栖息地模型根据水力学模型计算的不同流量、各断面流速与水深等的分布和适宜性曲线确定每个分区的生境适宜度指数，包括水位适宜度指数、流速适宜度指数、基质适宜度指数、河面覆盖物适宜度指数，求得研究河段的加权可用栖息地面积（Weighted Usable Area，WUA）。

$$WUA = \sum_{i=1}^{n} HSI_i \times A_i \tag{4-13}$$

式中，A_i 为研究河段第 i 分区的水域面积；HSI_i 为研究河段第 i 分区的综合适宜度指数；n 为总分区数。

HSI 的计算方法：

乘积法：$HSI = \prod_{a=1}^{m} SL_a \tag{4-14}$

最小值法：$HSI = min(SI_1, SI_2 \cdots SI_m) \tag{4-15}$

加权求和法：$HSI = \sum_{a=1}^{m} SL_a W_a \tag{4-16}$

加权乘积法：$HSI = \prod_{a=1}^{m} (SL_a) W_a \tag{4-17}$

式中，SI_a 为指示物种对 a 因子的适宜度；m 为水深、流速等因子的总个数；W_a 为 a 因子的权重。根据研究河段水深、流速等因子对鱼类的具体影响情况选择合适的 HSI 计算方法。

重复计算不同流量下的 WUA，绘制 WUA- 流量曲线，它能显示出流量变化对指示物种的某个生命阶段的影响，一般曲线在低流量处有一个 WUA 的最大值，其常作为水资源规划的依据。该模型针对敏感水生生物，且河流调查需要大量的野外现场工作。

4.5.4 综合评估法

综合评估法是从河流生物栖息地的整体出发，根据专家知识综合研究水文、水力学、地貌、物理化学等因素与河流栖息地之间的关系。美国环保局（USEPA）提出的《快速生物评估草案》（RBP）通过流态、底质、河道地形、泥沙、水质、植被覆盖、生物状况等因素对河流的栖息地状况进行评价，生物状况可分为水生附着生物、底栖大型无脊椎动物、鱼类三种类型（Barbour et al.，1999）。自 1974 年起，美国鱼类和野生动物服务协会（USFWS）陆续提出了基于栖息地的评估方法，以进行影响评估和项目规划。这项工作包括三个部分：《基于栖息地的环境评价》（USFWS，1980）、《栖息地评估程序》（USFWS，1980）和《栖息地适宜性指数》（USFWS，1981），对栖息地评估的原理和概念进行了阐述。美国陆军工程兵团水道实验站利用水文地貌方法（Hydrogeomorphic，HGM），从水文、生物地理化学、植物栖息地、动物栖息地四个方面归纳了河岸湿地的生态状况，并利用功能指数对栖息地进行评价。欧洲议会和欧盟理事会 2000 年 10 月 23 日通过了《欧洲水框架指令》，对水域的生态状况通过生物、水文、地貌、物理化学等要素进行综合评估，可借鉴用于河流生物栖息地质量的综合评估。在澳大利亚，进行栖息地评估的综合性方法包括AUSRIVAS 方法、河流条件指数以及河流状态调查 / 河流栖息地调查程序等。AUSRIVAS法利用大型无脊椎动物对栖息地状况进行评估所考虑的因素包括水文、物理形态、岸边带、水质、生物信息等，每个因素又包括若干指示变量。河流栖息地调查将流域分为若干个整体河段（segment），并且从整体河段中选取代表性的局部河段（reach），在每个局部河段上，利用水文、植被类型、土地利用、栖息地类型、河道横断面、河道岸坡特征、河流底质、美学价值因素对栖息地进行评价。我国学者也利用综合评价方法，评价栖息地的质量。如郑丙辉等（2007）建立了由底质、栖息地复杂性、速度、深度结合特性、堤岸稳定性、河道变化、河水水量状况、植被多样性、水质状况、人类活动强度和河岸土地利用类型所构成的河流栖息地评价指标体系，对辽河流域栖息地状况进行了评价。

综合评价法与河流生态系统健康、生物完整性和生态完整性等研究关系密切，可以从不同侧面反映河流栖息地的状况。

4.6　生态效应综合评价的研究方法

对于水利工程生态效应评价来说，对于单一指标的分析或者模拟，更多的是时间序列对比，监测资料，或者利用种群、群落模拟方法或者模型。对于综合效应来说，主要从生态安全、生态完整性、生态系统服务等入手。

对于水利工程生态效应评价来说，其评价方法也主要借鉴其他领域的研究方法。重大工程驱动下的生态安全评价，是在遥感和地理信息系统的技术和数据支持下，通过一系列的模型来实现的。所用的模型可以考虑评价概念框架、指标体系层次结构模型、空间叠加与综合评价模型、GIS 评价与实现模型、时间序列对比动态叠加分析等。

对于一些综合的生态效应评价来说，由于建立的指标体系中指标的数量多，有些指标是定量的，有些指标是定性的，评价的方法可以有层次分析法、综合评价指数法、灰色关联度、景观生态法、均方差方法、模糊综合评价、极差标准化方法、主成分投影法等，有时单独使用，有时两种或两种以上方法综合运用。

4.6.1 生态系统健康评价

生态系统健康评价是研究生态系统的综合特性，通过研究生态系统的结构（包括组织结构和空间结构）、功能（生态功能和服务功能）、适应力（弹性）和社会价值来判断它们的健康状况。河流生态系统具有调节气候、改善生态环境、维护生物多样性以及一定的社会服务功能等众多功能，需要采用一定的指标和方法来监测河流环境条件的各个方面，即从多角度来评估河流的健康状况。生态系统健康的标准有活力、组织、恢复力、生态系统服务功能的维持、管理选择、外部输入减少、对邻近系统的影响及对人类健康影响等 8 个方面，它们分属于不同的自然和社会科学范畴，并同时考虑了一定的时空范畴（任海等，2000）。河流生态系统健康评价需要加强对河流、水库食物链上碳、氮、磷等转化（营养动力学过程）的研究，深刻理解水库系统内营养物质循环和更新规律。此外，还应对水库、河流系统内生物地球化学物质循环性质进行研究，以及对水库（河流）本身水环境未来演化中的一些重要问题进行研究。

生态系统健康评价经历了一个水质监测—指示物种—生态质量评价—自然 - 社会 - 经济复合系统综合评价的发展过程，健康评价的尺度由河流—流域—陆地或海洋生态系统—全球生态系统健康评价扩展。评价原理由最初的生物学原理—生物群落及生态系统理论，发展到系统综合评价理论。建立水利工程对河流生态系统健康影响的评价指标能够迅速评价水利水电工程和恢复措施对河流生态系统的影响，这也是目前河流生态系统研究的热点问题之一（任海等，2000；吴涛等，2010）。

针对不同空间尺度，流域生态健康指标的选取有不同的侧重。从生态系统、景观到流域湿地，空间尺度不同，衡量指标和研究形式也就有差异。流域生态系统研究侧重比较均一的水域，流域景观侧重中尺度内的空间格局的变化，流域健康状况研究则是从生态、社会、经济多方面考虑湿地问题。典型的单一指标可以用来推断生态系统的几个属性，特别是具有早期预警和诊断性功能的指标最有价值。而对于任何一个基于生态系统的有效管理和评价计划，生态系统指标数尽可能减少到一个易控制和操作的水平上是最重要的。整合已有的流域及河口三角洲湿地评价指标，得到流域健康评价指标体系（任海等，2000；吴涛等，2010）。

生态系统健康是一个系统在面对干扰保持其结构和功能的能力（Holling，1986）。健康的生态系统对干扰具有弹性，保持着内稳定性。对于流域生态环境研究和评价来说，Joe Walker 等提出了流域生态环境质量健康诊断指标体系，该诊断指标体系包含环境背景指标、环境变化趋势指标和流域经济变化指标。刘国彬等（2003）选取了反映流域生态特征、经济特征、系统综合功能特征的健康指标，采用层次分析方法计算了流域健康指数。美国河流湿地健康评价计划（WHEP）针对物种丰富度、生物多样性、指示种类别、营养类型、生物移动性等指标参数，对美国湿地进行了较为全面的健康评价；澳大利亚河流湿地健康评价选用水文学、物理构造特征、滨河区域、水质状况及水生生物 5 方面共计 22 项指标对流域健康进行了较为详细的评价（王赵松和李兰，2009）；在我国七星河流域湿地健康评价中，构建了湿地生态特征指标体系、功能整合性指标体系和社会政治环境指标体系共 28 个评价指标参数；对黄河三角洲湿地生态系统进行综合评价时，选取了代表湿地功能整合性、湿地生态特征和湿地社会环境的 27 个指标参数构建指标体系；辽河三角洲湿地区域生态风险评价选取了生态指数、生物多样性指数、干扰强度和自然度、物种重要性指数等景观生态学指标。

表 4-14　流域生态系统健康评价的典型指标体系

一级指标	二级	三级	主要参数
流域生态特征指标	自然环境	景观指标	斑块密度，斑块面积，斑块分维数，最大斑块指数，景观多样性指数等
		气象	气温，湿度，风向，风速，年降水量，蒸发量，CO_2 浓度，有毒气体浓度及动态，日照和辐射强度等
		水文	水域面积，年净流量，泥沙含量
		水环境	水质指标（包括 COD_5，BOD_5，石油类，氨氮，盐度，浊度）
		土壤	底泥粒径分布，有机质含量，重金属含量
	社会环境	人类活动	周边人口素质，人类活动强度，健康状况，物质生活指数，农药利用率，污水处理率，湿地保护意识，正常法规贯彻力度，管理水平
	生物	植物	生物量，生长量，优势种，指标植物，群落结构，群落面积，覆盖度，外来物种数目，珍稀植物数目，水生植物覆盖率，生物多样性指数，珍稀濒危物种数等
		动物	鱼类，两栖爬行类，底栖动物等生物种类和数量
		微生物	微生物种群分布，数量和季节变化，细菌总数，土壤酶类与活性等
流域功能指标	生态功能	调节功能	洪水调节，水文调节，侵蚀控制，保护面积，水文持有量等
		净化功能	持留 N、P、K 量
		栖息地功能	物种丰富度，鸟类种数与数量
	社会功能	休闲娱乐和科研价值	吸引游客人次，吸引科技教育人员数，吸引科技项目数等

尽管关于河流健康评价的方法很多，但从评价原理上，主要可分为两类：一类是预测模型方法（predictive models）（RIV-PACS 和 AusRivAS 等），另一类方法称为多指标方法（multimetrics）（IBI、REC、ISC、RHS、RHP 等）（吴阿娜等，2005）。目前对于河流健康评价来说，研究的时空尺度增加，并且以流域为整体，预测发展趋势，同时，基于遥感和 GIS 等技术也应用到河流健康评价中去。常见的评价模型与方法包括生物完整性指数法、溪流指数法、模糊评价方法、PSR 概念模型以及景观生态学法（表 4-15）。Karr（1981）提出了基于河流鱼类丰富度、指示种、杂交率等 12 项指标的生物完整性指

数（IBI），用于评价河流的生态环境状况。Costanza 等（1997）提出了基于系统层次的生态健康指数（HI）。指示物种（类群）评价法（包括单物种评价和多物种评价）也是较重要的河流生态健康评价方法。也有学者提出基于河流水文学、物理构造特征、河岸区状况、水质及水生生物 5 方面共计 22 项指标体系计分基础上的溪流状况指数（ISC），并据此对澳大利亚 80 多条河流健康状况进行了综合评价，为河流健康状况综合评价提供了一种新途径。河流湿地的溪流状况指数（Index of Stream Condition，ISC），该方法基于水文学、河流物理构造特征、流域区域情况、水质状况及水生生物 5 方面共计 22 项指标，主要针对河流湿地进行综合的健康状态评价，并评价长期河流管理和恢复中管理干扰的有效性，在对维多利亚流域中 80 多条河流的实证研究表明，ISC 的结果有助于确定河流恢复的目标，评价河流恢复的有效性，从而引导可持续发展的河流管理。随着可持续发展战略的实施，健康的河流生态系统必将成为河流管理的主要目标。河流生态系统健康评价的指标体系将对河流非污染生态影响评价及水资源开发中制订生态与环境调度方案起基础性作用，所以研究一套适用于我国的河流生态系统健康理论及评价体系很有必要（王赵松和李兰，2009）。

表 4-15 评价模型及方法

评价模型	评价项目	主要指标参数
生物完整性指数法	鱼类群落完整性指数	物种丰富度，生物多样性，指示种类别，营养类型，生物移动性，污染耐受性，其他等
	附着生物完整性指数	
	无脊椎动物群落指数	
	其他	
河流溪流状况指数	水文形态特征	流量，集水区参透率，河流宽度/纵向连续性/结构完整性，外来植被覆盖度，本地物种，岸坡稳定性，河床稳定性，植被宽度，结构完整性，浊度，电导率/pH，其他等
	河流物理状态	
	河岸带状态	
	水质	
	水生生物	
模糊综合评价方法	生态特征评价	生物量，水质，物种多样性，洪水调控能力，食品/原材料生产，人类活动强度，人口素质，流域保护意识和管理水平，其他等
	功能整合评价	
	社会环境评价	
压力-状态-响应模型（PSR）	压力	人类活动，人口，工农业，环境变化，生物，土地/水面面积变化，功能退化，制度和政策，管理水平等
	状态	
	响应	
景观格局分析法	空间分布特征指数	景观多样性指数，优势度指数，均匀度指数，斑块分维数，景观破碎化指数，廊道
	景观异质性指数	

表 4-16 河流健康的形态学评价方法体系

一级指标	二级指标	表征含义
河岸带状况	河岸基质	对比评价目前护岸形式与自然状态下护岸形式的差异
	岸边带植被盖度	表征河流两岸植被的生长情况
	岸边带植被宽度	表征河流两岸植被缓冲带的宽度

一级指标	二级指标	表征含义
河床形态	河床基质	对比评价目前河床形式与自然状态下河床形式的差异
	溢流堰、跌水	水体溶解氧的影响条件
河道形态	河道漫滩	水生植物及动物的生长环境
	河道弯曲度	表征河道的弯曲程度，从而评估河流的生境状况
	纵向连续性	影响河滨带区域的物质能量输送、野生生物的移动以及景观效果的发挥
	生境复杂性	河流生态系统的健康程度，河流生态完整性的一个必要条件

利用生态完整性表征生态系统健康也是常用的方法之一，Zhai 等（2010）通过构建生态完整度模型，评价水电开发对流域生态完整度的影响。在流域尺度上，考虑干扰影响下，从景观生态网络的完整性入手分析水利工程的影响，对于分析水利工程的效应范围和累积影响具有重要意义。

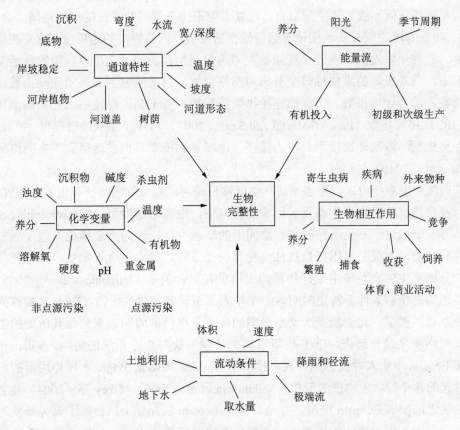

图 4-6　河流健康的生物完整性及其影响因子

资料来源：Allan 和 Castillo，2007。

4.6.2 生态网络分析法

河流网络被看做是一个连续的整体系统，不仅强调河流生态系统的结构、功能与河流生境的研究，而且强调河流网络和流域景观的相互作用。作为景观生态网络，水利工程的建设除影响了河流网络外，所形成的梯级水电库区也导致了生物栖息地的破碎，使一些特有的动植物无法完成正常的生命周期（Lopes et al.，2004；Marks et al.，2006）。在流域尺度上，考虑干扰影响下，从景观生态网络入手分析水利工程的影响，对于分析水利工程的效应范围和累积影响具有重要意义。流域尺度上，主要集中在生态网络的构建和河流网络两个方面。其中生态网络的基础理论研究更多来源于景观遗传学的内容，应用方面的研究主要在区域生态网络规划、廊道建设方面。

景观生态学中的干扰理论及与之相关的空间异质性理论、格局 - 过程及其尺度理论与流域生态安全相结合，并运用到流域生态评价与规划中。通过研究干扰对景观结构与功能关系的机制，提出维护与控制生态过程的关键性时空量序格局，调整一些关键性的点、线、局部（面）或其他空间组合，恢复工程干扰下景观的潜在的空间格局（俞孔坚，1999）。随着 GIS 空间分析、图论等数学模型的发展，网络模型的定量化研究不断地发展和完善。近些年发展的景观连接度指数，考虑景观结构的同时，可以模拟物种运动与扩散情况下，景观斑块的重要性时空分布与网络变化。目前研究主要采用流动指数、相关长度指数、综合连接指数、可能性连接指数等指数，基于图论理论的二元和概率模型的 PC 和 IIC 连接度指数（Pascual-Hortal and Saura，2007）。另外，景观渗透模型、扩散模型、费用距离模型、源汇理论模型、阻力模型、地理表面模型等也被运用到生态网络研究中来（Fu et al.，2010）。

在河流生态系统内部，生态系统网络能够反映河流内食物网特征和生态系统容纳量。人类以及自然扰动对水生生态系统影响的研究中，生态通道模型（Ecopath with Ecosim，EwE）可用于描述生态系统在时间和空间上的动态变化，较为全面地反映整个生态系统的结构和功能，主要是运用模拟线性生物量收支方程，建立了生物量生产和损耗的平衡系统，分析水生生态系统中不同物种的生物量和捕食关系（Villanueva et al.，2006）。因模型描述的是稳态条件下特定时间内一个生态系统营养物质的平衡，EwE 又被称为生态系统稳态营养模型，此数量平衡动态模型的优点是将种群的动态变化与其所处的生态系统物流网络变化结合起来。EwE 也可以模拟环境干扰对生态系统的影响。Villanueva 等通过在 Ecosim 中输入时间强制序列，模拟了 Burkina Faso 的 Bagre 水库停用后的水质变化所引起的各个种群生物量的变化（Villanueva et al.，2006）。Okey 等（2004）建立了西佛罗里达大陆架的 Ecopath 模型，并结合多个 Ecosim Scenarios，模拟了藻类暴发对几种初级生产者所产生的遮蔽作用和底层鱼类所产生的庇护作用，以分析营养物质富集对该大陆架群落组成的影响。此外，EwE 中附带的 Ecotracer 模块可应用于研究稳态污染物进入食物网后在各级营养层中的累积情况，成为研究外部环境对生态系统所造成影响的重要工具（Christensen et al.，1993）。

4.6.3　生态安全与生态风险评价

随着水电开发力度增强，水电建设影响程度也随着时空发生变化，水电建设对河流生态影响出现累积、叠加；随着时空（流向）延伸，尤其是大型或梯级水电开发建设对下游生态的影响出现逐级增强特性。从生态安全综合角度来考虑水电站建设对区域生态安全的驱动作用是个较好的范式。大型水利工程或者梯级电站工程可以进行总体考虑，依据 DSR 范式，驱动力指标主要是指水电站建设的特征，即扰动指标；状态指标主要是水域及库区周边生态系统变化；响应指标对应梯级水电站区域或流域对水域的反馈作用及所采取的对策。同样地，水利工程的生态安全评价也应该从两方面入手，一个是库区尺度，另一个是水电站下游尺度。这也是水利工程建设的影响域。

压力 - 状态 - 响应（Press-State-Response，PSR）概念模型最早是 OECD（经济合作与发展组织）为了评价世界环境状况提出并建立的。其基本思路是人类活动给自然资源和环境施加"压力"，改变了环境的"状态"和自然资源的质量与数量；人类社会则通过环境、经济等政策对这些变化做出"响应"，减缓人类活动对环境造成的压力，维持环境系统的可持续性。在 PSR 系统中，"压力"是以对环境施以压力的来源的经济、社会活动为对象，经济社会指标为其评估对象。"状态"是受到经济 / 社会活动所冲击的环境，环境指标为其评估对象，籍由评估环境状态的改变，以了解环境的恶化或改善程度。"响应"是人类针对环境改变所采取的经济 / 社会活动的制度与对策。由于此模型具有系统性、综合性等特点，能够监测各指标之间的连续反馈机制，是寻找人类活动与环境影响之间因果链的有效途径，因而得到了较为普遍的认可与应用。该模型经过不断的改进和修正，主要的相关模型还有：PSIR 概念模型（pressure- state- impact -response framework，压力 - 状态 - 影响 - 响应框架）；PSRP 框架（pressure -state -response -potential framework，压力 - 状态 - 响应 - 潜力框架）；DPSIR 概念模型等（drivingforce - pressure -state - impact - response framework，驱动力 - 压力 - 状态 - 影响 - 响应框架）。

在 PSR 模型框架内，某一类环境问题，可以由三个不同但又相互联系的指标类型来表达，分别为压力指标、状态指标、响应指标。压力指标反映人类活动给环境造成的负荷；状态指标表征环境质量、自然资源与生态系统的状况；响应指标表征人类面临环境问题时所采取的对策与措施。PSR 概念模型从人类系统与环境系统相互作用、相互影响这一角度出发，对指标进行分类与组织，具有较强的系统性。建立基于 PSR 模型的评价指标体系，能够比较明确地反映出生态环境变化的因果关系，从而有助于决策者采取合适的技术手段和行政管理措施，减少生态环境的破坏和加速恢复重建。生态足迹是另一种表征水利工程对生态环境影响程度的方法。生态足迹法是由加拿大生态经济学家 William Rees 等于 1992 年提出的，并由他的博士生 Wackernagel 等完善的一种衡量可持续发展程度的方法。肖建红等（2011）采用生态足迹法计算了三峡工程生态供给足迹和生态需求足迹，得到了修建三峡工程对生态环境产生有利影响的结果。

生态安全研究的重点和关键环节仍然是生态安全评价的指标选取及其评价方法，研究的尺度一般也是区域尺度。生态安全评价也是从前期的定性研究向定量研究方向发展，并有针对性地划分安全级别和确定评价指标体系，为评价目的直接服务。

生态安全的定量研究主要采用建立评价指标体系，运用数学模型进行评价。指标体系是评价的基础，指标体系的构建对于生态安全评价具有极其重要的作用，总体来讲，评价指标及其指标体系具有系统性、总体性、针对性、实用性和可操作性。国际上，已经存在许多生态环境的指标，如 UNCSD 的驱动力 - 状态 - 响应（DSR）指标体系，国际科学联合会环境问题科学委员会（SCOPE）可持续发展指标体系，加拿大、荷兰、美国、联合国可持续发展委员会（CSD）可持续发展指标体系，农业生态县、生态省可持续发展指标体系，绿色 GNP 等。区域生态环境质量评价指标选择各有不同，可以分为以下四类：基于生态压力的指标，基于环境暴露的指标，基于区域生态条件和空间格局的指标及基于压力 - 状态 - 响应的指标。

国内外生态安全评价指标体系主要分两大类：一类是基于生态安全程度的生态风险评价与生态健康两方面的评价体系；另一类是基于环境、生物与生态系统分类系统的评价指标体系。由于生态安全阈值可通过"状态"和"压力"的相对变化来反映其动态，目前生态安全评价更多采用了 PSR 模式来进行，即压力 - 状态 - 响应范式。对于大型工程建设来说，DSR 框架表明了"驱动力 - 状态 - 响应"模式，其中驱动力指标用以表征那些造成发展不可持续的人类活动等因素，状态指标用以表征工程影响域的生态安全状态，响应指标用以表征人类为促进区域生态安全所采取的对策。国外对于生态环境评价指标体系的研究也较多，Thomas 等（2001）对哥伦比亚河流域的生态安全性进行了评估。分别用不同的指标评价森林、草地、水域子系统的生态安全。

对于生态风险评价来说，可以认为是生态安全的反函数，对于生态风险评价来说，更多的与风险识别与预警、风险估算、风险处理和风险决策等相联系。生态风险是由环境的自然变化或人类活动引起的生态系统组成、结构的改变而导致系统功能损失的可能性。生态风险评价是定量预测各种风险源对生态系统产生风险的可能性以及评估该风险可接受程度的方法体系，因而是生态环境风险管理与决策的定量依据（许妍等，2010；张思锋等，2010）。目前，环境风险的意义较为明确，而生态风险的内涵更为宽泛。环境风险是指水利工程在特定时空条件下发生非期望事件的概率及其引起的环境后果。该环境风险广义上是指人类的水利工程建设活动所引发的危害发生的可能性及其对人体健康、社会经济、生态系统等造成的损失。关于水环境风险评价，目前大多应用于确定性模型对风险进行评价，量化水源污染物对人类健康可能造成的危害从而进行水环境管理和水源地防护。而生态风险评价的主要对象是生态系统或生态系统中不同生态水平的组分，着重权衡风险级别与减少风险的成本，着重解决风险级别与社会所能接受的风险之间的关系（许妍等，2010；张思锋等，2010）。

学术界对生态风险评价的类型划分有 3 种依据。一是根据风险源的性质，划分为化学污染类风险源生态风险评价、生态事件（生物工程或生态入侵）类风险源生态风险评价、其他复合风险源（自然生态风险源、人类活动风险源）类生态风险评价。二是根据风险源的数量，划分为单一风险源生态风险评价、多风险源生态风险评价。三是根据风险受体的数量与空间尺度，划分为单一物种受体小范围生态风险评价、多物种受体区域范围生态风险评价（张思锋等，2010）。

　　依据风险源性质的分类标准，对生态风险评价方法进行分类。常用的方法是利用商值法进行评估，第一类商值法是根据研究对象的特点，设定多个风险等级，将实测浓度与浓度标准进行比较获得的商值，用"多个风险等级"表示风险结果。第二类是以商值法为基础发展而成的地质累积指数法和潜在生态风险指数法。另外，利用暴露-反应法进行评价，是依据受体在不同剂量化学污染物的暴露条件下产生的反应。建立暴露-反应曲线或模型，再根据暴露反应曲线或模型，估计受体处于某种暴露浓度下产生的效应，这些效应可能是物种的死亡率、产量的变化、再生潜力变化等的一种或数种。对于生态事件类风险源的生态风险评价来说，一般利用物种入侵生态风险评价方法进行评价（许妍等，2010；张思锋等，2010）。

　　随着风险受体扩展到种群、群落、生态系统以及景观水平等更高层次，风险源也延伸为涉及化学、生物、物理多领域的复合风险源（污染物、物种入侵、自然灾害、生境破坏以及严重干扰生态系统的人为活动）。由于复合风险源的影响一般是区域范围的，一般利用生态损失度指数法、生态梯度风险评价方法、相对风险模型法进行综合论述。特别是流域尺度上，流域生态风险评价正逐步转向涉及多重受体和多重风险源的流域综合生态风险评价模式（许妍等，2010；张思锋等，2010）。

表 4-17　流域生态风险评价方法

评价模型方法	方法描述	模型缺点
因果分析法（Causality Anlysis）	基于野外观察数据，在区域水平上建立用于描述压力因子及其可能影响之间的因果关系或运用"因子权重"法进行风险原因分析，从而实现大尺度风险的定性与定量评价	侧重于回顾性评价，无法将生态风险的动态变化纳入评价体系
生态等级风险评价法（Ecological Risk level Evalutaion）	该模型分为初级评价、区域评价和局地评价3部分，采用综合的方法进行暴露和影响分析；在概念模型中加入了因果分析链，并将权重分析法用于因果分析	没有将时间动态变化因素纳入评价体系
相对风险评价模型（Relative Risk Assessment Model）	该模型引入风险源与生境、生境与评价终点之间的暴露"系数"、效应"系数"，通过设置等级标准对风险源、生境、评价终点得分进行计算，一定程度上解决了大尺度风险评价中的定量和半定量化问题	该模型是一种相对的评价方法，评价标准难确定，验证需要大量数据
景观分析法（Landscape Anlysis）	选取适当的景观指数构建综合生态风险模型，对生态风险分布和演化过程进行定量分析和评估。通常以景观类型作为评价受体，着重分析人为活动对生态系统造成的潜在风险或已造成的风险	未考虑化学污染物造成的风险；遥感图像空间分辨率对计算结果产生一定影响
数学概率模型（Mathematical Probability Model）	运用函数关系式将综合风险发生概率及其生态系统潜在风险损失度的非线性风险复合表征模型具体化，较好地反映了危害事件和生态终点的相互作用关系，实现非毒性污染物风险的定量评价	模型参数的确定具有主观性，缺乏对不确定性的有效检验手段

资料来源：许妍等，2010。

国内外的水利水电工程生态风险分析尚处于研究和发展阶段，主要表现在：没有形成统一、完善的理论体系；缺乏系统、有效的评价方法学，现在的评价方法学还比较初级，基本上是定性的方法。侧重于对已确定的工程规模和单一生态风险因素进行评价，且评价的时间性不明显，没有对项目生命周期内的不同阶段分别进行风险分析。在方法上，大多是采用定权模糊评价模型和风险指数法。若在可研阶段的开发方案规模选择中很少进行生态风险分析，就难以在项目建设的前期阶段进行有效的风险防范。

4.6.4　生态系统服务评价方法

水电开发对河流生态系统服务的影响在自然、环境、经济和人类社会组织等各个领域均有体现。运用生态经济学方法进行价值量化是体现生态系统服务功能的主要手段，水电开发对河流生态系统服务功能影响的价值量评估有助于引导人们对水电开发的影响产生直观的认识和足够的重视。魏国良等（2008）对水利水电开发对河流生态系统服务功能影响，提出了相应的评价指标与评估方法。

表 4-18　水电开发对河流生态系统服务功能影响的评价指标体系及评估方法

服务功能	物质量指标	价值量评估方法
蓄水供水	水库调节库容	替代工程法
水力发电	年均发电量	市场价值法
内陆航运	货运、客运增加量	市场价值法
水产品生产	水产养殖量	市场价值法
调蓄洪水	保护城镇和农业耕地面积	影子价格法
休闲娱乐	旅游容量	费用支出法
农林草产品生产	淹没农作物产量和林草生物量	市场价值法
固碳释氧	淹没林地草地净初级生产力	功能成本法
营养物质循环	淹没林地草地净初级生产力	影子价格法
控制侵蚀	土壤侵蚀失控量	机会成本法
水质净化	水环境容量	替代工程法
河流输沙	水库泥沙淤积量	恢复费用法
生物多样性维持	影响生物栖息地面积和特有种鱼类种数	防护费用法

资料来源：魏国良等，2008。

4.6.5　生态承载力评价

生态承载力评价方法依据生态学负载定额的规律，每一个生态系统都会有一个极限，当这一极限被打破时，将会使整个系统失去平衡状态，通常情况下，生态承载力在一定的时期与区域，具有自我维持与自我调节的功能，在这一前提下能够有效促进经济社会与生态可持续发展。目前生态承载力的研究方法还不是十分成熟，这里主要探讨生态足迹法、状态空间法、供需差量法以及综合评价法。生态足迹法具有简单实用的特点，然而不能反映社会及经济活动的因素，它采用的方法是将一定区域内人们所消耗的所有资源都转化为一定的生物生产土地与水域面积；状态空间法是利用状态空间中的承载状态点，通过状态空间中的原点同系统状态点所构成的矢量模数来表示区域承载的大小，具有能够较为精确判断区域特定时间段承载力状况的优点，但是构建承载力曲面与定量计算比较困难；供需差量法是依据资源存量和需求量及生态环境状况、期望状况之间的差量来确定承载力状况的方法，具有使用简单的优点，但是不能够表示所研究区域内人们的生活水平与社会经济状况；综合评价法具有考虑因素灵活全面的优点，但是所需资料较多，这一方法认为承载力可以理解为承载媒体对承载对象的支持能力，选取一些发展因子与限制因子作为生态承载的指标，通过比较各个要素的期望值与监测值，来得出各个要素的承载率（彭贵军，2011）。

4.7　水利水电工程生态效应的综合指数模型

4.7.1　水利水电工程建设的生态效应指标因子

水坝工程的生态效应往往具有群体性、系统性、累积性、波及性和潜在性（张静波和张洪泉，1996，钟华平等，2008）。从空间上，有上下游、左右岸之分，有水体纵向和垂向的差异，也有陆域沿海拔高度的差异；从生态系统类别上，有水生和陆地生态系统和水陆交错带；从影响要素上，有植物、土壤、水文、气候等要素。同时，这些生态效应有正负之分，并且有直接和间接效应的差异（孙宗凤等，2004）。生态效应的类型多样化使得生态指标因子的研究一直是热点难题。

对于水利工程生态效应的指标来说，一般从水电站建设的干扰源进行分析，依据 DSR 范式，驱动力指标主要是指水电站建设的特征，即扰动指标，如水库的泄流方式（浅层泄流、深层泄流、溢流等）、泄流频率等对河流物理、化学和生物特征具有重要作用，而水力特性对河流生态系统具有决定作用，尤其是对某些关键物种的栖息地分布和生存环境，其影响程度又取决于水库的调度方案、泄流位置、溢流堰特性、蓄水库容、泥沙沉积以及流域地貌等（毛战坡等，2004）。状态指标对应水域及库区周边生态系统变化；响应指标对应梯级水电站区域或流域对水域的反馈作用及所采取的对策。同样地，水利工程的生态安全评价也应该从两方面入手，一个是库区尺度，另一个是水电站下游尺度。这也是水利工程建设的影响域。

目前研究水电站建设的生态效应，很多研究从单一尺度或者单一指标开展，也有从综合角度入手，建立生态效应的指标体系，在目前的研究中，对河流生态系统的影响考虑得较多，多数是从河流生态系统健康的角度分析水电建设的环境影响，如河流水文情势变化、河道形态演变、河流水环境、生物群落等某一层面分析。已有研究通过建立一套评价指标体系和定量化的评价方法探讨了水电建设对河流生态系统服务功能的影响。从流域完整性、区域生态安全综合角度来考虑水电站建设的效应较多。目前，随着水电建设的加强，水电建设对河流生态影响出现累积、叠加；随着时空（流向）延伸，大型或梯级水电开发建设对流域生态系统的影响尤其受到广泛关注。

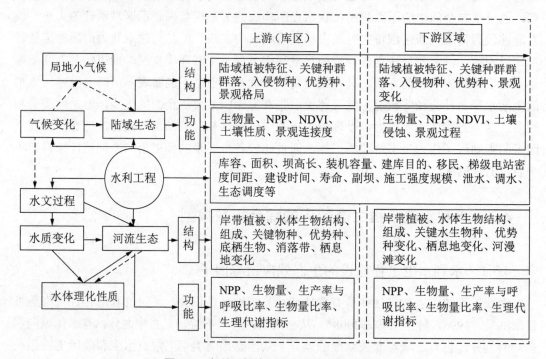

图 4-7　水利工程建设的生态效应指标因子

资料来源：刘世梁等，2012。

在目前的研究中，对河流生态系统的影响考虑得较多，多数是从河流生态系统健康入手。通过图 4-7 可以看出，水利工程的建设本身具有一定的特性，而这种特性会影响河流与陆域的生态系统，对于生态效应来说，河流的影响分为几个层次，第一层次为直接的对水文、泥沙等的影响，第二层次为对河流结构（河道形态、泥沙淤积、冲刷等）和功能（种群数量、物种数量、栖息地等）的影响，第三层次为河流或者流域内大型动物的影响及其植被演替，其生态效应具有传递性。

对于水电梯级开发规划环境影响评价，一般也用指标体系法进行评价，水电梯级开发规划环境影响评价不同于单一工程，其主要特点表现在：空间尺度上，评价时空范围的准确划定是关于评价能否真实反映其影响的基础，对于梯级开发规划一般认为以流域的界限为评价的空间范围，如果考虑对一些洄游性鱼类的影响，河口也应包括在范围内。范围较单一建设项目广阔得多。时间尺度上，梯级开发规划评价应在流域规划阶段，并贯穿流域规划的整个阶段。由于我国江河的早期开发，大多没有考虑环境影响，因此，在这种条件下，对一些已进行了一定程度开发的流域，不能仅局限于对规划期内的影响，还要考虑到过去、现在、将来的影响。对流域内众多的开发项目来说，其后期开发项目对环境的影响是在先期开发项目对环境影响基础上的叠加和累积。评价内容上，与流域的生态环境紧密相关，与流域的整体环境目标相一致，强化电站间以及流域中其他开发项目对环境的协同作用和加和作用，重点评价这些项目对流域生态环境的累积效应及累积影响。评价方法上，传统的环境影响评价方法是评价的重要基础，但传统方法着重点评价工程项目对环境的直接或间接影响，对累积效应的评价考虑得很少，而累积效应的评价是流域环境评价的最为显著的特点，最终使累积影响最小化、综合影响最小化（顾洪宾等，2006）。表 4-19 是河流水电规划环境影响研究和评价指标体系。

表 4-19　河流水电规划环境影响研究和评价指标体系

环境要素	环境因子	评价指标	环境保护目标
流域生态系统完整性	自然系统生产能力	评价生物量（t/a）	保护和改善河谷生态系统结构和功能、维护生态完整性；保护自然保护区；保护重要植被类型保护珍稀动植物生境；减少工程水土流失
	自然系统稳定性	恢复稳定性	
		阻抗稳定性	
		景观系统拼块优势度值	
		生态系统地域连续性	
陆生植物	植物区系	植物科、属、重数	
	植物资源	植物类型、种属面积淹没、占地损坏面积	
	珍稀濒危保护植物	珍稀濒危植物保护级别、淹占数	
陆生动物	陆生动物资源	动物类型、种群及数量	
		珍稀濒危保护动物种群及数量	
自然保护区	国家级自然保护区省级自然保护区	保护区类型、保护对象	
		功能分区与工程距离、受影响面积	
水生生物	水生生物区系组成	区系目、科、属、种	
	鱼类资源	主要经济鱼类种、数量	
	其他水生生物，珍稀、特有鱼类	濒危程度、保护级别、种及数量	
水土流失	水土流失类型	土壤侵蚀类型及面积	
	水土流失程度	土壤侵蚀模数	

资料来源：顾洪宾等，2006。

　　生态效应评价指标体系更多的是建立替代性与综合性指标以取代庞杂的生物学与环境因素的直接指标，这将是未来发展的趋势，具有综合性与代表性、易于量化和应用，同时兼容不同空间尺度并能体现动态变化。但是对于指标体系的构建来说，一方面为追求指标的完备性，不断提出新指标，使指标的种类增多、数目增大、可操作性下降；另一方面由于缺乏科学有效的定量筛选方法，大都依靠评价者的经验，故存在很大的主观性，评价指标体系普遍存在指标信息覆盖不全和指标间信息的重叠，影响了评价的科学性。

4.7.2　水电开发工程生态影响综合指数评价方法

　　水利水电工程生态效应评价指标体系被广泛应用于评价模型中。如指标体系层次结构模型、空间叠加与综合评价模型、时间序列对比动态叠加分析等。由于指标体系中指标的数量多，有些指标是定量的，有些指标是定性的，所以所用到的综合指数的评价方法也多种多样。在各种生态环境影响评价（包括区域、流域、项目建设、水电开发等的生态环境评价）中，除了导则中推荐的方法外普遍使用的方法还有很多，具体可见表 4-20（侯小波和何孟，2010）。

表 4-20　生态环境评价方法汇总

评价类型	主要评价方法
通用生态环境影响评价	列表清单法、类比法、生态图法（图形叠置法）、指数与综合指数法、生物生产力评价法、质量指标法、数学评价法、生态机理分析法、景观生态学方法和系统分析法（专家咨询法、层次分析法、模糊聚类综合评判法、综合排序法、系统动力学方法、灰色关联度方法等）等
区域生态环境影响评价	灰色斜率关联分析法、GIS 与层次分析法相结合、灰色关联投影模型、投影寻踪法等
流域生态环境影响评价	确定性模糊综合评价方法、最大信息熵原理与模糊模式识别方法、与遗传算法相耦合生态环境质量评价新模型（EFPR-EQEB）等
水利水电生态环境影响评价	动态层次分析法、多层次多目标模糊优选模型、多因素综合评价法和多目标决策分析法、TOPSIS 方法、主成分分析方法、人工神经网络评价模型、景观生态学方法（陆生）与数学模型（水生）结合的方法、GIS 支持下的叠加图法、系统流图法、情景分析法、层次分析和模糊优选相结合的方法等

在生态环境评价方法中，指标体系的确定和再处理阶段常用的方法有专家咨询法（德尔菲法）、层次分析法、主成分分析法、选取典型指标法、条件广义方差极小法、极大不相关法等；权重确定阶段可采用的方法有很多种，如层次分析法、主成分分析法、模糊优选方法、专家评分法、均方差法、德尔菲法、"灵敏度"分析法、两两比较法、增量趋势法、主成分投影法等，对于大多数的评价方法还可以按照其评价指标权重的确定方法总结为两大类，即主观赋权评价法，如层次分析法、模糊综合评判法等；客观赋权评价法，如灰色关联度法、TOP-SIS 法、主成分分析法等。其中专家评分法、层次分析法、主成分分析法应用最广；综合评价阶段可以采用的方法有综合指标法、灰色关联综合评价法、模糊综合评价法、人工神经网络模型、TOPSIS 方法、景观学生态方法等，可视不同的情况进行选择（侯小波，2010）。

近年来，国内也有了大量的研究，在流域与区域生态评价中进行分析（侯小波，2010）。刘胜祥等（2002）依据生态评价导则，筛选出了主要的生态环境评价指标对水电开发进行了综合评价；对于大型水利水电开发，也有用层次分析法、综合指数评价模型、模糊聚类法、神经网络法方法、多层次多目标模糊优选模型进行评价（徐福留等，2001；吴泽斌等，2005；侯锐，2006；蔡旭东等，2007；燕文明等，2007）；在具体的研究中，很多学者对不同方法进行了改进，李莉华等（2007）应用模糊层次综合评价模型对水工建筑物的生态环境影响进行了评价分析；梁轶（2008）从水电规划陆生生态环境影响评价着手，对于现今使用的一系列方法进行了分析；曾毅和吴泽斌（2008）在分析了层次分析法的特点之后，进行了适当改进和应用；对于梯级水电站，有学者采用动态层次分析法进行了研究（薛联青，2001）；也有采用时序多级模糊综合评价模型进行分析（李朝霞等，2009）。另外，也有学者采用景观生态学（陆生）与数学模型（水生）相结合的方法进行分析（王翠文，2007）。

4.7.2.1　主成分分析法

主成分分析（Principal Component Analysis，PCA）是由卡尔（Karl）和皮尔逊（Pearson）在 1901 年最早提出来的（李波涛，2007）。它把系统内部的多个评价因子化为几个能概括系统总体状况的综合指标（主成分）来进行简化和综合，使复杂的系统因子体系从结构上得到了降维处理。具体的操作是评价因子标化处理（无量纲化）；通过线性变换转成一组相互独立的变量，再对变量按照方差大小进行递减排列；确定权重；对提取出的各个变量评价值进行综合分析，得到结果。

主成分分析法基于评价因子内部的关系和分配，较其他很多方法更客观；选取独立的变量对系统进行表达，减少了分析对于数据整体的依赖性和计算量，也大大地简化了评价过程；现在很多统计分析软件（如 SPSS 软件等）的主成分分析功能都已经较为成熟，操作也非常方便。但是指标集的确定和独立变量的选取具有系统误差，评价的质量对人员的知识水平表现出较大的依赖；数据标化处理常采用 z 分数（z-score）法，要求有较多的数据，否则偏差较大；提取独立变量时对数据进行了线性转换，而很多影响因子间并不是线性相关，要求操作人员要对系统中非线性过程对评价总体的影响进行充分把握。

4.7.2.2　层次分析法

生态环境系统是由多因子组成的多层次的复杂体系和开放系统，其系统内部各因子和系统与外部环境之间有着千丝万缕、密不可分的联系和相互作用。采用定性和定量相结合的方法认识和评价这样的复杂系统，是目前最有效的评价方法，这就是层次分析法。层次分析法属于加权评价法，思路明确、系统性强、需要数据少，且容易掌握。层次分析法（AHP）按照评价指标体系确定的层次结构，根据 AHP 要求咨询有关专家的意见，构成判断矩阵，输入计算机，从而获得各层次指标的权重及随机一致性率值（CR），确定综合排序权重，进行加权求和得到综合评价指数，方案择优。

层次分析法（AHP）是一种对复杂现象的决策思维过程进行系统化、模型化、数量化的方法，所以又称多层次权重分析决策法。具体方法步骤如下（李恺，2009）：

①明确问题。即确定评价范围和评价目的、对象；进行影响识别因子筛选，确定评价内容或因子；进行生态因于相关分析，明确各因子之间的相互关系。

②建立层次结构。根据对评价体系的初步分析，将评价系统按其组成层次构成一个树状层次结构，在层次分析中，一般可分为三个层次：目标层、指标层、策略层。

③标度。在进行多因素、多目标的生态系统安全评价中，既有定性因素，又有定量因素，还有很多模糊因素，各因素的重要程度不同，关联程度各异。在层次分析中针对这些特点，

对其重要度作如下定义：第一，以相对比较为主；第二，遵循一致性原则，当 C1 比 C2 重要、C2 比 C3 重要，则认为 C1 一定比 C3 重要。

④构造判断矩阵。在每一层次上，按照上一层次的对应准则要求，对该层次的元素（指标）进行逐对比较，依照规定的标度定量化后，写成矩阵形式，此即为构造判断矩阵，是层次分析法的关键步骤。判断矩阵构造方法有两种：一是专家讨论确定，二是专家调查确定。

⑤层次排序计算和一致性检验——权重计算。排序计算的实质是计算特征矩阵的最大特征根值及相应的特征向量。此外，在构造判断矩阵时，因专家在认识上的不一致，须考虑层次分析所得结论是否基本合理，需要对判断矩阵进行一致性检验，经过检验后得到的结果即可认为是可行的。

⑥选择评价标准。通过上述 5 个步骤确定了区域生态系统安全评价的指标体系、层次结构及各层次之间的权重，接着应确定相应的指标体系的评价标准体系。

评价标准有些可根据国家颁布的标准，如环境污染等方面的标准；社会经济体系的标准有些可根据国家社会经济发展规划或有关规定确定；有些标准则须经专家研究确定，如自然生态体系的标准等。

⑦评价。可以采取综合指数评价方法或其他评价方法。

层次分析法的关键步骤是步骤②和步骤③，依此两步骤建立评价指标体系的层次化结构和按照指标间的相互重要性标度求算各指标的权重值。层次分析法最大的优点是可以建立起概念清晰、层次分明、逻辑合理的指标体系层次结构，与其他方法（如专家法）结合使用，还可以有效地建立指标因子的常权值分布。但该方法最大的缺点是建立的常权值分布刚性太大，难以准确反映生态环境及生态安全评价领域的实际情况。此外，层次分析法对于评价标准和综合评价模型的建立，在环境生态领域，也过于简单和粗略，不能成为有效方法。

层次分析法是一种系统分析方法，也是定性与定量分析相结合的一种方法。方法将与决策有关的元素分解成目标、准则、方案等层次，进行权重分配，然后进行综合分析得到优化决策。应用层次分析法具有系统、简单易用、准确有效、适用性广等优点（李恺，2009），其分级分层次确定权重系数的方法尤其适用于影响因素较多的复杂系统。但是，方法将评价过程条理化和数量化，不利于发挥决策者的主动性；收集到的信息较少时，方法存在较大的误差。

4.7.2.3 模糊综合评价法

模糊评价应用模糊数学进行综合评价，根据给定的评价标准，通过构造实测数据同评价标准的隶属函数，计算隶属度，进行模糊变换，按最大隶属原则确定评价对象优劣等级（付雁鹏，2006）。模糊评价的判断依据依赖于人们在实践中积累的丰富知识和经验，当评价工作人员对于研究对象有比较深入的了解，自身具有丰富的工作经验和较强的判断能力时，模糊评价方法对于解决复杂系统的评价工作具有很好的实践效果。

模糊综合评价是借助模糊数学的一些概念，对实际的综合评价问题提供一些评价的方法，它与概率、统计的方法是不同的。因为客观事物的不确定性有两大类：一类是事物对象是明确的，但出现的规律有不确定性，如晴天、下雨、下雪，这是明确的，但出现规律是不确定的；另一类是事物对象本身不明确，如年轻、年老，严重、不严重等这一类程度上的差别没有截然的分界线。后一类对象的不确定性是与分类的不确定性有关，也即一个对象是否属于某一类，可以是也可以不是，所以首先要对集合的概念给予拓展，引入模糊集合的概念，一个元素可以属于 A 集合，也可以不属于 A 集合，引入隶属度——隶属函数这一概念，这就导出了模糊数学的构架。这一工作是由美国控制论专家查德（L A Zadeh）奠定基础的。模糊综合评价是以模糊数学为基础，应用模糊关系合成的原理，将一些边界不清、不易定量的因素定量化并进行综合评价的一种方法。即通过构造等级模糊子集把反映被评价事物的模糊指标进行量化（确定隶属度），然后利用模糊变换的原理对各指标综合。具体的过程如下（付雁鹏，2006）：

（1）确定评价对象的因子论域

设
$$U = \{u_1, u_2, \cdots, u_p\} \tag{4-18}$$

也就是评价因子构成的指标体系。

（2）确定评语等级论域

$$V = \{v_1, v_2, \cdots, v_n\} \tag{4-19}$$

即等级集合，每一个等级可对应一个模糊子集。

一般情况下，评价等级数 m 取 [3，7] 的整数，如果 m 过大，那么语言难以描述而且不易判断等级归属。如果太小又不符合模糊综合评价的质量要求。取奇数的情况比较多，因为这样可以有一个中间等级，便于判断被评价事物的等级归属。具体等级可以依据评价内容用适当的语言描述。如本书的区域生态安全综合判别等级可取 $V = \{$ 重警、巨警状态，中警状态，预警状态，较安全状态，安全状态 $\}$。

（3）进行单因素评价，建立模糊关系矩阵 **R**

在构造了等级模糊子集后，就要逐个对被评价事物从每个因素比（$i = 1，2，\cdots，p$）上进行量化，也就是确定从单因素来看被评价事物对各等级模糊子集的隶属度（$R|U$），进而得到模糊关系矩阵。

$$\boldsymbol{R} = \begin{bmatrix} R|u_1 \\ R|u_2 \\ \cdots \\ R|u_p \end{bmatrix} = \begin{bmatrix} r_{11} & r_{12} & \cdots & r_{1m} \\ r_{21} & r_{22} & \cdots & r_{2m} \\ \cdots & \cdots & \cdots & \cdots \\ r_{p1} & \cdots & \cdots & r_{pm} \end{bmatrix} \tag{4-20}$$

矩阵 R 中第 i 行第 j 列元素 r_{ij} 表示某个被评价事物从因素 u_i 来看对 v_i 等级模糊子集的隶属度。一个被评价事物在某个因素 u_i 方面的表现是通过模糊向量（$R|u_i$）$= (r_{11}, r_{12}, \cdots, r_{ip})$ 来刻画的，而在其他评价方法中多是由一个指标实际值来刻画的，因此，

从这个角度讲模糊综合评价要求更多的信息。

（4）确定评价因素的模糊权向量

$$A = (a_1, a_2, \cdots, a_p)$$

一般情况下，p 个评价因素对被评价事物并非是同等重要的，各单方面因素的表现对总体表现的影响也是不同的，因此在合成之前要确定模糊权向量。在模糊综合评价中，权向量 A 中的元素 a_i 本质上是因素 u_i 对模糊子集 { 对被评价事物重要的因素 } 的隶属度，故而一般用模糊方法来确定，并且在合成之前要归一化。

（5）利用合适的合成算子将 A 与各被评价事物的 R 合成得到各被评价事物的模糊综合评价结果向量 B

R 中不同的行反映了某个被评价事物从不同的单因素来看对各等级模糊子集的隶属程度。用模糊权向量 A 将不同的行进行综合就可得到该被评价事物从总体上来看对各等级模糊子集的隶属程度，即模糊综合评价结果向量 B。模糊综合评价的模型为：

$$A \cdot R = (a_1, a_2, \cdots, a_p) \begin{bmatrix} r_{11} & r_{12} & \cdots & r_{1m} \\ r_{21} & r_{22} & \cdots & r_{2m} \\ \cdots & \cdots & \cdots & \cdots \\ r_{p1} & \cdots & \cdots & r_{pm} \end{bmatrix} \tag{4-21}$$
$$= (b_1, b_2, \cdots, b_p)$$
$$= B$$

其中，b_i 是由 A 与 R 的第 j 列运算得到的，它表示被评价事物从整体上看对 v_i 等级模糊子集的隶属程度。

（6）对模糊综合评价结果向量进行分析

每一个被评价事物的模糊综合评价结果都表现为一个模糊向量，这与其他方法中每一个被评价事物得到一个综合评价值是不同的，它包含了更丰富的信息。对不同的一维综合评价值可以方便地进行比较并排序，而对不同的多维模糊向量进行比较排序就不那么方便了，需要对模糊综合评价向量作进一步处理。常用方法有：

①最大隶属度方法。设模糊综合评价结果向量为 $B = (b_1, b_2, \cdots, b_n)$，若 $b_r = \max\{b_i\}$，则被评价事物总体上来讲隶属于第 r 等级，这就是最大隶属度原则。其实只要稍加留心就会发现，这种实际中最常用的方法在某些情况下使用会显得很勉强，损失信息较多，甚至得不出合理的评价结果。

②加权平均方法。加权平均方法是基于这样的思想：将等级看做一种相对位置，使其连续化。为了能连续处理，不妨用 "1，2，…，m" 依次表示各等级，并称其为各等级的秩。然后用 B 中对应分量将各等级的秩加权求和，得到被评价事物的相对位置。可表示为：

$$A = \frac{\sum\limits_{j=1}^{m} b_j^k \cdot j}{\sum\limits_{j=1}^{m} b_j^k} \tag{4-22}$$

其中，k 为待定系数（$k=1$ 或 $k=2$），目的是控制较大的 b_i 所起的作用。可以证明，当 $k \to \infty$ 时，加权平均原则就是最大隶属度原则。对多个被评价事物，可以根据其等级位置进行排序。

③模糊向量单值化。如果给各等级赋予分值，然后用 B 中对应的隶属度将分值加权求平均就可以得到一个点值，便于比较排序。设给 m 个等级依次赋予分值 c_1，c_2，$\cdots$，c_m，一般情况下（等级是由高到低或由好到差），$c_1 > c_2 > \cdots > c_m$，且间距相等，则模糊向量可单值化为：

$$c = \frac{\sum\limits_{j=1}^{m} b_j^k c_j}{\sum\limits_{j=1}^{m} b_j^k} \tag{4-23}$$

其中，k 为待定系数 $k=1$ 或 $k=2$，目的是控制较大的 b_j 所起的作用。多个被评价事物可用此公式的结果由大到小排出次序。

以上几种处理方法可依据评价的目的来选用，如果只需给出某事物一个总体评价结论，则可用第一种方法。如果需要细化，可选用后两种方法。

④模糊分布法。该方法直接把原始的或归一化的评判指标作为评判结果。各个评判指标具体反映了被评价对象的特性方面的分布状态，使评价者对被评价对象有更加深入的了解，并能作出各种灵活的处理。

以上为模糊综合评价的六个基本步骤，其中第（3）步和第（5）步为比较核心的两步。第（3）步为模糊单因素评价，本质上是求隶属度，在实际工作中往往要凭经验来选取合适的方法，并且工作量相当大。第（5）步的合成本质上是对模糊单因素评价结果的综合，真正体现了模糊法综合评价。模糊综合评价方法应用于综合评价的优点是，隶属度概念的引入，使得指标因子标准的划分和评价结果更加贴近实际情况；不足之处是该方法不能有效地解决好指标体系和因子权重的建立问题，特别是评价结果的表征形式，不利于人们对问题的认知、理解和深入分析。此方法操作严谨，数据处理能力强，对研究对象的综合特征有很好的表达，能够进行较大系统的评价。但该评价属于定性评价，只能表示生态环境对于评价标准的隶属程度，而不能给出生态环境变化的数值信息；各项评价因子都要经过数值化过程，才能进行矩阵分析，数值化过程人工操作较多，使评价不尽客观；评价指标越多，系统越复杂，计算量也越大。

4.7.2.4　灰色系统分析法

灰色系统理论最初由邓聚龙教授（1990）提出，包括一系列的方法，其中在水电开发生态环境影响评价中应用最好的有灰色关联分析及灰色聚类方法。灰色系统理论认为，人们对客观事物的认识具有广泛的灰色性，即信息的不完全性和不确定性，因而由客观事物所形成的是一种灰色系统，即部分信息已知、部分信息未知的系统，比如生态环境系统、社会系统、经济系统等都可以看做是灰色系统。灰色关联分析，从其思想方法上来看，属于几何处理的范畴，其实质是对反映各因素变化特性的数据序列进行的几何比较。用于度量因素之间关联程度的关联度，就是通过对因素之间的关联曲线的比较而得到的。人们对综合评价的对象—被评价事物的认识也具有灰色性，因而可以借助于灰色系统的相关理论来研究区域生态效应综合评价问题。

灰色关联分析是一种多因子统计分析方法，它是以各因素的样本数据为依据用灰色关联度来描述因子间关系的强弱、大小和秩序的。如果样本数据列反映出两因子变化的态势（方向、大小、速度等）基本一致，则它们之间的关联度较大；反之，关联度较小。通过计算生态环境实测序列和评价标准等级序列构成的多个离散序列的接近度，根据序列之间的"距离"来判断实测生态环境质量同标准的关联大小，得到生态环境质量的等级评定。操作过程大概为数据获取和归一化；选定质量等级标准，构建实测信息和等级标准的离散数据序列；逐一计算单序列对标准等级的"距离"，一般取归一化以后数据之间的差值，然后计算各项关联离散函数值；对离散函数值加权或进行其他综合处理；对比一定时间内生态环境质量等级变化和发展趋势，得到结果。

模糊聚类分析基于隶属度，而灰色聚类方法则是基于灰色理论白化函数。操作过程主要分为实测数据收集；确定等级标准；实测数据和标准值无量纲标化处理，其中的灰类分析和标化是处理的重点；构建白化函数，计算白化数；确定聚类权，对白化数进行加权求和得到聚类系数；判断样本的类属趋势，得出结果。

灰色关联和灰色聚类为灰色系统中信息不明确的难题提供了解决方案，适合于资料少和资料不易获取的地区，概念明晰，操作过程严密，数学表达力强。但仍属于定性评价，对于生态环境具体的发展量化不够，结果可供一般的决策和规划使用；两者都涉及数据标准化处理，灰类数据的分析对整个评价的影响甚大，而灰类处理对人的依赖较大，容易造成误差；权重的确定也会对评价产生误差。

4.7.2.5 人工神经网络模型

人工神经网络模型（Artificial Neural Network，ANN）是模仿生物体神经网络信息传递行为特征过程的一种数学算法模型，它基于神经网络结构进行分布式的并行信息处理及参数提取和操作。在生态环境质量评价应用最为成熟的是 BP 人工神经网络模型，它的建模过程和计算相对复杂。

人工神经网络模型的优点在于它是一个具有高度并行处理能力的非线性动力系统（王璐，2007），能够解决很多问题的模糊性和不确定性；具有很强的自学习性、容错性和联想记忆能力；明显的分布式特性使得其适应性很强；是一种客观评价方法，评价结果较为精确。

不足之处在于过程相对复杂；参数的推求需要大量高质量数据，数据太少或是数据质量存在问题会使得出的参数不足以代表系统内部各部分的联系和发展规律；对于参数的物理代表意义需要更明确化（候小波，2010）。

一般来说，层次分析法优点是可以建立起概念清晰、层次分明、逻辑合理的指标体系层次结构，与其他方法（如专家法）结合使用，还可以有效地建立指标因子的常权值分布，但缺点是建立的常权值分布刚性太大，难以准确反映生态环境及生态安全评价领域的实际情况。对于综合模型来说，层次分析法虽然粗略，但简单实用，对于重大工程影响的评价结果层次分明，结果清晰。而综合评价指数法主要是权重确定的不准确性较大，如果利用既有标准来确定权重的话，分级标准不能准确反映生态环境质量和生态安全状况渐变性和过渡性的特征，如利用其他方法来确定权重，可以得到一些较好的结果。模糊综合评价法对隶属度概念的引入，使得指标因子标准的划分和评价结果更加贴近实际情况；不足之处是该方法不能有效地解决好指标体系和因子权重的建立问题，特别是评价结果的表征形式，不利于对问题的认知、理解和深入分析。其他一些方法及其评价模型虽然准确度较高，但是应用较为困难，总体来说，基于"驱动 - 压力 - 响应"的层次分析法仍然是较为实用的方法（刘世梁等，2006）。

由于生态环境问题涉及的因素越来越多，联系错综复杂，评价趋于细化、复杂化、综合化和巨系统化。单纯应用某一种方法进行较大系统的评价已经很不适宜，更多的时候需要综合分析研究对象的特征和各种评价方法的优缺点，从指标体系确定，体系的简化和再处理，指标体系权重确定到最后的综合评价阶段都可以分别选择合适的方法，以发挥各方法的优势。

4.7.3　研究方法展望

流域内不同景观和不同生态系统的结构与功能以及它们之间的信息、物质、能量变动规律，离不开人类干扰的影响，而重大水利工程是最为显著的干扰体，对生态系统的影响涵盖了个体、种群、群落和生态系统等多个尺度。对于生态效应来说，水利工程对生态与环境的影响是长期的、潜在的。研究水利工程的生态效应，应该在河流生态系统与景观生态学相关理论基础的指导下展开，通过对流域生态系统的结构、功能入手，分析重大工程导致的格局与过程的变化，并且兼顾不同等级、时空尺度与干扰的特征。

对于评价水利工程的生态效应来说，指标体系构建具有重要意义，针对不同的评价方法，可以构建各自的指标体系，水利工程的影响遵循 DSR 的范式，对河流及其陆域、大坝上下游方面有不同的影响因子，影响的要素存在结构和功能上的差异。对于生态效应的评价方法，目前更多的是建立替代性与综合性指标以取代庞杂的生物学与环境因素的直接指标，这将是未来发展的趋势，具有综合性与代表性、易于量化和应用，同时兼容不同空间尺度并能体现动态变化的指标体系，是未来建立生态效应指标系统的主要途径。

对于综合生态效应评价来说，由于指标的数量多，并且定量和定性的结合，所以评价的方法众多，有时单独使用，有时两种或两种以上方法综合运用。在流域尺度上，生态系统健康评价、生态安全评价、生态完整性评价及其生态网络分析法，对研究工程的干扰具有较强的综合归纳能力。目前，生态足迹法、生态风险评价、生态适宜性、栖息地模型等也被用到生态效应的评价中来。

　　总体来看，目前水利工程对流域生态系统的影响研究趋势包括：①多时空尺度的生态监测与评价；②基于生态系统健康、安全、完整性等综合生态系统评价方法的完善；③景观格局和生态过程的耦合作用研究；④河流生态系统与陆域生态系统的耦合。总体上，从水利工程对流域生态系统的影响来说，目前的研究更多地强调综合性、定量化、多尺度的特点。由于水利工程生态效应评价研究可以和进一步的生态效应监测、预测、预警等结合起来，在 GIS 技术和遥感技术日益广泛应用到生态学领域的情况下，研究水利工程建设影响下的流域生态系统评价、预测与预警模型是将来有望取得重大进展的领域。

参考文献

[1]　蔡旭东. 水利工程的生态效应区域响应研究 [D]. 南京：河海大学，2007.

[2]　邓聚龙. 灰色系统理论教程 [M]. 武汉：华中理工大学出版社，1990.

[3]　丁文荣. 关于流域系统生态环境需水量理论的初步探讨 [D]. 昆明：云南师范大学，2005.

[4]　董哲仁. 河流健康评估的原则和方法 [J]. 中国水利，2005, 532(10): 17-19.

[5]　傅伯杰. 景观生态学原理及应用 [M]. 北京：科学出版社，2001.

[6]　付雁鹏. 模糊数学在水质评价中的应用 [M]. 武汉：华中工学院出版社，1986.

[7]　顾洪宾，喻卫奇，崔磊. 中国河流水电规划环境影响评价 [J]. 水力发电，2006, 32(12):5-8.

[8]　郭维东，高宇，孙磊，等. 辽河中下游柳河口至盘山闸段河流地貌生境评价 [J]. 水电能源科学，2012, 30(2): 63-66.

[9]　侯锐. 水电工程生态效应评价研究 [D]. 南京：南京水利水电科学研究院，2006.

[10]　黄道建，杜飞雁，吴文成. 珠江口横琴岛海域春季大型底栖生物调查分析 [J]. 生态科学，2011, 30(2): 117-121.

[11]　黄杏元，马劲松. 地理信息系统概论 [M]. 北京：高等教育出版社，2008.

[12]　霍堂斌，刘曼红，姜作发，等. 松花江干流大型底栖动物群落结构与水质生物评价 [J]. 应用生态学报，2012, 23(1): 247-254.

[13]　李波涛. 铁路生态环境影响评价指标体系的研究 [D]. 成都：西南交通大学，2007.

[14]　李朝霞，牛文娟. 水电梯级开发对生态环境影响评价模型与应用 [J]. 水力发电学报，2009, 28(2):36-42.

[15]　李恺. 层次分析法在生态环境综合评价中的应用 [J]. 环境科学与技术，2009, 32 (2): 183-185.

[16]　李莉华，王亮，张亮，等. 水工建筑物对生态环境影响的模糊综合评判 [J]. 河南大学学报：自然科学版，2007 (6):649-651.

[17]　梁轶. 水电规划陆生生态环境影响评价研究 [D]. 西安：西北大学，2008.

[18]　刘国彬，梁宗锁，郝明德. 流域生态与管理学科发展及研究重点 [J]. 西北植物学报，2003，23(8): 1315-1319.

[19]　刘海龙，李迪华，黄刚. 峡谷区域水电开发景观影响评价—以怒江为例 [J]. 地理科学进展，2006, 25(6):21-31.

[20]　刘胜祥，刘家武，贺占魁，等. 水利水电建设工程生态环境质量定量评价体系研究 [J]. 环境科学与技术，2002, 25 (5):24-26.

[21]　刘世梁，崔保山，温敏霞，等. 重大工程对区域生态安全的驱动效应及指标体系构建 [J]. 生态环境，2007, 16(1): 234-238.

[22]　刘世梁，杨珏婕，安晨，等. 基于景观连接度的土地整理生态效应评价 [J]. 生态学杂志，2012, 31(3):689-695.

[23]　毛战坡，彭文启，周怀东. 大坝的河流生态效应及对策研究 [J]. 江河治理，2004(15):43-45.

[24]　彭贵军. 水电规划陆生生态环境影响评价技术 [J]. 技术与市场，2011, 18(8):314-315.

[25]　任海，邬建国，彭少麟. 生态系统健康的评估 [J]. 热带地理，2000, 20(4):310-316.

[26]　石瑞花，许士国. 河流生物栖息地调查及评估方法 [J]. 应用生态学报，2008, 19(9): 2081-2086.

[27]　孙嘉宁，张土乔，David Z Zhu, 等. 白鹤滩水库回水支流的鱼类栖息地模拟评估 [J]. 水利水电技术，2013, 44(10): 17-23.

[28]　孙宗凤，董增川. 水利工程的生态效应分析 [J]. 水利水电技术，2004, 35(4):5-8.

[29]　万本太，徐海根，丁晖，等. 生物多样性调查与评价 [J]. 生物多样性，2007, 15 (1): 97-106.

[30]　王翠文. 水电站工程的生态环境影响评价研究—以马山抽水蓄能电站为例 [D]. 南京：河海大学，2007.

[31]　王蛟龙，郭晓明. 基于 R2-CROSS 法计算锦屏二级水电站生态环境需水量 [J]. 吉林水利，2011: 25-28.

[32]　王璐. 生态环境质量评价方法的综述 [J]. 科技信息，2007 (35):413-415.

[33]　王赵松，李兰. 流域水电梯级开发与环境生态保护的研究进展 [J]. 水电能源科学，2009, 27(4): 43-47.

[34]　魏国良，崔保山，董世魁，等. 水电开发对河流生态系统服务功能的影响——以澜沧江漫湾水电工程为例 [J]. 环境科学学报，2008, 28(2): 235-242.

[35]　吴阿娜，杨凯，车越，等. 河流健康状况的表征及其评价 [J]. 水科学进展，2005, 16(4): 602-608.

[36]　吴涛，赵冬至，康建成. 流域—河口三角洲湿地生态系统健康评价研究进展 [J]. 海洋环境科学，2010, 29(2):286-292.

[37]　吴泽斌. 水利工程生态环境影响评价研究 [D]. 武汉：武汉大学，2005.

[38]　徐福留，卢小燕，周家贵，等. 大型水利工程环境影响评价指标体系及模糊综合评价—以巢湖"两河两站"工程为例 [J]. 水土保持通报，2001, 21(4):10-14.

[39]　薛联青. 流域水电梯级开发环境影响成本辨识及其动态评估理论 [D]. 南京：河海大学，2001.

[40]　燕文明. 三峡库区生态系统健康诊断及水资源管理研究 [D]. 南京：河海大学，2007.

[41] 姚维科，崔保山，董世魁，等 . 水电工程干扰下澜沧江典型段的水温时空特征 [J]. 环境科学学报 , 2006, 26(6): 1031-1037.

[42] 杨帆，赵冬至，马小峰，等 . RS 和 GIS 技术在湿地景观生态研究中的应用进展 [J]. 遥感技术与应用 , 2007, 22(3):471-478.

[43] 易雨君，张尚弘，Klause J. 水生生物栖息地模拟 [M]. 北京 : 科学出版社 , 2012.

[44] 俞孔坚 . 生物保护的景观生态安全格局 [J]. 生态学报 , 1999, 19(1): 8-15.

[45] 曾毅，吴泽斌 . 水利工程生态环境影响评价方法探讨 [J]. 中国水运 , 2008(3):143-145.

[46] 张方方，张萌，刘足根，等 . 基于底栖生物完整性指数的赣江流域河流健康评价 [J]. 水生生物学报 , 2011, 35(6): 963-971.

[47] 张静波，张洪泉 . 流域梯级开发的综合环境效应 [J]. 水资源保护 ,1996(3):30-31.

[48] 赵进勇，董哲仁，孙东亚 . 河流生物栖息地评估研究进展 [J]. 科技导报 , 2008, 26(17): 82-88.

[49] 郑丙辉，张远，李英博，等 . 辽河流域河流栖息地评价指标与评价方法研究 [J]. 环境科学学报 , 2007, 27(6): 928-936.

[50] 钟华平，刘恒，等 . 怒江水电梯级开发的生态环境累积效应 [J]. 水电能源科学 , 2008, 26(1): 52-57.

[51] 周庆，欧晓昆，张志明，等 . 澜沧江漫湾水电站库区土地利用格局的时空动态特征 [J]. 山地学报 , 2008, 26 (4): 481-489.

[52] Ahmadi-Nedushan B, St-Hilaire A, Bérubé M, et al. A review of statistical methods for the evaluation of aquatichabitat suitability for instream flow assessment[J]. River Research and Applications, 2006, 22: 503-523.

[53] Allan J D, Castillo M M. Stream Ecology: Structure and Function of Running Waters[M]. Springer, The Netherlands, 2007.

[54] Barbour M T, Gerritsen J, Snyder B D, et al. Rapid bioassessment protocols for use in streams and wadeable rivers: Periphyton, benthic macroinvertcbrates and fish[M]. 2nd ed. Washington D C: US Environmental Protection Agency Office of Water, 1999.

[55] Bergerot B, Fontaine B, Julliard R, et al. Landscape variables impact the structure and composition of butterfly assemblages along an urbanization gradient[J]. Landscape Ecology, 2011, 26: 83-94.

[56] Brierley G J, Cohen T, Fryirs K, et al. Post-european changes to the fluvial geomorphology of Bega Catchment, Australia: Implications for river ecology[J]. Freshwater Biology, 1999, 41: 839-848.

[57] Censi P, Spoto S, Saiano, F, et al. Heavy metals in coastal water systems : A case study from the northwestern Gulf of Thailand[J]. Chemosphere, 2006, 64: 1167-1176.

[58] Christensen V, Pauly D. Trophic Models of Aquatic Ecosystems[M]. ICLARM, 1993.

[59] Christensen V, Waiters C J, Pauly D. Ecopath with Ecosim: a user's guide[M].October 2000 edition. Fisheries center, University of British Columbia，Canada; ICLARM, MaIaysia. 2000.

[60] Costanza R, D'Arge R, De Groot R, et al. The value of the world's ecosystem services and natural capital[J]. Nature, 1997, 387: 253-260.

[61] Downs P W, Kondolf G M. Post-project appraisal in adaptive management of river channel restoration[J]. Environmental Management, 2002, 29: 477-496.

[62] Frissell C A, Liss W L, Warren C E, et al. A hierarchial framework for stream habitat classification: Viewing streams in a watershed context[J]. Environmental Management, 1986, 10: 199-214.

[63] Fu W, Liu S L, Degloria S D, et al. Characterizing the "fragmentation-barrier" effect of road networks on landscape connectivity: A case study in Xishuangbanna, Southwest China[J]. Landscape and Urban Planning，2010, 95:122-129.

[64] Gilvear D J. Fluvial geomorphology and river engineering: future roles utilizing a fluvial hydrosystems framework[J]. Geomorphology,1999，31: 229-245.

[65] Harby A, Baptist M, Dunbar M J, et al. State-of-the-art in data sampling,modeling analysis and applications of river habitat modeling. COST Action 626, 2004.

[66] Huusk A，Yrjänä T. Effects of instream enhancement structures on brown trout, Salmo trutta L, habitat availability in a channelized boreal river: a PHABSIM approach[J]. Fisheries Management and Ecology, 1997, 4(6): 453-466.

[67] Karr J R. Assessments of biotic integrity using fish communities[J]. Fisheries, 1981, 6(6): 21-27.

[68] Karr J R, K D Fausch, P L Angermeier, et al.Assessing Biological Integrity in Running Waters: A Method and its Rationale[M]. Illinois Nat. Hist. Survey Spec. Publ. 5. Champaign, IL.1986.

[69] Kondolf GM. Geomorphological stream channel classification in aquatic habitat restoration: uses and limitations[J]. Aquatic Conservation: Marine and Freshwater Ecosystems, 1995, 5(2): 127-141.

[70] Kummu M，Varis O. Sediment-related impacts due to upstream reservoir trapping, the Lower Mekong River[J]. Geomorphology, 2007, 85: 275-293.

[71] Leira M, Cantonati M. Effects of water-level fluctuations on lakes: an annotated bibliography[J]. Hydrobiologia, 2008, 613(1): 171-184.

[72] Liu S L, Cui B S, Dong S K, et al. Evaluating the influence of road networks on landscape and regional ecological risk-A case study in Lancang River Valley of Southwest China[J]. Ecological Engineering, 2008, 34: 91-99.

[73] Loska K, Wiechula D. Application of principal component analysis for the estimation of source of heavy metal contamination in surface sediments from the Rybnik Reservoir[J]. Chemosphere, 2003, 51: 723-733.

[74] Lopes L F, Carmo J, Cortes R, et al. Hydrodynamics and water quality modeling in a regulated river segment: application on the instream flow definition[J]. Ecological Modeling, 2004, 173:197-218.

[75] Marks J C, Parnell R, Carter C, et al. Interactions between geomorphology and ecosystem processes in travertine streams: implications for decommissioning a dam on Fossil Creek, Arizona[J]. Geomorphology, 2006, 77:299-307.

[76] Mouton A M, Schneiderb M, Depestelea J, et al. Fish habitat modelling as a tool for river

management[J]. Ecological Engineering, 2007, 29: 305-315.

[77] Muhar S, Jungwirth M. Habital integrity of running waters assessment criteria and their biological relevance[J]. Hydrobiologia, 1998, 386: 195-202.

[78] Nehring R B. Evaluation of instream flowmethods and determination of water quantityneeds for streams in the State of Colorado: FortCollins, CO, Division of Wildlife, 1979: 144.

[79] Okey T, Gabriel A V, Makinson S, et al. Simulating community effects of sea floor shading by plankton blooms over the West Florida Shelf[J]. Ecological Modelling, 2004, 172:339-359.

[80] Parasiewicz P. MesoHABSIM: A concept for application of instream flow models in river restoration planning[J]. Fisheries, 2001, 26(9): 6-13.

[81] Parasiewicz P, Walker J, Comparison of MesoHABSIM with two microhabitat models (PHABSIM and HARPHA) [J]. River Research and Applications, 2007, 23: 904-923.

[82] Parker G W, Armstrong D S.Preliminary assessment of streamflow requirements for habitat protection for selected sites on the assabet and charles rivers, Eastern Massachusetts. DTIC Document. Northborough: US Deparment of the Interior US Geological Survey, 2001.

[83] Pascual-Hortal L, Saura S. Impact of spatial scale on the identification of critical habitat patches for the maintenance of landscape connectivity[J]. Landscape and Urban Planning, 2007, 83: 176-186.

[84] Paul T, John C. RHYHABSIM as a Stream Management Tool：Case Study in the River Kornerup Catchment, Denmark[J]. The Journal of Transdisciplinary Environmental Studies, 2006, 5(1-2): 1-18.

[85] Purcell A H, Friedrich G, Resh V H. An assessment of a small urbanstream restoration Project in Northern California[J]. Restoration Ecology, 2002, 10(4): 685-694.

[86] Quigley T M, Haynes R W，Hann W J. Estimating ecological integrity in the interior Columbia River Basin[J]. Forest and Management, 2001, 153:161-178.

[87] Raven P, Holmes N, Dawson F, et al. River Habitat Quality: the physical character of rivers and streams in the UK and Isle of Man[J]. Environment Agency Bristol, 1998.

[88] Rosgen D L. A classification of natural rivers[J]. Catena, 1994 (3): 169-199.

[89] Rosgen D L. A stream classification system. Riparian ecosystems and their management: reconciling conflicting uses[C]. First North American Riparian Conference, Arizona. 1985: 91-95.

[90] Saura S, Pascua-Hortal L. A new habitat availability index to integrate connectivity in landscape conservation planning: comparison with existing indices and application to a case study[J]. Landscape and Urban Planning, 2007, 83: 91-103.

[91] Spence R, Hickley P.The use of PHABSIM in the management of water resources and fisheries in England and Wales[J]. Ecological Engineering, 2000, 16: 153-158.

[92] Thomson J, Taylor M, Fryirs K, et al. A geomorphological framework for river characterization and habitat assessment[J]. Aquatic Conservation: Marine and Freshwater Ecosystems, 2001, 11(5): 373-389.

[93] US Department of the Interior Fish and Wildlife Service.Habitat evaluation procedures(HEP)

(ESM102) [M]. Washington DC: US Fish and Wildlife Service, 1980.

[94]   US Department of the Interior Fish and Wildlife Service. Habitat as a Basis for Environmental Assessment: 101 ESM[M]. Washington DC: US Fish and Wildlifee Service, 1980.

[95]   US Department of the Interior Fish and Wildlife Service. Standards for the Development of Habitat Suitability Index Models(103ESM) [M]. Washington DC: US Fish and Wildlifee Service, 1981.

[96]   Verbunt M, Zwaaftink M G, Gurtz J. The hydrologic impact of land cover changes and hydropower stations in the Alpine Rhine basin[J]. Ecological Modelling, 2005, 187(1): 71-84.

[97]   Villanueva M C, Ouedraogo M, Moreau J. Trophic relationships in the recently impounded Bagr reservoir in Burkina Faso[J]. Ecological Modelling, 2006, 191(2): 243-259.

[98]   Wang W D, Yin C Q. The boundary filtration effect of reed-dominated ecotones under water level fluctuations[J]. Wetlands Ecology and Management, 2008, 16(1): 65-76.

[99]   Wei G L, Yang Z F, Cui B S, et al. Impact of dam construction on water quality and water self-purification capacity of the Lancang River, China[J]. Water Resources Management, 2009, 23: 1763-1780.

[100] Xu C, Liu M S, Zhang C, et al. The spatiotemporal dynamics of rapid urban growth in the Nanjing metropolitan region of China[J]. Landscape Ecology, 2007, 22(6): 925-937.

[101] Ye C, Li S, Zhang Y, et al. Assessing soil heavy metal pollution in the water-level-fluctuation zone of the Three Gorges Reservoir, China[J]. Journal of Hazardous Materials, 2011, 191(1-3): 366-372.

[102] Yi Y J, Tang C H, Yang Z F, et al. Influence of Manwan Reservoir on fish habitat in the middle reach of the Lancang River[J]. Ecological Engineering, 2014, 69: 106-117.

[103] Yi Y J, Wang Z Y, Yang Z F. Two-dimensional habitat modeling of Chinese sturgeon spawning sites[J]. Ecological Modelling, 2010,221(5): 864-875.

[104] Zeng H, Sui D Z，Wu X B. Human disturbances on landscapes in protected areas: a case study of the Wolong Nature Reserve[J]. Ecological Research, 2005, 20(4): 487-496.

[105] Zhao Q H, Liu S L, Deng L, et al. Landscape change and hydrologic alteration associated with dam construction[J]. International Journal of Applied Earth Observation and Geoinformation, 2012a, 16: 17-26.

第5章 水利水电工程建设对陆域生态效应及其评价

重大水利工程在带来巨大经济、社会效益的同时，不可避免地改变周边植被状况，对当地土地利用、气候特征、生态过程产生一定程度的影响。对于水利水电工程建设，可以大概分为陆域与水域的影响。对于陆域，水利水电工程建设对于陆域生态因子、陆域植被、景观的影响是目前研究的主要方向。本章以澜沧江流域中游水电站建设为例，主要分析水利水电建设对陆域生态效应的影响。对于土壤，库区土地利用变化对土壤的影响更为重要。而消落带的土壤及其生态环境效应是水库建设直接影响的区域。进一步利用景观生态学与 GIS 方法，分析了水利水电工程建设后的景观生态效应，确定景观生态影响的阈值范围。同时对澜沧江梯级水电站建设的遥感监测进行了分析，利用长时间序列 NDVI 方法分析了水电站建设的陆域生态效应。

5.1 水利水电工程对生态系统的影响及其评价

5.1.1 水利水电工程建设对生态因子的影响

5.1.1.1 漫湾库区小流域土壤的空间分异

土壤是植物生存、生长和再生产的基础。土壤物理性质是土壤环境的重要组成部分，主要包括土壤密度、机械组成、土壤水分含量、温度、电导率、pH 等。很多研究表明，地形、土地利用方式、景观位置等会影响土壤物理性质。水利工程竣工后，人类活动改变土地利用类型进而对植被组成类型及其分布产生一定影响。

水库蓄水引起库区土地浸没、沼泽化和盐碱化。①浸没：在浸没区，因土壤中的通气条件差，造成土壤中的微生物活动减少，肥力下降，影响作物的生长。②沼泽化、潜育化：水位上升引起地下水位上升，土壤出现沼泽化、潜育化，过分湿润致使植物根系衰败，呼吸困难。③盐碱化：由库岸渗漏补给地下水经毛细管作用升至地表，在强烈蒸发作用下使水中盐分浓集于地表，形成盐碱化。土壤溶液渗透压过高，可引起植物生理干旱。

以澜沧江流域锡掌河小流域为例，研究不同地形、坡位、土地利用方式下的土壤物理性质，云南省锡掌河小流域位于澜沧江中部，面积 26.9 hm²，在漫湾水电站西北方 1.5 km 处（图 5-1）。锡掌河小流域地势起伏较大，海拔在 900～1 670 m。气候温和，四季明显，降雨丰富，属于亚热带季风气候。

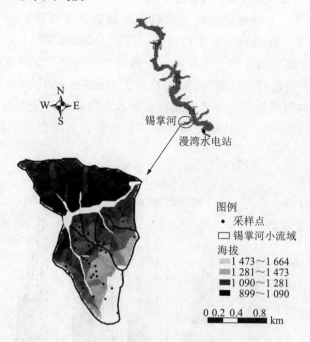

图 5-1　锡掌河流域位置和采样点分布

根据当地土地利用类型和地形特征，在锡掌河小流域采集 52 个样点，分析其不同土地利用类型和地形特征下的土壤物理性质。锡掌河小流域土地利用类型可以分为有林地、果园、玉米地、灌草丛和水稻田 5 类，坡位分为上坡、中上坡、中坡、中下坡和下坡 5 类，坡向分为阳坡、半阳坡、半阴坡和阴坡 4 类。表 5-1 为不同土地利用类型、坡位和坡向采样点数目。

表 5-1　不同土地利用类型、坡位和坡向采样点数目

土地利用类型	数目	坡位	数目	坡向	数目
有林地	17	上坡	10	阳坡	13
果园	2	中上坡	15	半阳坡	19
玉米地	21	中坡	11	半阴坡	11
灌木丛	9	中下坡	11	阴坡	9
水稻田	4	下坡	7		

除刚翻耕过的玉米地采取表层土样（0～25 cm），其余土地利用的每个采样点进行分层采样，分三个层次，分别是 0～5 cm、5～15 cm、15～25 cm。利用 W.E.T 土壤水分、温度和电导率速测仪实地测量样点不同土层土壤含水量、温度和电导率，并记录当时当地温度、高度、坡位、坡向、植被类型和覆盖度。并计算土壤容重、pH 值与机械组成。

　　分析有林地、果园、玉米地、灌草丛和水稻田五种土地利用类型下的土壤含水量、土壤容重、土壤温度、土壤电导率和土壤机械组成等物理性质。如图 5-2 所示，水稻田土壤含水量、温度、容重和电导率值最高，分别为 28%、30.11 ℃、0.263 1 g/cm³ 和 12.92 mS/m；果园土壤含水量和土壤容重值最低，分别为 16.2% 和 0.177 1 g/cm³；有林地土壤温度和电导率值最低，分别为 23.64 ℃ 和 2.00 mS/m。如图 5-3 所示，分析不同土地利用类型土壤机械组成发现，玉米地黏粒和粉砂含量最高，分别为 0.73% 和 44.29%；砂粒含量最低，为 54.98%。有林地粉砂含量最低，砂粒含量最高，相对应的值分别为 35.16% 和 64.16%。

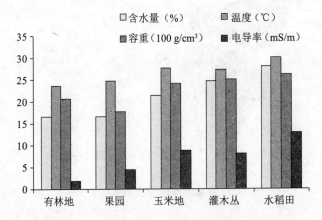

图 5-2　不同土地利用类型水分含量、容重、温度和电导率差异性分析

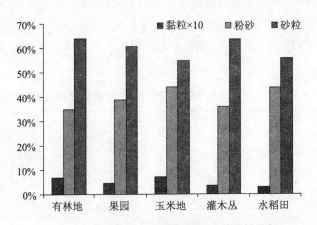

图 5-3　不同土地利用类型机械组成差异性分析

　　用统计学软件 SPSS 单因素 ANOVA 进行方差分析，发现不同土地利用类型的土壤含水量、土壤温度、土壤 pH、土壤电导率和土壤机械组成存在不同程度的差异。在显著性水平 $\alpha=0.05$ 下，土壤含水量、土壤温度、土壤电导率、粉砂含量和砂土含量都存在极显著性差异；土壤 pH 存在显著性差异。土壤容重和黏土含量差异不显著。相对应的组间显著性见表 5-2。

表 5-2 不同土地利用类型土壤物理性质显著性

	平方和	df	均方	F	显著性
水分含量	683.007	4	170.752	4.271	0.005
温度	229.091	4	57.273	10.345	0.000
pH	4.458	4	1.115	2.957	0.029
容重	0.025	4	0.006	2.098	0.096
电导率	635.768	4	158.942	7.952	0.000
黏土	1.426	4	0.357	0.892	0.476
粉砂	1 004.805	4	251.201	4.386	0.004
砂土	1 033.796	4	258.449	4.159	0.006

分析不同坡位土壤的机械组成和不同坡向土壤水分含量、容重和电导率。由图 5-4（左）可以看出，随着坡位的下降，黏粒含量和粉砂含量下降，砂粒含量上升，这说明，海拔越高，土壤越松散，越容易发生水土流失。由图 5-4（右）可以看出，随着阳坡到阴坡变化，土壤水分含量、容重和电导率随之增高。

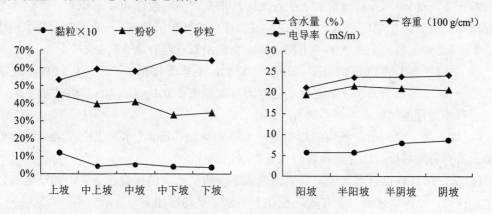

图 5-4 不同坡位、坡向土壤物理性质分析

单因素方差分析发现，在显著性水平 $\alpha=0.05$ 下，土壤黏粒含量在不同坡位和坡向中，存在显著性差异，相对应的显著性水平分别为 0.013 和 0.012，其余土壤物理性质不存在显著性差异。

利用小流域的数据分析表明，水利水电工程建设对陆域土壤的影响可以认为是间接影响。因为锡掌河小流域距离漫湾水库最近，涉及移民搬迁与土地利用的改变，结果表明，土地利用是该小流域的主要影响因子。

5.1.1.2 漫湾水电站上下游气候的变化

一般情况下，地区性气候状况受大气环流控制，但修建大、中型水库及灌溉工程后，原先的陆地变成了水体或湿地，使局部地表空气变得较湿润，对局部小气候会产生一定的影响，主要表现在对降雨、气温、风和雾等气象因子的影响。由于下垫面大面积由陆地改变为水体，水体的反照率、粗糙度及辐射性质、热容量、导热率等不同于陆地，从而改变地表与大气间的动量、热量和水分交换，进而可能对局地的气温和降水等产生影响（吴佳等，2011）。

水利水电工程修建后，降雨量有所增加：这是由于修建水库形成了大面积蓄水，在阳光辐射下，蒸发量增加引起的。降雨地区分布发生改变：水库低温效应的影响可使降雨分布发生改变，一般库区蒸发量加大，空气变得湿润。实测资料表明，库区和邻近地区的降雨量有所减少，而一定距离的外围区降雨则有所增加，一般来说，地势高的迎风面降雨增加，而背风面降雨则减少。降雨时间的分布发生改变：对于南方大型水库，夏季水面温度低于气温，气层稳定，大气对流减弱，降雨量减少；但冬季水面较暖，大气对流作用增强，降雨量增加。

对于不同气候影响的范围来说，建库后对库区及邻域气候有一定影响，但是影响范围不大，以三峡工程为例，对温度、湿度、风和雾的水平影响范围一般不超过 10 km，表现最明显的在水库附近。各气候要素建库前后均有一定变化，但增减幅度不大。

① 温度：运用拉依赫特曼理论公式进行预测，水域扩大对两岸气温影响，其水平距离一般在 1～2 km，开阔地带大于峡谷地区，垂直方向一般在 400 m 以下。库区年平均气温略有升高，增加幅度在 0.2 ℃左右，冬季月平均气温增高 0.3～1.0 ℃，夏季平均降低 0.9～1.2 ℃。极端最高气温约下降 4 ℃，极端最低气温升高 3 ℃左右。

② 湿度：各月水汽压均有不同程度的增加，冬季平均增加 0.2～0.3 hPa，夏季为 1.3～1.8 hPa，春秋季介于二者之间；绝对湿度增加值在 0.4 g/kg 以下；相对湿度春、夏、秋三季有不同程度的增加，冬季则有所减少。

③ 降水量：建库后，域内的年平均降水量约增加 3 mm，水库上空及沿岸的背风地段降水量会有所减少，气流迎风坡降水量将增加。

④ 雾：库区以辐射雾为主，且多出现在冬季的早晨。根据成雾条件，通过定性分析和定量计算，水库蓄水后，全年雾日变化不明显，平均增加 1～2 d。

⑤ 风：根据河谷气流越过水域后风速的变化与风区长度的关系计算，建库后风速有所增加，边界层内，上下层间交换作用加强，大气层结稳定度趋于中性。对农业和生活环境有利的影响是：冬季温度升高，降水稍有增加，使初霜期推迟，终霜期提前，对喜温的经济作物有利；夏季气温降低及风速加大，能一定程度减轻低高程河谷的高温危害，伏旱程度有所减轻，并可改变重庆、万县等地炎热的生活环境。不利影响是：湿度和雾日增加，使冬半年潮湿程度会有所增加，影响人们的生活环境。在雾日多发情况下，对水陆交通及航空安全有些影响，风速加大，城市酸雨将向城郊扩散；水汽和雾的增加，酸雨将有所发展。

目前，有学者对三峡大坝建成后对气候的影响进行研究，得出在山谷和水体的共同影响下，三峡水库蓄水后，近库地区的气温发生了一定变化，表现出冬季增温效应，夏季有弱降温效应，但总体以增温为主（陈鲜艳等，2009）。有研究表明，水库气温上升对径流的变化起到减少的作用（徐旌等，2005）。同时，气候变化对动植物栖息地也是一种长期的持续破坏（崔保山等，2008）。因此，研究水库气候效应及其随时间的变化趋势对全面评价水库的生态环境影响，合理开发利用水域气候资源，更好地发展水域区的工农业生产都具有极为重要的意义（隋欣等，2005）。

气温可用来表征局部气候变化，它受多种因素的影响，主要包括：宏观地理条件，测点海拔高度，地形（坡向、坡度、地形遮蔽度等），下垫面性质等。其中，尤以海拔高度和地形的影响最显著（袁淑杰等，2009）。以澜沧江漫湾水电站为例，在漫湾水电站坝上及坝下沿河岸不同海拔高度布设五个便携式 HOBO 数据采集器采集监测点的气温，分析了监测点 2011 年 6 月—2012 年 5 月的月平均气温的变化趋势。应用 ArcGIS 中的 Geomorphometry & Gradient Metrics 插件计算监测点处的综合地形指数（Compound Topographic Index，CTI）、热量负荷指数（Heat Load Index，HLI），并结合监测点的植被类型（Vegetation Type，VT）和海拔高度（Elevation，E），应用 CANOCO 软件进行 RDA 分析。

表 5-3　各监测点环境因子信息

监测点	CTI	HLI	VT	E/m
1	5.02	9 295	亚热带常绿季风阔叶林	1 107.56
2	4.80	6 696	亚热带常绿季风阔叶林	1 202.97
3	5.37	7 379	亚热带针叶林	993.4
4	4.84	6 472	栽培植被	995.8
5	6.95	8 160	栽培植被	947.26

图 5-5 表示 5 个监测点月平均气温的动态变化，其中以 5 个监测点月平均气温的平均值为纵坐标，以 12 个月为横坐标作图 [图 5-5（a）]，得到月平均气温的变化趋势，可见 2011 年 6—9 月气温缓慢降低，2011 年 9—11 月气温降幅增大，2011 年 12—2012 年 1 月气温降幅再次减小，2012 年 1 月温度降至最低点，2012 年 2—5 月温度持续升高。以对应月份每个监测点的距平为纵坐标，以 12 个月份为横坐标，得到各监测点在 2011 年 6 月—2012 年 5 月中距平的变化趋势，其中监测点 5 的月平均气温均高于平均值；监测点 1 的月平均气温只有 2012 年 3 月、4 月低于平均值，其余月份均高于平均值；监测点 3、4 的月平均气温距平变化相似，监测点 3 在 7—12 月的月平均气温高于平均值，1—6 月的月平均气温低于平均值，监测点 4 在 7—10 月的月平均气温高于平均值。图 5-6 表示监测点年平均气温与漫湾电站的距离的关系，可以看出，监测点 5 位于漫湾水电站下游，年平均气温明显高于漫湾坝上，监测点 1、2、3、4 随着与漫湾电站距离的增加，年平均气温逐渐降低。

对筛选后的综合地形指数（CTI）、热量负荷指数（HLI）、植被类型（VT）、海拔高度（E）4 个环境因子组成的变量组合进行 RDA 分析，得到该环境因子组合对库区月均气温变化的解释。排序轴代表四种环境因子的线性组合，其数量和环境因子的数量一致。前两轴的环境因子对月均气温的解释率分别为 61.8%、31.6%，共解释了 93.4%。环境因子轴与种类排序轴之间的相关系数均为 1。由此可见，经筛选后的环境因子能解释监测点月气温变化，并且月气温变化基本由排序轴前两轴决定。

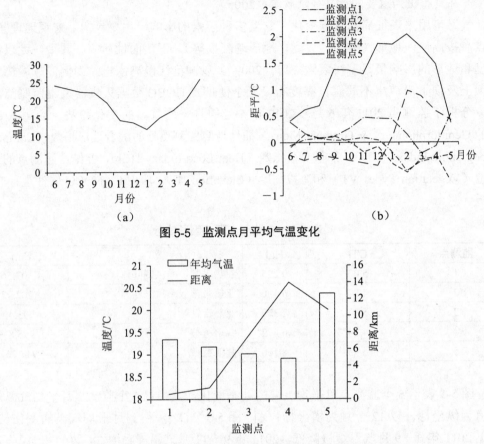

图 5-5　监测点月平均气温变化

图 5-6　监测点年平均气温与监测点与漫湾电站距离的关系示意

RDA 排序结果表明，环境因子对月气温的影响程度依次为：综合地形指数＞海拔高度＞热负荷指数~植被类型。CTI 和植被类型与第一排序轴呈最大正相关（$r = 0.73$）和最大负相关（$r = -0.31$），海拔高度与第二排序轴呈最大正相关（$r = 0.84$）。植被类型与 9 月、10 月、11 月的平均气温呈现较好的相关性，12 月、1 月的月平均气温与综合地形指数和热负荷指数呈现较好的正相关。9 月—次年 1 月的平均月气温与海拔呈现较强的负相关。2—7 月平均月气温与海拔呈现显著的正相关。从排序结果可以看出不同监测点之间的差异性，监测点 1、3、4 相似性较大，监测点 2 和 5 与其他监测点间的差异性较大。

5.1.2　水利水电工程对陆生植物物种的影响

植被是环境的重要组成因子，是反映区域生态环境最好的指标之一，同时也是土壤、水文等要素的解译标志（王晶晶等，2008；罗亚等，2005）。水利水电工程对当地植被的影响主要包括工程实施过程和建成后频繁的人类活动。工程实施过程对植被的影响主要包括水库拦截回水对植被的淹没、开发新的交通道路对植被的碾踏和对土地的占用以及破坏土壤表面影响植被的附着、大坝厂房建筑的施工等活动对植被造成不利影响。

　　澜沧江中下游区域的水电站实地研究结果表明，施工期间，水坝及其相关设施（如道路、厂房、管理场所、营地等）和大量的土石方工程不可避免地开山炸石、取土填筑，对施工范围内的陆生、水生动植物及周边的生态环境造成较大程度破坏。水坝建设过程中栖息地破碎化、土壤理化性质改变等因素决定了岸带植物群落中优势物种的减少或消失，最终造成了植物物种的不同生态风险。在前人于 1997 年（小湾水库建设前）开展植被调查的基础上，于 2010 年 6 月（小湾水库建设后）对小湾水库坝下不同距离处的三个样地进行了定点植被调查，获得陆生植物物种变化的动态监测数据。这 3 个样地在一定程度上受到了水坝工程的直接或间接影响：1 号样地位于输电区，受到输电高架线施工的严重影响，大片原生森林植被遭严重砍伐；2 号样地位于变电站和进站公路旁，受到变电站和公路建设的严重影响，大面积原生森林植被遭破坏；3 号样地位于水库移民区，受水库移民影响，该样地在水坝建设前原生森林开垦为农田，移民后农田撂荒，农田植被完全被自然植被替代。这 3 种情形反映了水坝建设对陆生生物造成的主要生态风险：大坝建设前的生态移民将造成土地利用变化，进而引发陆生生物栖息地消失、关键物种生存受到胁迫的风险；大坝建设过程中的进站道路施工将造成栖息地破碎化和斑块化，进而增加关键物种的生存风险；大坝建成后的输电工程改变栖息地结构和功能，进而增加关键物种的生存风险。

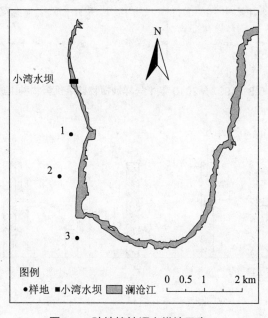

图 5-7　陆地植被调查样地示意

　　三个样地调查结果如图 5-8 至图 5-10 所示，1 号样地在 1997 年植物群落为余甘子（*Phyllanthus emblica*）和虾子花（*Woodfordia fruticosa*），优势度为 100%。大坝建设后

（2010 年），虾子花的优势度下降到 55%，而余甘子的优势度下降了 22%。建坝后，毛叶黄杞（*Engelhardtia colebrookeana*）的优势度显著增加至 100%，成为乔木层的优势种。2 号样地在大坝建设前（1997 年），植物群落中，乔木的优势种为高山栲（*Castanopsis delavayi*）、小果栲（*Castanopsis fleuryi*）等乔木植物。大坝建设后（2010 年），小果栲消失，高山栲持续增加，云南松（*Pinus yunnanensis*）大量出现并成为优势种。3 号样地大坝建设前为农田，大坝建设后因移民搬迁演变为撂荒地，撂荒后外来植物紫茎泽兰（*Eupatorium adenophora*）和飞机草（*Eupatatorium odoratum*）入侵演变为群落的优势种。综合三个样地的研究结果，可以看出水坝建设改变了所有样地植物群落的物种组成，造成原生优势植物减少、先锋 / 次生优势植物增加、外来植物入侵的生态风险。三个样地中，3 号样地植物群落的物种组成变化尤为突出，原生植被消失殆尽，几乎全部被外来入侵种紫茎泽兰和飞机草取代，表明水坝工程对该样地植物物种造成的生态效应明显。

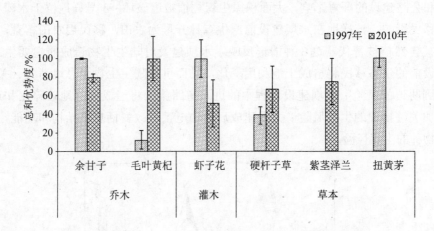

图 5-8　1997—2010 年 1 号样地植物群落优势物种组成变化

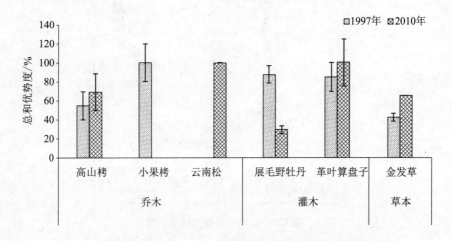

图 5-9　1997—2010 年 2 号样地植物群落优势物种组成变化

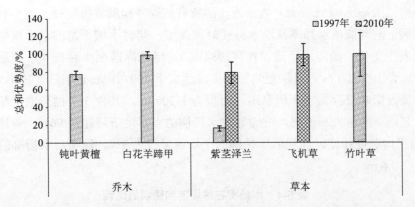

图 5-10　1997—2010 年 3 号样地植物群落优势物种组成变化

　　岸带和坡面的土地利用类型和水文改变影响了外来植物紫茎泽兰的入侵格局，90% 的紫茎泽兰繁殖在洪水线上沉积的土壤中。2010 年在漫湾水坝上游和下游的两岸分别布设了 14 km 和 10 km 长的样带。调查结果显示，紫茎泽兰出现在河岸边的洪水线上，上游和下游以及东岸和西岸呈现不同的分布格局。上游和下游紫茎泽兰的平均盖度分别为 26% 和 33%，且存在显著性差异。随着与大坝距离减少，上游紫茎泽兰的盖度由 21% 增至 33%，而下游西岸和东岸紫茎泽兰的盖度分别稳定在 40% 和 21%。在距漫湾水坝 20 km 范围内，以 5 km 为梯度计算紫茎泽兰的平均盖度；在 20 ～ 40 km 范围内，以 10 km 为梯度计算紫茎泽兰的平均盖度。如图 5-11 所示，在漫湾水坝上游，随着与大坝距离减小，紫茎泽兰盖度逐渐升高，从 22% 增至 34%，但 15 ～ 20 km 处的紫茎泽兰盖度明显偏高，约为 31%。在漫湾水坝下游，随着与大坝距离减小紫茎泽兰盖度也呈现增加趋势，0 ～ 5 km 和 5 ～ 10 km 范围内紫茎泽兰盖度分别为 34% 和 30%，但 10 ～ 15 km 处的紫茎泽兰盖度明显高于 5 ～ 10 km 处的盖度。综合上下游紫茎泽兰盖度变化趋势，距离漫湾水坝越近，紫茎泽兰的盖度越高，表现为紫茎泽兰在漫湾水坝周围 0 ～ 15 km 的聚集效应。

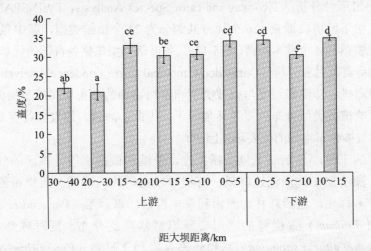

图 5-11　澜沧江中游漫湾水坝上下游紫茎泽兰盖度（平均值 ± 标准误）随到大坝距离的变化

注：不同字母表示差异性显著（$P < 0.01$）。

水杨柳（*Homonoia riparia*）为澜沧江的特有植物种和濒危植物种（表 5-4）。水坝建设后，水坝上游河流洪水频率及洪水持续时间改变，同时水坝下游的洪水频率及最大最小流量也发生变化。漫湾水坝建设前（1984 年），漫湾库区至少存在 4 个栖息地，栖息地总面积远大于 2 300 m²，且濒危物种的多度远大于 400。但在建坝后（2010 年），由于大坝建设淹没影响仅存留 1 个栖息地，面积为 1 200 m²，其他 3 个栖息地全部消失。水文改变引起栖息地消失和退化，进而导致水杨柳的丰富度下降超过 96%。与建坝前水杨柳 25% 的平均盖度相比，建坝后水杨柳的平均盖度仅为 2%。建坝后水杨柳的平均高度比建坝前低 0.6 m。

表 5-4　水杨柳在建坝前和建坝后比较

栖息地编号	1		2		3		4	
时间 a	建坝前	建坝后	建坝前	建坝后	建坝前	建坝后	建坝前	建坝后
海拔 /m	922		920		930		985	
坡向 /（°）	0		SE40		NW81		NE15	
坡度 /（°）	0		5		4		5	
栖息地面积 /m²	> 1 500	1 200	> 200	0	> 200	0	> 200	0
出现 / 缺失 b	+	+	+	−	+	−	+	−
物种高度 /m	1.6	1.0	1.7	0	1.2	0	2	0
物种高度 /%	25	2	30	0	30	0	60	0
物种丰富度	> 200	14	> 50	0	> 50	0	> 100	0

注：a. 建坝前，1984 年；建坝后，2010 年。b. ＋，出现；一，缺失。

5.1.3　水电建设对陆生植被类型的影响

根据双向指示种分析（Two-way Indicator Species Analysis，TWINSPAN）数量分类结果，澜沧江中下游植被调查 126 个样方共划分为 21 个植被类型，其中包括 10 个森林群落、7 个灌丛群落和 4 个草本群落（图 5-12）。各群落类型依据各群落的优势种进行命名。

通过除趋势典范对应分析（Detrended Canonical Correspondence Analysis，DCCA）排序，结果表明海拔、纬度和经度与植被类型和植物物种的分布格局显著相关。同时距离和坡度也是影响植被类型分布的重要环境因子。因此，海拔、纬度和经度是影响云南省澜沧江中下游植被分布格局的主要环境因子。

在澜沧江的下游，自上而下包括糯扎渡、景洪和橄榄坝段，该区的气候类型为热带季风气候，澜沧江在该段流速降低、有相对较宽阔的河漫滩。河岸带的植物组成和植被类型趋于多样化，包括森林、灌木和草本群落。以芦苇（*Phragmites* sp.）、披散木贼（*Equisetum diffusum*）占优势的河岸带草本群落广泛分布。同时咸虾花（*Vernonia patula*）、马唐（*Digitaria sanguinalis*）和外来入侵种飞机草（*Eupatorium odoratum*）也广泛分布。该区典型河岸带植被是以虾子花（*Woodfordia fruticosa*）、水柳子（*Homonoia*

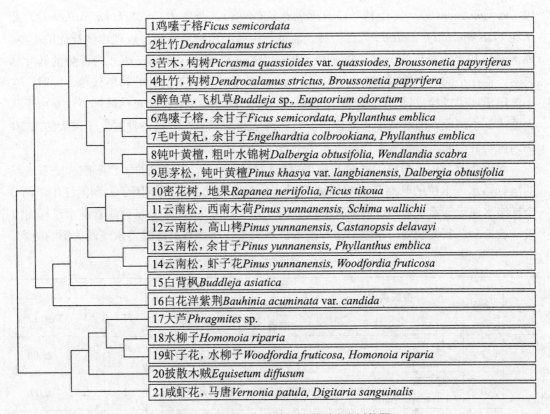

1鸡嗉子榕*Ficus semicordata*

2牡竹*Dendrocalamus strictus*

3苦木, 构树*Picrasma quassioides* var. *quassiodes, Broussonetia papyriferas*

4牡竹, 构树*Dendrocalamus strictus, Broussonetia papyrifera*

5醉鱼草, 飞机草*Buddleja* sp., *Eupatorium odoratum*

6鸡嗉子榕, 余甘子*Ficus semicordata, Phyllanthus emblica*

7毛叶黄杞, 余甘子*Engelhardtia colbrookiana, Phyllanthus emblica*

8钝叶黄檀, 粗叶水锦树*Dalbergia obtusifolia, Wendlandia scabra*

9思茅松, 钝叶黄檀*Pinus khasya* var. *langbianensis, Dalbergia obtusifolia*

10密花树, 地果*Rapanea neriifolia, Ficus tikoua*

11云南松, 西南木荷*Pinus yunnanensis, Schima wallichii*

12云南松, 高山栲*Pinus yunnanensis, Castanopsis delavayi*

13云南松, 余甘子*Pinus yunnanensis, Phyllanthus emblica*

14云南松, 虾子花*Pinus yunnanensis, Woodfordia fruticosa*

15白背枫*Buddleja asiatica*

16白花洋紫荆*Bauhinia acuminata* var. *candida*

17大芦*Phragmites* sp.

18水柳子*Homonoia riparia*

19虾子花, 水柳子*Woodfordia fruticosa, Homonoia riparia*

20披散木贼*Equisetum diffusum*

21咸虾花, 马唐*Vernonia patula, Digitaria sanguinalis*

图 5-12　澜沧江中下游植被类型分类树状图

注：森林群落为 1, 2, 6, 7, 8, 9, 11, 12, 13, 14；灌木群落为 3, 4, 10, 15, 16, 18, 19；草地群落为 5, 17, 20, 21。

riparia）和江边刺葵（*Phoenix roebelenii*）占优势的灌木群落。其中灌木种水柳子（*Homonoia riparia*）和江边刺葵（*Phoenix roebelenii*）作为流域的珍稀植物，仅分布于澜沧江流域的中下游河漫滩。而该区域的天然森林群落则受到人类活动的强烈干扰，多数地段被以芒果（*Mangifera indica*）和橡胶树（*Hevea brasiliensis*）为主的人工经济林代替。仅在少数地段，存在少量的以鸡嗉子榕（*Ficus semicordata*）、牡竹（*Dendrocalamus strictus*）、构树（*Broussonetia papyrifera*）占优势的天然次生林。

在澜沧江的中游，自上而下包括小湾、漫湾和大朝山段，植物种类和植被类型与澜沧江下游有很大的区别。该区的气候类型为亚热带季风气候，地形地貌为深度切割的高山峡谷地貌。澜沧江在该段水流湍急、河漫滩很少分布。在大朝山段，植物群落以鸡嗉子榕（*Ficus semicordata*）、厚毛水锦树（*Wendlandia tinctoria*）、思茅松（*Pinus khasya* var. *langbianensis*）、余甘子（*Phyllanthus emblica*）、钝叶黄檀（*Dalbergia obtusifolia*）、毛叶黄杞（*Engelhardtia colebrookiana*）为优势种的森林群落广泛分布。在漫湾段同样以钝叶黄檀（*Dalbergia obtusifolia*）、思茅松（*Pinus khasya* var. *langbianensis*）、余甘子（*Phyllanthus emblica*）占优势的森林群落广泛分布。在小湾段，森林群落主要以云南松

（*Pinus yunnanensis*），高山栲（*Castanopsis delavayi*）、西南木荷（*Schima wallichii*）、虾子花（*Woodfordia fruticosa*）为优势种。澜沧江中游的植物群落类型表现出多样化的类型。库区漫湾和小湾段广泛分布以思茅松（*Pinus khasya* var. *langbianensis*）为优势的针叶林群落，而在小湾段则被以云南松（*Pinus yunnanensis*）为优势的针叶林所代替。同时，在小湾段出现了以栓皮栎（*Quercus variabilis*）占优势的落叶阔叶林森林群落。这是由于从大朝山到小湾段，随着纬度和海拔的上升，降水逐渐减少，气候条件发生了较大的改变，因而植物群落的类型和分布格局也发生了较大的变化。

澜沧江流域中下游植被的分布格局受区域梯级水电大坝建设的强烈影响。随着水坝的运行蓄水，水位的升高是影响植被类型及分布格局的主要影响因子。澜沧江中下游8个梯级水坝运行蓄水后，植被调查所获取的126个样方中有36个将会随着蓄水过程而淹没（表5-5）。研究表明，草本群落和灌木群落类型相比森林群落受蓄水淹没的影响更大。

表 5-5　澜沧江流域中下游植被类型及其生境

编号	植被类型	盖度 平均值 ± 标准误	生境	样方		
				T	I	Per. I./%
I	牡竹 *Dendrocalamus strictus*	90.00±0.00	Upland	4	1	25.00
II	鸡嗉子榕 *Ficus semicordata*	55.00±7.07	Upland, Riparian	2	0	0.00
III	鸡嗉子榕，余甘子 *Ficus semicordata, Phyllanthus emblica*	75.00±21.79	Upland, Riparian	9	3	33.33
IV	钝叶黄檀，粗叶水锦树 *Dalbergia obtusifolia, Wendlandia scabra*	76.58±16.33	Upland	19	5	26.32
TC	思茅松，钝叶黄檀 *Pinus khasya* var. *langbianensis, Dalbergia obtusifolia*	81.00±16.71	Upland	15	0	0.00
VI	毛叶黄杞，余甘子 *Engelhardtia colebrookiana, Phyllanthus emblica*	71.07±24.03	Upland	14	5	35.71
VII	云南松，高山栲 *Pinus yunnanensis, Castanopsis delavayi*	70.00±12.58	Upland	7	0	0.00
VIII	云南松，西南木荷 *Pinus yunnanensis, Schima wallichii*	83.33±11.55	Upland	3	0	0.00

	编号	植被类型	盖度	生境	样方		
			平均值 ± 标准误		T	I	Per. I./%
TC	IX	云南松，虾子花 *Pinus yunnanensis, Woodfordia fruticosa*	71.25±15.48	Upland	4	0	0.00
	X	云南松，余甘子 *Pinus yunnanensis, Phyllanthus emblica*	67.75±27.58	Upland	13	1	7.69
SC	XI	白花洋紫荆 *Bauhinia acuminata* var. *candida*	80.00±17.32	Upland	3	3	100.0
	XII	水柳子 *Homonoia riparia*	68.75±16.52	Riparian	4	2	50.00
	XIII	虾子花，水柳子 *Woodfordia fruticosa, Homonoia riparia*	50.00	Riparian	1	1	100.0
	XIV	苦木，构树 *Picrasma quassioides* var. *quassiodes, Broussonetia papyrifera*	91.25±2.50	Upland	4	1	25.00
	XV	牡竹，构树 *Dendrocalamus strictus, Broussonetia papyrifera*	73.33±28.87	Upland	3	2	66.67
	XVI	白背枫 *Buddleja asiatica*	55.00±12.91	Upland	4	3	75.00
	XVII	密花树，地果 *Rapanea neriifolia, Ficus tikoua*	65.00±16.58	Riparian	5	2	40.00
GC	XVIII	咸虾花，马唐 *Vernonia patula, Digitaria sanguinalis*	67.50±35.24	Riparian	4	2	50.00
	XIX	披散木贼 *Equisetum diffusum*	25.00	Riparian	1	1	100.0
	XX	醉鱼草，飞机草 *Buddleja* sp., *Eupatorium odoratum*	66.67±20.82	Riparian	3	2	66.67
	XXI	大芦 *Phragmites* sp.	48.75±11.81	Riparian	4	1	25.00
总计					126	35	27.78

注：TC—森林群落；SC—灌木群落；HC—草本群落；T—该植被类型的样方数量；I—蓄水淹没的样方数量；Per.I.—蓄水淹没的样方比例；Upland—坡面；Riparian—河岸带。

澜沧江流域中下游梯级水坝建设和蓄水后的植被影响指数（VII）如表 5-6 所示。具体来看，功果桥水坝库区植被类型 VII 云南松、高山栲群落（VII，*Pinus yunnanensis*，*Castanopsis delavayi*）和 XVII 密花树、地果群落（XVII，*Rapanea neriifolia*，*Ficus tikoua*）为严重影响。小湾水坝库区植被类型 III 鸡嗦子榕、余甘子群落（III，*Ficus semicordata*，*Phyllanthus emblica*）、VI 毛叶黄杞、余甘子群落（VI，*Engelhardtia colebrookiana*，*Phyllanthus emblica*）和 XVII 密花树、地果群落（XVII，*Rapanea neriifolia*，*Ficus tikoua*）为严重影响，而植被类型 XVI 白背枫群落（XVI，*Buddleja asiatica*）和 IV 钝叶黄檀、粗叶水锦树群落（IV，*Dalbergia obtusifolia*，*Wendlandia scabra*）为中度影响。漫湾水坝库区植被类型 V 思茅松、钝叶黄檀群落（V，*Pinus khasya* var. *langbianensis*，*Dalbergia obtusifolia*）和 VI 毛叶黄杞、余甘子群落（VI，*Engelhardtia colebrookiana*，*Phyllanthus emblica*）为轻度影响。大朝山水坝库区植被类型 V 思茅松、钝叶黄檀群落（V，*Pinus khasya* var. *langbianensis*，*Dalbergia obtusifolia*）为轻度影响。糯扎渡水坝库区植被类型 XV 牡竹、构树群落（XV，*Dendrocalamus strictus*，*Broussonetia papyrifera*）和 XXI 芦苇群落（XXI，*Phragmites* sp.）为严重影响，而 II 鸡嗦子榕群落（II，*Ficus semicordata*）为重度影响，植被类型 III 鸡嗦子榕、余甘子群落（III，*Ficus semicordata*，*Phyllanthus emblica*）和 VI 毛叶黄杞、余甘子群落（VI，*Engelhardtia colebrookiana*，*Phyllanthus emblica*）为轻度影响。景洪水坝库区植被类型 XIX 披散木贼群落（XIX，*Equisetum diffusum*）、XXI 芦苇群落（XXI，*Phragmites* sp.）、XI 白花洋紫荆群落（XI，*Bauhinia acuminata* var. *candida*）、XX 醉鱼草飞机草群落（XX，*Buddleja* sp.，*Eupatorium odoratum*）、XII 水柳子群落（XII，*Homonoia riparia*）和 XIII 水柳子、虾子花群落（XIII，*Woodfordia fruticosa*，*Homonoia riparia*）为严重影响，而植被类型 I 牡竹群落（I，*Dendrocalamus strictus*）为重度影响，植被类型 XIV 苦木、构树群落（XIV，*Picrasma quassioides* var. *quassiodes*，*Broussonetia papyrifera*）为中度影响。橄榄坝水坝库区植被类型 XII 水柳子群落（XII，*Homonoia riparia*）、XVIII 咸虾花、马唐群落（*Vernonia patula*，*Digitaria sanguinalis*）和 XXI 芦苇群落（XXI，*Phragmites* sp.）为严重影响。勐松水坝库区植被类型 XXI 芦苇群落（XXI，*Phragmites* sp.）和 XII 水柳子群落（XII，*Homonoia riparia*）为严重影响。

表 5-6　梯级水坝建成蓄水后的植被影响指数

库区	植被类型	VII	影响程度	植被类型	VII	影响程度
GGQ	VII	0.072 3	5	XVII	0.000 0	5
XW	XVI	0.550 3	3	XVII	0.007 9	5
	IV	0.505 9	3	VII	1.000 0	1
	III	0.097 2	5	VIII	1.000 0	1
	VI	0.076 9	5	X	0.554 3	3
MW	IV	0.835 8	1	VIII	1.000 0	1
	VI	0.729 5	2	X	1.000 0	1
	V	0.648 9	2	IX	1.000 0	1

库区	植被类型	VII	影响程度	植被类型	VII	影响程度
DCS	IV	0.877 0	1	VI	0.811 7	1
	III	0.814 5	1	V	0.768 0	2
NZD	III	0.684 7	2	II	0.255 3	4
	XV	0.000 0	5	VI	0.738 5	2
	XXI	0.014 1	5			
JH	II	1.000 0	1	XX	0.000 0	5
	I	0.305 7	4	XII	0.000 0	5
	XIV	0.500 0	3	XIII	0.000 0	5
	XV	0.807 2	1	III	0.955 2	1
	XIX	0.000 0	5	IV	1.000 0	1
	XXI	0.000 0	5	V	1.000 0	1
	XI	0.000 0	5			
GLB	XIV	1.000 0	1	XXI	0.153 8	5
	XII	0.153 8	5	V	1.000 0	1
	XVIII	0.153 8	5	XX	1.000 0	1
MS	XXI	0.083 3	5	I	1.000 0	1
	XII	0.083 3	5			

注：GGQ 代表功果桥库区；XW 代表小湾库区；MW 代表漫湾库区；DCS 代表大朝山库区；NZD 代表糯扎渡库区；JH 代表景洪库区；GLB 代表橄榄坝库区；MS 代表勐松库区。

在评估相邻库区植物群落类型变化时，Jaccard 相似性系数表明小湾 - 漫湾库区植被类型的相似性系数（0.400）和漫湾 - 大朝山库区植被类型的相似性系数相对高于其他库区。同时该研究结果表明梯级水坝蓄水后相邻两个库区的植物群落相似性，除大朝山 - 糯扎渡库区外，其余均明显降低。

表 5-7　各梯级水坝库区范围植被类型的 Jaccard 相似性系数

	GGQ-XW	XW-MW*	MW*-DCS*	DCS*-NZD	NZD-JH	JH-GLB	GLB-MS
建坝前	0.250 0	0.400 0	0.428 6	0.285 7	0.285 7	0.357 1	0.285 7
建坝后	0.000 0	0.375 0	—	0.400 0	0.250 0	0.250 0	0

注：GGQ 代表功果桥库区；XW 代表小湾库区；MW 代表漫湾库区；DCS 代表大朝山库区；NZD 代表糯扎渡库区；JH 代表景洪库区；GLB 代表橄榄坝库区；MS 代笔勐松库区；* 代表植被调查时该水坝库区已经蓄水淹没。

5.2　水利水电工程对水陆交错景观的生态效应评价

5.2.1　水陆交错带景观影响的机理

目前研究多从土地利用（周庆等，2008）、景观格局（Zhao et al.，2012）、水文过程（He

et al.，2006）、水质（Wei et al.，2009a）、水温（姚维科等，2006）、泥沙（Kummu and Varis，2007；Fu et al.，2008；Wang et al.，2011a）等方面探讨水利水电工程建设的负面效应。但是，此类研究多集中于量化水利水电工程建设对陆生或者水生生态系统的影响，较少调查介于陆生和水生生态系统之间的水陆交错带景观的变化（Wang and Yin，2008）。因其特殊的过渡性和边缘性特征，水陆交错带景观经常遭受水位波动的影响。因此，水位波动在水体沿岸和水生态过程中扮演着极为重要的角色，与水陆交错带的景观格局和生态过程密切相关（Leira and Cantonati，2008；Wantzen et al.，2008a）。

水位波动的产生主要与气候变化和人类活动这两个因素有关。气候变化常通过大气压系统的改变（降水、气温、蒸散发等的季节变异），引起水量的不平衡（Hofmann et al.，2008）并导致河流、水库、湖泊的水文状况的显著变化。近年来，鉴于不规则气候事件频发（如极端降雨和干旱）和水文事件的可预报性日趋降低（Wantzen et al.，2008b），气候变化可能对径流大小幅度、时间、频率、历时和变化率等方面产生显著的影响（Abrahams，2008；Naik and Jay，2011），引起河流水位波动。尽管如此，气候变化产生的水位波动，因其具有较小的波动幅度和规律的季节变化，常被视为自然水位波动（Brauns et al.，2008）。与气候变化相似，人类干扰同样能影响水位波动，而且其影响能调节或者协同气候变化的作用（Brauns et al.，2008，Leira and Cantonati，2008）。随着人为活动对河流干扰的加剧（如在河流上建设水利水电工程），常导致洪水的时空分布、流量大小和波动幅度的变化。因此，人为活动引起的水位波动及其对沿岸带的负面影响受到越来越多的关注（Peintinger et al.，2007；Leira and Cantonati，2008）。需要说明的是，现有的对人类活动引起的水位波动变化的理解，主要是从大坝或水库建设对水位的影响方面着手（Brauns et al.，2008）。

水利水电工程引起的水位波动是巨大的，其通过改变库区生物地球化学特征等足以使生态系统偏离其稳定状态（Leira and Cantonati，2008；Wang and Yin，2008）。非自然的水位波动时间与频率，还能影响植被分布、物种多样性、水库形态和沿岸泥沙等。因此，水陆交错带中土壤和水相互关系的变化，会对该区域的土壤养分动态、矿质元素交换与重金属的累积等产生影响（图 5-13）。

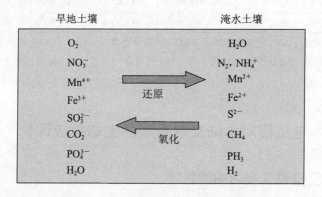

图 5-13　水陆交错土壤的氧化还原过程

水陆交错带中土壤养分影响多种生态过程（Peintinger et al.，2007；Brauns et al.，2008），如微生物群落动态（图 5-14）、大型植物的分布与多样性（图 5-15）以及浮游植物和底栖种群与群落（如鱼类和无脊椎动物）。因此，水位波动引起的土壤退化直接影响库区水陆交错带的栖息地质量。对于已经规划 14 座干流水利水电工程的澜沧江而言，一旦规划工程全部完成，将有上千公里的河岸带及原来远离河岸的地带被淹没，并形成受剧烈水位波动影响的新的上千公里的水陆交错带。所以，调查研究土壤营养的动态及其对水利水电工程引起的水位波动的响应，具有实际意义。

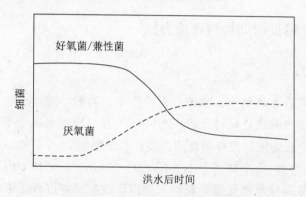

图 5-14　洪水事件后的微生物群落

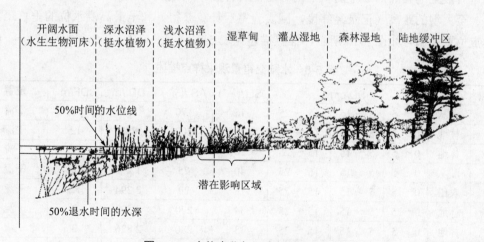

图 5-15　水位变化与河岸植被梯度分布

水陆交错带历来被视为有效的水生和陆地生态系统的污染物的汇（Ye et al.，2011），尤其是对重金属此类因其高毒性、非降解和在环境中的持久性而具有显著生态意义的污染物的汇（Yang et al.，2009）。在高水位期间，洪水中携带的上游地区人类活动排放的污染物沉降在水陆交错带（Loska and Wiechua，2003）；在低水位期间，水陆交错带中的人类活动和自然风化进一步造成重金属富集（Ye et al.，2011）。从这个意义上说，水陆交错带中的重金属，通过水生与陆生生态系统之间交互传输，承受着水利水电工程运行引起的剧烈的水位波动的严重影响（Censi et al.，2006）。因此，在漫湾水库水陆交错带进行土壤重金属的调查至关重要，通过评估重金属的累积效应与生态风险可为库区生态管理提供依据。另外，针对漫湾库区与水利水电工程运行引起的水位波动相关的水陆交错带重金属的调查信息目前还比较少。调查干扰前后重金属的富集情况经常通过对比干扰前后的状态实现（Ye et al.，2011），但对于水利水电工程建设比较早、建设前的相关信息相对缺乏的区域，可利用时空置换的方法，如将水陆交错带上部未受到淹没的区域作为建设前的状态（远离水岸带的参照区域，与淹没前水陆交错带的土地利用类型相同），并将两者进行对比。

5.2.2 水陆交错景观调查与评价方法

5.2.2.1 调查方法

目前研究多采用样方法调查。本节以漫湾水电站为例，对其水陆交错景观土壤养分及重金属含量展开调查并进行采样分析。2011 年 6 月，漫湾水库处于低水位期，水陆交错景观暴露于空气，较为适宜采样调查的开展。共采集了 28 个样点（其中，林地 12 个，灌丛 10 个，农田 6 个），每个样点分为 3 层（0 ～ 5 cm，5 ～ 15 cm，15 ～ 25 cm），同时每个样点的样品分别从水陆交错景观和未被淹没的参照点进行采取。每个样点的样品为同一海拔上的相邻的 5 个随机点的分层混合样品，采集后装入密封袋，同时记录坡度、坡向、至大坝的距离（记录经纬度，回实验室后计算获得）和至最高洪水位的垂直距离。采样点位置及编号如图 5-16 所示，样点描述见表 5-8。

表 5-8 水陆交错景观采样点描述

样点	LB	SD/cm			SL /(°)	AS /(°)	DD /m	DF/m	位置
1	灌丛	0 ～ 5	5 ～ 15	15 ～ 25	15	170	874	2	干流
2	林地	0 ～ 5	5 ～ 15	15 ～ 25	21	200	858	1.5	干流
3	林地	0 ～ 5	5 ～ 15	15 ～ 25	20	180	941	1.5	干流
4	灌丛	0 ～ 5	5 ～ 15	15 ～ 25	40	75	1 414	2	干流
5	农田	0 ～ 5	5 ～ 15	15 ～ 25	18	20	2 294	1.5	干流
6	林地	0 ～ 5	5 ～ 15	15 ～ 25	34	270	2 509	3	干流
7	林地	0 ～ 5	5 ～ 15	15 ～ 25	33	280	2 826	2	干流
8	灌丛	0 ～ 5	5 ～ 15	15 ～ 25	25	245	3 069	1	干流
9	林地	0 ～ 5	5 ～ 15	15 ～ 25	15	20	3 507	2	干流
10	农田	0 ～ 5	5 ～ 15	15 ～ 25	40	310	4 532	1	干流
11	林地	0 ～ 5	5 ～ 15	15 ～ 25	31	30	4 901	1	干流
12	林地	0 ～ 5	5 ～ 15	15 ～ 25	28	90	5 453	1	干流
13	林地	0 ～ 5	5 ～ 15	15 ～ 25	26	225	5 485	2.5	干流
14	灌丛	0 ～ 5	5 ～ 15	15 ～ 25	35	80	6 118	0.5	干流
15	农田	0 ～ 5	5 ～ 15	15 ～ 25	20	245	6 434	1	干流
16	林地	0 ～ 5	5 ～ 15	15 ～ 25	32	230	7 700	1	干流

样点	LB	SD/cm			SL /(°)	AS /(°)	DD /m	DF/m	位置
17	林地	0～5	5～15	15～25	10	45	8 220	2	干流
18	林地	0～5	5～15	15～25	33	240	10 619	0.5	干流
19	灌丛	0～5	5～15	15～25	25	15	11 098	0.5	干流
20	灌丛	0～5	5～15	15～25	20	80	12 641	1	干流
21	林地	0～5	5～15	15～25	33	210	13 731	0.5	干流
22	农田	0～5	5～15	15～25	29	210	14 199	1.5	干流
23	灌丛	0～5	5～15	15～25	10	215	14 621	3	干流
24	灌丛	0～5	5～15	15～25	28	0	1 449	3	支流
25	农田	0～5	5～15	15～25	34	165	1 680	2.5	支流
26	灌丛	0～5	5～15	15～25	3	90	1 869	3	支流
27	农田	0～5	5～15	15～25	30	270	1 564	3	支流
28	灌丛	0～5	5～15	15～25	3	90	2 627	3	支流

注：LB：建设前土地利用类型；SD：采样深度；SL：坡度；AS：坡向；DD：至大坝距离；DF：至最高洪水
线垂直距离。

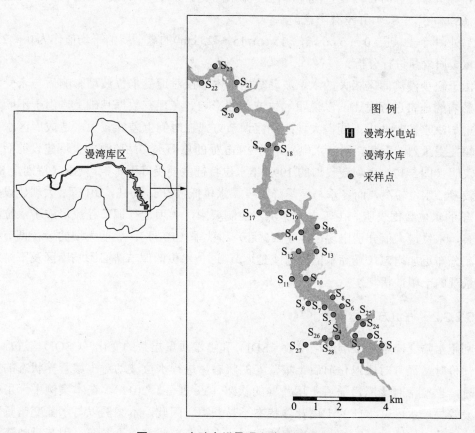

图 5-16　水陆交错景观土壤采样点位置

带回实验室后，土壤样品置于阴凉通风处自然风干，剔除石块、根系、钙核及动植物残体等杂物后，置入陶瓷研钵中研细，全部过 2 mm 筛子，充分混匀后分为两份。一份供土壤 pH 值分析，另一份则继续研磨至全部通过 100 目筛，装自封袋密封保存供土壤养分与重金属测定分析。pH 值采用 pH 酸度计法（仪器名称及型号：HANNA，pH211 酸度计）测定。土壤营养含量全氮（TN）、总碳（TC）用 N/C 分析仪测定（NA-1500-NC Series 2）并由 Eager 200 软件（Fisons Instruments，Beverly，MA）记录数据。土壤重金属测定步骤为：准确称取 0.1 g 土壤样品置入聚四氟乙烯罐中，加酸（3 mL 硝酸、1 mL 高氯酸、1 mL 氢氟酸）消解（放于不锈钢外套后，在烘箱中 160 ℃加热 4 ~ 5 h，待冷却后取出罐）后，蒸酸（在电热板上敞口加热去氢氟酸样品呈可流动球珠状时取下，加入 1 mL 硝酸，微热，冷却至常温），最后用高纯水定容至 10 mL。用法国 JYULTIMA 型 ICPAES 电感耦合等离子光谱仪测定 As、Cd、Cr、Cu、Ni、Pb、Zn、Fe、TK 和 TP 等金属元素与养分的含量，所测样品均设置 3 个平行样，分析时采用国标液控制工作曲线，测量分析的相对标准偏差控制在 10% 以内。实验所用试剂均为优级纯，实验用水为超纯水。各指标含量由北京师范大学测试中心测定完成。

在分析重金属时，为调查漫湾库区干流水陆交错景观对水位波动的响应，支流上的样点（S_4 和 S_{24}—S_{28}）并没有考虑。

另外，3 个土壤层（0 ~ 5 cm，5 ~ 15 cm，15 ~ 25 cm）的重金属的平均值作为 0 ~ 25 cm 土层重金属含量进行分析。

由于缺少漫湾库区相关的水位波动数据，本书仅对遭受水位波动影响后与未受水位波动影响的地带进行对比，以说明水位波动的影响。在现有数据基础上，由于不同季节的发电与洪水控制要求不同，大坝的径流调节方式在时间上差异较大，造成库区水位波动振幅发生激烈的震荡。漫湾水电站下游 2 km 处的戛旧水文站监测的大坝建设前后水位数据表明（图 5-17），大坝建设前的 1991 年水位特征主要受降雨影响，夏季（特别是 8 月）降雨较多，水位较高，而冬季与春季降雨少、水位低（Zhao et al.，2011）；大坝建设后的 1997 年的水位数据表明，由于电力和洪水控制要求，大坝运行调节径流形成了水位的双峰分布，水位最大值分别出现在夏季（7 月）和秋季（10 月），表明大坝的运行调节使自然径流分布更加均匀（最高水位提前或延迟）。这种水位的调节势必影响库区及下游水陆交错景观的土壤性状。

5.2.2.2 评价方法

利用水陆交错景观土壤退化指数（SDI）和土壤质量指数的变化（CSQI）。进行土壤退化评价时，经常对比退化前后土壤营养的状态，进行水位波动对土壤营养状态的影响评价时，也经常对比淹没前后土壤营养的状态（Ye et al.，2011）。在本案例中，由于大坝建设较早，水库蓄水前的土壤营养状态不易获得。因此，本案例以与水陆交错景观相连的、未受水位波动影响的远离库岸的地方的土壤营养状态作为参照，用其反映淹没前的土壤营养状态，对比分析了水陆交错景观土壤营养的退化。

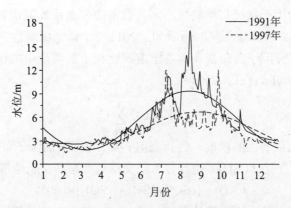

图 5-17　漫湾水电站建设前后戛旧水文站水位波动

由 Adejuwon 和 Ekanade（1988）提出的土壤退化指数（SDI）可以反映干扰前后土壤属性的变化（Zhang et al.，2011），其计算公式如下：

$$SDI = [(X_a - X_b) / X_b] \times 100\% \qquad (5\text{-}1)$$

式中，SDI 是各个土壤属性的退化指数，X_a 和 X_b 分别为水陆交错景观和参照景观中的单一土壤属性值。所有选择的土壤属性的 SDI 的平均值作为水位波动效应造成的土壤退化值（Islam and Weil，2000；Zhang et al.，2011）。一般情况下，土壤退化指数要求所选择的土壤属性符合"越多越好"的准则，然而土壤 pH 值及 C/N 比在土壤质量评价中并不符合"越多越好"的准则，因此，在计算土壤退化时没有考虑这两个土壤属性的变化（Islam and Weil，2000；Lemenih et al.，2005）。

土壤质量指数（Soil Quality Index，SQI）作为一个评价土壤退化或改善的一个常用方法，是土壤各属性因子状态的综合和集成。同时，由于土壤属性变化具有连续性质，各评价属性指标采用连续隶属度函数与权重系数计算而得，其计算公式如下（张庆费等，1999）：

$$SQI = \sum_{i=1}^{n} Q(X_i) \times W_i \qquad (5\text{-}2)$$

式中，$Q(X_i)$ 是土壤属性 i 的隶属度值，W_i 是土壤属性 i 的权重系数。$Q(X_i)$ 通常由升型分布函数 [式（5-3）] 和降型分布函数 [式（5-4）] 计算而得：

$$Q(X_i) = (X_{ij} - X_{i\min}) / (X_{i\max} - X_{i\min}) \qquad (5\text{-}3)$$

$$Q(X_i) = (X_{i\max} - X_i) / (X_{i\max} - X_{i\min}) \qquad (5\text{-}4)$$

式（5-3）和式（5-4）中，X_{ij} 代表土壤属性值，$X_{i\min}$ 和 $X_{i\max}$ 分别代表土壤属性 i 的最小值与最大值。升型分布函数通常用于"越多越好"的土壤属性，即土壤属性值越大，代表土壤改善；而降型分布函数通常用于"越少越好"的土壤属性，即土壤属性值越大，代表土壤退化。隶属度函数分布的升降性通常由主成分因子负荷量值的正负性来确定。在案例中，根据前人研究，TC、TN、TP 和 TK 遵循"越多越好"的准则（Zhang et al.，1999；Fu et al.，2004），因此，各项土壤养分因子采用升型分布函数计算 [式（5-3）]。

由于土壤质量的各个因子状况与重要性不同，通常用权重系数表示各土壤属性的重要性程度，本节利用 SPSS 15.0 软件（Akin et al.，2011）计算土壤属性主成分的贡献率和累积贡献率，利用主成分因子负荷量计算各土壤属性在土壤质量中的作用大小，确定其权重系数，计算公式为（Fu et al.，2004）：

$$W_i = C_i / \sum_{i=1}^{n} C_i \qquad (5\text{-}5)$$

式中，W_i 代表土壤属性的权重，C_i 代表第 i 项土壤属性的因子负荷量。

土壤质量指数的变化（CSQI）由计算水陆交错景观与其参照地带的差异（%）而得：

$$\text{CSQI} = [(\text{SQI}_a - \text{SQI}_b) / \text{SQI}_a] \times 100\% \qquad (5\text{-}6)$$

式中，SQI_a 代表水陆交错景观的土壤质量，SQI_b 代表参照地带的土壤质量。如果水陆交错景观的土壤质量指数小于参照地带的土壤质量指数，就代表着土壤退化，反之则代表土壤改善。

前人研究表明，地形、地貌、坡度、海拔等因子与土壤理化性质关系密切，进而影响土壤质量。本案例在分析水陆交错景观土壤退化的基础上，借助冗余分析（Redundancy Analysis，RDA）进一步阐明了土壤退化与地形地貌等因子的相关性。RDA 是一个被广泛应用的多变量直接环境梯度分析，它能将大量数据中包含的信息以直观的图形来表示。为了找到影响土壤退化的最重要的地形地貌因子并将土壤退化与地形地貌因子同时表现在一个低维空间中，本案例使用 CANOCO 4.5（Centre for Biometry，Wageningen，Netherlands）软件对实验数据进行了 RDA 约束排序分析（Lepš and Šmilauer，2003）。RDA 需要两个矩阵，分别为物种数据和环境数据。在本书中，土壤属性的退化程度被视为物种变量（响应变量），地形地貌参数如建设前土地利用类型 LB、采样深度 SD、坡度 SL、坡向 AS、至大坝距离 DD 和至最高洪水线垂直距离（DF）被视为环境变量，并且符合两个环境变量之间无直接联系的要求（Lepš and Šmilauer，2003）。排序之前对所有量纲不同的参数都进行了标准化处理。需要说明的是，在进行 RDA 分析之前，需要对物种数据进行降趋势对应分析（DCA），根据梯度长度确定合适的排序模型。如果 4 个轴的最大梯度小于或者等于 3，证明线性模型 RDA 是适合的；如果最大梯度大于或者等于 4，证明单峰模型典范相关模型（CCA）是适合的；如果最大梯度为 3 ~ 4，证明单峰模型 CCA 和线性模型 RDA 均合适（Lepš and Šmilauer，2003）。以各土壤元素的退化度为物种变量的 DCA 结果表明，漫湾库区水陆交错景观土壤属性退化度的 DCA 分析的 4 个轴的最长梯度为 0.75，因此，线性模型 RDA 比较适合本案例。确定 RDA 后，采用向前筛选法（forward selection）对环境变量进行逐个筛选，每一步都采用蒙特卡罗（Monte-Carlo）排列检验，排列重采样为 999 次，显著水平为 $P < 0.05$。在排序结果图中，每个环境因子箭头的长度表示环境变量（LB、SD、SL、AS、DD 和 DF）对物种变量（四种土壤元素的退化度）的综合影响程度，环境箭头越长，表示影响程度越高。环境变量箭头与物种变量箭头之间的夹角可以看做是环境因子和土壤退化的相关性大小。当环境变量箭头与物种变量箭头之间的夹角为 0° ~ 90° 时，表明两个变量之间呈正相关关系，土壤退

化程度会随环境变量的增大而增大；当两者之间的夹角为 90°～180° 时，表明两者之间呈负相关关系，土壤退化程度会随环境变量的增大而降低；当两者之间的夹角为 90° 时，表示两者没有显著的相关关系（Lepš and Šmilauer，2003）。借助 RDA，可以初步揭示环境因子对水陆交错景观土壤退化的影响。

（2）土壤重金属生态效应分析

目前，反映人类活动对自然环境扰动程度比较常用的方法有很多，比较常用的有地积累指数法（Geoaccumulation Index，I_{geo}）及富集因子法（Enrichment Factor，EF）等。本节案例采用富集因子法评价大坝运行引起的水位波动对水陆交错景观土壤重金属的影响，即将各个样点土壤中重金属元素的浓度与区域背景值进行对比，以此来判断重金属的人为污染状况。为了减少环境介质、采样和制样过程中其他因素对元素含量的影响和保证各个指标间的等效性与可比性，需以参比元素为参考标准，对测试样品中重金属元素进行归一化处理。参比元素一般采用性质比较稳定、不易受环境介质和分析测试过程其他因素的影响，比较常用的有 Mn、Fe、Ca、Se 等。本案例中，采用 Fe 作为参比元素，主要从 3 个方面考虑：首先，Fe 在地壳中丰度高，占地壳元素的 4.75%；其次，Fe 的生物利用度低，性质较为稳定；最后，在碱性和中性土壤环境中 Fe 的溶解度低，不易淋溶迁移。富集因子的计算公式如下：

$$EF = \frac{(C_{ee}/C_{Fe})_{sample}}{(C_{ee}/C_{Fe})_{reference}} \tag{5-7}$$

式中，$(C_{ee}/C_{Fe})_{sample}$ 为测试样品中某重金属元素的标准化值，$(C_{ee}/C_{Fe})_{reference}$ 为土壤背景值中某元素的标准化值（本研究采用云南省土壤元素背景值）。云南省土壤元素 Fe 的背景值为 52 200 mg/kg。根据 Acevedo-Figueroa 等（2006）的建议，富集因子分级见表 5-9。

表 5-9　富集因子分级

EF 值	级别	富集程度
EF < 1	0	无富集
1 ≤ EF < 3	1	轻度富集
3 ≤ EF < 5	2	中度富集
5 ≤ EF < 10	3	中强富集
10 ≤ EF < 25	4	强烈富集

EF 常被用来计算单一重金属的富集或者污染程度（Yang et al.，2009，2011），因此在本节研究中借助 Hakanson（1980）的潜在生态风险指数（RI）计算了水陆交错景观与参照地带的重金属潜在生态风险。RI 考虑重金属性质及环境行为特点，从沉积学角度对土壤或沉积物中的重金属污染进行评价，它不仅仅考虑沉积物重金属含量，还将重金属的生态效应与毒理学联系在一起，在环境评价中更具实际意义。其计算公式为：

$$E_r^n = T_n \times \frac{C_n}{B_n} \tag{5-8}$$

$$RI = \sum_{n=1}^{m} E_r^n \tag{5-9}$$

式中，E_r^n 和 RI 分别为底泥中单一和多种重金属潜在生态风险指数，C_n 为第 n 种重金属的实测浓度，B_n 为第 n 种重金属的参照浓度（本书采用云南省土壤元素背景值），T_n 为第 n 种重金属的毒性响应系数（表 5-10）。根据计算的单一和多种重金属的潜在生态风险系数，对应表 5-11 中的等级即可得到重金属的污染状况。

表 5-10　重金属的毒性响应系数

重金属元素	As	Cd	Cr	Cu	Ni	Pb	Zn
T_n	10	30	2	5	5	5	1

表 5-11　重金属生态风险评价等级

E_r^n 等级	E_r^n 值	单一金属生态风险程度	RI 级别	RI 值	综合风险程度
1	$E_r^n < 40$	轻微	1	RI < 150	轻微
2	$40 \leqslant E_r^n < 80$	中等	2	$150 \leqslant RI < 300$	中等
3	$80 \leqslant E_r^n < 160$	强	3	$300 \leqslant RI < 600$	强
4	$160 \leqslant E_r^n < 320$	很强	4	$600 \leqslant RI$	极强
5	$320 \leqslant E_r^n$	极强			

另外，为研究重金属之间的相互关系以及识别重金属的共同来源，利用 SPSS 15.0（Akin et al.，2011）和 CANOCO 4.5（Lepš and Šmilauer，2003）分别做了相关性分析和主成分分析。

5.2.3　水陆交错景观土壤退化分析

5.2.3.1　水位波动对水陆交错景观土壤属性的影响

表 5-12 列出了水陆交错景观与参照地带的土壤属性的平均值、标准差、变异系数和变化范围。在这两个区域的 6 个土壤属性中，土壤总氮（TN）含量与 C/N 比拥有较大的变异系数，pH 的变异系数最低；通过比较两个区域的变异系数，可知蓄水后水位波动增加了 TN 的变异系数，而减少了其他 5 个属性的变异系数；通过比较两个区域的平均值，可知水库蓄水后水位波动降低了 TN 与全碳（TC）的含量，而增加了土壤 pH 值、总磷（TP）和总钾（TK）的含量以及 C/N 比。各个属性的最小值与最大值在两个区域或者说在淹没前后变化不大。

表 5-12　漫湾库区水陆交错景观土壤属性统计特征

	土壤属性	样品数	平均值	标准方差	变异系数 /%	最小值	最大值
水陆交错景观	pH	28	7.59	0.67	8.81	5.45	8.59
	TN /%	28	0.06	0.03	53.12	0.02	0.18
	TC/%	28	1.27	0.37	29.27	0.62	2.30
	C/N	28	25.34	12.76	50.34	12.43	57.28
	TK/ (mg/g)	28	18.85	3.00	15.89	10.47	23.42
	TP / (μg/g)	28	397.27	166.50	41.91	100.84	657.40
参照地带	pH /%	28	6.70	0.98	14.62	5.06	8.23
	TN /%	28	0.13	0.06	47.26	0.03	0.26
	TC/%	28	1.84	0.61	33.13	0.95	3.36
	C/N	28	17.50	9.28	53.00	9.78	54.08
	TK/ (mg/g)	28	18.48	3.71	20.07	12.06	25.87
	TP / (μg/g)	28	291.49	125.13	42.93	104.50	614.20

　　尽管水库蓄水及水位波动影响水陆交错景观的土壤属性，但是这种影响在不同的土地利用类型及土层深度应该是不同的。因此，本案例分析了水陆交错景观及参照地带的 6 个土壤属性在不同土地利用类型和土层深度的变化（图 5-18）。由图可知，水库蓄水后水位波动增加了水陆交错景观林地、灌丛和农田的土壤 pH，特别是林地，不同土壤层均呈现显著（$P < 0.01$）的升高趋势。作为指示表层和次表层土壤酸化、盐碱化和电导

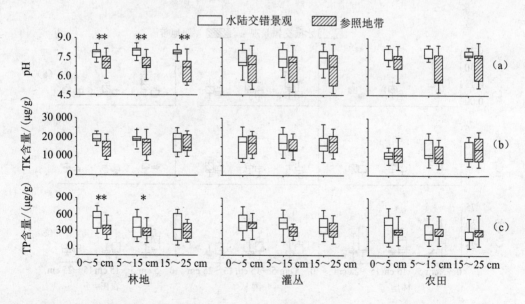

图 5-18　水位波动对水陆交错景观不同土地利用类型和深度的土壤 pH 值（a）、TK（b）和
TP（c）的影响

注：* 代表差异显著性水平为 0.05，** 代表差异显著性水平为 0.01。

率的一个重要指标（Moody and Aitken，1997），水陆交错景观土壤 pH 值的显著升高会限制此区域植物及其根部的生长、增加生物活性疾病的发病率、营养可利用性和根部疾病等（Sharma et al.，2011）。同时，除了 15～25 cm 土层深度的灌丛与 0～5 cm 和 15～25 cm 的林地出现减少之外，水库蓄水后水位波动增加了土壤 TK 含量（但并不显著）。水位波动显著地增加了水陆交错景观林地的 0～5 cm（$P < 0.01$）和 5～15 cm（$P < 0.05$）的土壤 TP 含量，但是对灌丛和农田以及 15～25 cm 的林地 TP 增加并不显著。水库处于低水位时期，水陆交错景观暴露于风化环境，加之母岩的易风化性（Lemenih et al.，2005），这会直接或者间接地促进高水位时期淹没于水底的植物根部营养的释放，造成低水位时期土壤养分的增加。因此，这种水位降低之后的快速风化可能与土壤 TK 和 TP 的升高有关，特别是 0～5 cm 和 5～10 cm 处的表层土壤。另外，大坝蓄水后水体内 P 和 K 含量的升高也可能引起水陆交错景观土壤 TK 和 TP 的升高（姚维科等，2006）。

与土壤 pH 值、TK 和 TP 相反，水库蓄水后水位波动降低了水陆交错景观所有土地利用类型的不同土壤层的 TC 和 TN 含量（图 5-19）。其中，林地 3 个土层 TN 均呈显著的降低（$P < 0.01$），而灌丛和农田的 3 个土层的 TN 含量降低均不显著；林地在 0～5 cm（$P < 0.01$）、5～15 cm（$P < 0.05$）和灌丛在 0～5 cm（$P < 0.05$）土壤 TC 含量显著降低，其他类型或土层的 TC 含量降低均不显著。另外，在参照地带（IRZ），土壤 TN 和 TC 含量从土壤表层至次表层呈现降低的趋势，而在水陆交错景观（WLFZ）这种趋势则呈相反状态，从表层至次表层呈现增加的趋势。本案例中土壤 TN 和 TC 含量在蓄水后的降低，与 Ye 等（2012）在三峡水库的研究一致，证明水库调节引起的水位

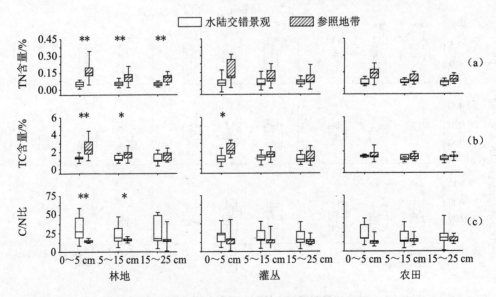

图 5-19　水位波动对水陆交错景观不同土地利用类型和深度的土壤 TN（a）、TC（b）和 C/N 比（c）的影响

注：* 代表差异显著性水平为 0.05，** 代表差异显著性水平为 0.01。

波动经常影响水陆交错景观土壤 TN 和 TC 的动态。这与随着水位降低后土壤曝露与空气发生干燥风化或者氧化作用，促进了土壤硝化作用和抑制了反硝化作用并且增加了土壤碳矿化速率有关（Cavanaugh et al.，2006；Ye et al.，2012）。水位波动作用显著地增加了林地 $0 \sim 5$ cm（$P < 0.01$）和 $5 \sim 15$ cm（$P < 0.05$）的土壤 C/N 比，而对灌丛和农田的作用则不显著（图 5-19）。在未受水位波动影响的参照地带，土壤 C/N 比在不同的土地利用类型和土层深度之间变异比较小，而在受水位波动影响的水陆交错景观的不同土地利用类型和土层深度之间变异较大。同时，水陆交错景观土壤 C/N 比的升高，表明 TN 含量比 TC 含量降低得多，说明水位波动效应对 TN 的影响比 TC 大。本节研究中土壤 C/N 比的结果与 Ye 等（2012）在三峡库区的研究结果（土壤 C/N 比在淹没后显著地降低）不同，本书中土壤 C/N 比的升高可能与淹没后植物根部系统变得缺氧，导致植物系统从呼吸作用切换至发酵作用有关（Kreuzwieser et al.，2004），腐烂后的植物残骸在一定程度上补给了土壤有机物质的含量（Ye et al.，2012）；另外，抛开直接的缺氧压力，厌氧的土壤组分也可以促进脱氮作用，进一步导致土壤中氮以溶解态释放（Kreuzwieser et al.，2004；Wantzen et al.，2008a）。

表 5-13　漫湾库区水陆交错景观与参照地带土壤属性之间的相关系数

Pearson 相关系数		pH	TN	TC	C/N	TK
水陆交错景观	TN	0.008				
	TC	0.288*	0.546**			
	C/N	0.216	−0.600**	0.191		
	TK	0.278*	0.058	0.058	0.010	
	TP	0.233	−0.159	0.476**	0.655**	0.373**
参考地带	TN	−0.165				
	TC	−0.130	0.885**			
	C/N	0.256*	−0.450**	0.151		
	TK	0.179	−0.061	−0.244*	0.094	
	TP	0.469**	0.069	0.085	0.177	0.433**

注：* 代表 0.05 水平显著相关；** 代表 0.01 水平显著相关。

上述分析表明，土壤属性对水库蓄水后水位波动的响应相当敏感，同时水位波动很可能改变土壤属性之间的相互关系。因此，有必要进一步分析水陆交错景观与参照地带中土壤营养之间的相关性（表 5-13）。结果表明，在参照地带土壤 pH 值、C/N 比和 TP 之间存在显著的正相关性，土壤 pH 值与 TC 之间存在负相关性（但不显著）；而在水陆交错景观中土壤 pH 值与 TC 和 TK 存在显著的正相关关系（$P < 0.05$）。TN 与 TK 和 TP 之间的关系在经过水淹后发生了改变：在参照地带土壤 TN 与 TK、TP 分别呈负相关和正相关，而在水陆交错景观中土壤 TN 与 TK、TP 分别呈正相关和负相关；在参照地带土壤 TC 与 TK 呈显著负相关（$P < 0.05$），而在水陆交错景观中却呈不显著的正相关关系，且与 TP 呈显著的正相关（$P < 0.01$）。以上结果印证了水库蓄水后水位波动效应改变了土壤属性之间的关系。

5.2.3.2 水陆交错景观的土壤退化评价

（1）土壤质量指数的变化

根据土壤质量指数公式，首先计算了不同土地利用类型和土层深度的土壤质量因子的隶属度 $Q(X_i)$（表 5-14），然后利用主成分分析的累计贡献率和主成分得分系数（表 5-15）计算了土壤质量因子权重系数 W_i（图 5-20）。土壤质量变化指数（CSQI）结果如图 5-21 所示。

表 5-14　漫湾库区水陆交错景观不同土地利用类型和土层深度的土壤质量因子的隶属度

质量因子		林地		灌丛		农田	
		WLFZ	IRZ	WLFZ	IRZ	WLFZ	IRZ
0～5 cm	TN	0.13	0.52	0.18	0.43	0.16	0.34
	TC	0.21	0.55	0.21	0.44	0.24	0.30
	TK	0.60	0.50	0.54	0.56	0.65	0.61
	TP	0.69	0.34	0.59	0.50	0.61	0.39
5～15 cm	TN	0.13	0.29	0.18	0.31	0.15	0.24
	TC	0.20	0.30	0.20	0.28	0.18	0.22
	TK	0.57	0.55	0.57	0.51	0.73	0.61
	TP	0.52	0.28	0.52	0.34	0.53	0.39
15～25 cm	TN	0.12	0.25	0.17	0.28	0.13	0.23
	TC	0.20	0.28	0.19	0.25	0.17	0.22
	TK	0.50	0.58	0.56	0.58	0.71	0.72
	TP	0.47	·0.27	0.52	0.41	0.45	0.39

注：WLFZ：水陆交错景观；IRZ：参考地带。

表 5-15　漫湾库区水陆交错景观不同土地利用类型土壤质量因子主成分的负荷量和权重

主成分	PC1	PC2	PC3	PC4
贡献率 /%	47.0	33.6	16.9	2.5
累计贡献率 /%	47.0	80.6	97.5	100
特征值	1.880	1.345	0.676	0.098
因子载荷				
TN	0.940	0.167		
TC	0.925	0.276		
TK	−0.301	0.758		
TP	−0.226	0.816		

从图 5-21 中可以看出，CSQI 从 0～5 cm 至 15～25 cm 呈现先降后升的趋势，5～15 cm 层土壤质量变化最小，表明水库蓄水后水位波动明显地降低了表层土壤（0～5 cm）的质量，其次是 15～25 cm 层土壤。造成 5～15 cm 层土壤质量变化最小的原因可能与该层土壤丰富的根部系统有关（Liang et al.，2010），根系向土壤提供分泌物和死根组织，一定程度上增加了该土层土壤养分含量（Bais et al.，2006）。不同土地利用类型

之间，灌丛的退化程度最高，农田的退化程度最低（15 ～ 25 cm 除外）。造成灌丛的退化程度最高的原因可能与灌木具有较大的地表覆盖并能存储或拦截地表径流中溶解态的土壤组分有关（Fu et al.，2004），因此土壤营养含量往往比其他土地利用类型高。土壤经过水淹后，不同土地利用类型的土壤营养含量变得相似或者差异变小，在一定程度上降低了相对比较高的灌丛土壤营养含量。有研究证明，农田耕种能降低土壤质量（Islam and Weil，2000；Fu et al.，2004），因此水淹后不同土地利用类型之间土壤营养的相似性造成农田的土壤质量变化指数相对较低（图 5-21）。总之，水库蓄水后水位波动造成了表层土壤的退化，特别是灌丛土壤的退化。

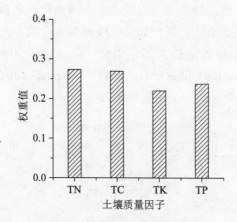

图 5-20　土壤质量因子的权重系数

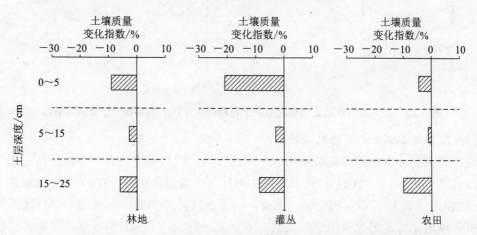

图 5-21　漫湾库区水陆交错景观不同土地利用类型和土层深度的土壤质量指数的变化

（2）土壤退化指数

图 5-22 显示了不同土地利用类型和土层深度的土壤退化指数（SDI），SDI 反映了水陆交错景观土壤质量相对未受水位波动影响的参照地带的百分比变化。从图中可以看出，与 CSQI 结果相似，灌丛土壤特别是表层土壤呈现出了显著的退化（SDI 值越小，退化越严重）。除农田 5 ～ 15 cm 土壤外，其他土地利用类型及土层深度 SDI 值均为负数，说

明各土地利用类型均有不同程度的退化，但是农田退化不太显著。淹没前农田较低和灌丛较高的土壤质量水平，可能是农田退化不明显而灌丛退化明显的原因（Islam and Weil，2000；Fu et al.，2004）。

　　SDI 和 CSQI 两个指数均清晰地显示出水库蓄水后水位波动对土壤质量的影响。但本节研究中所得出的土壤退化的结论仅限于 TN、TC、TK 和 TP 这 4 个因子，当其他物理、化学或者生物因子引入土壤退化评价时，最终的结果可能会发生改变（Blanco Sepúlveda and Nieuwenhuyse，2011）。例如，本研究区许多采样点的土壤 TK 和 TP 含量的增加不会引起土壤退化，反而会改善土壤，但是，一旦此类因子从土壤退化评价中漏掉，那么退化程度可能会是另外一个更高的水平。因此，在土壤退化或者质量评价过程中，选择适合的、有代表性的因子是必要的。即便如此，根据前人研究，选择的 4 个土壤属性，在一定程度上仍能够代表土壤质量的大部分信息（Fu et al.，2004；Blanco Sepúlveda and Nieuwenhuyse，2011；Moebius-Clune et al.，2011；Ye et al.，2011），并且得出的结果也能反映水库蓄水后水位波动对单一土壤属性的影响。

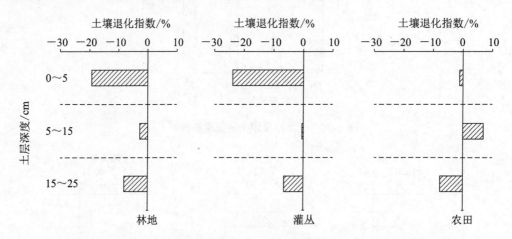

图 5-22　漫湾库区水陆交错景观不同土地利用类型和土层深度的土壤退化指数

（3）SDI 与 CSQI 之间的相关性

　　许多研究在分析土壤退化时采用了不同的指数，但目前并没有一个被公认的普遍适用的公式（Zhang et al.，2011）。本节研究中对比了土壤退化指数（SDI）和土壤质量变化指数（CSQI），得到了相似的结论。因此，为了在这两个指数中间挑选一个合适的指数来分析土壤退化与地形地貌因子的关系，本节又分析了两个指数的关系并对比了它们的差异。结果如图 5-23 所示，SDI 值与 CSQI 值一致性非常好，并且两者之间呈极显著相关（$R=0.88$，$P < 0.01$），方差分析结果表明两者之间差异较小。因此，两个指标在评价土壤退化时基本上具有相同高的效率，差别是 SDI 在算法上比较简单方便。CSQI 强调的是土壤质量在两个不同的状态之间的差额（Moebius-Clune et al.，2011），而且其经常用于有很多土壤因子存在的时候。同时，在计算 CSQI 的过程中，计算各个土壤因子的权重系数所用的主成分分析经常被认为是减少变量的方法，分析结果中不适合进入模型的

参数或者变量不能参与到评价中，势必会导致信息的丢失（Stenberg，1999）。SDI 能够提供单一指标的相对退化程度的有关信息，进而为管理决策提供基础信息（Moebius-Clune et al.，2011）。本案例研究的一个重要目的就是分析土壤退化的个别指标与地形地貌等环境因子之间的关系，因此 SDI 相对 CSQI 来讲更加合适。

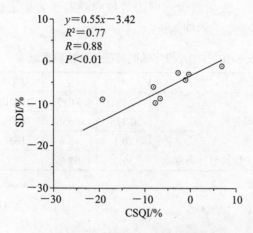

图 5-23　SDI 与 CSQI 之间的相关性

5.2.3.3　水陆交错景观土壤退化与环境因子之间的关系

为考察土壤退化与地形地貌等环境变量的相关性，以 4 个土壤属性的退化指数为物种变量，以淹没前土地利用类型（LB）、采样深度（SD）、坡度（SL）、坡向（AS）、至大坝距离（DD）和至最高洪水线垂直距离（DF）为环境变量，进行冗余分析（Redundancy Analysis，RDA），分析结果见表 5-16 和图 5-23。由表 5-16 可知，第一、第二轴的特征值分别为 0.101 和 0.057，分别解释 10.1% 和 5.8% 的变异，物种变量与环境变量在第一和第二轴上的相关系数分别为 0.376 和 0.550，表明物种变量与环境变量之间的相关性并不是很高。蒙特卡罗（Monte-Carlo）排列置换检验结果表明土壤退化程度与至大坝的距离（DD）呈显著的相关性（$P < 0.05$；$F=3.05$），而与其他环境变量之间的关系都不显著。因此，DD 是环境变量中促进土壤退化的重要因子，各土壤属性的退化程度在 DD 上的响应见图 5-24。结果表明，TN、TC 和 TP 的退化程度随着 DD 的增加而降低（SDI 值有正有负，其值越大，表示退化程度越低），TK 的退化程度随着 DD 的增加变化不大而有略微的升高。因此，距离大坝越近，土壤退化越严重。

在以前的研究中，至大坝的距离常被作为反映大坝影响大小的一个指标。Kinsolving 和 Bain（1993）的研究结果表明水生物种的数量由于受大坝对径流调节的影响而随至大坝距离的增加而增加；Voelz 和 Ward（1991）发现了相似的大坝径流调节对水生无脊椎群落的影响。近年来，Growns 等（2009）研究了大型水库下游水质、浅滩底栖动物群落和基质对水库调节的响应的纵向效应，发现大坝对下游的影响主要集中于大坝附近。Price 等（2011）在"两栖动物和爬行动物作为滨河湿地人为干扰的指示器"的中期进展报告中指出，他们以至大坝的距离（上游和下游）反映径流调节对滨河湿地与河岸栖息地的影响，发现至大坝下游的距离是一个非常重要的反映多个无尾类物种分布和丰富度的指示器，而上游至大坝的距离的这种作用却不明显。目前，反映大型水电站建设对土壤退化的研究还比较少，特别是大坝上游的纵向效应。本案例研究得到了与前人研究相似的关于纵向效应的结论：大坝或者水库的负效应随着至大坝上游距离的增加而降低，也就是说，土壤退化主要发生于大坝附近。

表 5-16　RDA 排序轴的特征值及累积贡献率

参数	1	2	3	4	总方差
特征值	0.101	0.057	0.010	0.001	1
土壤退化程度与环境因子相关关系	0.376	0.550	0.404	0.204	
土壤退化程度的累计贡献率	10.1	15.8	16.9	17.0	
土壤退化程度与环境变量相关性的累计贡献率	59.3	93.0	99.2	100.0	

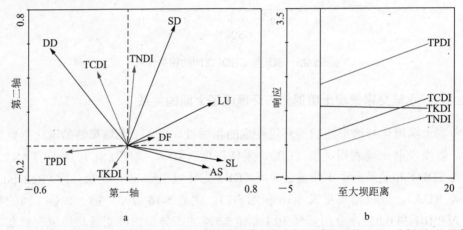

图 5-24　漫湾库区水陆交错景观 4 种土壤参数的退化程度与环境变量的 RDA 分析（a）及其在至大坝距离上的响应（b）

水位波动引起的土壤侵蚀能加速土壤退化的进程，并且与地形地貌特征相关。Fu 等（2004）及 Blanco Sepúlveda 和 Nieuwenhuyse（2011）的研究证明土壤退化与坡度呈显著的正相关关系，特别是水分饱和土壤。同时，水陆交错景观中海拔较低的采样点或者离水面比较近的采样点经受水位波动的频率比较高，意味着受水位波动的影响比较大（Hellsten，1997）。在本书中由于缺少库区的精确的水位数据，所以假设至最高洪水线的垂直距离（DF）反映水位波动在不同水位对土壤退化的影响程度，也就是说，DF 越大的采样点面临水淹的频率越高和承受的水力压力越大，DF 越小代表承受的水位波动的影响越小。从 RDA 结果中可以看出（图 5-24），土壤退化程度与地形因子表现出正相关但不显著的相关性，这种正相关与前人研究结果一致：土壤退化程度随着坡度的增大和至最高洪水线距离的增加而增强，并且从阴坡至阳坡也呈现增加的趋势。本案例结果进一步证明了土壤退化与地形地貌等环境因子之间的关系。

5.2.4　水陆交错景观土壤重金属生态风险评价

5.2.4.1　水位波动对水陆交错景观土壤重金属含量的影响

根据漫湾库区水陆交错景观及其参照地带土壤重金属含量的统计特征。水陆交错景观中，不同土地利用类型下 Cd、Cr、Ni、Pb 和 Zn 含量的平均值大小为：农田＞林地＞灌丛；As 的平均值大小为：林地＞灌丛＞农田；Ni 的含量在不同土地利用类型中的大小为：灌丛＞农田＞林地。在这些重金属中，Cd 的平均值远高于云南省土壤元素背景值（表5-17）（国家环境保护局，1990），在林地、灌丛和农田中的含量分别是云南省土壤元素背景值的 7.18 倍、4.3 倍和 7.38 倍，说明 Cd 在漫湾库区水陆交错景观中累积相当严重；其次是 As，在林地、灌丛和农田中的含量分别是云南省土壤元素背景值的 2.58 倍、2.37 倍和 1.97 倍；与 Cd 和 As 相反，Ni 含量的平均值则远远低于云南省土壤元素背景值（表5-17）；Cu、Pb 和 Zn 含量的平均值则稍稍高于云南省土壤元素背景值（农田中的 Cu 和灌丛中的 Pb 和 Zn 除外）；Cr 含量的平均值则跟云南省土壤元素背景值比较接近（表5-17）。

参照地带土壤中的 As、Cd、Cr 和 Cu 含量，除了灌丛中 As 和 Cu 外，均比相应的云南省土壤元素背景值高；Ni、Pb 和 Zn 含量则比背景值低（农田的 Zn 含量除外）（表5-17）。对比水陆交错景观及其参照地带发现，水淹后不同土地利用类型土壤的 As、Cd、Pb 和 Zn 呈现增加的趋势（农田的 As 除外），其中，林地土壤中的这 4 类重金属元素呈极显著（$P > 0.01$）的增加趋势（表5-18），表明蓄水及水位波动对林地的影响比较大（Loska and Wiechua，2003；Ye et al.，2011）；Cr、Cu 和 Ni 的平均值在水淹后呈现降低的趋势（灌丛中的 Cu 除外），但是，两个地带的差异并不显著。另外，本研究结果与三峡库区的研究结果 [Cd（0.49±0.02）mg/kg；As（6.59±0.34）mg/kg；Pb（42.89±2.06）mg/kg；Cu（35.70±3.10）mg/kg；Cr（44.72±1.51）mg/kg；Zn（88.08±3.21）mg/kg] 相比（Ye et al.，2011），漫湾库区水陆交错景观中的重金属含量除了农田中的 Cu 和灌丛中 Pb 外，均表现出较高的水平。

表 5-18　漫湾库区水陆交错景观与其参照地带之间重金属含量的差异

土地利用	As	Cd	Cr	Cu	Ni	Pb	Zn
林地	**	**	n.s.	n.s.	n.s.	**	**
灌丛	n.s.	n.s.	n.s.	n.s.	n.s.	n.s.	n.s.
农田	n.s.	n.s.	n.s.	n.s.	n.s.	n.s.	n.s.

注：n.s.：not significant，不显著；** $P < 0.01$。

5.2.4.2　水陆交错景观土壤重金属富集因子分析

富集因子（EF）已被广泛应用于评估人为干扰造成的土壤重金属污染，在本案例中，EF 被用来评价漫湾水陆交错景观不同土地利用类型土壤重金属的富集水平。结果如图5-25 所示，参照地带中大多数重金属的 EF 值均小于 3，根据 Acevedo-Figueroa 等（2006）

表 5-17 漫湾库区水陆交错景观及其参照地带土壤重金属含量统计特征

		As		Cd		Cr		Cu		Ni		Pb		Zn	
		IRZ	WLFZ	IRZ	WLFZ	IRZ	WLFZ	IRZ	WLFZ	IRZ	WLFZ	IRZ	WLFZ	IRZ	WLFZ
林地	最小值	3.05	14.32	0.22	0.23	35.02	51.38	1.78	15.18	13.95	23.70	5.13	18.17	14.93	49.67
	最大值	73.88	107.23	0.67	3.73	164.90	88.76	397.40	131.90	73.83	42.42	27.44	95.86	54.39	306.54
	中值	11.98	39.40	0.35	1.24	65.09	63.17	16.93	39.52	32.28	33.73	10.63	42.68	38.82	129.38
	平均值	19.65	47.54	0.39	1.58	77.51	64.56	54.30	48.63	34.10	32.74	12.41	46.23	36.70	144.81
	标准差	18.61	27.18	0.12	1.06	36.96	9.66	105.47	28.37	16.22	5.66	6.25	23.38	12.98	78.18
灌丛	最小值	4.21	11.94	0.01	0.25	56.78	49.45	0.99	8.19	16.24	19.28	0.57	8.64	14.72	27.15
	最大值	36.02	98.63	0.37	2.11	80.11	90.65	49.37	307.32	48.95	35.51	19.19	59.80	42.95	199.99
	中值	10.09	34.81	0.30	0.53	67.57	53.61	10.98	43.65	33.21	29.04	9.26	17.58	32.17	52.88
	平均值	14.95	43.52	0.27	0.95	68.65	62.71	17.92	84.30	33.02	28.88	9.81	29.11	31.20	94.31
	标准差	11.60	29.52	0.12	0.77	6.99	15.39	17.58	101.15	10.40	5.54	6.31	21.97	9.45	72.28
农田	最小值	5.77	18.55	0.36	0.51	54.95	55.70	3.87	17.21	30.08	28.98	9.02	26.10	28.03	65.42
	最大值	77.09	70.18	3.02	3.68	86.93	103.58	112.35	52.57	61.40	52.25	81.32	124.47	266.27	372.52
	中值	45.86	28.19	0.45	1.15	77.06	65.71	38.75	28.71	35.77	35.86	16.04	39.47	51.16	118.87
	平均值	43.65	36.28	1.07	1.62	74.00	72.68	48.43	31.80	40.75	38.24	30.60	57.37	99.15	168.92
	标准差	28.57	20.29	1.13	1.23	11.78	19.02	40.02	13.63	12.45	9.78	29.48	39.51	97.03	120.00
云南省土壤背景景值 [a]		18.40		0.22		65.20		46.30		42.50		40.60		89.70	

注：[a] 中国土壤背景值（国家环境保护局，1990）。

WLFZ：水陆交错景观；**IRZ**：参照景观。

的建议，参照地带属于"无至轻度"的重金属富集，或者说，重金属在参照地带并不是需要考虑的污染问题。虽然如此，农田中的 As 和 Cd 的 EF 值分别达到 3.03 和 6.97，有可能形成中度或者中强度的污染。农田中 As 和 Cd 的富集主要集中于景云大桥及其附近的大片农田区域，人为活动如农田耕作和交通运输等对此区域的影响较大，可能导致 As 和 Cd 在此区域的富集（Muniz et al.，2004；Ye et al.，2011）。

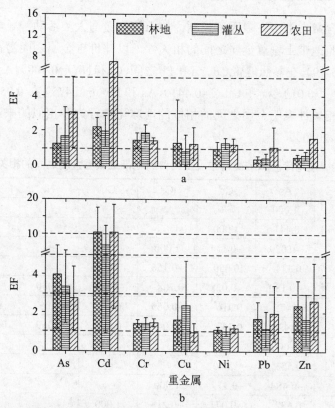

图 5-25　漫湾库区水陆交错景观（b）及其参照地带（a）土壤重金属富集分析

　　与参照地带对比，水陆交错景观中 As、Cd、Cu、Pb 和 Zn 的 EF 值呈现增加的趋势，但是只有林地和灌丛中的 As 的 EF 值（分别为 3.95 和 3.36）和 3 种土地利用类型中的 Cd 的 EF 值（林地 10.51，灌丛 6.72，农田 10.37）是需要重视的重金属污染（图 5-25b），表现出中度至中强度的富集（Acevedo-Figueroa et al.，2006）。As、Cd、Cu、Pb 和 Zn 的 EF 值在水陆交错景观中升高，说明水库蓄水后有外源重金属的输入（Censi et al.，2006；Ye et al.，2011），特别是在高水位时期，水体中从上游输入的重金属释放并沉降于水陆交错景观的土壤表层（Zhang et al.，2009）。Cr 是属于流动性不强的金属，Cr 的 EF 值在林地、灌丛和农田土壤中分别为 1.42、1.41 和 1.45，属于轻度的富集。与 Cr 相似，Ni 在不同土地利用类型中也属于轻度的富集（图 5-25b），EF 值分别为 1.10、1.02 和 1.17，说明 Ni 含量与背景值比较接近，其很可能来自地壳物质的自然风化（Acevedo-Figueroa et al.，2006）。Cu、Pb 和 Zn 均属于轻度的富集，但是它们的 EF 值在各土地利用类型中差异很大：Cu 的 EF 值的最大值出现在灌丛土壤中，这可能与不同土地利用类型的黏土矿质有关（Srinivasa Gowd et al.，2010）；Pb 和 Zn 的 EF 最大值均出现在农田土壤中，这可能与这两个金属相关的工业排放、粪肥与农用化学品（如杀虫剂与化肥）的施用相关（Srinivasa Gowd et al.，2010）。

5.2.4.3 水陆交错景观土壤重金属相关性与主成分分析

土壤重金属含量常常由许多因素控制，如土壤构造与人类活动等。本节分析了水陆交错景观及其参照地带土壤重金属之间的相关性，以评价重金属之间潜在的相似污染来源。结果表明（表 5-19），在参照地带 Cd、Zn 和 Pb 之间，Cr 和 Ni（$r=0.708$），As 和 Cu（$r=0.734$）呈极显著相关（$P < 0.01$），As 和 Cd（$r=0.441$），As 和 Pb（$r=0.475$）在 0.05 水平显著相关。这些金属之间的相关性表明金属之间的相似的地球化学行为和相似的来源（Yang et al.，2009；Sun et al.，2010）。

表 5-19　漫湾库区水陆交错景观及其参照地带土壤重金属之间的相关系数

		As	Cd	Cr	Cu	Ni	Pb	Zn
参照地带	As	1.000						
	Cd	0.441*	1.000					
	Cr	−0.029	−0.154	1.000				
	Cu	0.734**	0.059	−0.156	1.000			
	Ni	−0.180	−0.028	0.708**	−0.265	1.000		
参照地带	Pb	0.475*	0.916**	−0.069	0.032	−0.053	1.000	
	Zn	0.420	0.949**	−0.041	0.032	0.069	0.951**	1.000
水陆交错景观	As	1.000						
	Cd	0.553**	1.000					
	Cr	−0.484*	−0.479*	1.000				
	Cu	0.682**	−0.071	−0.218	1.000			
	Ni	−0.620**	−0.179	0.595**	−0.551**	1.000		
	Pb	0.509*	0.954**	−0.427*	−0.144	−0.172	1.000	
	Zn	0.501*	0.979**	−0.472*	−0.127	−0.138	0.986**	1.000

注：* $P < 0.05$；** $P < 0.01$。

在水陆交错景观中，As 与其他重金属之间均呈显著相关。其中，As 与 Cr（$r= −0.484$）和 Ni（$r= −0.620$）分别在 0.05 和 0.01 水平呈显著的负相关；同时，Cd 和 Cr，Cd、Pb 和 Zn，分别在 0.05 和 0.01 水平显著相关；Cr 与 Ni 呈显著（$P < 0.01$）的正相关（$r=0.595$），而与 Pb（$r= −0.427$）和 Zn（$r= −0.472$）呈显著的负相关（$P < 0.05$）；Cu 和 Ni（负相关）、Pb 和 Zn（正相关）显著相关。这些结果表明，经过水淹后，水陆交错景观土壤的重金属之间的相关性变得更加复杂，并且存在着多种来源（Srinivasa Gowd et al.，2010）。总体上，水陆交错景观土壤中的 Cd、Cr、Pb 和 Zn 因其较强的相关性及其地球化学特征和云南土

壤元素背景值等被视为一组，来共同反映人为来源（如工业和农业活动等）；Cu 和 Ni 被视作一组，反映自然来源（地壳物质的自然风化和高水平的背景值等）；而 As 因其与其他金属之间复杂的关系，既有人为来源的影响又有自然来源的影响。

为了进一步识别重金属之间的关系与分组，在分析相关性的基础上，本案例分别对水陆交错景观及其参照地带重金属做了主成分分析。结果表明（图 5-26），在参照地带（图 5-26a）第一、第二轴的方差贡献率分别为 70.1% 和 17.6%，累积方差贡献率达到 87.7%，能够代表全部重金属数据的大部分信息；第一轴与大部分金属如 Cu、As、Cd、Pb 和 Zn 密切相关，第二轴与 Cr 和 Ni 密切相关。在水陆交错景观中（图 5-26b），第一轴和第二轴共解释累积方差的 95.0%，第一轴的方差贡献率为 64.4%，Cr、As、Cd、Pb 和 Zn 在第一轴上有较高的载荷，结合其含量与地球化学特征，可被视为人为来源（如工业和农

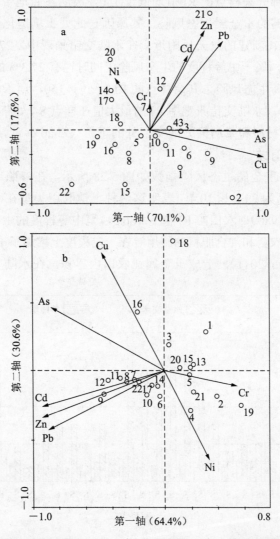

图 5-26　漫湾库区水陆交错景观（b）及其参照地带（a）土壤重金属的主成分分析结果

业来源）（Ye et al.，2011；Zhao et al.，2011）。漫湾库区上游频繁的工业活动和农业开发活动，如小湾水电站的建设及被称作"工业走廊"的黑惠江的过度开发等都可能引起As、Cd、Zn 和 Pb 含量的增加（Yang et al.，2009；Zhao et al.，2011）。第二轴的方差贡献率为30.6%，As、Cr 和 Ni 在该轴上有较高载荷（图 5-27b），因其较高的背景值可以视为自然来源或者地壳来源。As 在第一轴和第二轴均有较高的载荷，表明有人为和自然两种来源的输入。

5.2.4.4 水陆交错景观土壤重金属生态风险评价

根据 Hakanson（1980）提出的潜在生态风险指数，评价漫湾库区水陆交错景观及其参照地带的土壤重金属生态风险。结果表明（图 5-27），在参照地带除了样点 S_{21} 处 RI 值达到469.9外，大部分采样点的 RI 值均低于150，表明参照地带的重金属生态风险较低。样点 S_{21} 处呈现高的重金属生态风险，其原因与此处土壤退化原因相似，主要为此处位于农田区域并且在新建的景云桥附近。在水陆交错景观中，27.3% 的土壤采样点的 RI 值处于 150 ~ 300，属于中等程度的生态风险；同时也有 27.3% 的土壤样点的 RI 值处于 300 ~ 600，属于高生态风险；其余样点的 RI 值小于 150，属于轻微的重金属生态风险（Hakanson，1980）。水陆交错景观中 RI 的最大值在样点 S_{12} 处获得，也就是位于 3 个支流（忙甩河、三家村河和景房河）的交汇处的下游（Zhao et al.，2011），此处的高生态风险应与农田活动有关。

不同土地利用下重金属生态风险指数如图 5-28 所示。在参照地带林地和灌丛土壤RI 值相对较低，分别为29.6 和 10.4，表明这两种土地利用类型在水库蓄水前未受重金属污染（Hakanson，1980）；农田的 RI 值为186.5，呈中等程度的生态风险，表明农业活动，如粪肥、磷肥、农药和混合肥料的施用等在一定程度上增加了重金属的含量（Muniz et al.，2004；Ye et al.，2011），造成重金属在农田内累积。在水陆交错景观土壤中，RI

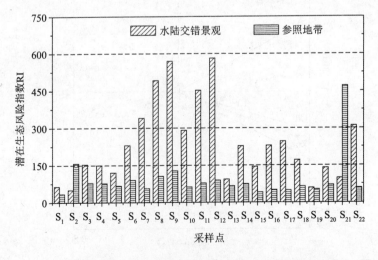

图 5-27　漫湾库区水陆交错景观及其参照地带的土壤重金属生态风险

值相对参照地带比较大，3 种土地利用类型的土壤均表现出中等程度的重金属生态风险
（Hakanson，1980）。总体上，水陆交错景观土壤在蓄水后水位波动影响下表现出相对参
照地带较高的潜在生态风险。因此，有必要对漫湾库区水陆交错景观中的重金属进行持
续监测并实施相应的对策控制其含量，如减少上游黑惠江的工业废水排放和控制农田开
发等（Yang et al.，2009；Zhao et al.，2011）。

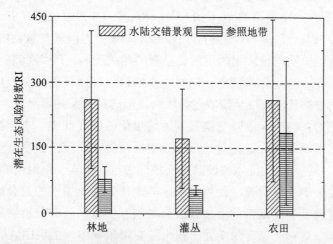

图 5-28　漫湾库区水陆交错景观及其参照地带不同土地利用类型的土壤重金属生态风险

5.2.5　漫湾水电站建设水陆交错景观生态风险

　　水利水电工程建设引起的水位波动是影响河流生态系统功能的最主要的人类干扰之
一，而河流生态系统中最容易受水位波动影响的就是水陆交错景观。水陆交错景观中土
壤质量经常受到干湿交替环境的影响以及水蚀和风蚀的影响，严重降低水陆交错景观的
栖息地可适用性，进而影响此区域中动植物的分布与多样性。因此，有效的库区管理需
要对水位波动与栖息地可适用性之间关系有更多的理解。本案例研究试图揭示漫湾水电
站建设引起的不寻常的水位波动与土壤退化和土壤重金属生态风险之间的关系。

　　研究结果表明，水位波动对土壤的影响在不同的土地利用类型和土层深度之间差异
较大。水位波动提高了林地、灌丛和农田的土壤 pH 值，特别是显著地提高了林地所有
土壤层的 pH 值（$P < 0.01$）。同时，由于水位波动造成的干湿交替环境以及易风化的岩
石母质增加了土壤 TK 和 TP 含量。与对 pH、TK 和 TP 的作用相反，水位波动导致水陆
交错景观中所有土地利用类型和土壤层的 TC 和 TN 含量降低。土壤 TC 和 TN 含量在淹
没前（参照地带）从表层至次表层呈现降低的趋势，而在淹没后（水陆交错景观），则呈
现增加的趋势。水位波动显著地提高了林地 0 ～ 15 cm 的土壤 C/N 比，而对灌丛和农田
土壤 C/N 比的影响则不显著。土壤 C/N 比的增加，表明水位波动对土壤 TN 含量的影响
比 TC 大。土壤属性之间的相关性的变化表明水位波动不仅仅改变了水陆交错景观的土
壤营养含量，而且改变了土壤营养之间的相互关系。

　　基于土壤营养含量的变化、土壤退化指数（SDI）和土壤质量变化指数（CSQI）的

结果表明，水位波动对表层（0～5 cm）土壤质量有着显著的影响，其中灌丛退化程度最高，农田的退化程度最低。对比 SDI 和 CSQI 发现，两者的值一致性非常好，并且两者之间呈极显著相关（R=0.88，P < 0.01），说明两个指标在评价土壤退化时基本上具有相同高的效率。然而，SDI 在算法上比较简单方便。因此，在用 RDA 分析土壤退化与地形地貌等环境变量之间的关系时，各土壤属性的 SDI 值被视为物种变量进行分析，相应的环境变量如淹没前土地利用类型（LB）、采样深度（SD）、坡度（SL）、坡向（AS）、至大坝距离（DD）和至最高洪水线垂直距离（DF）被视为解释变量。RDA 结果表明水位波动对土壤属性的影响与至大坝的距离呈显著的相关关系（P < 0.05；F=3.05），即越靠近大坝的采样点，土壤退化越严重。同时，土壤退化程度随着坡度的增加、至最高洪水线的垂直距离的增加及从阴坡至阳坡逐渐增大，但这种关系并不显著。

总之，本案例对漫湾库区水陆交错景观土壤退化的研究证实了水位波动对该区域土壤质量的负效应，揭示了这种退化与地形地貌等环境因子之间的关系。但是，仍需用精确的水位监测数据来进一步验证水位波动对土壤的影响并探索土壤退化的机制。

水位波动不仅影响土壤营养，而且影响水陆交错景观土壤内的重金属含量。对漫湾库区水陆交错景观及其参照地带的重金属含量与潜在生态风险的分析结果表明，两个区域中，部分重金属含量存在显著的变异。在水陆交错景观中，土壤中 As、Cd、Pb 和 Zn 的含量比在参照地带的高，表明水位波动对水陆交错景观的负效应（重金属含量增加）。富集因子（EF）分析结果表明，在水陆交错景观中，As、Cd、Cu、Pb 和 Zn 的 EF 值相比参照地带有所升高，其中林地和灌丛的 As 和林地、灌丛与农田中 Cd 成为主要的污染物。参照地带中的主要污染物（As 和 Cd）主要来源于农业活动，而水陆交错景观中的主要污染物（As、Cd、Cr、Pb 和 Zn）则主要来源于工业活动（如道路与水电站的建设以及"工业走廊"的开发等）和农业活动（粪肥、农药和化肥的施用）。重金属生态风险的结果表明，参照地带大部分的采样点处于无或轻度的生态风险，而水陆交错景观地带 54.6% 的采样点则处于中度至强度的生态风险。因此，水陆交错景观中的重金属污染需要得到更多的关注，需减少工业污染排放和农业污染输入以控制重金属污染。

5.3 水利水电工程建设对库区景观的生态效应

目前关于水利水电工程建设的景观生态效应与风险的研究主要集中在土地利用与植被覆盖变化、景观格局指数变化和景观格局生态风险这几个方面。例如，土地利用与植被覆盖方面，Ouyang 等（2010）借助遥感解译与地理信息系统分析了黄河上游梯级电站建设对土地利用与植被覆盖的影响，并从流域尺度和坝址尺度分析水电站建设对 NDVI 的影响区域；彭月（2010）选择三峡库区（重庆）为主要研究区域，结合遥感影像、自然地理和社会经济数据建立地理信息数据库，分别对研究区内土地利用 / 覆被格局、动态机制进行分析，对土地利用 / 覆被变化趋势进行模拟，并从自然和社会两方面对比土地利用 / 覆被变化的驱动因素差异，最后从生物多样性、土壤侵蚀、景观生态变化、生态系统服务价值以及生态风险等方面探讨了三峡库区（重庆）土地利用/覆被变化的生态效应。景观格局指数变化和景观格局生态风险方面，李春晖等（2003）从斑块类型尺度和景观尺度选出优势度、多样性、均匀度、分离度等 8 个能全面反映景观格局变化的数量化指数探讨水利水电工程对景观格局的影响特征；王兵等（2009）从景观格局变化的角度，根据景观生态学理论，借助地理信息系统工具，对浙江龙山抽水蓄能电站进行生态风险评价，从景观尺度选取景观多样性指数、景观优势度指数和景观破碎度指数评价水电站工程开发建设对景观格局的影响，同时基于景观格局指数、景观脆弱度指数、景观生态损失指数、综合风险概率和综合风险值探讨不同规划方案景观生态风险。

　　针对云南澜沧江流域水利水电工程建设及其梯级开发的景观生态效应目前也有研究。例如，Liu 等（2006）针对澜沧江流域梯级水利水电工程建设分析其对土地利用变化的影响，结果表明，工程建设后次生林和裸地减少，而密林面积基本不变，土地利用在坡度小于8°和大于 15°处表现出较大的变异；王娟等（2008a，2008b）利用 GIS 的空间分析功能对云南澜沧江流域 1980 年、1992 年和 2000 年 3 期土地利用数据进行定量分析，得出该流域生态环境受人类活动干扰增强，80% 的景观类型分布在海拔 1 000 ～ 2 500 m，海拔2 500 m 是澜沧江流域人类活动与该区景观类型的重要分界线的结果，同时表明区域景观破碎化程度下降，景观生态风险有扩大的趋势。针对漫湾水电站建设的景观生态效应，崔保山和翟红娟（2008）分析了水电站建设对栖息地影响的原理和时空特征，探讨了漫湾电站的建设和运营对库区和坝下栖息地的影响，并确定了影响强度；周庆等（2008）在 RS 与 GIS 的支持下，分析了漫湾水电站库区 1991 年、2001 年和 2004 年 3 个时段土地利用类型的总体结构变化、空间转移情况、单一土地利用类型以及区域综合土地利用的空间动态特征，得出随工程建设后运行时间的增加，其对土地利用的驱动作用减弱，并在此基础上，又分析了漫湾水电站库区土地利用变化和社会经济数据之间的相关性（周庆等，2010）。

　　综上所述，目前水利水电工程建设的景观生态效应研究，尚赶不上景观生态学的发展水平，没有形成完善的理论和方法，在许多方面有待进一步完善。例如，此类研究多为在特定区域（流域或者行政区域）内进行，很少研究工程建设的影响范围（阈值）以及工程建设的不同时期（如建设期和运行期）的影响范围的差异、工程建设和水库蓄水对景观影响的差异。由于水利水电工程所在地区环境、水利水电工程设计参数、建设目的等方面的差异，不同的水利水电工程的影响范围也不同，造成了在特定区域内（流域或者行政区域）分析评价水利水电工程建设的景观生态效应时不能完全反映其影响和景观格局变化的全面特征，更多是反映工程建设和其他驱动因子共同作用下的结果。因此，识别水利水电工程建设和水库蓄水的影响范围，并在其影响范围内进行景观生态效应研究，具有十分重要的理论意义和现实意义，并为流域水电梯级开发的景观生态效应研究提供参考。

　　本节以云南澜沧江漫湾水电站为例，基于 GIS 和 RS 技术，运用景观生态学理论和方法对漫湾水电站建设前后库区景观组分和格局变化特征、大坝建设和水库蓄水的影响阈值、景观生态风险以及生境质量对植被格局变化的响应进行研究，以分析水电站建设的景观生态效应。

5.3.1　水电站建设对景观组成与结构的影响分析

5.3.1.1　研究方法

（1）遥感解译及景观面积统计

利用 ERDAS IMAGE 图像处理软件结合野外调查对漫湾库区 1974 年、1988 年和 2004 年 3 个时段的 Landsat MSS/TM 影像进行人工目视判读与监督分类，并结合实地调研验证获取库区 3 个时期的景观类型图（图 5-29），其影像的分类精度为 91%。根据研究目标与实际情况将库区划分为水域、林地、灌丛、草地、农田和建设用地共 6 个景观类型，对各景观类型面积及其变化进行统计分析。

（2）景观转移矩阵分析

景观变化研究中，仅仅描述景观类型面积的增减并不能很好地反映各类型间的转换情况及竞争关系，而景观转移矩阵能揭示具体的转化细节。本案例在 GIS 技术平台上分别将遥感解译得到的 1974 年、1988 年和 2004 年景观图进行空间叠加分析，得到 1974—1988 年、1988—2004 年和 1974—2004 年 3 个时段景观类型之间的转移矩阵，并计算了各景观类型的变化率，计算公式为：

$$P_{ij} = \frac{A_j - A_i}{A_i} \times 100\% \tag{5-10}$$

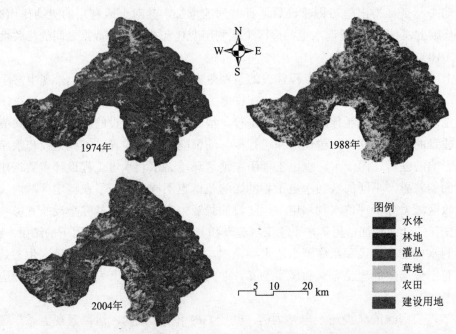

图 5-29　研究区位置及 1974 年、1988 年和 2004 年景观类型分布

式中，P_{ij} 为研究期内某景观类型转化率；A_i 为某景观类型在研究期初的面积；A_j 为某景观类型在研究期末的总面积。

（3）景观变化动态度分析

景观转移矩阵仅反映了景观变化幅度，并没有反映出该类土地类型的空间变化程度。而景观动态度可定量描述景观空间变化程度，可分为单一景观动态度和综合景观动态度。其中，单一景观动态度指一定时间范围内，区域某种景观类型空间变化的程度，公式表达为：

$$R_{ss} = \frac{\Delta U_{in} + \Delta U_{out}}{U_a} \times \frac{1}{T} \times 100\% \tag{5-11}$$

式中，R_{ss} 为某种景观类型空间变化程度，ΔU_{in} 为研究时段 T 内其他类型转变为该类型的面积之和，ΔU_{out} 为某一类型转变为其他类型的面积之和，U_a 为研究初期某一土地利用类型的面积。综合景观动态度则表征区域景观综合空间变化程度，其表达式为：

$$R_{ts} = \frac{\sum_{i=1}^{n}(\Delta U_{in\text{-}i} + \Delta U_{out\text{-}i})}{2\sum_{i=1}^{n} U_{ai}} \times \frac{1}{T} \times 100\% = \frac{\sum_{i=1}^{n} \Delta U_{out\text{-}i}}{\sum_{i=1}^{n} U_{ai}} \times \frac{1}{T} \times 100\%$$

$$= \frac{\sum_{i=1}^{n} \Delta U_{in\text{-}i}}{\sum_{i=1}^{n} U_{ai}} \times \frac{1}{T} \times 100\% \tag{5-12}$$

式中，R_{ts} 表示区域所有景观类型变化的综合空间动态度，$\Delta U_{in\text{-}i}$ 为研究时段 T 内其他类型转变为类型 i 的面积之和，$\Delta U_{out\text{-}i}$ 为类型 i 转变为其他类型的面积之和，U_{ai} 为研究初期类型 i 的面积。

（4）景观指数选取

景观结构特征常通过计算各种景观指数并进一步分析其生态学意义来进行研究，其中一些指数量度景观组成，另一些指数量度景观结构（邬建国，2000）。因此，对于每个指数所量度景观格局方面的理解是非常重要的。在大多数情况下，许多指数是高度相关甚至是完全相关。例如，在景观水平上，斑块密度和平均斑块面积完全相关，因为它们代表了相同的信息（Turner，1989）。在借鉴前人研究的基础上，利用 FRAGSTATS 3.3 软件在类型和景观水平上分别选取了斑块数（NP）、斑块密度（PD）、最大斑块指数（LPI）、景观形状指数（LSI）、周长 - 面积分维数（PAFRAC）和景观分离度（SPLIT）等 6 个指数，以及景观水平上的香农多样性指数（SHDI）和香农均匀度指数（SHEI）2 个指数，来分析研究区景观格局的变化。各指标生态学意义可参考相关文献（邬建国，2000）。

5.3.1.2　建设前后景观面积变化

漫湾库区 1974—2004 年景观类型面积与构成比例表明（表 5-20），库区内 3 个时期均以林地为景观基质，灌丛作为重要补充，两者占库区面积的 72% 以上，草地与农田所占比例次之，水体和建设用地所占比例最小。在变化趋势上也表现出明显的规律，水电站建设前（1974—1988 年）林地与灌丛呈现减少趋势，分别从 753.35 km² 和 309.11 km² 减少至 601.91 km² 和 241.59 km²，水电站建设后（1988—2004 年）却呈增加的趋势，增加量分别占库区总面积 3.22%、7.42%。草地与农田呈现先增加后减少的变化趋势，但整个研究时段总体呈现增加的趋势，增加量分别占库区总面积的 5.69% 和 1.61%；水体和建设用地始终呈现增加的趋势，分别增加了 12.52 km² 和 9.31 km²。

表 5-20   1974—2004 年漫湾库区景观类型面积

景观类型		1974 年	1988 年	2004 年
水体	面积 /km²	8.69	9.10	21.21
	百分比 /%	0.75	0.78	1.82
林地	面积 /km²	753.35	601.91	639.32
	百分比 /%	64.74	51.72	54.94
灌丛	面积 /km²	309.11	241.59	316.35
	百分比 /%	26.56	20.76	27.18
草地	面积 /km²	25.49	143.68	91.66
	百分比 /%	2.19	12.35	7.88
农田	面积 /km²	64.80	160.72	83.59
	百分比 /%	5.57	13.81	7.18
建设用地	面积 /km²	2.28	6.72	11.59
	百分比 /%	0.20	0.58	1.00

5.3.1.3   建设前后景观转移分析

通过景观类型面积的转移矩阵可以得出各种景观类型在不同时期的转化方向及其转移的数量。结果表明（表 5-21），1974—1988 年景观类型之间的转化比较频繁，转移程度较强，其中林地转移面积最大，大量林地被开垦为灌丛、草地和农田的面积分别为 111.85 km²、96.06 km² 和 55.92 km²，相当于 1974 年灌丛、草地和农田面积的 36.2%、377.45% 和 86.3%，这是林地转移变化的主要方向；其次是灌丛转化为林地、草地和农田，转移面积分别为 93.92 km²、37.66 km² 和 68.47 km²；最后转移面积比较大的是农田转化为林地和灌丛，分别为 13.81 km² 和 17.87 km²，分别占 1974 年农田总面积的 16.29% 和 27.58%；其他景观面积转移不大。由以上转移可以得知，水电站建设前，库区各景观类型之间的转化已经比较频繁，人为活动对景观的干扰强度比较大。

表 5-21　1974—1988 年漫湾库区主要景观类型面积的转移矩阵　　　单位：km²

1974 年	1988 年						合计	变化率 /%
	水体	林地	灌丛	草地	农田	建设用地		
水体	8.25	0.18	0.12	0.04	0	0.09	8.69	4.77
林地	0.61	486.62	111.85	96.06	55.92	2.30	753.35	−20.10
灌丛	0.09	93.92	106.86	37.66	68.47	2.10	309.11	−21.84
草地	0	7.08	4.40	8.74	5.17	0.10	25.49	463.61
农田	0.14	13.81	17.87	1.17	29.92	1.89	64.80	148.00
建设用地	0.005	0.30	0.50	0	1.24	0.24	2.28	194.99
合计	9.10	601.91	241.59	143.68	160.72	6.72	1 163.72	

表 5-22　1988—2004 年漫湾库区主要景观类型面积的转移矩阵　　　单位：km²

1988 年	2004 年						合计	变化率 /%
	水体	林地	灌丛	草地	农田	建设用地		
水体	7.50	0.55	0.71	0.00	0.03	0.30	9.10	133.04
林地	4.56	448.56	110.11	28.58	7.51	2.59	601.91	6.21
灌丛	4.47	91.76	112.70	3.91	24.32	4.43	241.59	30.94
草地	0.40	60.41	24.32	53.76	4.58	0.21	143.68	−36.20
农田	3.93	37.28	66.52	5.40	44.31	3.28	160.72	−47.99
建设用地	0.34	0.76	1.99	0.01	2.84	0.77	6.72	72.45
合计	21.21	639.32	316.35	91.66	83.59	11.59	1 163.72	

从 1988—2004 年景观类型的面积转移矩阵可以看出（表 5-22），各景观的转化方向与 1974—1988 年相似，主要的转化方向仍然是林地转化为灌丛和草地，转移面积为 110.11 km² 和 28.58 km²；其次为灌丛转化为林地（91.76 km²）和农田（24.32 km²）；最后为草地转化为林地和灌丛，转移面积分别为 60.41 km² 和 24.32 km²。相对前一时期，1988—2004 年景观转移一个最显著的变化就是水体面积大幅增加，增加 133.04%，主要源于除水体外其他 5 类景观类型向水体的转化，其中林地、灌丛、草地、农田和建设用地向水体转移的面积分别为 4.56 km²、4.47 km²、0.40 km²、3.93 km² 和 0.34 km²，这主要是由水库蓄水造成的。同时，建设用地面积增加 72.45%，主要源于林地、灌丛和农田向建设用地转化，其原因是漫湾电站和上游小湾电站的建设以及移民占用了大量的林地、灌丛和农田。值得说明的是，本时期有部分建设用地为林地、灌丛和农田等，一个主要的原因就是漫湾电站和小湾电站的建设、库区移民就地后靠安置和后期移民，使得部分居民用地废弃。另外一个原因是技术上的问题，如库区居民点面积小、零星分散，对影像解译精度有一定的影响。

　　综合以上分析，结合 1974—2004 年漫湾库区主要景观类型面积的转移矩阵（表 5-23）可以看出，库区总体表现为林地、灌丛、草地和农田之间的转化，其中林地转化为灌丛的面积最大，伴随着林地面积的丧失。在整个研究期间，水域、草地和建设用地变化率较大，分别为 144.14%、259.57% 和 408.71%，主要原因是其本身面积较小以及大坝建设和水库蓄水。

表 5-23　1974—2004 年漫湾库区主要景观类型面积的转移矩阵　　　单位：km²

1974 年	2004 年							
	水域	林地	灌丛	草地	农田	建设用地	合计	变化率 /%
水域	7.61	0.35	0.37	0.06	0.01	0.29	8.69	144.14
林地	7.26	472.45	179.33	70.35	18.80	5.16	753.35	−15.14
灌丛	1.13	140.42	104.19	14.28	45.78	3.30	309.11	2.34
草地	0.19	9.19	6.40	6.75	2.82	0.13	25.49	259.57
农田	4.92	16.54	25.33	0.22	15.35	2.44	64.80	28.99
建设用地	0.10	0.37	0.72	0.00	0.82	0.26	2.28	408.71
合计	21.21	639.32	316.35	91.66	83.59	11.59	1 163.72	

5.3.1.4　建设前后景观动态度分析

转移矩阵仅反映了景观变化幅度和空间转移趋势，并没有反映出该类土地类型的空间变化程度。因此，根据公式结合得到的景观面积转移矩阵计算了库区 6 种景观类型及综合景观在 3 个研究时段的空间动态度（表 5-24）。结果表明，不同景观类型在不同的研究时段也表现出不同的空间动态，水电站建设前的 1974—1988 年草地的空间动态度最大，达到 42.5%，其次是农田和建设用地，分别为 18.26% 和 26.74%，说明水电站建设前这 3 类景观输入与输出比较频繁，其主要原因为这 3 种景观面积基数相对林地与灌丛较小。再次，水域面积比较稳定，其空间动态度仅为 1.05%。水电站建设后的 1988—2004 年建设用地和水域的空间变化程度较大，分别是 15.59% 和 10.52%，这主要是因为水电站的建设，使库区水域面积增大，部分农田、灌丛、草地和林地被淹没以及开山修路与移民的安置等。但是，相比前一时期，1988—2004 年除水域外的其他景观类型的空间动态度都有所降低。从整个研究时段来看，转化比较频繁、动态度比较大的是建设用地、草地和农田，水域次之，而林地和灌丛整体上相对稳定。从综合景观动态度来讲，水电站建设前后景观空间动态度变化分别为 3.21% 和 2.66%，表明建设后库区综合景观动态度有降低的趋势。

表 5-24　漫湾库区景观动态度　　　单位：%

年份	水域	林地	灌丛	草地	农田	建设用地	综合景观动态度
1974—1988	1.05	3.62	7.79	42.50	18.26	26.74	3.21
1988—2004	10.52	3.57	8.60	5.56	6.05	15.59	2.66
1974—2004	5.63	1.98	4.50	13.55	6.05	19.53	1.60

5.3.1.5　景观破碎化

景观破碎程度是衡量景观异质性的重要指标,本节用斑块数(NP)和斑块密度(PD)表示。由 1974—2004 年景观格局指数表(表 5-25 和表 5-26)可以看出,在类型水平上,水域景观 NP 与 PD 在水电站建设前大幅增加,在水电站建设后略有下降;林地和农田的 NP 与 PD 表现出持续上升的趋势,说明库区人类活动的干扰程度不断增强,特别是水电站建设后进一步加大了对整体景观格局的破坏作用,林地 NP 由 2 810 块增至 4 666 块,也说明研究区的优势景观被分割。但是在 NP 与 PD 整体增加的前提下,2004 年与 1988 年相比,除林地和农田外的其他景观 NP 都有一定程度的降低。在景观水平上,2004 年 NP 与 PD 较 1974 大幅增加,但是较 1988 年略有降低。最大斑块指数(LPI)同样表现出先减少后增加的趋势,说明水电站建设后最大斑块面积有所增加,这与水库蓄水造成水域斑块面积大幅增加有关。

表 5-25　1974—2004 年漫湾库区类型水平景观格局指数

景观类型	年份	NP	PD	LPI	LSI	PAFRAC	SPLIT
水域	1974	694	0.60	5.62	49.04	1.38	224.47
	1988	4 525	3.89	2.79	109.62	1.45	903.09
	2004	3 469	2.98	22.41	101.88	1.47	12.53
林地	1974	328	0.28	36.43	33.69	1.36	5.40
	1988	2 810	2.41	2.91	82.43	1.44	929.03
	2004	4 666	4.01	4.16	135.97	1.49	246.22
灌丛	1974	369	0.32	0.92	30.69	1.32	8 712.48
	1988	2 363	2.03	18.38	79.13	1.40	15.46
	2004	1 989	1.71	0.41	69.83	1.42	20 776.49
草地	1974	328	0.28	0.10	31.26	1.41	232 73313
	1988	2 881	2.48	0.47	85.59	1.43	6 447.63
	2004	327	0.28	0.36	26.05	1.40	72 337.11
农田	1974	43	0.04	0.19	16.71	1.54	80 361.50
	1988	87	0.07	0.35	18.34	1.47	55 207.97
	2004	1 851	1.59	1.99	69.98	1.45	2 229.78
建设用地	1974	36	0.03	0.02	8.55	1.28	5 515 659.68
	1988	370	0.32	0.10	25.23	1.35	807 414.57
	2004	82	0.07	1.74	13.20	1.47	3 313.97

表 5-26　1974—2004 年漫湾库区景观水平景观格局指数

年份	NP	PD	LPI	LSI	PAFRAC	SPLIT	SHDI	SHEI
1974	1 798	1.55	36.43	33.91	1.37	5.27	0.93	0.52
1988	13 036	11.20	18.38	86.46	1.43	14.92	1.27	0.71
2004	12 384	10.64	22.41	95.47	1.46	11.80	1.19	0.66

5.3.1.6 景观形状、分离度指数

本研究中景观形状指数（LSI）和周长 - 面积分维数（PAFRAC）用于描述景观斑块形状的复杂程度，景观分离度（SPLIT）用来描述景观离散程度。在类型水平上（表 5-25），1974—2004 年库区林地和农田的 LSI 持续增大，表明库区林地和农田斑块形状趋于复杂化，其他景观类型 LSI 在水电站建设后比建设期小，表明水电站建设后其他景观类型斑块形状复杂程度降低。各景观类型的 PAFRAC 介于 1.28 ～ 1.54，表明库区景观类型形状多数属于等面积下周边最复杂的嵌块。各景观类型间的 SPLIT 指数相差甚大，水电站建设前林地、灌丛和建设用地的 SPLIT 指数尤为突出，林地和灌丛 SPLIT 最小，原因主要为林地和灌丛作为库区的景观基质，规模大，成片分布，斑块类型间的空间距离短；建设用地 SPLIT 最大是由于其数量较少、空间相距较远而导致其在地域分布上最分散。2004 年水域 SPLIT 最低（12.53），说明水电站建设后，库区水域面积增加并连接成带状，促使 SPLIT 降低。在景观水平上（表 5-26），LSI 和 PAFRAC 持续升高，说明库区景观斑块形状趋于复杂化，这与林地面积在库区占主导地位状况相符。由于水电站建设后水域 SPLIT 降低以及景观破碎化程度降低，景观水平上的 SPLIT 在水电站建设后从 14.92 降低至 11.8，表明库区景观离散分布的趋势减缓。

5.3.1.7 景观多样性、均匀度

多样性指数是度量景观类型的多样性和复杂性的指数，多样性指数的高低反映了景观类型的多少以及各类型所占比例的变化，均匀度指数反映不同的景观类型组成的均匀程度（邬建国，2000）。本书使用香农多样性指数（SHDI）和香农均匀度指数（SHEI）反映研究区的景观多样性、景观均匀度（表 5-26）。1974—1988 年库区景观的 SHDI 和 SHEI 分别由 0.93 和 0.52 增加到 1.27 和 0.71，均呈现递增的趋势，说明该区的景观类型趋于多元化、结构也趋于复杂化，景观异质性增加，也表明该地区各种景观类型空间上呈均衡化分布，优势景观类型控制能力在减弱。2004 年库区景观的 SHDI 和 SHEI 分别降低至 1.19 和 0.66，这是由于水电站建设后对库区移民进行靠后集中安置，并实施恢复以林地和灌丛景观占主导地位的景观格局的政策促使了 SHDI 和 SHEI 的降低。

5.3.1.8 小结与讨论

水利水电工程建设在产生巨大的防洪、发电、灌溉、航运等经济效益，推动国民经济向前发展的同时，不可避免地造成生态系统稳定性的失衡，加剧水土流失、土地利用变化和景观格局破碎程度等生态环境问题。对流域生态安全造成不同程度的影响与风险（Sternberg，2006；Ouyang et al.，2010；Zhao et al.，2010）。澜沧江作为西南纵向岭谷区生态状况保持良好的国际河流，其独特的自然地理位置及战略意义，使得水电开发造成的景观破碎、生境退化、生物多样性减少等各种生态问题会涉及多国、多边的利益关系（Hu，2009）。因此，进行此区域水电站建设的景观生态效应研究十分必要。本案例研究

以漫湾电站建设为例，采用景观生态学方法，在遥感和 GIS 技术支持下，系统地量度了漫湾库区景观格局各类指标、景观转移面积矩阵以及景观动态度，分析了漫湾电站建设前后库区景观变化特征。

（1）水电站建设对景观组成与结构的影响

随着漫湾电站库区人类活动的干扰程度不断增强，库区景观格局在 1974—2004 年发生了显著变化，特别是水电站的建设进一步加大了对整体景观格局的破坏作用，景观基质表现出破碎化加剧和离散分布的趋势，同时斑块形状变得更加复杂。不同景观类型之间相互转化频繁，不同时段表现出些微差异：在水电站建设前林地与灌丛和草地之间的转化比较频繁，转移程度较强，表现为大量林地被开垦为灌丛、草地，同时灌丛转化为林地、草地与农田；水电站建设后与建设前有所不同的是蓄水造成水域面积大幅增加，部分林地、灌丛、草地和农田转化为水域，同时水电站建设和移民安置又造成建设用地面积增加。从景观之间的转移可以得知，库区各景观类型之间的转化在水电站建设前已经比较频繁，因此，库区景观变化应该是其他社会经济活动与水电站共同作用的结果。水电站建设后库区综合景观动态度有所降低，但是不同景观类型在不同的研究时段却表现出不同的空间动态。在水电站建设前，景观类型空间动态度大小依次为草地＞建设用地＞农田＞灌丛＞林地＞水域；建设后，依次为建设用地＞水域＞灌丛＞农田＞草地＞林地；从整个研究时段来看，转化比较频繁、动态度比较大的是建设用地、草地和农田，水域次之，而林地和灌丛整体上相对稳定。

采用景观生态学的方法对水电站建设的生态效应的研究已经越来越受到重视，本案例对漫湾库区的景观格局变化进行了初步的研究，基本反映了水电站建设对库区景观格局的影响和变化特征，对于科学认识水电站建设的景观生态效应，进而对库区进行景观结构的科学调整和生态建设具有重要的意义。然而，遥感数据的解译精度、分辨率，土地利用划分方法及研究尺度对景观指数有一定的影响（Uuemaa et al., 2008；Ouyang et al., 2009）。因此，在格局指标的选择、尺度效应分析（时间与空间尺度）和驱动因子分析等方面有待进一步研究。

（2）土地利用变化的驱动力分析

在本研究区域内，土地利用变化在水电站建设前的主要驱动力为森林砍伐与农田开发（He et al., 2004），随着梯级水电开发进程的推进，水电站建设与水库蓄水及其伴生干扰等人类活动成为其土地利用变化的主要驱动力（He et al., 2004；周庆等，2008）。许多研究分析了道路网络建设对土地利用变化的影响（Spooner et al., 2004；Zeng et al., 2005；Munroe et al., 2007；Liu et al., 2008），本研究区域内的主要道路为 G214，由于其在 1973 年已经建成（中国西藏信息中心，2002），并且其对土地利用的影响主要集中于道路建设时期，因此其对土地利用的影响可能并不显著（在本研究的时间段），或者说其影响远比大坝建设和水库蓄水以及两者的伴生干扰（移民点建设等）小。

同时，尽管有研究分析了城市扩张对土地利用的影响范围（Xu et al., 2007），但是，本研究区域内并没有大的城镇。周嘉慧和付保红（2008）指出漫湾电站建设移民共包括

25 个行政村，一期工程移民在 1990—1992 年进行，共移民 7 260 人，主要采取了后靠安置和外迁安置两种农村移民农业安置方式。其中，后靠安置移民 6 497 人，占移民总数的 89%；外迁移民 763 人。后靠安置区基本上是由水库淹没区就地向库边后靠的区域，其中开垦的耕地多集中在 1 300 m 以上的坡地，划定的移民生活区一般在 1 100 m 以内（付保红等，2005）。在后靠安置的过程中，政府承诺对淹没耕地采用"淹什么，补什么"的补偿原则，即对于淹没的耕地，政府按原数量、质量后靠偿还移民。由于后靠移民安置区的耕地在数量及质量上都存在较大缺口，促使移民在生存本能的驱使下毁草开荒、毁林开荒、陡坡开荒，进一步加剧水土流失与土地利用变化。这些人类活动严重影响了水库蓄水初期的土地利用，其影响要比建设前的道路建设（G213）大很多。这也是 1974—1988 年土地利用变化要比 1988—2004 年大的原因。尽管 2001 年以来，移民库区实施退耕还林，生态环境有所改善，但耕地的缺乏加大了生态退耕的实施难度，目前仍存在着一边退耕、一边还耕的现象。

针对土地利用变化的驱动力，前人也研究了自然因素对区域土地利用的影响（Gordon and Meentemeyer，2006；Porter-Bolland et al.，2007；Huang et al.，2010b），并且有人试图区分气候变化与人类活动对土地利用的影响（Raumann and Cablk，2008）。在本研究区域的研究时段，气候变化不显著（降雨与温度）（You et al.，2005；Hu et al.，2010）。因此，大坝建设与水库蓄水理应是本区域土地利用变化的最大驱动，同时，也加剧了其他干扰的强度并增加了自然灾害（如滑坡、泥石流和土壤侵蚀）的发生频率。例如，由于水库蓄水，景东县在 1993—1996 年有 21.27 hm² 的农田和林地被库岸崩塌和滑坡摧毁（He et al.，2004；周庆等，2008，2010），水库及大坝本身也遭受着地质灾害、环境退化和土地利用变化带来的风险。

5.3.2 水利水电工程建设对景观格局的影响阈值分析

世界上大约有 70% 的河流因为发电、季节洪水控制、灌溉和饮用水供应等被大坝或者水库阻断（Kjaerland，2007，Kummu and Varis，2007）。水利水电工程的建设常常被认为对生态环境具有显著的影响，Maingi 和 Marsh（2002）提出水利水电工程建设影响有两个主要类别：大坝的存在和水库的运行。大坝的存在，能降低河流的连接度，使流域破碎化，并影响大坝周围的土地资源（Tiemann et al.，2004；Hu et al.，2008）；水库的蓄水与运行不仅会改变水文和泥沙状况以及水体的化学、生物及物理特性，而且会淹没大量的土地。因此，大坝建设与水库蓄水被认为是改变库区土地利用动态的显著的影响因子（Turner，1989；Ouyang et al.，2010）。

土地利用动态是人类活动与自然环境相互作用的最重要的一个敏感指标，它与生态过程之间具有最根本的相互作用关系（Turner，1989；Ouyang et al.，2010；Zhang et al.，2010）。对土地利用动态进行研究有利于在空间和时间尺度上对自然景观状态和人类活动影响进行评价和预测管理（Munsi et al.，2010）。水利水电开发作为人类活动对自然环境影响的最大的干扰之一，能引起土地利用动态的一系列的连锁反应（Zhao et al.，2010）。

因此，研究水利水电开发对土地利用的影响是指导水利水电开发与区域土地利用管理需要考虑的一个重要议题。

遥感影像（RS）因其高的空间分辨率和信息一致性，是监测、筹划和清查各种资源以及分析人类活动对土地利用影响的一个重要工具（Zhang et al.，2010）。RS 与地理信息系统（GIS）的结合，已经被证明为及时地评价土地利用动态的强有力的工具（Geneletti and Gorte，2003；Wang et al.，2010a）。目前，已有很多研究基于 RS 和 GIS，评价了水利水电工程建设对土地利用的影响（Rautela et al.，2002；Verbunt et al.，2005；周庆等，2008；Ouyang et al.，2010）。此类研究的重点一直是在区域范围内，其中多数主要集中于分析土地利用的组分变化（Porter-Bolland et al.，2007；周庆等，2008），或者土地利用的组分变化的驱动力（Rautela et al.，2002；Raumann and Cablk，2008；周庆等，2010），很少有研究水电站建设的影响范围（阈值）以及大坝建设（建设时期）和水库蓄水（建成后）对土地利用影响的差异。

5.3.2.1　研究方法

本案例利用缓冲分析法，识别了大坝建设和水库蓄水的影响范围。缓冲分析法是以至干扰源不同距离为变量，是基于 GIS 的评价人类干扰范围（如道路网络建设和城市扩张）的一个有效方法（Zeng et al.，2005；Xu et al.，2007；Liu et al.，2008）。本节中，设定了两个特定变量（如距离坝址、距离河道）的不同缓冲区（图 5-30），借助单一土地利用动态度、综合土地利用动态度和转换斑块密度，研究了大坝建设和水库蓄水影响土地利用的范围。

一个有效的缓冲区设置能清楚地解释每个缓冲区的土地利用动态，缓冲区设置过长或过短都不能精确地反映干扰源对土地利用的影响（Zeng et al.，2005；Ouyang et al.，2010）。因此，利用两种距离（平均欧几里得距离 MED 和基于面积权重的平均欧几里得

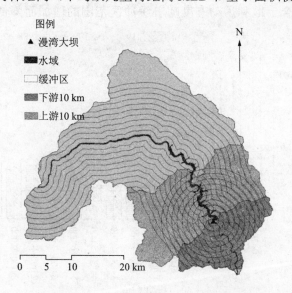

图 5-30　以大坝和河道为中心的缓冲区设置

距离 AWMED），计算了转换斑块至河道的分布。

AWMED 的计算公式如下（Xu et al., 2007）：

$$\text{AWMED}_j = \sum_i (d_{ij} \frac{A_{ij}}{A_j}) \tag{5-13}$$

式中，AWMED_j 是转换类型 j 的基于面积权重的平均欧几里得距离，d_{ij} 是转换类型 j 中转换斑块 i 至河道的距离，A_{ij} 是转换类型 j 中转换斑块 i 的面积，A_j 是转换类型 j 的总面积。至此，所有转换类型的 AWMED 的平均值代表所有转换斑块至河道的距离。

两种距离的计算结果表明，转换斑块（1988—2004 年）至河道的平均距离分别为（4 281 ±2179）m 和（4 169 ±2 881）m，表明土地利用变化主要发生至河道距离在 7 000 m 的范围内。为了避免或者减少信息损失，调查土地利用动态在 7 000 m 的范围内是否符合递减的规律，以及调查土地利用动态在 7 000 m 的范围之外是否趋于稳定，本研究选择了 10 000 m 作为分析大坝与水库影响范围的研究区域。

缓冲区的设置从至大坝的距离和至河道的距离考虑。设置了以大坝为中心的环形缓冲区：至大坝 1 000 m 范围内以 200 m 为间隔设置了 5 个缓冲区，1 000 m 之外以 1 000 m 为间隔设置了 9 个缓冲区。把 14 个缓冲区与 3 期土地利用转换图叠加，然后计算每个缓冲区内的土地利用动态度。以河道为中心的带状缓冲区：至河道 1 000 m 范围内以 200 m 为间隔设置了 5 个缓冲区，1 000 m 之外以 1 000 m 为间隔设置了 9 个缓冲区。把 14 个缓冲区与 3 期土地利用转换图叠加，然后计算得每个缓冲区内的转换斑块密度。同时，为了对比大坝建设对上下游的影响，分别选取了大坝上下游 10 km 范围内的小流域，进行土地利用变化分析，并分析了水库蓄水对两个小流域的影响范围，缓冲区设置与整个研究区相同。

5.3.2.2　大坝的影响阈值

结果表明，综合土地利用动态度随着缓冲区范围的增加而降低（图 5-31）。1974—

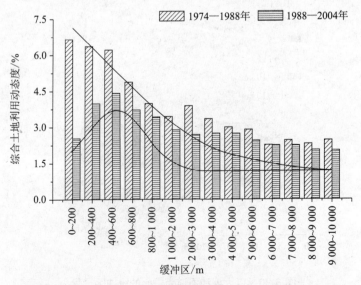

图 5-31　以大坝为中心的不同缓冲区内的综合土地利用动态度

1988 年，综合土地利用动态度在 0 ～ 800 m 的缓冲区范围内具有较高的值，表明漫湾大坝建设对景观的影响主要集中在大坝附近。1988—2000 年，综合土地利用动态度在 0 ～ 600 m 缓冲区范围内呈现增加的趋势，而在随后的缓冲区内随着缓冲距离的增加呈现减少的趋势，表明在大坝建设后距离大坝近的地方景观变化比较小，而水库蓄水成为土地利用变化的主要干扰。总之，综合土地利用动态度在这两个时期的变化表明，其在缓冲范围达到一定的距离之后趋于平稳，相邻缓冲区内的土地利用动态差异变小：1974—1988 年，综合土地利用动态度在缓冲区距离为 5 000 ～ 6 000 m 之后变得平稳，而 1988—2000 年在缓冲区距离为 2 000 ～ 3 000 m 之后变得平稳。因此，推测大坝建设的影响距离为 5 000 ～ 6 000 m，在这个范围之外景观变化的主要驱动力应为自然因素或者其他人类干扰，在大坝建成后，大坝的影响距离为 2 000 ～ 3 000 m，在此距离之外，景观变化较小。

5.3.2.3　水库的影响阈值

土地利用转化斑块密度在不同带状缓冲区范围的变化表明，转化斑块密度随着至河道距离的增加呈现降低的趋势（图 5-32）。与以大坝为中心的缓冲区内综合土地利用变化度不同的是，在 0 ～ 200 m 缓冲区范围内，转化斑块密度远远大于其他缓冲区，这可能与河道附近频繁的人类活动有关系，如农田开垦造成河道附近景观破碎，然而，水库蓄水后这些破碎的斑块被淹没为水域，造成大量斑块发生转化。1974—1988 年转化斑块密度的变化表明，河道附近的人类活动随至河道距离的增加呈现减少的趋势，水库蓄水后不同缓冲区内的人类活动影响加强，呈现出在相同缓冲区内转化斑块密度在 1988—2004 年要大于 1974—1988 年的结果。水库蓄水后，在 1 000 m 的缓冲区内景观变化比较明显，1 000 ～ 3 000 m 范围内变化次之，3 000 m 范围之外各土地利用类型比较稳定，相互转化比较不明显。因此推断，水库蓄水对景观格局的影响范围主要集中在至河道 3 000 m 的范围之内。

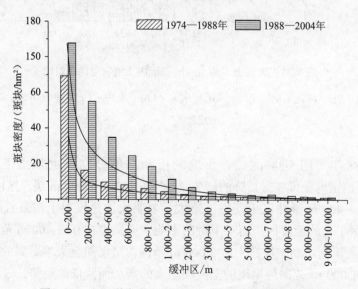

图 5-32　以河道为中心的不同缓冲区内的转化斑块密度

5.3.2.4 水电站建设对上下游影响的对比分析

大坝上下游 10 km 范围内的土地利用动态表明（图 5-33），1974—1988 年，林地、草地和农田在上游的土地利用动态度大于下游，表明大坝建设对这些土地利用类型的影响大于下游，主要原因为此时期的森林砍伐，农田开垦，被遗弃的农田演变为草地，以及移民的安置。然而，灌丛与建设用地在上游的土地利用动态度小于下游，主要原因为大坝建设带来的次级干扰，如料场、废料场以及运输通道的建设等。水域面积在上下游的动态都比较小，表明此阶段大坝建设对水域的影响不大。大坝建设后，水库蓄水成为土地利用变化的主要驱动因素，1988—2004 年，水域面积在上下游之间变化最明显，动态度分别为 19.2% 和 3.8%。主要原因为上游水库蓄水，淹没大片面积的其他土地利用类型；相对而言，其他 5 种土地利用类型的动态度比较小，上游动态度较下游大。总体而言，上下游的综合土地利用动态度比较低，分别为 2.5% 和 2.2%。

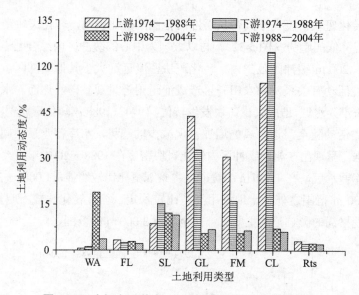

图 5-33 大坝上下游 10 km 范围内土地利用动态对比

（WA：水域；FL：林地；SL：灌丛；GL：草地；FM：农田；CL：建设用地；Rts：综合土地利用动态度）

1974—1988 年（图 5-34），综合土地利用动态度分别在大坝上下游 5 000 m 和 3 000 m 缓冲区范围内呈现先升后降的趋势，上游在 800 ~ 1 000 m 缓冲区内动态度最大，而下游在 200 ~ 400 m 缓冲区内动态度最大，表明大坝建设对上游最直接的影响主要集中在 0 ~ 1 000 m 的距离内，而对下游的影响主要集中在 0 ~ 400 m 范围内。1988—2004 年，综合土地利用动态度在上游 3 000 m 范围内呈现随至大坝距离的增加而降低的趋势，在下游 1 000 m 范围内呈现随至大坝距离的增加而降低的趋势。表明水库蓄水对大坝上游和下游的影响距离分别为 3 000 m 和 1 000 m。

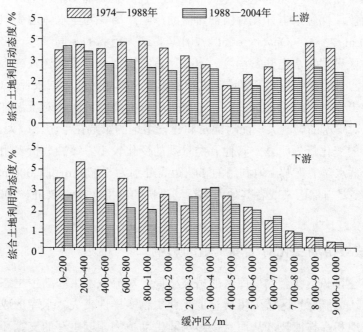

图 5-34 大坝上下游 10 km 范围内不同缓冲区综合土地利用动态度

5.3.2.5 小结与讨论

大坝建设对土地利用动态的梯度影响表明，影响强度随着至大坝的距离的增加而降低。大坝建设时期的影响距离为 5 000 ～ 6 000 m，大坝建成后的影响距离为 2 000 ～ 3 000 m。大坝影响范围随着至大坝的距离的增加而降低的结果与其他研究结果一致（曾辉等，2001；Zeng et al.，2005）。但是，影响的距离不同。曾辉等（2001）和 Zeng 等（2005）对卧龙自然保护区的研究结果表明，水利工程建设的影响范围在距离大坝 1 000 m 范围内，在 0 ～ 200 m 范围内景观变化最为剧烈。产生影响距离不同的原因主要为自然保护区成立后执行了比较严格的生态管理政策，随着水电站修建过程中影响地区景观结构逐渐恢复（Liu et al.，2001；Zeng et al.，2005）。另外，保护区内的小型水电站均为 20 世纪 80 年代中期前后为落实以电代柴的政策而修建的，其影响方式表现为一次性影响（An et al.，2001，2002）。因此，其对周围景观的影响要比漫湾此类百万千瓦的大水电站小（Zeng et al.，2005）。

水库蓄水对土地利用动态的梯度影响表明，与以大坝为中心的环形缓冲带内的土地利用动态度相似，各个带状缓冲带内的转换斑块密度随着至河道的距离的增加而降低，不同的是，转换斑块密度在 0 ～ 200 m 范围的值要比其他缓冲带的值大很多。水库蓄水对周围景观的影响主要集中在至河道 3 000 m 的范围内。本案例研究得到的影响距离要比漫湾下游糯扎渡水电站的影响距离（800 m）大（温敏霞等，2008）。这可能与研究方法和所采用的数据不同有关，对糯扎渡的影响距离主要通过植被现状图与蓄水区域的叠加分析获得，而没有考虑水电站建设的伴生干扰对景观的影响。另外，本案例的研究结果也与黄河流域梯级水电开发对植被覆盖的影响距离（为至水体边缘 100～400 m 和 1 000～6 000 m）不同（Ouyang et al.，2010）。这种距离的不同牵涉许多因素，如选择的指标、缓冲区设置和水电开发程度。本案例旨在识别单一大坝建设或水库蓄水在空间上的影响距离，目的在于帮助了解单一大坝的影响及其相关的区域景观管理。

对上下游土地利用时空动态的对比结果表明，大坝建设时期对上游林地、草地和农田的影响要比对下游的影响大，而对灌丛和建设用地的影响在下游比较大。水库蓄水后，水体在上下游的变化最为明显，其他五类景观的变化较小。缓冲分析表明，在 10 km 小流域内，水库蓄水对上下游土地利用的影响距离分别为 5 000 m 和 1 000 m。在此范围之外的变化，更多是自然因素或者其他人类活动干扰的结果（Zeng et al.，2005；温敏霞等，2008）。

5.3.3 植被格局变化对生境质量的影响

水利工程建设和运营会改变库区的植被格局，对流域水生和陆生生态系统产生不同程度的影响，还可能导致区域生境质量退化和生物多样性丧失。水库形成后，将淹没江河两岸大片土地和森林植被，从而直接影响陆生动植物赖以生存的支撑环境。水库淹没对野生动物的不利影响一般有 4 种：①觅食地的转移；②栖息地的丧失；③活动范围受限制；④许多动物在水库蓄水时被淹没或被迫迁移他处。为了定量研究大坝建设后，植被格局变化对库区生境质量的影响及其时空效应，本节综合考虑海拔高度、植被类型和距水源地的距离等生境因子，结合 GIS 技术和景观连接度法研究 1974 年、1991 年和 2004 年库区生境质量的变化，并运用景观连接度分析和制图研究重要生境斑块变化的空间分布。为了进一步研究景观格局与连接度的关系，分别在库首、库中、库尾以及无量山自然保护区（对照组）内各选择一个 10 km×10 km 大小的区域作为研究小区，共 3 期 12 组数据建立线性回归模型。

5.3.3.1 生境斑块的选择与赋值

景观连接度分析首先要进行生境斑块的选择和赋值，其选择不仅要考虑斑块的景观适宜性，而且斑块的面积应能维持一定的物种数量或特定的生态过程，同时还要考虑斑块之间的可达性（Liu and Li，2008）。此处的景观适宜性是指所选择的景观类型应为被保护物种的现存生境，或能够支持某种特定的生态过程，如植物授粉、种子传播、动物迁徙、氮循环等（Forman and Deblinger，2000；Nichols et al.，2008）。本书选取云南地区典型的珍稀濒危物种猕猴作为被保护物种。其中猕猴多栖息在海拔 1 900 m 以上的石山峭壁、溪旁沟谷和江河岸边的密林中或疏林岩山上（Xue et al.，2011）。作为库区的大尺度研究，研究将针叶林、阔叶林、针阔混交林及其他林地作为其生境斑块。目前关于猕猴最适斑块大小的研究还未见报道，为了使斑块面积能够包含足够的物种数量和生态过程以便进行景观连接度分析，参考了国外相关研究（Pascual-Hortal and Saura，2007；Platt and Lowe，

2002）。最终选取植被覆盖度大于 30%、面积大于 25 hm^2 的林地作为生境斑块。

栖息地类型、地形高度和距水源地的距离都是影响猴群分布的重要因子。因此，综合考虑海拔高度、植被类型和距水源地的距离这 3 个不同的景观因子，根据专家知识将景观类型图和 1：50 000 的地形图叠加对已选择的生境斑块进行模糊相对赋值（表 5-27）。然后再计算 1974 年、1991 年和 2006 年的景观连接度指数。

表 5-27　不同景观因子生境质量赋值

生境质量赋值	10	8	5	3
海拔	1 900～2 844 m	1 900～2 844 m	892～1 900 m	892～1 900 m
距水源地距离	600 m 以内	600～1 000 m	600 m 以内	600～1 000 m
植被类型	阔叶林	阔叶林、针阔混交林	阔叶林	阔叶林、针阔混交林和针叶林

5.3.3.2　漫湾库区景观连接度的变化

大坝建设后，漫湾库区林地面积由 1974 年的 753.35 km^2 降低到 1991 年的 601.92 km^2。之后随着库区退耕还林和封山育林等生态恢复措施的实施，到 2006 年森林覆盖面积增长到了 639.32 km^2。但是，景观连接度研究表明，1974—2006 年库区生境斑块的连通性持续下降，PC 指数平均降低了 54.74%（表 5-28）。1974—1991 年的大坝建设期 PC 指数下降最快，平均减少了 55.51%。1991—2006 年的大坝运行期，虽然库区林地面积有所增长，可是在 100 m、300 m 和 500 m 的扩展距离下景观连接度仍然略有下降。这说明，在区域尺度上，大坝建设对陆地生态系统的影响主要是在建设期，由于大坝建设后各种生态保护措施的实施在大坝运营期，其生态效应并不明显。但是由于退耕还林的树种主要以花椒、茶树等经济林为主并且库区生境斑块的破碎化程度进一步加剧，库区栖息地的生境质量仍然没有较大改变。

不同扩散距离的情景分析还表明，生境面积的减少和破碎化对于扩散距离短的物种影响比较大。PC 指数从 1974 年到 2006 年，100 m 扩散距离下降了 65.31%，300 m 距离下降了 60.00%，500 m 距离下降了 56.86%，700 m 和 1 000 m 距离均下降了 51.92%（表 5-28）。因此，迁徙距离短的物种对景观连接度的降低更为敏感，同时可以看出，当物种的扩散距离达到 700 m 以后，景观连接度就不再变化，这说明迁徙距离长的物种对于生境质量的变化有更强的适应性。

表 5-28　漫湾库区 1974 年、1991 年和 2006 年不同扩散距离的 PC 值

年份	扩散距离				
	100 m	300 m	500 m	700 m	1 000 m
1974	0.49	0.50	0.51	0.52	0.52
1991	0.19	0.21	0.23	0.25	0.25
2006	0.17	0.20	0.22	0.25	0.25

5.3.3.3　斑块重要性变化的情景分析

大坝建设后不仅降低了库区整体的景观连接度，也会影响单个斑块的重要性，从而影响重要生境斑块的空间分布。本书取最小扩散距离 100 m 和最大扩散距离 1 000 m 进行斑块重要性变化的情景分析，并根据重要值的结果，参考陈利顶等（1999）对生境适宜性评价的分级标准对生境斑块的重要性进行分级，共分为低、中、高 3 个等级。以最大扩散距离 1 000 m 为例研究库区不同等级重要性斑块面积的变化情况，结果表明 1974 年库区高重要性斑块占生境斑块总面积的 84.46%。到 2006 年高重要性斑块的比例下降到 57.96%，面积减少了 317.2 km²。大坝建设后中等重要性斑块的面积共增加了 78.56 km²，比例呈现先增加后减少的趋势，从 1974 年的 7.93% 增加到 1991 年的 20.98%，后又减少到 2006 年的 17.52%（图 5-35）。

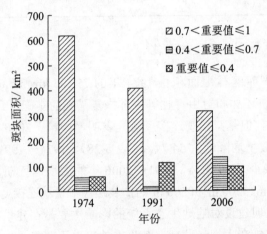

图 5-35　不同等级重要性斑块的面积变化

同时，通过生境斑块重要性的景观制图，能够直观地识别对生物多样性保护具有重要意义的敏感斑块并研究重要斑块的空间变化规律（图 5-36）。从空间分布上看，库区东部无量山自然保护区境内的生境斑块保护良好。建坝之后，到 1991 年栖息地质量的退化主要发生在库区的西部和南部地区，东部无量山自然保护区的高等级重要性斑块也受到了一定程度的破坏。这主要是因为漫湾镇、小湾镇、忙甩乡、茂兰彝族布朗族乡和腰街彝族乡等库区的几个主要乡镇都位于此，也是移民迁至的主要乡镇，人口较多，农业活动频繁，对自然生态系统的扰动较大。到 2006 年，库区植被有所恢复，但由于斑块破坏化程度加剧等原因，在凤庆县东部和云县北部对生物多样性保护具有重要作用的"踏脚石"斑块进一步受到破坏，主要表现为高等级重要性斑块转变为中低等级重要性斑块；而南涧县南部和东部无量山自然保护区境内的生境质量有所恢复，重要性斑块面积增加。同时，不同扩散距离的情景分析也进一步表明，随着物种扩散距离的降低，某些重要程度高的生境斑块将转变为中、低等级的斑块。扩散距离短的物种对于生境质量的变化更为敏感。

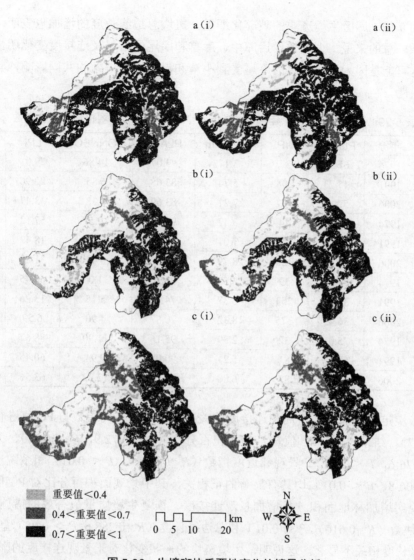

图 5-36　生境斑块重要性变化的情景分析

1974 年（a）、1991 年（b）、2006 年（c）；（i）为扩散距离 100 m，（ii）为扩散距离 1 000 m

5.3.3.4　景观格局与功能的关系

　　分别在库首、库中、库尾和无量山保护区内选取了 100 km²，3 期共 12 个样地，从格局和过程的角度综合研究大坝建设生态影响的空间效应，并对格局与过程的关系进行机理性的探讨。各研究小区的格局与 PC 指数（扩散距离 1 000 m）见表 5-29。结果表明，库首、库中、库尾和对照小区的 PC 指数均呈降低的趋势，其中库尾的景观连接度降低得最为明显，减少了 81.48%。漫湾电站建设后，各小区林地的景观面积百分比（PLAND）、景观邻近度指数（PLADJ）和连接性指数（CONNECT）基本呈下降趋势，而斑块数（NP）、总边缘长度（TE）则大幅增加。其中库首和库中斑块数分别约是建坝前的 5 倍，库尾约为建坝前的 9 倍，库区生境斑块的破碎化严重。斑块总边缘长度的增加也表明，斑块形状更为复杂。总的来说，大坝建设后库中、库首和库尾的格局及连接度变化明显，尤其是库尾。这可能是因为漫湾库区的库尾受到小湾和漫湾梯级电站的共同影响，其生态效应具有累积性。

表 5-29　1974 年、1991 年和 2006 年 4 个研究小区的景观格局和 PC 指数

空间位置	年份	PLAND	NP	TE/10^5 m	PLADJ	CONNECT	LPI	PC
库首	1974	61.30	37	3.11	93.07	14.86	79.01	0.34
	1991	45.73	208	5.74	83.68	6.85	22.96	0.14
	2006	57.18	187	7.21	83.69	6.38	33.47	0.25
库中	1974	49.70	44	3.47	90.69	10.57	57.12	0.20
	1991	41.79	244	7.01	78.56	5.87	18.42	0.11
	2006	50.26	225	8.79	77.62	6.44	31.89	0.16
库尾	1974	54.59	39	3.58	91.26	11.07	68.45	0.27
	1991	31.56	253	6.37	74.12	5.15	13.26	0.03
	2006	36.42	375	8.32	70.87	4.90	6.59	0.05
对照组	1974	75.01	32	2.59	95.16	11.90	88.67	0.55
	1991	69.37	81	5.21	90.08	9.94	60.45	0.45
	2006	71.66	83	6.80	87.64	12.22	63.56	0.46

为进一步定量研究景观格局和连接度的关系，将景观格局指数与 PC 值进行回归分析（图 5-37）。结果表明，PC 值与景观面积百分比（R^2=0.972 9，$P < 0.01$）、大斑块指数（R^2=0.776 6，$P < 0.01$）、景观邻近度指数（R^2=0.676 4，$P < 0.01$）和系统连接度指数（R^2=0.606 8，$P < 0.01$）均具有显著的正相关，其中景观面积百分比对 PC 值的影响最大。这说明增加林地面积，是增加景观连接度、恢复生境质量最有效的措施。同时，PC 值与斑块数（R^2=0.610 6，$P < 0.01$）和总边缘长度（R^2=0.288 6，$P > 0.05$）呈负相关，但与总边缘长度相关不显著。这说明，生境斑块的形状变化对于景观连接度的影响不大，但是斑块破碎化对于生境质量的影响明显，因此，除了增加林地面积，保护重要斑块，还应该建设生态廊道，增加生境斑块的连通性。利用生态廊道可以将不同的栖息地连接起来，形成更大的适宜生境，使库区的动物具有更广阔的活动空间，向适宜的生境迁移；也有利于植物种子通过"生态廊道"进行扩散和传播，有利于动植物基因流动和生命延续。尤其是在斑块破碎化严重的地区，能减弱"孤岛"效应，成为传统濒危物种保护模式的重要补充。

5.3.3.5　小结与讨论

本节研究表明，大坝建设期的生态影响比大坝运营期更为明显，在 1974 年到 1991 年漫湾电站的建设期，库区林地面积从 753.35 km^2 降低到 601.92 km^2，PC 指数平均减少了 55.51%，而 1991 年到 2006 年的大坝运营期，林地面积增长到 639.32 km^2，只有

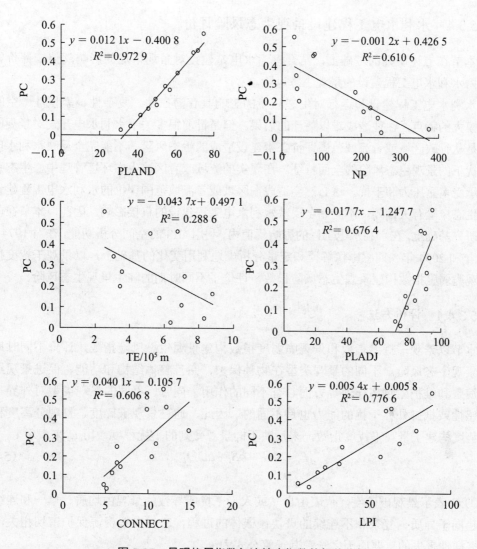

图 5-37　景观格局指数与连接度指数的相关分析

300 m 扩散距离以内 PC 指数略有下降。虽然"退耕还林"政策和无量山自然保护区的建立对漫湾库区的生境质量恢复和生物多样性保护起到了一定的作用，但是从生态环境的角度出发，在"退耕还林"的过程中应该选取更多的本地天然林树种，如云冷杉林和云南松等，建立更适于物种生存的栖息地。景观格局与过程的相关分析可以看出，提高区域景观连接度的方法除了保护重要栖息地、增加生境斑块的面积之外，还应该制订区域尺度的生物多样性保护计划，在破碎化严重的重要生境斑块间修建生态廊道，建立良性循环的生态网络（Ouyang et al.，2010）。通过重构和优化景观格局来实现水利工程建设与生态环境保护相协调、维护库区生态系统健康并最终实现区域的可持续发展。

5.3.4 水利水电工程建设景观生态风险评价

本节在上述研究的基础上，结合漫湾水电站建设对景观格局的影响阈值，评价影响阈值内水利水电工程建设的景观生态风险。

水利水电工程建设和运行对生态环境的影响具有潜在性、复杂性、累积性、空间性及规模大的特点，往往造成难以估计的后果。但是目前很多关于水利水电开发对景观的研究均是从行政区域或者流域范围评价工程建设造成的生态风险，不能完全反映水利水电开发干扰下的景观生态风险的全面特征。在现实的流域或者区域生态环境管理中，生态系统往往承受多重压力和干扰。这必然会造成在区域或者流域范围评价的水利水电工程建设造成的生态风险有失偏颇，不能完全反映水利水电工程建设的直接影响。因此，本节在前一节的研究基础上，在水利水电工程的影响阈值内，利用 GIS 的空间分析功能，在对 1974 年、1988 年和 2004 年 3 期感影像解译和定量分析土地利用变化的基础上，以景观干扰度指数和景观脆弱度指数构建景观生态风险指数，评价了不同时期的陆生景观生态风险。

5.3.4.1 评价方法

本节以景观干扰度指数和景观脆弱度指数构建景观生态风险指数，评价不同时期的陆生景观生态风险。不同的景观类型在物种保护、完善整体结构和功能、促进景观结构自然演替和维护生物多样性等方面具有不同的作用；同时，不同的景观类型对外界干扰的敏感性或抵御外界干扰的能力也是不同的。因此，通过景观破碎度、景观分离度和景观优势度构建了景观干扰度指数，来反映不同景观受到的干扰程度，用 E_i 来表示：

$$E_i = aC_i + bS_i + cDO_i \qquad (5\text{-}14)$$

式中：

① C_i 表示景观破碎度，代表由自然或人为干扰所导致的景观由均质、单一和连续的整体趋向于异质、复杂和不连续的斑块镶嵌体的过程，它与自然资源保护密切相关，是生物多样性丧失的重要原因之一，其计算公式为：

$$C_i = n_i / A \qquad (5\text{-}15)$$

n_i 为景观 i 的斑块数，A 为景观的总面积。

② S_i 表示景观分离度，代表某一景观类型中不同斑块数个体分布的分离度，其计算公式为：

$$S_i = D_i / P_i \qquad (5\text{-}16)$$

S_i 为景观类型 i 的分离度，D_i 为景观类型 i 的距离指数，P_i 为景观类型 i 的面积指数。

③ DO_i 表示景观优势度，代表斑块在景观中的重要地位，其大小直接反映了斑块对景观格局形成和变化影响的大小。DO_i 由斑块密度和比例决定。其计算公式为：

$$DO_i = （斑块的密度 + 斑块的比例）/2 \qquad (5\text{-}17)$$

其中，斑块的密度 = 斑块 i 的数目 / 斑块的总数目，比例 = 斑块 i 的面积 / 样方的面积。

④ a、b、c 为各指标的权重，且 $a+b+c=1$。三者在不同程度上反映干扰对景观所代

表的生态环境的影响，根据权衡分析及前人研究，认为破碎度指数最为重要，其次为分离度和优势度。C_i、S_i 和 DO_i 分别赋予 0.5、0.3、0.2 的权值。另外，C_i、S_i 和 DO_i 由于量纲不同，进行归一化处理。

景观脆弱度指数：土地利用程度不仅反映土地利用中土地本身的自然属性，同时也反映人为因素与自然因素的综合效应。但是，不同的景观类型在保护物种、完善整体结构和功能、促进景观结构自然演替和维护生物多样性等方面的作用是有差别的，而且对外界干扰的抵抗能力也不同。因此，本节分别对除水体外的 5 种陆生景观类型赋予脆弱度指数：农田 5、草地 4、灌丛 3、林地 2、建设用地 1，将景观类型的权重进行标准化后分别为：农田 0.333 3、草地 0.266 7、灌丛 0.2、林地 0.133 3、建设用地 0.066 7。

利用上述建立的景观干扰度指数和景观脆弱度指数，构建陆生景观生态风险指数，描述大坝及水库影响阈值内景观生态风险大小。陆生景观生态风险指数表述如下：

$$ERI = \sum_{i=1}^{N} \frac{S_{ki}}{S_k} \sqrt{E_i \times F_i} \qquad (5\text{-}18)$$

式中，ERI 为景观生态风险指数，N 为景观类型的数量，F_i 为景观类型 i 的脆弱度指数，E_i 为景观类型 i 的干扰度指数，S_k 为第 k 个风险小区总面积，S_{ki} 为第 k 个小区的 i 类景观组分的面积。

5.3.4.2　景观生态风险评价

如图 5-38 所示，研究区域主要由林地和灌丛组成，林地和灌丛为环境资源型斑块，

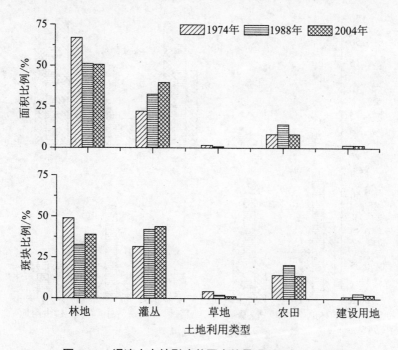

图 5-38　漫湾水电站影响范围内的景观面积与斑块特征

灌丛，景观面积比例和斑块数目比例分别为 22.6% 和 31.2%。两者是本区域内对景观动态具有控制作用的生态组分，属于自然生态体系，也属于本区域的基质。大坝建设时期（1988 年），没有改变林地和灌丛的基质地位，但是林地面积比例降至 51.4%，而灌丛面积比例增至 32.3%。同时，农田面积比例和斑块比例大幅增加。结果表明，1974—1988 年，大坝建设与农田开发导致的森林砍伐应是景观变化的驱动力。大坝建成及蓄水后（2004 年），林地面积比例变化较小，灌丛面积比例继续增加，而农田面积比例又降至建设前状况。结果表明，大坝建设后，库区为保护生态环境禁止农田开发初见成效。

景观破碎度、分离度和优势度等指数的变化反映景观格局变化，直观体现某一时段人类活动对自然环境的干扰。如图 5-39 所示，大坝和水库影响范围内的不同景观类型或者土地利用的景观破碎度、分离度和优势度等指数有明显的差异。破碎度方面，以灌丛最高，农田与林地次之，草地与建设用地最小；同一景观类型中，除了林地，其他景观类型以 1988 年最高，2004 年次之，而 1974 年最小。景观分离度方面，以草地和建设用

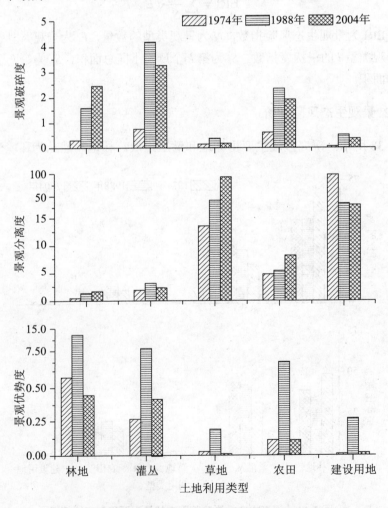

图 5-39　漫湾水电站影响范围内的景观格局特征

地最高，农田次之，林地与灌丛最低；同一景观类型中，基本上以 2004 年最高，1974 年最低（建设用地和灌丛除外）。景观优势度方面，以林地和灌丛的优势度最为明显，说明林地与灌丛分布较为广泛，在景观中占有一定的优势度，同时说明研究区域内的自然生态环境状况总体较好；同一景观类型中，以 1988 年最高，说明随着水库淹没、移民安置、施工占地以及弃渣堆放等各项进程的向前推进，大坝及水库周围土地利用在数量上和结构上产生不同程度的影响。总之，不同景观格局指数表明，大坝建设和水库蓄水均改变了原有景观格局，但均没有改变林地和灌丛的基质地位。

景观生态风险研究结果表明（图 5-40），除草地外，其余景观类型均呈现先升后降的变化，以 1988 年生态风险最高，2004 年生态风险次之，1974 年生态风险最小。同一时期，各个类型的风险顺序为：林地＞灌丛＞农田＞草地＞建设用地。与其他研究结果相比，本区域水电开发造成的景观生态风险相对较低。大坝建设时期，大坝及其伴生干扰对周围林地景观造成严重破坏，促使此时期林地景观生态风险指数超过 0.3，给库区的生态环境保护提出了风险信号，随着大坝的建成与库区的恢复管理，2004 年的生态风险下降，但是仍高于建设前。

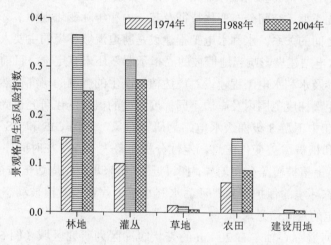

图 5-40　漫湾水电站影响范围内的景观生态风险

以景观格局为指标来评价生态风险，由于其没有考虑流域的地形、地貌、水土流失、灾害和社会经济等许多因素，而是只从景观空间结构的一个角度来评价生态风险，因此其结果并不具有绝对性。但是，景观格局的变化会引起景观功能的改变，并且，人类的开发活动主要是在景观层次上进行的，注定景观是研究人类活动对环境影响的适宜尺度和区域生态环境管理的基础单元。因此，本书运用景观格局指数为评价指标针对漫湾水电站影响范围内的生态风险特征进行了分析，为库区的生态建设和流域水电开发提供了基础信息。

5.4 基于 NDVI 序列的梯级水利水电开发对植被的影响

利用遥感影响解译分类得到土地利用方式进行分析，将不同时期主要植被覆盖类型图与主要土地利用变化类型图叠加分析，探索不同区域土地利用类型变化的植被动态变化特征，分析土地利用变化与植被动态的响应关系，是分析水利水电工程建设影响的一个切入点（王海杰，2012；赫尚丽等，2008；梁尧钦等，2012）。近几十年来，随着理论及应用研究的深入，国内外学者为定量研究植被覆盖变化，从不同的角度创新和发展了植被指数。其中，归一化植被指数（the Normalized Difference Vegetation Index，NDVI）对植被盖度的检测幅度较宽，有较好的时间和空间适应性，因此应用较广。该指数综合了增强型植被指数（EVI）、差值植被指数（DVI）等算法的优点（闫正龙，2008），在一定程度上反映植物组成类型情况、覆盖分布情况、生物量积累情况和植被活力情况，与植被分布密度呈线性相关，是指示大尺度植被覆盖的良好指标，常被用于土地利用／覆盖变化、生态环境监测以及植被动态监测等方面（李天宏和韩鹏，2001）。

目前，基于 NDVI 时序数据源资料的研究主要集中于：①结合 NDVI 时序数据分析植被 NDVI 的变化类型、空间分布变化特征及其年内和年际变化规律；②分析人类活动与植被 NDVI 变化之间的关系。水利水电工程建设是胁迫流域环境的主要人类活动之一，而 NDVI 可否作为水电站建设影响当地植被的"指示器"还未有定论。目前，基于 NDVI 数据的各项研究中涉及水利水电工程建设对周边植被产生的影响的研究仍然较少，同时，水电站上下游不同距离梯度范围内及岸边不同梯度距离的植被变化研究也尚未开展。

本节以澜沧江中下游 8 级梯级水电站为研究对象，利用 GIS 和 RS 技术，结合多时相遥感影像资料和植被覆盖变化信息，定性分析年最大 NDVI 在时间序列上的变化及横向、纵向空间梯度上植被覆盖分布差异，探讨近 15 年来水电站周边植被覆盖的变化情况，为澜沧江流域生态环境的保护恢复、评估水利水电工程建设对植被动态的影响和资源可持续发展提供一定的基础信息。

以澜沧江主河道中心轴左右 20 km 的带状缓冲区为研究区域（图 5-41），参考国家 1∶25 万基础地理数据，结合 1998—2012 年的 SPOT NDVI 数据，研究水电站建设前后 NDVI 的时空变化规律。利用 1998—2012 年逐旬 NDVI 数据，共有 504 幅图像，空间分辨率为 1 km。利用 ArcGIS 的 Spatial Analyst Tools 中的 Cell Statistics 模块对 1998—2012 年的 SPOT 遥感影像合成，然后采用 Zonal Statistics 模块进行年 NDVI 最大值统计。另外，本节采用年最大 NDVI 值分析，主要考虑其以下优势（韩贵锋，2007）：①能减少被云覆盖的像元；②能够消除由于植物物候变化引起的植被反射光谱的不同，还可以进一步降低大气和太阳高度角等因素的干扰和影响；③对于时间序列的研究来说，所关注的焦点是各年内植被覆盖最好时期的状况及其动态变化。

（1）变异系数

利用变异系数评价植被变化的总体状况，掌握缓冲区植被覆盖空间格局及其分异规律。变异系数中的标准差 σ 能反映逐一栅格年最大 NDVI 值分布的离散程度，除以多

年均值 $\bar{X}$ 可以有效地剔除地表类型差异，这样既能评估植被多年生长过程的时序稳定性，又能确保不同像元间的时序稳定性具有可比性，基于过去 15 年（1998—2012 年）的逐年 NDVI 最大值进行平均得到合成数据，利用式（5-19），逐栅格计算 1998—2012 年的 NDVI 的变异系数来评估年最大 NDVI 的时序稳定性。计算公式为：

$$CV=\sigma / \bar{X} \tag{5-19}$$

CV 值越大，表明各年份之间数据分布越离散，时间序列数据波动较大，时序不稳定；反之，则表明各年份之间数据分布较为集中，时序较为稳定。

（2）趋势线分析法

通过模拟每个栅格的变化趋势，反映不同时期植被覆盖变化的空间分布特征。本节利用此方法来模拟缓冲区多年 NDVI 的变化趋势，并根据研究区特征和总结前人研究经验，将该区域的植被 NDVI 变化范围划分为显著减少、中度减少、轻度减少、基本不变、轻度改善、中度改善和显著改善等 7 个变化等级。计算公式为：

$$\theta_{slope}=\frac{n \times \sum_{j=1}^{n} j \times NDVI_j - (\sum_{j=1}^{n} j)(\sum_{j=1}^{n} NDVI_j)}{n \times \sum_{j=1}^{n} j^2 - (\sum_{j=1}^{n} j)^2} \tag{5-20}$$

式中，n 为监测时间段的年数；$NDVI_j$ 为第 j 年 NDVI 的最大值；θ_{slope} 是趋势线的斜率，其中 $\theta_{slope}>0$，则说明 NDVI 在 n 年间的变化趋势是增加的，反之则是减少的。

5.4.1　水利水电工程影响下 NDVI 时间序列数据变异系数分析

研究区 1998—2012 年 NDVI 的时间序列分析（图 5-41）结果显示：从整体上看，研究区域自上游到下游的变异系数总体上呈减小趋势，变异系数在 25% 以上的地区主要集中在研究区的最上游地区，大部分地区的变异系数都保持在 10% 以下。功果桥水电站的上游地区的变异系数在 5% ～ 10% 的面积占整个上游区域的 80% 以上，其次是小湾水电站到糯扎渡水电站之间区域的变异系数分布在 5% ～ 10% 的面积占 40% 左右，糯扎渡水电站下游的水电站整体的变异系数在 5% 以下。变异系数分布图表明研究区 NDVI 及其指示的植被覆盖状况在过去的 15 年里具有较强的稳定性。换言之，基于年最大 NDVI 合成方法得到的新的 NDVI 数据集具有很好的可利用性，可以用于进一步分析本地区 NDVI 的空间分布格局、空间分异等特征及规律。

1998—2012 年，流域气候特征（主要包括降水和气温等）都没有发生明显变化，说明研究区的气候变化还不足以对植物种类的生长产生明显的影响，可以排除自然条件对当地植被分布格局和生长势等的影响。同时也说明植被受到的最主要影响是人类活动，主要为工程建设对植被的直接破坏与间接影响。

5.4.2　水电站上下游 NDVI 的年际变化

图 5-42 表明，各水电站上下游均在 2001 年和 2002 年出现不同程度的下降变化，下

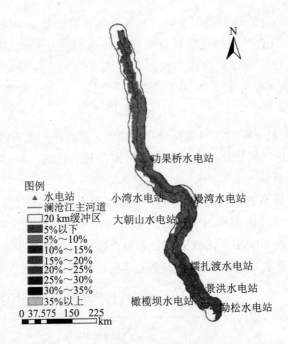

图 5-41　研究区时间序列变异系数分布

降幅度较大的是功果桥水电站、漫湾水电站和大朝山水电站，变化幅度约为15%。主要原因是 2002 年小湾水电站开始施工，施工前的准备活动（如运输道路和临时厂房的建设）对周围水电站产生一定影响，土地利用类型的改变也间接地改变了研究区植被稳定性（王娟等，2008）。小湾水电站位于功果桥水电站和漫湾水电站之间，其建设活动（拦截、蓄水等）会对其上下游的植被生长产生一定影响。2002 年之后，NDVI 值波动增加，增幅较慢。

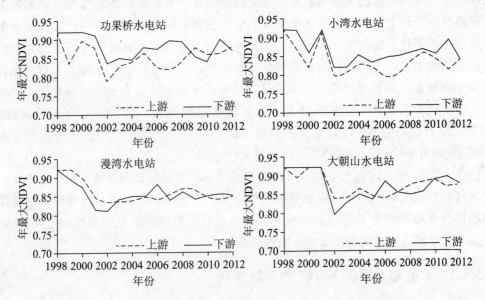

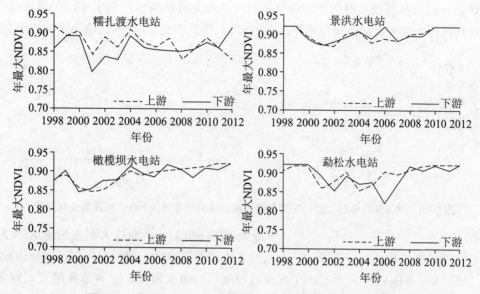

图 5-42　1998—2012 年水电站上下游年最大 NDVI 变化曲线

大朝山水电站年最大 NDVI 变化曲线表明，1998—2002 年整体呈现下降趋势，下降幅度约为 13%，2002 年之后上下游分别以每年 0.73% 和 0.41% 的幅度缓慢增加，主要原因是大朝山水电站在 2003 年投入发电使用完成竣工，由建设水电站引起的人类活动干扰频度和强度都有所减缓。

1998—2012 年，景洪水电站年最大 NDVI 的变化曲线可分为 3 个阶段，第一阶段，1998—2002 年上下游年最大 NDVI 均显著下降；第二阶段，2002—2010 年呈现不规律的波动；第三阶段，2010—2012 年呈缓慢增长变化。这与景洪水电站的建设过程有很大关系，景洪水电站在 2003 年筹备建设，2010 年投入使用，年最大 NDVI 值呈现出这种变化趋势和水电站的建设有一定的关系。

5.4.3　水电站建设前后的 NDVI 的空间梯度变化分析

8 级梯级水电站的建设时间在本研究时间段的水电站从上到下依次为功果桥水电站、小湾水电站、大朝山水电站和景洪水电站，所以以这 4 个水电站为例来对比分析水电站建设前后 NDVI 的变化状况及趋势。

5.4.3.1　水电站上下游建设前后 NDVI 变化分析

对功果桥水电站、小湾水电站、大朝山水电站和景洪水电站上下游地区 10 km 范围内进行分区统计，分析水电站建设前、建设中、建设后 NDVI 随距离的变化规律，即在纵向上分析水电站建设对附近植被的影响变化。

4 个水电站上游、下游在建设前、建设中、建设后的年最大 NDVI 随距离增大呈现基本一致的波动变化。功果桥水电站（图 5-43）上游、下游在建设中的年最大 NDVI 大于建设后，这与其规模相对较小、所处位置地势较为陡峭属深峡型水库，在建设过程中建设的开挖面不大并对河流进行导流，使得河流水面面积变小、对周边植被影响较小有关。

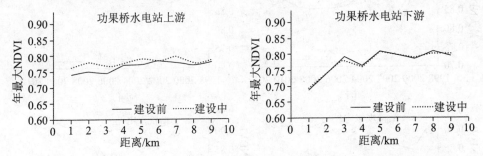

图 5-43　功果桥水电站上游、下游在建设前和建设中年最大 NDVI 随距离变化趋势

在小湾水电站（图 5-44）：上游，年最大 NDVI 值的 3 条曲线大小关系基本排序为：建设后＞建设中＞建设前；下游，三条曲线大小基本排序为：建设前＞建设后＞建设中。其中，在 4 km 范围内年最大 NDVI 的波动较剧烈、幅度较大，尤其是在施工过程中年最大 NDVI 的波动幅度较建设前、建设后剧烈；水电站上游、下游在 4 km 之外年最大 NDVI 随距离增加缓慢上升，说明在超过 4 km 之外的地区植被的生长受大坝影响较小。

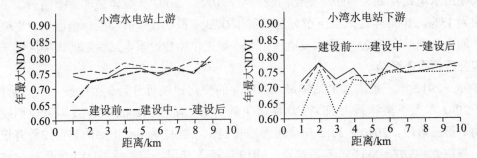

图 5-44　小湾水电站上游、下游在建设前和过程中年最大 NDVI 随距离变化趋势

大朝山水电站（图 5-45）：上游、下游建设中和建设后在 4 km 处出现明显下降的转折点，而且建成后的年最大 NDVI 值要高于建设过程中，表明水电站建设过程库区蓄水形成消落带造成植被破坏和水土流失并堆积于下游进而影响下游植被的正常生长。

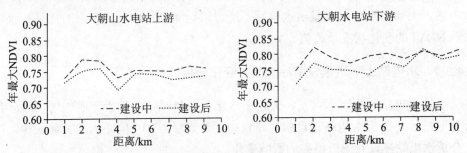

图 5-45　大朝山水电站上游在过程中和建设后年最大 NDVI 随距离变化趋势

景洪水电站（图 5-46）：上游、下游的建设前、建设中和建设后 NDVI 值基本保持在 0.8

以上，周边区域植被生长状况良好，年最大 NDVI 值基本排序为：建设后＞建设中＞建设前。建设中的年最大 NDVI 值略高于建设前的原因与景洪水电站处于亚热带气候区域，建设期间土地及植被遭破坏后次生演替发生较快、次生植物群落的生长较快有关，同时也与水电站建设周期长，NDVI 空间年际变化较大、存在一定程度的误差有关。建成后的植被覆盖强度高于建设前和建设过程中的原因与水电站建成后库区周围小气候的改变有关，如库周降水量增加有利于当地植被生长，同时也与建成后当地采取"退耕还林"、实施注重生态环境保护政策从而在一定程度上增加植被覆盖度有关。

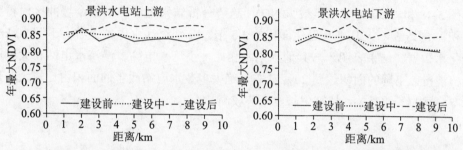

图 5-46　景洪水电站上下游在建设前、中、后年最大 NDVI 随距离变化趋势

总体上，4 个水电站在建设前、建设中、建设后 3 个时间阶段植被覆盖的变化方向各有不同，这可能与各水电站所处区域的地形地貌和人类活动强度不同有关，水电站的建设会不同程度地影响库区周边森林、农田等植被的变化。

5.4.3.2　水电站建设前后 NDVI 的横向梯度分析

4 个水电站在建设前、建设中、建设后 3 个时期的 NDVI 随岸边距离梯度波动变化是基本一致的。功果桥水电站（图 5-47a）建设前的 NDVI 值要略低于建设中，在随距离

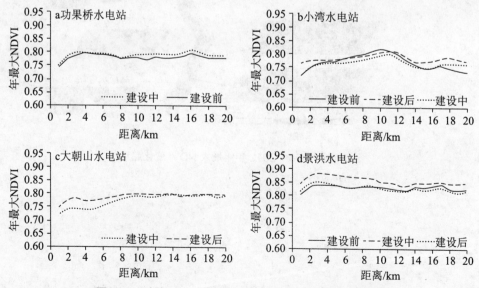

图 5-47　水电站建设前后的年最大 NDVI 随岸边梯度变化

变化中，其值基本保持不变，小湾水电站（图 5-47b）10 km 范围内，NDVI 值随着岸边距离的增大而缓慢增加，建设中的 NDVI 值低于建设前后，说明建设施工活动对植被生长造成的破坏力最大。大朝山水电站（图 5-47c）和景洪水电站（图 5-47d）也呈现类似规律。与 NDVI 在上下游梯度变化对比，NDVI 在横向梯度上的变化较小。

5.4.4 不同水电站植被覆盖变化趋势分析

基于一元线性回归分析原理，借助 ArcGIS 9.3 软件分析研究区时间序列 NDVI 的变化率（图 5-48 和表 5-30）。从年最大 NDVI 趋势分析结果可看出：整个缓冲区内得到改善的面积占 63% 左右，几乎是退化面积的 1.5 倍。分别统计水电站上游、下游 10 km 的区域变化率数据。结果表明，与其他水电站相比，小湾水电站、漫湾水电站和大朝山水电站的植被覆盖下降的面积达到 20% 左右，绝大多数水电站改善的面积占比较大，这可能与南方湿润的气候有关，植被生长本底值较高。

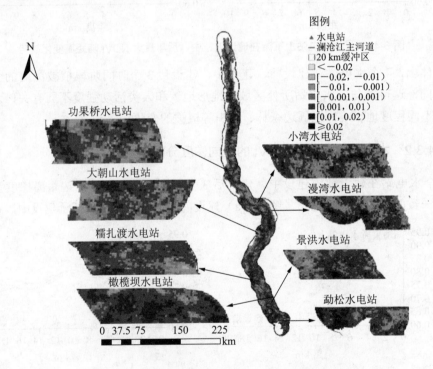

图 5-48　1998—2012 年年最大 NDVI 变化趋势

表 5-30　1998—2012 年年最大 NDVI 变化趋势统计结果

坡度分级	< −0.02	[−0.02, −0.01]	[−0.01, −0.001)	[−0.001, 0.001)	[0.001, 0.01)	[0.01,0.02)	> 0.02
程度	显著降低	中度降低	轻度降低	轻度不变	轻度改善	中度改善	显著改善
栅格百分比 /%							
总体	0.02	0.6	17.64	18.9	49.49	13.33	0.02
功果桥水电站	0	0	18.03	21.75	46.02	14.2	0
小湾水电站	0	0.07	21.79	24.14	48.33	5.67	0
漫湾水电站	0	0.18	21.35	22.05	48.16	8.26	0
大朝山水电站	0	0	20.28	22.6	50.05	7.07	0
糯扎渡水电站	0	0.51	9.36	14.97	64.45	10.71	0
景洪水电站	0	0	11.05	26.97	57.4	4.58	0
橄榄坝水电站	0	0.13	15.71	8.04	50.24	25.7	0.18
勐松水电站	0	0	8.08	14.63	55.56	21.73	0

5.4.5　NDVI 与土地利用变化的关系

水电站的建设在一定程度上影响着土地利用的变化（Zhao et al.，2013），而土地利用的变化直观地表现在 NDVI 上（颜丽虹，2012）。按照国家土地利用图解译标准将研究区域土地利用类型划分为耕地、林地、草地、水域、建设用地及未利用地等，得到研究区土地利用图，将 2010 年土地利用图与 1998—2010 年 NDVI 变化率相叠加，统计水电站研究区（长为 40 km，宽为 20 km）的每种土地利用类型的植被变化率（图 5-49）。功果桥、小湾和大朝山水电站地区的耕地、林地及草地的变化率均为正，说明这一时期，由于退耕还林、天然林保护等措施，三种土地覆盖的生态状况趋于改善，而在景洪水电站附近耕地的变化率为负，可能是因为水库蓄水淹没部分农田，使耕地数量减少。

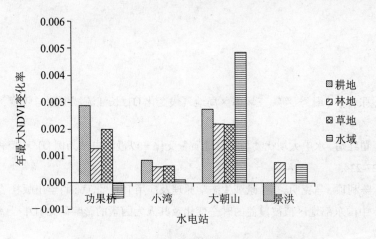

图 5-49　不同土地利用类型的 NDVI 变化率

5.4.6 小结

本节采用最大值合成法、分区统计、趋势分析等研究方法，利用 SPOT 数据计算获得 1998—2012 年 NDVI 时序数据集，对 8 级梯级水电站植被覆盖变化进行时间和空间分析，得到以下结论：

（1）1998—2012 年，大部分研究区域时间序列的变异系数在 10% 以下，表明研究区域及其指示的植被覆盖在过去的 15 年具有较强的时序稳定性和良好的可利用性；

（2）从时间上分析，各水电站的年最大 NDVI 值均保持在 0.78 ~ 0.92。尤其在功果桥水电站、小湾水电站、漫湾水电站和景洪水电站在建设前出现显著下降趋势，建成后呈现缓慢上升现象，在一定程度上说明，水电站的建设对当地植被覆盖度和分布特征产生影响；

（3）从空间上分析，在纵向变化上进行分析，水电站上游、下游在建设前、建设中和建设后随距离变化表现基本一致的变化趋势，建设中的 NDVI 值大部分要小于建设前、建设后，在小湾水电站和大朝山水电站下游变化图上可看出在 4 km 范围内，年最大 NDVI 的波动剧烈；在横向变化上，小湾水电站附近，在 10 km 范围内，随着岸边距离的增加，NDVI 值缓慢增加，建设中的 NDVI 值要低于建设前后；

（4）1998—2012 年研究区流域的植被覆盖整体呈现出轻微改善的趋势，整个缓冲区内得到改善的面积占 63% 左右。分别统计分析水电站上下游 10 km 的区域，结果表明，小湾水电站、漫湾水电站和大朝山水电站的植被覆盖降低面积达到 20% 左右。

植被变化的监测是一个长期的动态过程，利用 NDVI 监测水电站建设对附近植被变化有着极其重要的意义。水电站完工后，对库区进行合理的生态环境保护规划，有效做好库区的植被恢复工作，降低人类活动对周边环境的干扰。本节采用的土地利用划分方法及研究尺度可能对 NDVI 有一定的影响，因此，有待采用人工实地监测或更高分辨率遥感数据来分析水利水电工程建设活动对植被覆盖分布特征及时空变化与演变趋势的影响。

参考文献

[1] 陈鲜艳,张强,叶殿秀,等.三峡库区局地气候变化 [J]. 长江流域资源与环境, 2009, 18(1):47-51.

[2] 崔保山,翟红娟.水电大坝扰动与栖息地质量变化—以漫湾电站为例 [J]. 环境科学学报, 2008, 28(2): 227-234.

[3] 傅伯杰,陈利顶,马克明,等.景观生态学原理及应用 [M]. 北京:科学出版社, 2001.

[4] 韩贵锋.中国东部地区植被覆盖的时空变化及其人为因素的影响研究 [D]. 上海:华东师范大学, 2007.

[5] 赫尚丽,杜凡,曾辉,等.云南水电开发对生态环境的影响—以大盈江四级水电站建设为例 [J].

西南林学院学报 , 2008, 28(4): 80-83,88.

[6] 李天宏 , 韩鹏 . 厦门市土地利用 / 覆盖动态变化的遥感检测与分析 [J]. 地理科学 , 2001, 21(6): 537-543.

[7] 梁尧钦 , 曾辉 , 李菁 . 深圳市大鹏半岛土地利用变化对植被覆盖动态的影响 [J]. 应用生态学报 , 2012, 23(1): 199-205.

[8] 罗亚 , 徐建华 , 岳文泽 . 基于遥感影像的植被指数研究方法述评 [J]. 生态科学 , 2005(1): 75-79.

[9] 隋欣 , 杨志峰 . 青藏高原东部龙羊峡水库气候效应的变化趋势分析 [J]. 山地学报 , 2005, 23(3): 280-287.

[10] 王海杰 . 基于 RS/GIS 的水电梯级开发对汉江上游陆生生态环境影响研究 [D]. 西安 : 西北大学 , 2012.

[11] 王晶晶 , 白雪 , 邓晓曲 , 等 . 基于 NDVI 的三峡大坝岸边植被时空特征分析 [J]. 地球信息科学 , 2008(6): 6808-6815.

[12] 王娟 , 崔保山 , 刘杰 , 等 . 云南澜沧江流域土地利用及其变化对景观生态风险的影响 [J]. 环境科学学报 , 2008(2): 269-277.

[13] 温敏霞 , 刘世梁 , 崔保山 , 等 . 水利工程建设对自然保护区生态系统的影响 [J]. 生态学报 , 2008, 28(4):1663-1671.

[14] 邬建国 . 景观生态学格局过程、尺度与等级 [M]. 北京 : 高等教育出版社 , 2000.

[15] 吴佳 , 高学杰 , 张冬峰 , 等 . 三峡水库气候效应及 2006 年夏季川渝高温干旱事件的区域气候模拟 [J]. 热带气象学报 , 2011, 27(1): 44-52.

[16] 颜丽虹 . 基于多尺度 NDVI 和 LUCC 的漓江流域生态演变研究 [D]. 北京 : 中国地质大学 , 2012.

[17] 闫正龙 , 黄强 , 牛宝茹 , 等 . 应急输水工程对塔里木河下游地区植被覆盖度的影响 [J]. 应用生态学报 , 2008(3): 621-626.

[18] 姚维科 , 崔保山 , 董世魁 , 等 . 水电工程干扰下澜沧江典型段的水温时空特征 [J]. 环境科学学报 , 2006, 06:1031-1037.

[19] 袁淑杰 , 谷晓平 , 缪启龙 , 等 . 贵州高原复杂地形下月平均日最高气温分布式模拟 [J]. 地理学报 , 2009, 64(7): 888-896.

[20] 张庆费 , 宋永昌 , 由文辉 . 浙江天童植物群落次生演替与土壤肥力的关系 [J]. 生态学报 , 1999, 19(2):174-178.

[21] 周庆 , 欧晓昆 , 张志明 , 等 . 澜沧江漫湾水电站库区土地利用格局的时空动态特征 [J]. 山地学报 , 2008, 26(4): 481-489.

[22] 周庆 , 张志明 , 欧晓昆 , 等 . 漫湾水电站库区土地利用变化社会经济因子的多变量分析 [J]. 生态学报 , 2010, 30(1) :165-173.

[23] Abrahams C. Climate change and lakeshore conservation: a model and review of management techniques[J]. Hydrobiologia, 2008, 613(1): 33-43.

[24] Acevedo-Figueroa D, Jiménez B, Rodriguez-SierraC. Trace metals in sediments of two estuarine

lagoons from Puerto Rico[J]. Environmental Pollution, 2006, 141: 336-342.

[25] Adejuwon J O, Ekanade O. A comparison of soil properties under different landuse types in a part of the Nigerian cocoa belt[J]. Catena, 1988, 15(3-4): 319-331.

[26] Akin B S, Atıcı T, Katircioglu H, et al. Investigation of water quality on Gökçekaya dam lake using multivariate statistical analysis, in Eskişehir, Turkey[J]. Environmental Earth Sciences, 2011, 63: 1251-1261.

[27] An L, Liu J, Ouyang Z, et al. Simulating demographic and socioeconomic processes on household level and implications for giant panda habitats[J]. Ecological Modelling, 2001, 140(1-2) : 31-49.

[28] An L, Lupi F, Liu J, et al. Modeling the choice to switch from fuelwood to electricity: Implications for giant panda habitat conservation[J]. Ecological Economics, 2002, 42(3) : 445-457.

[29] Baiset H P, WeirTL, Perry L G, et al. The role of root exudates in rhizosphere interactions with plants and other organisms[J]. Annual Review of Plant Biology, 2006, 57: 233-266.

[30] Blanco Sepúlveda R, Nieuwenhuyse A. Influence of topographic and edaphic factors on vulnerability to soil degradation due to cattle grazing in humid tropical mountains in northern Honduras[J]. Catena, 2011, 86(2): 130-137.

[31] Cavanaugh J C, Richardson W B, Strauss E A, et al. Nitrogen dynamics in sediment during water level manipulation on the Upper Mississippi River[J]. River Research and Applications, 2006, 22(6): 651-666.

[32] Censi P, Spoto S, Saiano, F, et al. Heavy metals in coastal water systems:A case study from the northwestern Gulf of Thailand[J]. Chemosphere, 2006, 64: 1167-1176.

[33] Forman R T T, Deblinger R D. The Ecological Road‐Effect Zone of a Massachusetts (USA) Suburban Highway [J]. Conservation Biology, 2000, 14 (1): 36-46.

[34] Forman R T T, Godron M. Landscape Ecology[M]. New York: Wiley, 1986.

[35] Fu B J, Liu S L, Chen L D, er al. Soil quality regime in relation to land cover and slope position across a highly modified slope landscape[J]. Ecological Research, 2004, 19(1): 111-118.

[36] Fu K D, He D M, Lu X X. Sedimentation in the Manwan reservoir in the Upper Mekong and its downstream impacts[J]. Quaternary International, 2008, 186: 91-99.

[37] Gordon E and Meentemeyer R K. Effects of dam operation and land use on stream channel morphology and riparian vegetation[J]. Geomorphology, 2006, 82(3-4): 412-429.

[38] Growns I, Reinfelds I, Williams S, et al. Longitudinal effects of a water supply reservoir (Tallowa Dam) on downstream water quality, substrate and riffle macroinvertebrate assemblages in the Shoalhaven River, Australia[J]. Marine and Freshwater Research, 2009, 60(6): 594-606.

[39] Hakanson L. An ecological risk index for aquatic pollution control:A sedimentological approach[J]. Water Research, 1980, 14: 975-1001.

[40] He D M, Feng Y, Gan S, et al. Transboundary hydrological effects of hydropower dam construction on the Lancang River[J]. Chinese Science Bulletin, 2006, 51: 16-24.

[41] He D M, Zhao W J, Chen L H. The ecological changes in Manwan reservoir area and its causes[J]. Journal of Yunnan University (Natural Science), 2004, 26: 220-226.

[42] Hu B, Cui B S, Dong S K, et al. Ecological water requirement (EWR) analysis of High Mountain and Steep Gorge (HMSG) river-Application to Upper Lancang-Mekong River[J]. Water Resources Management, 2009, 23: 341-366.

[43] Hu W W, Wang G X, Deng W, et al. The influence of dams on ecohydrological conditions in the Huaihe River basin, China[J]. Ecological Engineering, 2008, 33: 233-241.

[44] Islam K R, Weil R R. Land use effects on soil quality in a tropical forest ecosystem of Bangladesh[J]. Agriculture, Ecosystems & Environment, 2000, 79(1): 9-16.

[45] Kinsolving A D, Bain M B. Fish assemblage recovery along a riverine disturbance gradient[J]. Ecological Applications, 1993, 3(3): 531-544.

[46] Kjaerland F. A real option analysis of investments in hydropower- The case of Norway [J]. Energy Policy, 2007, 35(11): 5901-5908.

[47] Kreuzwieser J, Papadopoulou E' Rennenberg H. Interaction of flooding with carbon metabolism of forest trees [J]. Plant Biology, 2004, 6(3): 299-306.

[48] Kummu M, Varis O. Sediment-related impacts due to upstream reservoir trapping, the Lower Mekong River[J]. Geomorphology, 2007, 85: 275-293.

[49] Leira M, Cantonati M. Effects of water-level fluctuations on lakes: an annotated bibliography[J]. Hydrobiologia, 2008, 613(1): 171-184.

[50] Lemenih M, Karltun E, Olsson M. Assessing soil chemical and physical property responses to deforestation and subsequent cultivation in smallholders farming system in Ethiopia[J]. Agriculture, Ecosystems & Environment, 2005, 105(1-2): 373-386.

[51] Lepš J, Šmilauer P. Multivariate analysis of ecological data using CANOCO[M].New York: Cambridge University Press, 2003.

[52] Liang J, Wang X A, Yu Z D, et al. Effects of vegetation succession on soil fertility within farming-plantation ecotone in Ziwuling Mountains of the Loess Plateau in China[J]. Agricultural Sciences in China, 2010, 9(10): 1481-1491.

[53] Liu J G, Linderman M, Ouyang Z Y, et al. Ecological degradation in protected areas: the case of Wolong Nature Reserve for giant pandas[J]. Science, 2001, 292(5514): 98-101.

[54] Liu S L, Cui B S, Dong S K, et al. Evaluating the influence of road networks on landscape and regional ecological risk-A case study in Lancang River Valley of Southwest China[J]. Ecological Engineering, 2008, 34: 91-99.

[55] Liu X, Li J. Scientific solutions for the functional zoning of nature reserves in China[J]. Ecological Model, 2008, 215 (1): 237-246.

[56] Loska K, Wiechula D. Application of principal component analysis for the estimation of source of heavy metal contamination in surface sediments from the Rybnik Reservoir[J]. Chemosphere, 2003,

51: 723-733.

[57] Maingi J K' Marsh S E. Quantifying hydrologic impacts following dam construction along the Tana River, Kenya[J]. Journal of Arid Environments, 2002, 50(1): 53-79.

[58] Moebius-Clune B N, van Es H M, Idowu O J, et al. Long-term soil quality degradation along a cultivation chronosequence in western Kenya[J]. Agriculture, Ecosystems & Environment, 2011, 141(1-2): 86-99.

[59] Moody P W, Aitken R L. Soil acidification under some tropical agricultural systems. 1. Rates of acidification and contributing factors[J]. Australian Journal of Soil Research, 1997, 35(1): 163-173.

[60] Muniz P, Danulat E, Yannicelli B, et al. Assessment of contamination by heavy metals and petroleum hydrocarbons in sediments of Montevideo Harbour (Uruguay) [J]. Environment International, 2004, 29: 1019-1028.

[61] Munroe D K, Nagendra H and Southworth J. Monitoring landscape fragmentation in an inaccessible mountain area: Celaque National Park, Western Honduras[J]. Landscape and Urban Planning, 2007, 83(2-3): 154-167.

[62] Munsi M, Malaviya S, Oinam G, et al. A landscape approach for quantifying land-use and land-cover change (1976-2006) in middle Himalaya[J]. Regional Environmental Change, 2010, 10(2): 145-155.

[63] Nichols E, Spector S, Louzada J, et al. Ecological functions and ecosystem services provided by Scarabaeinae dung beetles[J]. Biological Conservation, 2008, 141 (6): 1461-1474.

[64] Ouyang W, Hao F, Zhao C, et al. Vegetation response to 30 years hydropower cascade exploitation in upper stream of Yellow River[J]. Communications in Nonlinear Science and Numerical Simulation, 2010, 15: 1928-1941.

[65] Ouyang W, Skidmore AK, Hao F, et al. Accumulated effects on landscape pattern by hydroelectric cascade exploitation in the Yellow River basin from 1977 to 2006[J]. Landscape and Urban Planning, 2009, 93: 163-171.

[66] Pascual-Hortal L, Saura S. Impact of spatial scale on the identification of critical habitat patches for the maintenance of landscape connectivity[J]. Landscape and Urban Planning, 2007, 83 (2-3): 176-186.

[67] Peintinger M, Prati D, Winkler E. Water level fluctuations and dynamics of amphibious plants at Lake Constance: Long-term study and simulation[J]. Perspectives in Plant Ecology, Evolution and Systematics, 2007, 8(4): 179-196.

[68] Porter-Bolland L, Ellis E A'Gholz H L. Land use dynamics and landscape history in La Montaña, Campeche, Mexico[J]. Landscape and Urban Planning, 2007, 82(4): 198-207.

[69] Raumann C G'Cablk M E. Change in the forested and developed landscape of the Lake Tahoe basin, California and Nevada, USA, 1940-2002[J]. Forest Ecology and Management, 2008, 255(8-9): 3424-3439.

[70] Rautela P, Rakshit R, Jha VK, et al. GIS and remote sensing-based study of the reservoir-induced land-use/land-cover changes in the catchment of Tehri dam in Garhwal Himalaya, Uttaranchal (India) [J]. Current Science, 2002, 83(3): 308-311.

[71] Sharma K L, Grace J K, Mishra P K, et al. Effect of soil and nutrient-management treatments on soil quality indices under cotton-based production system in rainfed semi-arid tropical vertisol[J]. Communications in Soil Science and Plant Analysis, 2011, 42(11): 1298-1315.

[72] Spooner P G, Lunt I D, Okabe A, et al. Spatial analysis of roadside Acacia populations on a road network using the network K-function[J]. Landscape Ecology, 2004, 19(5): 491-499.

[73] Srinivasa Gowd S, Ramakrishna Reddy M'Govil P. Assessment of heavy metal contamination in soils at Jajmau (Kanpur) and Unnao industrial areas of the Ganga Plain, Uttar Pradesh, India[J]. Journal of Hazardous Materials, 2010, 174(1-3): 113-121.

[74] Stenberg B. Monitoring soil quality of arable land: microbiological indicators[J]. Acta Agriculturae Scandinavica, Section B-Plant Soil Science , 1999, 49(1): 1-24.

[75] Sternberg R. Damming the river: a changing perspective on altering nature[J]. Renewable and Sustainable Energy Reviews, 2006, 10: 165-197.

[76] Turner M G. Landscape Ecology: The Effect of Pattern on Process[J]. Annual Review of Ecology and Systematics, 1989, 20: 171-197.

[77] Uuemaa E, Roosaare J, Kanal A, et al. Spatial correlograms of soil cover as an indicator of landscape heterogeneity[J]. Ecological Indicators, 2008, 8: 783-794.

[78] Verbunt M, Groot Zwaaftink M'Gurtz J. The hydrologic impact of land cover changes and hydropower stations in the Alpine Rhine basin[J]. Ecological Modelling, 2005, 187(1): 71-84.

[79] Voelz N J, Ward J. Biotic responses along the recovery gradient of a regulated stream[J]. Canadian Journal of Fisheries and Aquatic Sciences, 1991, 48(12): 2477-2490.

[80] Wang L, Cai Q H, Xu Y, et al. Weekly dynamics of phytoplankton functional groups under high water level fluctuations in a subtropical reservoir-bay[J]. Aquatic Ecology, 2011, 45(2): 197-212.

[81] Wang W D, Yin C Q. The boundary filtration effect of reed-dominated ecotones under water level fluctuations[J]. Wetlands Ecology and Management, 2008, 16(1): 65-76.

[82] Wantzen K M, Rothhaupt K O, Mörtl M, et al. Ecological effects of water-level fluctuations in lakes: an urgent issue[J]. Hydrobiologia, 2008, 613(1): 1-4.

[83] Ward J V, Tockner K, Schiemer F. Biodiversity of floodplain river ecosystems: ecotones and connectivity[J]. Regulated Rivers: Research & Management, 1999, 15(1-3) :125-139.

[84] Wei GL, Yang Z F, Cui BS, et al. Impact of dam construction on water quality and water self-purification capacity of the Lancang River, China[J]. Water Resources Management, 2009, 23: 1763-1780.

[85] Xu C, Liu M S, Zhang C, et al. The spatiotemporal dynamics of rapid urban growth in the Nanjing metropolitan region of China[J]. Landscape Ecology, 2007, 22(6): 925-937.

[86] Yang Z, Wang Y, Shen Z, et al. Distribution and speciation of heavy metals in sediments from the mainstream, tributaries, and lakes of the Yangtze River catchment of Wuhan, China[J]. Journal of Hazardous Materials, 2009, 166: 1186-1194.

[87] Ye C, Cheng X, Zhang Y, et al. Soil nitrogen dynamics following short-term revegetation in the water level fluctuation zone of the Three Gorges Reservoir, China[J]. Ecological Engineering, 2012, 38(1): 37-44.

[88] Ye C, Li S, Zhang Y, et al. Assessing soil heavy metal pollution in the water-level-fluctuation zone of the Three Gorges Reservoir, China[J]. Journal of Hazardous Materials, 2011, 191(1-3): 366-372.

[89] You W H, He D M' Duan C C. Climate change of the Longitudinal Range-Gorge in Yunnan and its influence on the river flow[J]. Acta Geographica Sinica, 2005, 60(1): 95-105.

[90] Zeng H, Sui D Z' Wu X B. Human disturbances on landscapes in protected areas: a case study of the Wolong Nature Reserve[J]. Ecological Research, 2005, 20(4): 487-496.

[91] Zhang B, Fang F, Guo J, et al. Phosphorus fractions and phosphate sorption-release characteristics relevant to the soil composition of water-level-fluctuating zone of Three Gorges Reservoir[J]. Ecological Engineering, 2012, 40: 153-159.

[92] Zhang W, Feng H, Chang J, et al. Heavy metal contamination in surface sediments of Yangtze River intertidal zone: An assessment from different indexes[J]. Environmental Pollution, 2009,157: 1533-1543.

[93] Zhao J, Dong Y, Xie X, et al. Effect of annual variation in soil pH on available soil nutrients in pear orchards[J]. Acta Ecologica Sinica, 2011, 31(4): 212-216.

[94] Zhao Q H, Liu S L, Dong S K. Effect of Dam Construction on Spatial-Temporal Change of Land Use: A Case Study of Manwan, Lancang River, Yunnan, China[J]. Procedia Environmental Sciences, 2010, 2: 852-858.

第 6 章　水利水电工程建设对水生生物的
影响及其评价

水利水电工程在发挥水力发电、供水、防洪和灌溉等服务的同时，必然会对河流生态系统的自然生态过程产生影响（Zhao et al., 2013），造成生境破坏、水文改变、水质恶化等，最终导致生物多样性降低，水生生物尤为明显。作为水生生态系统中营养级较高的类群，鱼类是重要的水生生物资源，受不同人为活动的干扰，鱼类生物多样性近百年来逐步降低。已有研究表明，水利水电工程是近百年来造成全球 9 000 种淡水鱼类中近 20% 遭受灭绝、受威胁或濒危的主要原因（邹淑珍等，2010）。

水电建设产生的水文变化、水环境变化直接改变水生生物与岸边陆生生物的生境条件，对河流生态系统中生物的分布以及生存、繁殖均会产生影响。大坝产生的生态效应是水利建设及运行对河流生态系统造成的客观变化，其产生的效应有正负之分。水利设施建成后，增大库区水体的表面积，减缓径流流速，形成湖泊性水域。库区内变缓的水流使得有机物和营养盐类的沉积含量增加，促进部分浮游及底栖动物的生长繁殖，增加喜缓流水生活和静水生活的鱼类数量。随着捕鱼量的增加，同时还会为内陆水体养鱼业开发优良品种创造条件，放养适合水库养殖的高效高价值鱼类。

水利水电工程建设的本身直接对河流产生了分割作用，大坝将天然的河道分成了以水库为中心的 3 个部分：水库上游、水库库区和坝下游区，造成了生态景观的破碎，流域梯级开发活动更是把河流切割成一个个相互联系的水库。水利水电工程对鱼类的直接影响有以下几方面（王东胜和谭红武，2004）：一是阻隔洄游通道，影响物种交流，水坝建成后，破坏了河流的连续性，工程本身成为鱼类不可逾越的屏障。被大坝隔离形成的水库都可看成是大小、形状和隔离程度不同的"岛屿"，与真正的岛屿有许多相似特征，如地理隔离、生物类群简单等。二是改变河流的基本水文特征，水流特征表示了传送食物和营养物质的一种重要机制，很多生物对于水流速度是非常敏感的，已变化的水流特征也可能会限制生物体继续生存在河流段落中的能力；一些生物还会对水流的时间变化作出反应，这可能会增加其死亡率、改变可用的资源以及打破物种之间的相互作用规律。如洪水历时和洪峰量的减少，引起鱼类产卵区的面积缩小，不能及时形成产卵的有利条件，鱼卵和种鱼在产卵区死亡；在枯水期，水库的径流调节对鱼类的不利影响尤为显著。三是对鱼类的直接伤害。高压、高速水流的冲击致使鱼类在经过溢洪道和水轮机时受伤或死亡。同时，高坝溢流致使流水翻滚卷入大量空气而引起氮气过于饱和，不利于鱼的生长最终导致鱼患气泡病而死。鱼类是水生生态系统中营养级较高的类群，是重要的水生生物资源。

6.1 漫湾水库建设前后对水生生物多样性的影响分析

大型水电工程的建设在一定程度上改变了生物赖以生存的环境，导致生物在区系组成、种类、种群数量、群落结构发生改变。藻类的组成和数量随环境和水文条件呈现一定的变化（巴重振等，2009）。景谷河梯级小水电站对底栖动物群落结构影响较大，小水电站的修建使景谷河生境分为库区、减水段、混合段三类，分析表明库区底栖动物所受影响最大，减水段次之，混合段受影响较小（赵伟华等，2015）。底栖动物的物种组成、现存量、优势类群以及功能摄食类群等方面都不同程度地受到小水电站的干扰。其中，底栖动物的密度、功能摄食类群指数受到了较为显著的影响，而物种组成、优势类群等受到的影响并不明显（傅小城等，2008）。水库的修建使得流水变为静水环境而产生一系列的变化，使鱼类的种类和种群数量产生变化，在静水中或缓流中生活的鱼类能迅速繁殖，有利于库区人工养鱼条件的形成，宜于静水生活的种类增加，却使长期适应原有环境的各种鱼类（如喜流水性鱼类）受到很大影响（何舜平和王伟，1999；范红社，2007）。

漫湾水库蓄水后，水动力条件发生了显著变化，原自然河流生态系统为河道型水库生态系统所代替，使原有天然河流生态系统中水生生物区系组成随之发生显著变化，由河流型发展成为河流—湖泊型（王平和王金亮，1999）。漫湾电站库建库后藻类种类逐渐增加，个体数量与生物量也逐渐增加；浮游动物区系变化巨大，总体上，浮游动物种类变化，种数和个体数量增加，由江河流水生态型为主，演变为敞水浮游型为主；库区内主要经济土著鱼类的种群数量在下降，鲤、鲫及其他外来种宜于静水生活的种类，种群庞大，数量大增，急流鱼类可能会被迫对改变了的生境作出新的适应（张荣，2001；陈银瑞等，2004）。

6.1.1 水生生物调查采样

针对漫湾水电站建设的水库情况，在库区水生生物采样断面设置 8 个断面，于 2012 年进行采样调查。可以划分为 4 个区域（图 6-1）：坝下（芒怀码头）、库内（安乐河对面）、库中（公郎河口）、库尾（小湾坝址）。分别标记为：漫湾坝下（芒怀码头）：漫湾大坝下游码头，S_7—S_8；库内（安乐河对面）：漫湾水库库内区域的安乐河支流对面，S_3—S_4；库中（公郎河口）：库中区域支流，S_5—S_6；库尾（小湾坝址）：靠近小湾水坝坝址，坝下 500 m，S_1—S_2。基本上，区域包括了梯级水坝库区的湖泊静水区（lacustrine zone）、过渡区（transitional zone）和河流区（riverine zone）。每个区域的生境条件具有不同的水文特征。并根据实际研究需要，针对浮游植物、浮游动物、底栖动物与鱼类进行采样。

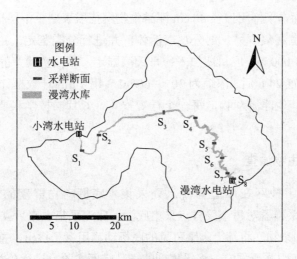

图 6-1　水生生物采样样点

结合澜沧江中下游梯级水电建设和开发规划，漫湾水坝库区生物群落组成和分布的调查研究历史数据参考相关的水电站生态影响的专题研究报告，另外，参考王忠泽和张向明（2000）的云南澜沧江漫湾水电站库区生态环境与生物资源的相关调查结果，进而对比大坝建设前后的水生生物变化情况。

6.1.1.1　浮游生物调查

浮游植物的定性样品按照湖泊调查技术规程采样，并参考淡水浮游生物调查技术规范，采样过程中，利用 25 号浮游生物网采集，并当场加固定液（鲁哥氏液）固定。浮游植物的定量样品用有机玻璃采水器在距水面 0.5 m 处采集水样 2 L，加鲁哥氏液固定（使水样中鲁哥氏液浓度达 1.5%）。采集到的样品当场加固定液（鲁哥氏液）固定。采集和固定后的定性样品在实验室中用显微镜和解剖镜进行观察和鉴定。其中，硅藻的鉴定须先将标本用等量的浓硫酸和浓硝酸硝化处理后，用封片胶封片，制成硅藻永久封片，再用显微镜进行属种鉴定。浮游植物物种鉴定参考胡鸿钧和魏印心（2006），鉴定到种或属的水平，并同时统计浮游动物各分类群的丰度。浮游植物的定量样品带回实验室，用沉淀器沉淀 48 小时后，弃上清液，使其浓缩至 30 mL，称为浓缩样品。

浮游植物细胞的计数是分别取摇匀后的各采样断面浓缩样品 0.1 mL，加入到浮游植物计数框中，在显微镜下计数对角线上的 10 个小方格的细胞数。每一样品计数 2 次，两次的计数结果误差小于 15%，则求出取平均值。再依公式换算成每升水中的数量，作为该采样断面的浮游藻类的细胞数量。每升水中浮游植物的总数等于各类群细胞数之和。用显微测量法实测得到的各类藻类细胞个体体积（按其最近似的几何形状测量，然后按求体积公式计算得出），计算出各类藻类细胞的平均湿重。再将每类浮游藻类或着生生物计数的细胞数量与该种藻细胞的平均湿重相乘，即得到该类藻类植物的生物量。再将各类藻类的生物量相加，就得到单位体积中浮游藻类或单位面积的着生生物植物的总生物量。

浮游动物定性标本采样用口径 40 cm 浮游生物网捞取表层至中层标本，用鲁哥氏液固定一部分带回实验室观察，另一部分观察活体，并进行分类鉴定。定量标本用 1 000 mL 采水器采集后放入 1 000 mL 广口瓶加入鲁哥氏液固定，带回实验室静置 48 h 后，浓缩为 100 ～ 200 mL 再静置 24 h 后，浓缩为 30 ～ 60 mL，用 1 mL 计数框计数原生动物、轮虫、枝角类、桡足类和其他浮游动物，每一个样观察 4 ～ 6 片。按学科要求记数，然后换算成密度（只 /L）。

6.1.1.2 底栖生物调查

定性标本采用手抄网在岸边与浅水处采集。底栖动物群落的调查采用开口面积 1/50 m^2 的 Peterson 采样器对每个采样点采集底泥，底泥采集上来后立即经 40 目尼龙筛淘洗过滤，去除泥沙和杂物，将筛上肉眼可见的底栖动物用镊子挑出，置入盛有 75% 的酒精的 50 mL 塑料标本瓶中杀死固定。将采集到的样品带回实验室进行分类和鉴定（一般鉴定到种，部分为属），统计不同种类的个体数量，并用天平称量其湿重，最后核算出每个采样点内底栖动物的个体数量和生物量。底栖动物中个体较大的软体动物用解剖镜进行鉴定，个体较小的寡毛类和摇蚊幼虫需制成临时片子在显微镜下参考有关资料进行鉴定。

6.1.1.3 鱼类调查

主要采样地点为漫湾库区和上下游（含干、支流），鱼类在各个点选择各种生境（干流与支流、急流与缓流、上游和下游），采用不同的渔具和渔法如用撒网、刺网、钓钩、鱼床、电捕等采集标本，有的直接从鱼市购买，或聘请当地渔民捕捞。历史资料来源于从云县、水产部门收集历次该流域调查研究的文献资料及渔业资料，以及近几年在澜沧江上多次调研采样的报告等（褚新洛和陈银瑞，1989，1990；陈小勇，2013；何新元和许碧蓉，2003；康斌和何大明，2007；杨君兴等，2007；刘明典等，2011）。

6.1.2 小湾 - 漫湾水电工程建设运行对浮游生物的影响

6.1.2.1 浮游生物多样性特征

浮游植物是澜沧江漫湾库区生态系统的重要组成部分。根据对干季（6 月）及雨季（12 月）在漫湾库区实地采集的样品进行处理与显微鉴定的结果，漫湾 4 个采样断面中有藻类植物 34 属，分别隶属于蓝藻门、甲藻门、硅藻门、裸藻门和绿藻门等 5 门 7 纲、15 目和 23 科。在浮游植物 34 属中，硅藻门的种类最多，其次是绿藻门；蓝藻门、甲藻门和裸藻门较少（图 6-2）。

漫湾浮游植物种类组成存在 3 个显著特点：漫湾库区的浮游植物分布中，在含有机质较丰富的肥沃水体较多，从硅藻门和绿藻门种类较多可以看出，漫湾水质的营养状况。漫湾浮游植物中存在很多种类是常生活于湖泊等静水水体或缓流的河川中的，这些种类出现与漫湾水电站库区蓄水多年、水体营养水平急剧升高有关。

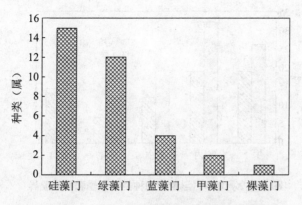

图 6-2 漫湾浮游植物种类数（属数）分析

在不同季节中，浮游植物的种类数的差异显著，干季藻类种类数比第二次采样雨季少（图 6-3）。浮游植物在干季采集到 21 属，而在雨季采集到 29 属。有部分种类仅在干季被发现，而雨季中，较干季多 13 属的种类。这种种类差异随着年内季节变化而发生较大差异的原因主要是雨季水量较多，上游来水携带上游及上游各支流浮游植物进入该区域。

从不同生境的来看，浮游植物空间分布差异明显，库尾和库内样点的浮游植物种类最多。其次是库中样点（图 6-3）。虽然坝下样点发现的浮游植物种类数最少，但绿藻门的种类数最多。

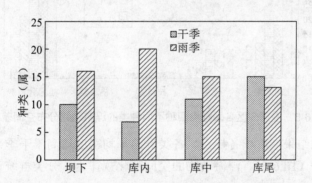

图 6-3 漫湾浮游植物种类（属数）干季雨季分布差异

在浮游植物数量组成上，硅藻门和甲藻门的种类所占比例均较高，在干季与雨季，硅藻细胞平均密度皆为最高，而甲藻门在干季平均生物量最高，雨季硅藻门的平均生物量最高。这说明，浮游植物数量与生物量的空间分布差异不太明显，但时间分布差异极其显著。雨季到来时，上游雨水携泥沙冲击而来，极大稀释了调查江段的浮游植物群落，造成浮游植物生物量时间分布变化极其显著的现象。

根据 2012 年干季和雨季对漫湾水电站浮游动物的现状进行调查结果，4 个样点共采到原生动物 31 种、轮虫 10 种、枝角类 2 种、桡足类 1 种。漫湾库区浮游动物种类数干季和雨季差异见图 6-4。浮游动物两次采样的各样点的总种数有一定差异，这种差异是雨季和干季库区水流变动引起的，一些完全营浮游生活的种类暂时性地减少。

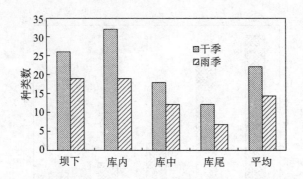

图 6-4　漫湾库区浮游动物种类数干季和雨季差异

不同采样点采样的种类也具有较大的差异，其中 4 个采集点采集到相同的种类有原生动物类的球形砂壳虫（*Diffugia globulosa*）、普通表壳虫（*Arcella vulgaric*）；轮虫类的多肢轮虫（*Polyarthra* sp.）；枝角类的透明蚤（*Daphina* sp.）、桡足类的广布中剑水蚤（*Mesocyclops leuckarti*）、长额象鼻蚤（*Bosmina longirostris*）。

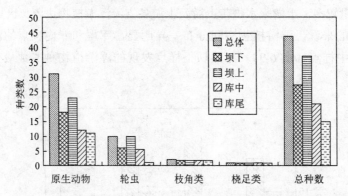

图 6-5　漫湾库区各采样点四种不同种类的浮游动物分布空间差异

对比两次采样结果，雨季各样点、各类群的平均密度均高于干季采样结果，与雨季水量、流速大有关（图 6-6）。浮游动物的空间变化规律为：分类群统计的结果显示，原

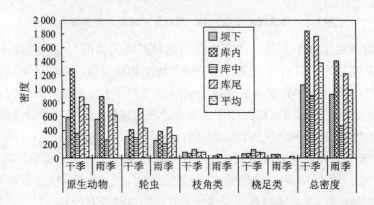

图 6-6　漫湾库区干季和雨季四种不同种类的浮游动物分布的空间差异

生动物密度与总密度顺序相同；轮虫为库尾密度最大、库内次之、库中最小；枝角类和桡足类则库尾最小，其他 3 个样点数量相当。两次采样的浮游动物总密度均为库内样点最大；而以库中样点最小。库尾样点大于坝下样点，且二者均介于库内和库中之间。

6.1.2.2　工程建设前后浮游生物变化分析

漫湾水电站于 1993 年建成，通过历史资料查阅，发现漫湾水库建设前 1984 年漫湾水电站库区共有包括蓝藻门、红藻门、金藻门、硅藻门、绿藻门和轮藻门 6 门的浮游植物，澜沧江干流支流各调查样点浮游植物的群落组成以硅藻门组成占据绝对优势，细胞密度占浮游植物平均细胞密度的 95% 以上，其次是绿藻门和蓝藻门。建站前浮游植物和着生藻类调查结果显示，流水性着生的浮游植物种类占优势，其中包括分布我国的特有属和稀有种；各调查点生态环境稳定、接近，基本无干扰破坏，相应各样点浮游植物和着生生物种属接近、群落结构固定、寡污性种类分布广泛。

与 1984 年及后续的历史调查监测结果相比，漫湾水库库区浮游植物种类及细胞数量呈明显下降趋势，且浮游植物群落结构发生了较大变化。早期的漫湾水库浮游植物多为寡污性清水类；水库建成后库区浮游植物群落出现了较多耐污能力较强的种类，如裸藻门、甲藻门和裸藻门等，以及绿藻门绿球藻目的种类，而不耐污的物种减少或消失，最典型的要数轮藻门植物以及红藻门、金藻门中一些种类的消失。由于筑坝导致的库区环境改变，一些喜肥或耐污的藻类种类及其种群数量也随之增加。随着库区环境的不断改变，2012 年库区营养水平的不断提升，浮游植物的群落结构已经由 20 世纪 80 年代的硅藻型改变为硅藻—甲藻—绿藻型或硅藻—甲藻—蓝藻型。2012 年硅藻在浮游植物种类组成和浮游植物数量组成方面依然占绝对优势，且漫湾水库库区内占优势浮游植物均为耐污物种，浮游植物的种类和数量的增加，与漫湾水电站大坝建成和水库蓄水有关。水库蓄水后，大坝上、下部分的水流变缓，泥沙沉降。调查也发现，研究区浮游植物群落的结构和组成在旱季和雨季沿河流纵向梯度发生了很大的变化，其群落组成趋于复杂化。

对于浮游动物来说，2012 年的调查结果与建坝前对比表明（图 6-7），浮游动物种类减少，数量急剧减少，浮游动物生物量随之急剧下降。其中，原生动物由于建库前水流湍急，冬季水温低，仅采集到 16 种；开始蓄水发电后，由于流速降低、水位升高和垂直采样，采集到较多浮游动物种类，同时由于采样季节的差异，各年份采集到的物种数差异明显，但 2012 年两次共采集到 31 种，是建库后采集到原生动物种类最少的一次；轮虫、枝角类和桡足类，在水库蓄水初期及电站正式运行初期，采集到的种类均多于建库前，但 2012 年对比电站运行初期则大幅减少。

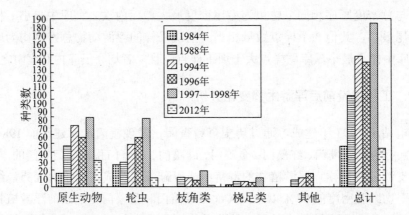

图 6-7　漫湾水坝建设前后（1984—2012 年）浮游动物种类数变动

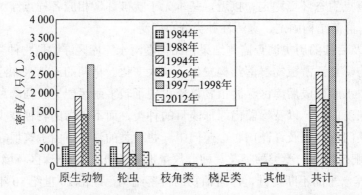

图 6-8　漫湾水坝建设前后（1984—2012 年）浮游动物密度变化

建库前和建库后各年，因采样季节、水深、水温等环境因子的差异，浮游动物密度差异明显（图 6-8）。其中，原生动物在建设前因水流湍急、冬季水温低，密度较低，而建设后水位升高、水流缓慢，其密度急剧升高；轮虫在建设前后差异不显著，但受采样时间和采样方式影响，各个年份波动明显；枝角类和桡足类在建设前和建设后初期较低，2012 年密度大幅升高。

6.1.3　漫湾水坝建设对底栖动物的影响

6.1.3.1　底栖动物多样性特征

2012 年 6 月和 12 月两次调查共采集到底栖动物 30 种，其中坝下、库内、库中和库尾分别分布 12 种、19 种、14 种和 13 种（图 6-9），共同分布的底栖动物种类有甲壳动物的日本沼虾（*Macrobrachium nipponensis*）和中华米虾（*Caridina denticulate sinensis*）以及半翅目的水黾（*Gerris* sp.）等。另外，在部分样点的浅水区域，采集到河流种类动物，如蜉蝣目和襀翅目类动物，由于其对污染较为敏感，可作为库区污染的指示生物。

从空间分布上来看，坝下底栖动物物种数目最少，主要以昆虫纲种类占绝对优势，其余种类则包括软体动物和寡毛纲类动物；库内拥有最多的底栖动物物种数目，底栖动物数量相对较高，并且包括寡毛纲、软体动物和昆虫纲动物；库中底栖动物物种数量逐渐降低；库尾底栖动物种类则以水生昆虫类为主。从时间分布来看，6 月份调查中，4 个采集点分别采集到 19 种、13 种、13 种和 6 种；12 月份的调查中，4 个采集点分别采集到 13 种、11 种、7 种和 12 种。对比 6 月份，12 月份底栖动物种类数明显降低，可能与雨季电站泄洪水流急有关。

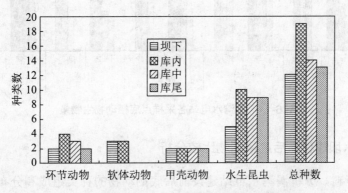

图 6-9　漫湾水电站 4 个采样点底栖动物种类数

对于底栖动物的密度，从总体来看，干季底栖动物的密度略大于雨季（图 6-10）。从空间分布上来看，干季库内底栖动物的密度最高，以昆虫纲为主，软体动物次之；库中底栖动物密度则明显降低，昆虫纲为主，伴有少量软体动物；库尾底栖动物密度最低；坝下底栖动物密度低于库内和库中，但高于库尾。在雨季，底栖动物的密度和分布范围相比干季略有降低，以库中底栖动物的密度最高，库尾最低，坝下底栖动物密度居中，但昆虫纲动物则为最低。

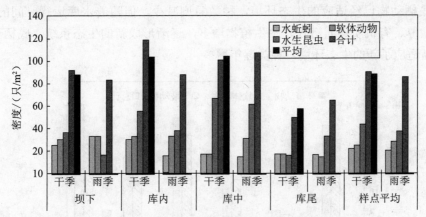

图 6-10　漫湾水电站各采样点底栖动物密度

对于底栖动物生物量的空间分布（图 6-11），除库中区域由于昆虫纲动物的分布导致该样点生物量较高外，坝下和库中底栖动物年内生物量分布基本保持一致，均以软体动物为主，昆虫纲动物次之，库尾区域底栖动物生物量最低。

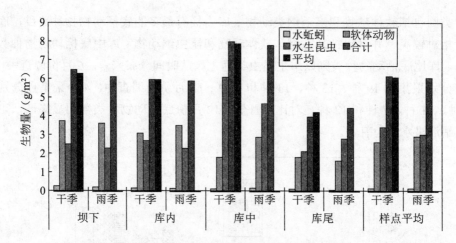

图 6-11　漫湾水电站各采样点底栖动物生物量

6.1.3.2　水坝建设前后底栖动物比较分析

根据历史资料,分析漫湾水电站建设前后底栖动物的种类组成和分布,其中,1988年资料代表建设前状态,1994年、1996年、1997年、1998年、2012年代表漫湾电站大坝建成之后的状态。

建坝前后底栖动物均以节肢动物为主(图 6-12),但受大坝建设影响,底栖动物在建坝后初期数量急剧减少,随大坝运行时间增加,底栖动物数量逐渐增加。其中,环节动物在建设前后除 2012 年略有增加外,其他年份变化不明显;软体动物除建设初期较少,其他年份在建设后均高于建设前;节肢动物与总体底栖动物变化趋势相同。大坝建设前,底栖无脊椎动物较适应生活环境,因此种类较多,库区开始蓄水后,水位急剧升高,完全改变了底栖动物已经适应的生态环境,种数急剧减少,但随着水库运行时间的增加,底层淤泥增厚、有机质碎屑沉积、水生植物增多,逐渐形成新的生态系统,底栖无脊椎动物也逐渐适应了新的生态环境,种类逐年增多。

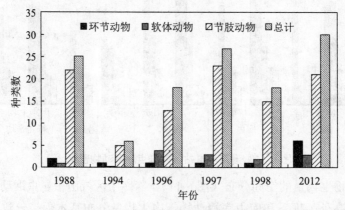

图 6-12　漫湾水电站建设前后底栖动物数量种类对比(1988—2012)

6.1.4 漫湾水坝建设对鱼类的影响

6.1.4.1 漫湾库区鱼类多样性特征

根据历史资料及 2012 年调查结果：

澜沧江漫湾电站运蓄水后，漫湾电站江段附近澜沧江水域总共有鱼类 6 目、11 科、28 属、31 种。其中土著鱼类有 16 种，外来鱼类有 15 种。以鲤科鱼类为主，共 16 属 16 种，占该江段总属数的 57.1%，占总种数的 53.3%，其次为鳅科 3 属 4 种；鮡科为 3 属 3 种；平鳍鳅科 2 属 2 种；其余鰕虎鱼科 1 属 2 种；刀鲚科、合鳃鱼科、塘鳢科、胎鳉科、鲇科、银鱼科各为 1 属 1 种（图 6-13），表明随着漫湾电站及上下游电站（如小湾、大朝山）的建成投产，水文条件的改变，漫湾电站库区的鱼类优势种群逐渐由相当一部分的外来鱼类特别是小型外来鱼类和人工养殖的经济鱼类取代。其中，外来鱼类主要有鱼聚（*Hemiculter leucisculus*）、子陵栉鰕虎鱼（*Ctenogobius giurinus*）、麦穗鱼（*Pseudorasbora parva*）、棒花鱼（*Abbottina rivulari*）、泥鳅（*Misgurnus anguillicaudatus*）；人工养殖的经济鱼类主要有鲤（*Cyprinus carpio carpio*）、鲫（*Carassius auratus auratus*）、鲢（*Hypophthalmichthys molitrix*）、鳙（*Aristichthys nobilis*）和太湖新银鱼（*Neosalanx taihuensis*）等。

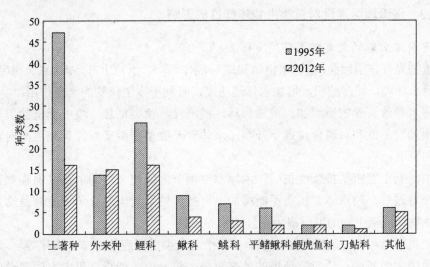

图 6-13 漫湾库区鱼类资源对比

漫湾库区鱼类总体表现出如下特征：

（1）外来鱼类大量繁衍，不仅在物种数量上占优势，在种群数量上也占极大的优势。首先，从物种数量上来说，在渔获物中，外来鱼类物种的物种数占优势。其次，从种群数量上来说，一些小型外来鱼类的个体数量占绝对优势，如在漫湾大坝前库区地笼捕捞的渔获物中，其中外来小型鱼类的个体数量占总渔获物个体数量的 75% 以上。

（2）土著鱼类在物种数量上显著减少，种群优势不再，但静水区与流水区差异明显。

如 1995 年建成投产时，有鱼类 61 种，其中土著鱼类 47 种，到 2012 年，调查到鱼类 31 种，其中土著鱼类 16 种，土著鱼类物种数量已经减少到漫湾电站投产前的 34.0%。如原来广泛分布于澜沧江中下游的大鳞结鱼（*Tor douronensis*）、少鳞舟齿鱼（*Scaphiodonichthys acanthopterus*）、灰裂腹鱼（*Schizothorax griseus*）、河口光唇鱼（*Acrossocheilus krempfi*）、红鳍方口鲃（*Cosmochilus cardinalis*）、巨𩷕（*Bagarius yarrelli*）、中华刀鲇（*Platytropius sinensis*）、大刺鳅（*Mastacembelus armatus*）等鱼类已经难以调查得到；另外一些大中型土著经济鱼类，如中国结鱼（*Tor sinensis*）、云南四须鲃（*Barbodes huangchuchieni*）、后背鲈鲤（*Percocypris pingi retrodorslis*）、黄尾短吻鱼（*Sikukia flavicaudata*）等，尽管可以采到标本，但其个体数量已经很少。另外，静水区与流水区差异明显，在库区的静水区域，外来物种在采样渔获物中的物种数较多，如在漫湾大坝前库区地笼捕捞的渔获物中，12 种渔获物中，仅有 3 种土著种，其余 9 种为外来物种；在流水区域（澜沧江自然水体）中，土著种在采样渔获物中的物种数较多，如漫湾库尾捕获的 16 种鱼类中，有 11 种土著鱼类，5 种外来鱼类。

（3）洄游性鱼类鲜见。无论是漫湾库区还是坝下，均未见到洄游性的鲱科鱼类或类似鲱类的洄游性鱼类，即便当地居民在近几年亦不见鲱类踪迹，说明洄游性鱼类的数量和种类在减少或已消失。

6.1.4.2　漫湾库区建设对鱼类生物多样性的影响

（1）逐渐建立新的鱼类栖息环境

水生植物光合作用增强。漫湾水电站建成后，水库蓄水，水位上升，库区水流速度变缓，形成相对静水环境，泥沙沉积，增加水体透明度，有利于水生植物的光合作用。

水库蓄水导致营养物质增加。耕地和林地的淹没，鱼类栖息环境中无机盐类和有机营养物质增加，总氮和总磷含量逐年升高，水体营养类型则由贫营养类型逐渐向轻度富营养化方向发展。

水位消涨利于有机质持续性供应。水库水位调节，致使大片的消落区面临频繁的淹没与暴露交替过程，使水体有机质不断增加，可持续性地为大部分鱼类尤其是幼鱼的饵料如浮游生物和底栖生物的繁衍提供良好的营养条件。

新的鱼类栖息环境，改变了澜沧江原来的土著鱼类所适应的水文、饵料等环境因素，造成土著鱼类大量减少，适应新环境的外来鱼类大量繁衍。调查结果中水库建设前后土著鱼类和外来鱼类的物种多样性和种群结构的变化是最好的佐证。

（2）湖泊型鱼类成优势种群

新建立的鱼类栖息环境，如变缓的水流、上升的水温，对于湖泊型外来种的生长颇为适宜。库区为推动渔业发展，优化养殖品种而从外地引进优良品种，一些湖泊型经济鱼类，如，鲤、鲫、鲇、泥鳅、鲢、鳙和太湖新银鱼等在漫湾库区逐渐增多。与此同时，在引种过程中一些小型的低值鱼类，如麦穗鱼、棒花鱼、子陵栉鰕虎鱼等，也被非意愿性地引入库区，此类鱼多为渔业价值较低但适应性和繁殖能力极强的湖泊型鱼类，极容易在漫湾库区内繁衍，并以经济鱼类的受精卵为饵，能在较短时间内形成庞大的种群，从而威胁库区经济型鱼类的发展。不管是经济鱼类还是低值鱼类，均属于外来种，在水库建成后大量繁衍，逐渐成为库区的优势种群。

（3）河流型鱼类的适应性外迁

新的鱼类栖息环境建成以后，库区许多河流型土著鱼类因较难适应新的环境而适应性地外迁至较为适宜的环境，多会向库尾和入库支流迁移，库尾和流水区域所捕获的较多的土著鱼类即为佐证。

6.2　河流水生生态通道模型（Ecopath）的建立

受漫湾水坝建设运行的影响，水坝工程的拦蓄作用使得水库内的水生生态系统的能量流动发生了明显的演变，水生生物种群种类和数量也发生了很大的变动，因此，大坝干扰对漫湾库区水生生态系统的结构和功能影响巨大。本章将 Ecopath 模型引入澜沧江流域漫湾水库水生生态系统的研究中来，构建了覆盖整个生物群落功能组的漫湾水库的生态通道模型，分析水生生态系统的结构和功能的相互关系，比较水坝建设前后不同时期的生态系统的系统总体特征，定量描述生物量在食物网中的流动及能量流动方式，以及生态系统中的各个营养级之间的相互关系，可为深入分析漫湾水电站建设对鱼类乃至整个漫湾水库水生生态系统的影响提供支持。

6.2.1　模型原理

本章中利用的 Ecopath 模型来自国际水生资源管理中心开发的 Ecopath with Ecosim（EwE）6.2 软件，其主要原理与方法如下：

Ecopath 模式中把生态系统划分为众多生物功能组，各组分间相互生态关联，这些生物功能组能够基本覆盖生态系统中的能量流动全过程。一般一个完整的功能组由各种鱼类、浮游动物、底栖动物、浮游植物以及有机碎屑组成。Ecopath 模型是根据物质能量平衡的理论来进行假设的，把一个生态系统中的各功能组分的能量总输入等于能量总输出，即各生态功能组分达到稳定平衡的状态。

模型的理论基础可以归结为以下两个建立在物质守恒基础上的控制方程：一个是生产量方程，即功能组中的捕食量、净迁移量、捕捞量、生物量累积其他死亡之和为生产量；另一个是消耗量方程，即消耗量等于生产量、呼吸量和未同化食物量之和。

生产量的数学公式表示为：

$$B_i \frac{P_i}{B_i} \text{EE}_i - \sum_{j=1}^{n} B_j \frac{Q_j}{B_j} \text{DC}_{ij} - \text{EX}_i = 0 \qquad (6\text{-}1)$$

式中，B_i、B_j 表示第 i 组和 j 组的生物量，t/km^2；P_i/B_i 表示生产量与其生物量之比；Q_j/B_j 指消费量与生物量的比值；DC_{ij} 表示被捕食者 i 在捕食者 j 的总捕食物中所占的比例；EE_i 即生态营养转换效率；EX_i 为产出量。

6.2.2　功能组划分

根据漫湾库区水库生态系统的生物特征及水生生物资源现状，考虑能量从有机碎屑流动到初级生产力、次级生产力，最后到肉食性鱼类的过程，生态通道模型由 9 种鱼类种群、4 种浮游生物、3 种底栖生物、浮游植物和碎屑共 18 个生物功能组组成，基本覆盖了漫湾水库生态系统能量流动的主要过程。

6.2.3　基础数据来源及参数输入

建立 Ecopath 模型需要输入的基本参数有鱼类等各类水生生物的生物量 B_i、食物组成矩阵分析 DC_{ij}、各功能组的生产量与生物量的比值 P_i/B_i 以及消耗量与生物量的比值 Q_i/B_i，其他 EE_i、EX_i 可通过已输入参数的模型自行运算得出。

为满足 1988 年和 2012 年两个时期的 Ecopath 模型构建所需的基础数据，1988 年的各类水生生物的生物量等历史数据参考了云南大学《漫湾水库生物资源调查报告》。现状 Ecopath 静态模型则根据 2012 年 6 月对漫湾库区的鱼类、浮游植物、浮游动物、底栖动物进行实地采样，通过对浮游动植物以及底栖动物进行试验鉴定与分析，模型中浮游植物、浮游动物、底栖动物的生物量都采用实测数据输入。通过查阅澜沧江漫湾库区所在河流段鱼类年捕捞量，结合调查资料显示的鱼类种类比例，进行鱼类的生物量估算。食物组成矩阵 DC_{ij} 则通过文献资料中对同类生物种群的生物学检测和胃含物分析。此外，还参考了渔业数据库网站（http://fishbase.net）的同纬度的类似水生生态系统中的类似功能组的资料。

除了生物量以及 Q/B 可以通过 P/B 和 P/Q 的比值得到，模型中两个重要的参数，P/B 和 P/Q 值则是结合文献资料、经验公式以及实际测算数据得到。研究中浮游动物以及浮游植物的 P/B 和 P/Q 值来源于漫湾水生生物调查报告中的实际测算数据，其他鱼类以及底栖动物等功能组的 P/B 和 P/Q 值则可以通过经验公式测算得到，或参考相关文献资料（林群，2009；王雪辉，2005）。1988 年的 Ecopath 模型的 P/Q 参数基本沿用 2012 年的设置，这是因为在不同水生环境条件下各生物组的 P/Q 系数的变化程度小于 Q/B 系数。

6.2.4　模型平衡及可信度评价

将提交的数据输入 Ecopath 并进行平衡调试，根据模型平衡的结果对测得的参数进行校正，重新修改引起不平衡的参数，直到保证 $0 < EE < 1$。对于生物量数据缺失的功能组，利用 Ecoranger 模块可以通过给出合理的范围（EE=0.95）和分布函数，进而满足模型的平衡。

为保证数据和模型整体的质量，用 Pedigree 模块对模型进行验证和置信度，结果显示两个时期的漫湾水库静态模型的可信度为 0.50、0.51，可信度较高。Sensitivity analysis 模块则负责进行灵敏度分析。

6.3　水坝建设前后生态系统 Ecopath 模型时序比较研究

6.3.1　水坝建设前后的 Ecopath 模型基本参数比较

2012 年漫湾水库生态系统 Ecopath 模型模拟结果包括营养级、生物量、生产力、生态营养转换率等（表 6-1）。漫湾水库生态系统各功能组的有效营养级主要为一级到四级，营养级范围为 1.00 ~ 3.69，肉食性鱼类的营养级处于最高等级。生态营养效率即不同功能组的营养转化比率（EE）范围为 0.309 ~ 0.93，营养转化效率比较低的是营养级 I 中的浮游植物和碎屑功能组，浮游动物和底栖动物相对较高，而顶级捕食者肉食性鱼类 EE 值相对较小。导致整个生态系统中有大量初级生产力未进入更高层次的营养流动，只停留在碎屑层，这也造成水库生态系统下层营养流动的阻塞。

表 6-1　2012 年漫湾水库生态系统 Ecopath 模型功能组模拟参数结果

序号	功能组	营养级 TL	生物量 I/(t/km^2)	生产量/生物量 P/B	消费量/生物量 Q/B	生态营养转换率 EE
1	肉食性鱼类	3.69	1.5	1.67	6.1	(0.373)
2	草食性鱼类	2.01	3.6	2.15	11	(0.571)
3	鲤鱼	2.82	0.99	0.96	10.69	(0.481)
4	鲫鱼	2.84	0.94	11.3	12.3	(0.458)
5	鳙鱼	2.92	1.053	0.99	11.5	(0.79)
6	太湖新银鱼	3.16	0.45	2.37	27.2	(0.858)
7	鲢鱼	2.24	0.856	1.1	8	(0.68)
8	鰕虎鱼	3.17	3.88	1.66	6.1	(0.414)
9	麦穗鱼	3.08	3.62	1.5	7.9	(0.453)
10	软体动物	2	31.58	1.32	10.6	(0.91)
11	虾类	2.64	10.36	5.4	28	(0.774)
12	其他底栖动物	2.01	12.54	6.5	27.4	(0.93)
13	桡足类浮游动物	2.16	8.01	3.9	18	(0.901)
14	轮虫类浮游动物	2.17	3.598	5.7	16.5	(0.912)
15	枝角类浮游动物	2.12	6.16	4.9	17.84	(0.906)
16	原生动物	2.11	12.49	6.63	10	(0.908)
17	浮游植物	1	11.58	185		(0.315)
18	碎屑	1	155			(0.309)

1988 年水库生态系统中各功能组的营养级和生物量水平比 2012 年高（表 6-2），漫湾库区建设前受人类活动干扰较少，受自然生长的各生物种群的营养级和生物量都处在较高水平。到了建坝中期的 2012 年，漫湾水库建设期和运行蓄水初期，对水生生态系统的扰动比较大，水坝对鱼类迁移和生存环境有阻隔作用，易造成鱼类死亡，外来种的入侵等现象造成鱼类群落数量变动。虽然水库运行后漫湾水生生态系统趋于稳定，生物数

量和种类有所恢复，但总体来说，各生物种群所处的营养级和生物量水平与1988年相比，呈现降低的趋势。

表6-2 1988年和2012年漫湾水库生态系统营养级和生物量的变动

序号	功能组分名称	1988年		2012年	
		营养级	生物量	营养级	生物量
1	肉食性鱼类	3.85	1.67	3.69	1.5
2	草食性鱼类	2.23	3.85	2.01	3.6
3	鲤鱼	2.86	1.06	2.82	0.99
4	鲫鱼	2.97	1.35	2.84	0.93
5	鳙鱼	3.04	1.19	2.92	1.05
6	太湖银鱼	2.22	0.47	2.16	0.45
7	白鲢鱼	2.38	0.91	2.24	0.85
8	鰕虎鱼	3.25	3.96	3.17	3.88
9	麦穗鱼	3.11	3.85	3.08	3.62
10	软体动物	2.17	33.32	2.00	31.58
11	虾类	2.72	15.4	2.64	10.36
12	其他底栖动物	2.13	13.5	2.01	12.54
13	桡足	2.25	9.9	2.16	8.01
14	轮虫	2.38	5.7	2.17	3.59
15	枝角	2.26	6.9	2.12	6.15
16	微型浮游动物	2.23	16.63	2.11	12.48
17	浮游植物	1	13.4	1	11.58
18	碎屑	1	185	1	155

6.3.2 水坝建设前后生物量在各营养级之间的分布变化

由于同一种生物可以同时摄食多个营养级提供的食物，占有多个不同的营养级。图6-14分析了分数营养级，即相对能量流动，比较了2012年各个功能种群所占不同营养级的比例。生物量主要在Ⅰ和Ⅱ营养级间流动。漫湾库区浮游动物功能组位于Ⅱ营养级的比例为100%，这说明浮游动物食物主要来源于第Ⅰ营养级（碎屑等）。底栖动物来源于第Ⅱ和第Ⅲ营养级，其中94%的食物来源于第Ⅱ营养级。食草性鱼类主要摄食碎屑、浮游植物以及水生植物，因此，其食物主要来源于第Ⅰ营养级，少数来源于第Ⅱ营养级。

研究结果显示，总体来说，漫湾水库建设前后的1988年到2012年各生物量在各营养级间的分配及能量流动都呈严格的金字塔形分布，即生物量大和流量大的主要集中在底层（第Ⅰ级营养级），并且随着营养级的升高逐级减少，基本符合能量和生物量金字塔规律。

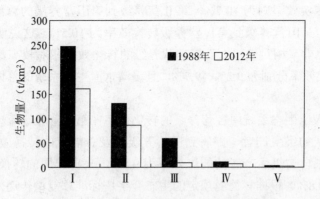

图 6-14　1988 年和 2012 年各营养级的生物量

比较建坝前后漫湾水库各生物种群在各营养级之间的分布，1988 年到 2012 年营养级 Ⅰ、Ⅱ、Ⅲ、Ⅳ、Ⅴ 的生物量分布均有所降低。1988 年的漫湾水库生态系统中各功能组的生物量共分布在 10 个营养级中，而到了 2012 年则减少为 9 个。虽然 1988 年和 2012 年各功能组的主要生物量都集中在前四级营养级，第五级以后的营养级间的流动很少，接近于 0，因此，漫湾水库生态系统的各功能组主要分布在 4 个有效营养级水平上。

6.3.3　水坝建设前后营养级间的能量转换效率

1988 年和 2012 年漫湾水库生态系统的各营养级间的能量转换效率见表 6-3。可以看出，漫湾水库生态系统在 1988 年和 2012 年这个时期都存在牧食食物链和碎屑食物链 2 条食物链。

表 6-6　1988 年和 2012 年漫湾水库生态系统能量转换效率　　　　　　单位：%

来源	1988 年			2012 年		
	Ⅱ	Ⅲ	Ⅳ	Ⅱ	Ⅲ	Ⅳ
生产者	10.5	11.6	13.7	10.1	13.5	13.4
碎屑	10.7	11.5	13.3	10.2	13.2	13.2
总能流	10.4	11.8	13.5	10.2	13.9	13.2
	来源于碎屑的总流动的比例：46%			来源于碎屑的总流动的比例：44%		
	初级生产者转换效率：9.2%			初级生产者转换效率：9.5%		
	碎屑转换效率：9.7%			碎屑转换效率：9.9%		
	总转换效率：9.5%			总转换效率：9.8%		

营养级间的能流转换效率是指该营养级输出和被摄食的流量与总流量之间的比值，体现了该营养级在系统中被利用的效率。表 6-6 表明了不同营养级之间的能量转换效率，比较两个时期的营养转换效率，营养级从 Ⅰ 到 Ⅱ 时 1988 年高，Ⅱ 到Ⅲ时 2012 年高，Ⅲ 到Ⅳ时，两个时期相差不大。具体来说，1988 年，从生产者和碎屑到第 Ⅱ 营养级的总能流为 10.4%，其中初级生产者和第 Ⅱ 营养级之间流动的转换效率为 10.5%，而碎屑流动

到第Ⅱ营养级的转换效率则为10.7%。第Ⅱ营养级到第Ⅲ营养级的总能流为11.8%，转换效率相对较高。第Ⅲ营养级到第Ⅳ营养级转换效率为10.5%。这说明，总体上，低营养级间的能流转化效率相对较低，而较高营养级的转化效率相对较高，来自初级生产者和碎屑的能量转换效率分别为9.2%、9.7%，且漫湾水库生态系统的总体能流转换效率仅为9.5%。

2012年水库人工生态系统中各营养级的转化效率在第Ⅱ营养级流动到第Ⅲ营养级时处于最高水平，从初级生产者、碎屑到Ⅲ营养级以及总能流的转换效率分别为13.5%、13.2%、13.9%。来自初级生产者的能流效率为9.5%，来自碎屑的转换效率为9.9%，总能量传递效率为9.8%。根据林德曼规定的生态金字塔标准总能量传递效率的"十分之一定律"，漫湾水库能量利用效率在建坝前后都未达到最适程度。

1988年在能量流动过程中，食物网中能流有46%通过碎屑食物链传递，而直接来源于初级生产者的比例为54%。2012年，在能量流动过程中，直接来源于碎屑的比例占总流量的44%，而直接来源于初级生产者的比例为56%，碎屑食物链的重要性略有降低。

漫湾水库生态系统构建时间较短，系统中各组分连接松散，能量流动主要依靠初级生产者，能量转换主要发生在浮游生物、水生植物等，没有集中在处于底层的碎屑层，能量更多地回流和积蓄在初级生产者中。

6.3.4　水坝建设前后水库生态系统总体特征比较

总体来说，建坝前后水库生态系统总体特征指数结果显示（表6-4），2012年漫湾库区生态系统的总生物量与1988年相比呈现缓慢上升的趋势，且由碎屑所构成的食物链的物质能量流动降低的趋势比较明显。生物量分布方式、营养级之间的能量流动、能量转化效率都有相应的变动。系统总流通量（Total Throught）是表征系统规模的指标，它是总摄食、总输出、总呼吸以及流入碎屑的总和，系统总流量值从1988年的5 549.99 t/（$km^2 \cdot a$）降低到2012年的3 178.5 t/（$km^2 \cdot a$），所有生物的总生产量从2 524.84 t/（$km^2 \cdot a$）降低到1 367.4 t/（$km^2 \cdot a$）。1988年和2012年整个漫湾水库系统的营养水平，生产力水平和饵料生物水平都仍处于不成熟的发育期，对外界的扰动极为敏感和脆弱。

表6-4　1988年和2012年漫湾水库生态系统总体特征参数　　　单位：t/（$km^2 \cdot a$）

系统参数	1988年	2012年
总消耗量（TC）	1 563.29	1 056.2
总输出（TEX）	1 274.29	948.45
呼吸的总流量（TR）	868.08	568.1
流入碎屑的总流量（TDET）	1 844.4	1 247.42
系统总流通量（TST）	5 549.99	3 178.5
总生产量（TP）	2 524.84	1 367.4
计算的总净初级生产量（NPP）	2 142.3	2 186.5
总初级生产量/总呼吸量（TPP/TR）	2.47	1.95

系统参数	1988 年	2012 年
净生产力（NSP）	1 274.22	1 090.2
总初级生产量 / 总生物量（PP/B）	0.38	0.6
总生物量 / 总流通量（B/T）	0.12	0.10
总生物量（除去碎屑）	113.38	125.2
联接指数（CI）	0.34	0.28
系统杂食指数（SOI）	0.13	0.19
平均能流路径（MPL）	2.58	2.68
捕食循环指数（PCI）	2.42	1.93
循环指数（FCI）	0.45	0.41
平均路径长度指数（FML）	2.59	2.66

在表征生态系统"成熟度"的各项指标中,系统初级生产量与总呼吸量的比值（TPP/TR）是描述系统成熟度的重要依据,一般成熟系统的 TPP/TR 接近 1,说明没有多余的生产量可供系统再利用。生态系统发育早期,通常系统的净初级生产量 TPP 较高,而系统的呼吸 TR 消耗较小,因此 TPP/TR > 1,随着生态系统的发育并趋于成熟,其生物量不断积累,呼吸消耗逐步增大,则 TPP/TR 接近 1。1988 年到 2012 年漫湾库区总初级生产计算量 / 总呼吸量（TPP/TR）从 2.47 减少到 1.95,这说明由于漫湾水库生态系统发育历史较短,漫湾水库建设前后两个时期的水库生态系统都处于不成熟的发育期。1988 年的系统初级生产力 NPP 为 2 186.5 t/（$km^2 \cdot a$）,远远大于总呼吸量 568.1 t/（$km^2 \cdot a$）,系统净生产力 NSP 为 1 090.2 t/（$km^2 \cdot a$）。系统杂食指数（SOI）、联接指数（CI）等表征生态系统复杂性特征的指数值,可以反映系统内部联系的复杂程度。越是成熟的系统,其各功能组间的联系越复杂。SOI 和 CI 在 2004 年水库建设后增加,表明漫湾水库生态系统不同营养级之间的捕食活动复杂性有所增加。Finn's 循环指数（FCI）指的是系统中循环流量与总流量的比值,表明有机物流转的速度。Finn's 平均路径长度（FML）是每个循环流经过食物链的平均长度。越是成熟的系统,其系统规模越大,Finn's 循环指数越高,Finn's 平均路径长度越长。FCI、FML、整个系统物流循环经过的总路径数等表征系统内部连接复杂程度的参数整体上呈现稍下降的趋势。

6.3.5　水坝建设前后系统结构特点及各功能组间的营养关系

漫湾水库生态系统食物网结构图（图 6-15）显示了 1988 年和 2012 年的水库生态系统营养流量和功能组在总生物量中所占比例。结果表明,虽然 1988 年到 2000 年漫湾水库生态系统中能量流动主要有以下两种方式:①以碎屑食物链为主,有有机物,碎屑,浮游动物等碎屑摄食者,底栖动物,小鱼小虾,杂食,食草型鱼类,肉食性鱼类等;②以浮游植物为起点的牧食食物链途径为主,物质能量流动从浮游植物经过浮游动物（桡足类）再到摄食浮游动物的小型鱼类。其中软体动物在能量从低级向高层次转换中起关键作用。此外,在漫湾建坝后,虾类生物量的增加对底栖动物总生物量的影响比较多。浮游植物和有机碎屑作为系统的生产者，对其他大部分功能群有积极影响，浮游动物在能量的有效传递上起着关键作用，同时也受到初级生产者和上层捕食者的双重作用，它们对系统的影响比较强烈。在漫湾建坝后，虾类生物量的增加对底栖动物总生物量的影响比较多。总体来说，漫湾水库生态系统的食物链普遍较短，且食物网络相对较简单。因此，一个物种数量的变动或消失都可能危及整个系统的食物网结构。

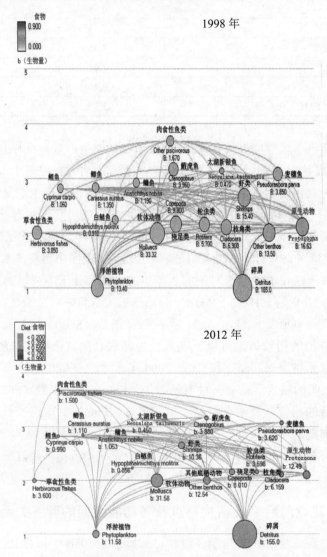

图 6-15　1988 年和 2012 年漫湾水库食物网结构图

6.4　水利水电建设对鱼类栖息地模型的应用

水利水电的建设和运营对栖息地形成较大的扰动，其不仅会阻断河流的连续性，淹没大量陆地，而且会改变河流自然的径流分配，这些变化影响栖息地的质量，改变了栖息地的物理、化学和生物特征（崔保山和翟红娟，2008），进而影响鱼类多样性。

研究表明，澜沧江流域梯级水电站全部建成蓄水后，破坏鱼类洄游通道的完整性与连续性，对澜沧江流域的鱼类和数量将造成较大的影响，隔断鱼类的洄游通道，阻断鱼类的迁徙，造成鱼类生境的片段化，阻断鱼类种群间的基因交流（钟华平等，2007）。目前，水利水电建设对生物栖息地影响的模型研究较少，针对澜沧江流域的相关方面的研究更少。因此，本节主要针对相关的研究及其案例对栖息地模型进行阐述。

6.4.1　ESHIPPO PPm 模型

Yi 等（2014）通过建立 ESHIPPO PPm 模型对澜沧江鱼类物种的灭绝风险进行研究，在评价 4 种特有鱼类灭绝风险的基础上，选择中国结鱼，利用栖息地适宜性指数模拟中国结鱼栖息地质量。栖息地适宜性指数（HSI）模型耦合了一维（1-D）水力模型与栖息地适宜曲线。考虑到鱼的产卵特点，建立了影响中国结鱼成鱼和产卵特性的关键因素的栖息地适宜曲线。基于栖息地适宜性指数（HSI）模型的模拟结果，获得了成鱼加权可用面积（WUAd）和产卵加权可用面积（WUAs）。采用 Mann-Kendal 分析漫湾大坝建设前后 WUAd 和 WUAs 的变化趋势以及在大坝施工期和运行期的 WUAd 和 WUAs 的突变。根据模拟和分析，栖息地适宜性在漫湾水库建设和运营过程中发生改变。对于中国结鱼的产卵，大坝对最小和最大的栖息地有明显影响，但对最佳栖息地影响很小；对于成鱼栖息地，大坝减少了中等和最佳 WUAd；研究发现，产卵的最适合排水量比成鱼大，而且利用模型，对不同程度的栖息地质量提出了不同的排水量。

6.4.2　河道内流增量法

Li 等（2009）基于长期连续原位监测数据，选择香溪河最优势的大型底栖无脊椎动物（四节蜉属）作为指示物种，综合分析水文法和加权可利用面积法，建立香溪河河道内最小需水量、最小环境流量和适宜环境流量这 3 个层次的计算模型。所采用的栖息地法可能更适合于我国水量丰沛的南方地区河流，而北方地区河流的计算方法尚需结合具体河流加以改进。

基于香溪河流域的自然环境特点和采样的可行性，设置了 154 个采样点，其中 13 个站点每月采样一次。采样内容包括：水文数据、水的理化指标和水生生物（附石藻类、浮游植物、浮游动物、底栖动物和鱼类等）。在香溪河的干流上设置 10 个监测断面来监测自然河流的情况，在一个典型的引水水电站——苍坪河水电站的进口和出口之间设置 9 个监测断面来监测受损河流的情况。

利用频率分布法，分别将采样点的水深、流速、底质与四节蜉的相对丰度进行单因子适合度模拟，应用层次分析法计算出水深、流速和底质的权重，绘制加权可利用面积与流量（以自然对数为底数）的回归曲线，利用斜率为 1 法计算出受损河道的最小环境流量和自然河道。在使用加权可利用面积法进行计算的同时，基于 1988—2005 年的水文数据，又分别采用水文系列法、Tennant 法、10 年最枯月平均流量法和保证率 90 % 最枯月平均流量法计算了香溪河河道内环境流量，对比水文法和加权可利用面积法的计算结果，最终确定香溪河河道内最小需水量、最小环境流量和适宜环境流量这 3 个层次的河道内环境流量。

6.4.3　栖息地适宜度模型

栖息地模拟法包括基于相关关系的栖息地适宜性模型和基于过程的生物种群或生物能模型两大类。基于相关关系的栖息地适宜性模型包括单变量栖息地适宜性模型和多变量栖息地适宜性模型，主要通过对生物行为和环境因子相关关系的研究来对栖息地适宜性作出判断。单变量栖息地适宜性模型以特定属性（如水深、流速）区域内的物种数量表示栖息地的适宜性程度。多变量栖息地适宜性模型包括回归模型、排序技术、人工神经网络、模糊准则、决策树等。回归模型包括逻辑回归模型和多重回归模型。

Costa 等（2012）在中生境尺度上建立了栖息地适宜性模型，研究大坝建设对西班牙 Cabriel 河濒危物种 JÚCAR NASE 的影响。

在 Contreras 大坝上游和下游分别设置 4 个采样点，8 个采样点分别代表水流形态和鱼类群落的不同组合，每个研究站点间距大于 1 km。对于每个水流形态单元监测以下变量：河段长度、平均宽度、平均深度和最大深度、底质类型，在 2006 年、2007 年和 2008 年的春天，对每个水形态单元的每个研究站点都进行栖息地和种群评价。

使用 Van Sickle 开发的基于相似性的图形方法，测量相异性，计算每个站点或每个单元的布氏距离。在每个单元内，用 Spearman 等级相关法分析 JÚCAR NASE 的丰度和测量的主要物理变量之间的关系，通过对每个底质类型的百分比加权求和，把底质组成转化成一个单一的指数，在控制断面，将自然流量和水资源管理状况两种流量下的模拟结果与实测情况相比较。

6.4.4　专家建议法和实测法

班璇等（2009）分别用专家建议法和实测法绘制了葛洲坝下游中华鲟在不同生长阶段需求的栖息地各物理变量所对应的栖息地适宜度曲线，并根据二元法的分类格式对适宜度曲线上 50%、75%、90% 的水深和流速组合适宜度值的变量范围进行了求解。

选择从葛洲坝坝下电厂至胭脂坝约 10 km 江段作为中华鲟产卵场的研究范围，调查该范围内中华鲟不同生长期所喜好的水深、流速、水温和底质等物理变量的范围，应用的季节为每年 10 月至次年 4 月。中华鲟产卵场栖息地适宜度的评价主要考虑亲鱼产卵、胚胎孵化、仔鱼生长阶段，依据专家建议法查阅国内各专家对葛洲坝下游中华鲟产卵场不同时段的调查结果得出的。

依据国内各专家对中华鲟产卵栖息地所需求的各物理变量范围的建议，得出中华鲟不同生长阶段所需求的不同栖息地物理变量所对应的最佳范围和阈值范围，然后建立中华鲟在葛洲坝下游产卵场不同生长阶段（包括产卵、孵化和仔鱼存活期）的适宜度曲线。

在中华鲟产卵期对目标河段进行鱼种的取样分析，找到被目标鱼种使用的位置，测量在每一个使用位置处的水深、流速、底质，利用实际调查的中华鲟产卵期栖息地使用状况频率柱状图建立中华鲟产卵期的单变量连续适宜度曲线和各范围的栖息地适宜度指数，然后依据适宜度标准中二元格式的取值方法，从适宜度曲线上得出了中华鲟产卵期不同采样频率所对应的水深和流速范围。

6.4.5　类似河道内流量增量法的方法

Stewart 等（2005）介绍了一种类似于河道内流量增量法的方法，该方法是利用二维流量模型和科罗拉多州两条河流多个站点的生物量评价来预测流量对两种当地鱼类物种成年鱼类的现存量的影响。研究最初的目标是确定二维模型和群落生物量评价是否能在 IFIM 法的框架下预测鱼类生物量与流量之间方程化的关系。用群落生物量评价和中生境丰度而不是微生境适宜度指数来确定栖息地适宜度。用二维模拟结果和中生境栖息地生物量评价，可以在低流量时期利用水力特征的方程预测雅芳河和科罗拉多河成年鱼的生物量。二维模拟的主要优点在于对一系列河道条件模拟结果的验证能力，并明确地图化的水力数据，并能通过水深和流速确定适宜度的空间分布，并把栖息地适宜度外推到生物量评价中。这种研究方法的一个明显的局限是不能用它来评价流量对非常稀有的物种的影响。

雅芳河流经科罗拉多州西北部，它的源头接近 Steamboat 泉，在犹他州与格林河汇流。雅芳河的干流没有大坝。在雅芳河上确定三个研究站点：分别是 Duffy、Sevens 和 Lily Park。虽然每个站点都有浅滩 - 急流这样的水形态，但是每个站点的鱼类和栖息地特点都有所不同。科罗拉多河从 Palisade、Colorado 流至 Gunnison River（甘尼逊河）的汇合处。在科罗拉多河 15 英里①的范围内设置了 2 个研究站点。科罗拉多河上游有许多水利建筑，它们为了供给流域用水而蓄水。通过电渔法和用网捕鱼法进行鱼类取样，所有捕获的鱼的测量精度都接近毫米，仅仅用长度超过 150 mm 的鱼作为标志重捕评价的群体。对 Yampa（雅芳河）和科罗拉多河的 5 个站点中的每个站点每年都要进行鱼类密度评估。用 Darroch 多重标志法在 95% 的置信区间内进行种群评估。对于每个站点每种鱼类都进行总的鱼数量的评估。重捕率随着物种和种群数变化。

除了 Duffy 站点仅用二维水力模型 RMA2 进行水力模拟，其他站点都利用 USU 的模拟数据，对每个站点都进行了一定流量范围下的水力模拟。为了量化中生境栖息地可获得性，在 ArcInfo GIS 中引入二维模型运行，并且用线性插值法生成 1 m×1 m 的水深和流速的栅格，基于 16 个不重叠的栖息地类型，通过对每个站点不同流量下的水深和流速栅格的取样调查可以得到泛化的栖息地范围。根据每个中生境栖息地单元的平均水深和流速，用 Fragstats 3.3 建立每个物种的栖息地适宜度标准。每个中生境栖息地单元的深度、流速和物种生物量被导入 Sigma Plot，利用 3D 运行中值函数平滑化来创建以深度和流速预测生物量的规则矩阵。

---

① 1 英里 =1.609 km。

　　为了评价低流量河道形态对生物量和群落组成的影响，可以把许多生物指标和每个取样年份低流量的中间值进行计算，得出泛化的栖息地指标，并进一步进行比较。用来自于 Clifton、Corn Lake、Sevens 和 Lily Park 监测站点的鱼类和模拟数据，可以确定隆头鱼和亚口鱼科的栖息地适宜度指数，隆头鱼和亚口鱼科在数据存在的区域中对数转化的观测值和预测值之间存在很好的相关性，而在没有进行观测的地方，利用平滑法进行生物量预测，但不能预测在观测深度和流速范围外的生物量。考虑到这些差异，通过在没有观测到生物量的地方去除生物量指标、用超出观测范围的备用数据扩大水深和流速的范围来调整参数矩阵。然后把数据组合成四种泛化的栖息地适宜度类别（不可用、不适用、边缘、最优），它们分别代表采集的生物量的 0%、15%、25% 和 60%。为了评价流量增加对物种生物量的影响，进一步绘制了下隆头鱼和亚口鱼科的不可用栖息地和预测生物量随流量变化的曲线。

6.4.6　CASiMiR 模型

　　Mouton 等（2007）利用集成模型方法模拟和评价河流物理栖息地改变的生态效应。综合基于 HEV-RAS 的一维水力模型和基于模糊逻辑的生态水力模型系统 CASiMiR 的生物栖息地模块，模拟了大坝移除对大头鱼生境适宜性的影响。对于大头鱼的所有生命阶段和在所有流速下，水坝移除后都会使得研究河段的评价栖息地适宜度指数显著增加。

　　研究地点选在 Zwalm 河，坐落在 Zwalm 流域 Potamal 部分，认为水坝对栖息地的影响在水坝上游有 1.1 km 长，在水坝下游有 0.2 km 长。研究地点的特点是控制洪水的水坝使得该河河道发生改变，水深比自然条件变深，平均流速从 0.6 m/s 左右下降到不足 0.1 m/s。选取了典型物种大头鱼进行模拟。物理栖息地的情况在微生境尺度、流量达到年平均流量期间进行评价。在研究河段设置 33 个断面进行测量，每个断面由 5 个等距的监测点组成，总共有 165 个监测点。测量的指标有河床高程、水深、单位水深的流速，在每个监测点底质等级采用目测法测量并基于温氏分级表分级。在数据收集期间，没有观测到明显的流量波动。

　　用 HEC-RAS 软件构建一维水力模型模拟研究河段基于河床高程的水表面状况，在四个不同的流量下模拟水面状况，从基流（0.5 m³/s）、平均流量（1 m³/s），到最大流量（2 m³/s 和 3 m³/s）。利用 CASiMiR 模型在水平面建立了一个二维的有限元网格，每个网格在河流纵向上长 2 m，沿着断面方向上长 0.1 m。对于每个数据监测点来说，都基于伯努利方程来计算流速，基于线性插值法来获取每个网格单元的水深、流速和底质情况。利用 0.5 m³/s、1 m³/s 和 2 m³/s 流速下的测量数据验证用 HEC-RAS 模拟的水面状况和 CASiMiR 计算的流速，而不用收集 3 m³/s 流速下的监测数据，因为这个流速仅在研究河段流量最大时偶尔出现。在水坝存在和水坝移除后河流修复两种不同情景下模拟水面状况和流速。用 CASiMiR 的数字建模模块来模拟栖息地适宜度，在大头鱼的每个生命阶段，通过抽取水坝移除前后 60 个单元格的栖息地适宜度指数来评价栖息地适宜度指数变化的意义。为了评价底质变化对栖息地适宜性的影响，对底质进行敏感性分析。

6.5　小结

漫湾水库库区建设后浮游植物种类及细胞数量呈明显下降趋势，且浮游植物群落结构发生了较大变化。硅藻在浮游植物种类组成和浮游植物数量组成方面依然占绝对优势，且漫湾水库库区内占优势浮游植物均为耐污物种，浮游植物的种类和数量的变动，与漫湾水电站大坝建成和水库蓄水有关。

漫湾库区建设前浮游动物物种组成由江河生态类型演变为江河—湖泊类型，浮游动物种类增加，数量急剧增加，浮游动物生物量随之急剧增多。但是随着漫湾水坝的建设和运行后，浮游动物种类减少，数量急剧减少，浮游动物生物量随之急剧下降。

漫湾水库建坝前后底栖动物种类数量、生物量等呈现先下降后回升的趋势。在建坝前底栖动物较适应生活环境，种类较多。电站大坝建成后，库区水位急剧升高，完全改变了生态环境，以致水坝运行初期底栖动物的种数急剧减少。以后随着新的生态系统建立，如底层淤泥的增厚、有机质碎屑的沉积、水生植物的增多，底栖动物也逐渐适应了新的生态环境，底栖动物的种类也逐年增多。从种群变化的比较分析，1988 年漫湾分布的大多是水生昆虫，占总数的 88%；而到 2012 年，采到腹足纲的螺类、甲壳纲的虾类、摇蚊幼虫，并且种类大大增加，表现了底栖动物多样性的趋势。

漫湾库区 1995 年建成投产时，土著种占优势，有鱼类 61 种，其中土著鱼类 47 种，而到 2012 年，土著鱼种类和外来鱼种类各占一半，土著鱼类资源在种类和数量上，与水坝投产时相比，有显著的下降，土著鱼类物种数量已经减少到漫湾电站投产前的 34.0%。在库区的静水区域，外来物种数较多，在流水区域（澜沧江自然水体）中，土著种物种数较多。电站大坝建成后，水库蓄水，水位上升，库区水流速度变缓，形成相对静水环境，适合子陵栉鰕虎鱼、麦穗鱼、棒花鱼、鲤、鲫、鲇、泥鳅、鲢、鳙和太湖新银鱼等外来鱼类的大量繁衍，外来鱼类不仅在物种数量上占优势，在种群数量上也占极大的优势。

根据 1988—2012 年澜沧江漫湾水库鱼类及其他水生生物（底栖动物、浮游动植物）实地调查及生态环境调查数据，结合库区生态环境资料，运用 EwE 6.1 软件构建了漫湾水库建设前后的水库 Ecopath 生态通道模型（能量物质平衡模型）。漫湾水库生态系统的 Ecopath 模型可以进行水生生态系统的结构和功能的分析，量化水生生物各功能组分之间的食物链关系和生态系统的结构特征，基于基本分析和网络分析功能对现状模型进行分析，通过各级流量、生物量、生产量，研究澜沧江流域生态系统的能量流动、营养级结构及其转化效率、食物链，以及系统总流量、FCI 循环指数、杂食指数 SOI、FML（Finn's 平均路径长度）等指数，定量描述系统规模和成熟度特征，揭示漫湾水库生态系统营养流通的主要途径、捕食压力、各功能组之间的相互关系以及生态系统现行结构的特点和问题。通过比较 2012 年和 1988 年漫湾水库建设前后的静态模型基本生态功能参数、食物网关系、营养流分布循环以及系统总体特征的差异，揭示库区在环境和蓄水影响下生态系统的规模、系统发育程度、水库生态系统的结构和能量流动特征、各功能组间物质流动和循环的情况、各物种所处的营养级及各营养级的生物量、生态系统的稳定性和成熟度、各有效营养级间能流效率等。

模型由 9 种鱼类种群、4 种浮游生物、3 种底栖生物、浮游植物和碎屑共 18 个生物功能组组成，基本覆盖了漫湾水库生态系统各生物种群间能量流动的主要过程。

研究结果表明，2012 年漫湾水库生态系统包括 4 个主要的整合营养级，从一级到四级（3.69，肉食性鱼类），且各组分的物质能量流动过程主要集中在一级（碎屑及初级生产者）和二级（浮游动植物，底栖动物等）这两个营养级。研究结果显示利用效率最低的是营养级 Ⅰ，这就造成了在水库生态系统中大量的营养进入碎屑的现象。整体水库生态系统营养效率利用不高，大量的剩余生产量还有待利用，且物质能量的再循环效率低。漫湾水库生态系统中的能量流动以碎屑食物链和牧食食物链（浮游植物、浮游动物、底栖动物）两条为主，其中软体动物在能量从低级向高层次转换中起关键作用。漫湾水库建设前后的食物网分析结果显示，库区食物网结构相对较简单，且水库生态系统容易受到大坝建设的干扰。各营养转移效率较低，且能量利用水平不高。

漫湾水坝建设前后 Ecopath 模型中表征系统整体特征的指数变化综合表明，漫湾水库生态系统对水坝工程建设的扰动十分敏感和脆弱，整个水生生态系统在 1988 年和 2012 年都处于不成熟的发育期。漫湾水库建设前后的系统总体特征指数结果表明，2012 年漫湾库区生态系统的总生物量、系统总流通量与 1988 年相比呈现缓慢下降的趋势，且由碎屑所构成的食物链的物质能量流动降低的趋势比较明显。两个时期的营养流分布在第 Ⅰ 营养级差别较大，在其他营养级分布相差较小。水库生态系统稳定性较低，生物资源种类组成简单，但其系统规模正在不断增大，系统的初级生产力与呼吸量比值大于 1，说明系统中有较多的剩余能量尚未消耗。这从系统的净生产量也可看出，碎屑流在系统中的重要性很低，造成大部分剩余能量在系统中沉积，增大了系统内源性污染的风险。从营养关系来看，目前漫湾水库生态系统食物链较为简单，能量在系统中流动的路径较短，说明系统的营养交互关系很弱，系统的再循环率较低，仍有较高的剩余生产量有待利用，均处于不成熟的发育期。系统稳定性差的主要表现是，一个物种的数量变动或消失，都可能对整个系统产生影响。

参考文献

[1] 巴重振, 李元, 杨良. 澜沧江梯级水电站库区浮游藻类组成及变化 [J]. 环境科学导刊, 2009, 28(2): 18-21.

[2] 班璇, 李大美, 李丹. 葛洲坝下游中华鲟产卵栖息地适宜度标准研究 [J]. 武汉大学学报: 工学版, 2009, 42(2): 172-177.

[3] 陈小勇. 云南鱼类名录 [J]. 动物性研究, 2013, 34(4): 281-343.

[4] 陈银瑞, 李再云, 陈自明. 漫湾电站运行前后库区水生生物的数量变化 [A]. 中国海洋湖沼学会鱼类学分会、中国动物学会鱼类学分会 2004 年学术研讨会摘要汇编, 2004:24.

[5]　褚新洛 , 陈银瑞 . 云南鱼类志 (上册)[M]. 北京 : 科学出版社 , 1989.

[6]　褚新洛 , 陈银瑞 . 云南鱼类志 (下册) [M]. 北京 : 科学出版社 , 1990.

[7]　范红社 . 浅谈水利工程建设对生物多样性的影响 [J]. 山西水利 , 2007 (1): 113-114.

[8]　傅小城 , 唐涛 , 蒋万祥 , 等 . 引水型电站对河流底栖动物群落结构的影响 [J]. 生态学报 , 2008, 28(1): 45-52.

[9]　何舜平 , 王伟 , 陈银瑞 , 等 . 澜沧江中上游鱼类生物多样性现状初报 [J]. 云南地理环境研究 , 1999, 11(1): 26-29.

[10]　何新元 , 许碧蓉 . 澜沧江 - 湄公河鱼类资源堪忧 [J]. 生态经济 , 2003(7): 23-27.

[11]　胡鸿钧 , 魏印心 . 中国淡水藻类—系统 , 分类及生态 [M]. 北京 : 科学出版社 , 2006.

[12]　康斌 , 何大明 . 澜沧江鱼类生物多样性研究进展 [J]. 资源科学 , 2007, 29 (5):195-198.

[13]　林群 , 金显仕 , 郭学武 , 等 . 基于 Ecopath 模型的长江口及毗邻水域生态系统结构和能量流动研究 [J]. 水生态学杂志 , 2009, 24(4): 28-36.

[14]　刘明典 , 陈大庆 , 段辛 , 等 . 澜沧江云南段鱼类区系组成与分布 [J]. 中国水产科学 , 2011, 18(1): 156-170.

[15]　王平 , 王金亮 . 漫湾水电站库区自然生态环境变化浅析 [J]. 云南教育学院学报 , 1999, 15(5): 60-63, 74.

[16]　王雪辉 , 杜飞雁 , 邱永松 , 等 . 大亚湾海域生态系统模型研究I: 能量流动模型初探 [J]. 南方水产 , 2005, 1(3): 1-8.

[17]　王忠泽 . 云南澜沧江漫湾水电站库区生态环境与生物资源 [M]. 昆明 : 云南科技出版社 , 2000.

[18]　杨君兴 , 陈小勇 , 陈银瑞 . 中国澜沧江科鱼类种群现状及洄游原因分析 [J]. 动物学研究 , 2007, 28(1): 63-67.

[19]　张荣 . 澜沧江漫湾水电站生态环境影响回顾评价 [J]. 水电站设计 , 2001, 17(4): 27-32.

[20]　赵伟华 , 彭增辉 , 王振华 , 等 . 云南景谷河底栖动物群落结构及小水电站的影响研究 [J]. 长江流域资源与环境 , 2015, 24(2): 310-318.

[21]　钟华平 , 刘恒 , 耿雷华 . 澜沧江流域梯级开发的生态环境累积效应 [J]. 水利学报 (增刊), 2007(10): 577-581.

[22]　Costa R M S, Martínez-Capel F, Muñoz-Mas R, et al. Habitat Suitability Modeling at Mesohabitat Scale and Effects of Dam Operation on the Endangered JÚCAR NASE, ParachondrostomaArrigonis(River Cabriel, Spain)[J]. River Research and Applications, 2012, 28: 740-752.

[23]　Karr J R. Biological integrity: a long-neglected aspect of water resource management[J]. Ecological Applications, 1991, 1(1) : 66-84.

[24]　Karr J R. Assessment of biotic integrity using fish communities[J]. Fisheries,1981, 6: 21-27.

[25]　Li F Q, Cai Q H, Fu X C, et al. Construction of habitat suitability models (HSMs) for benthic macroinvertebrate and their applications to instream environmental flows: A case study in Xiangxi River of Three Gorges Reservoir region, China[J]. Progress in Natural Science, 2009, 19(3): 359-367.

[26] Mouton A M，Schneider M，Depestele J, et al. Fish habitat modeling as a tool for river management[J]. Ecological Engineering, 2007, 29: 305-315.

[27] Stewart G, Anderson R, Wohl E. Two-dimensional modelling of habitat suitability as a function of discharge on two Colorado rivers[J]. River Research and Applications, 2005, 21(10): 1061-1074.

[28] Yi Y J, Tang C H, Yang Z F, et al. Influence of Manwan Reservoir on fish habitat in the middle reach of the Lancang River[J]. Ecological Engineering, 2014, 69: 106-117.

第7章 水利水电工程建设对生态水文效应

7.1 水电站建设对流域生态水文过程的影响

水利水电工程建设与河流生态水文学的相关研究密切相关。河流的水文特征影响河流生态系统的物质循环、能量过程、物理栖息地状况和生物相互作用。有研究表明，在水库调节的影响下，欧洲中部的河流 50 年一遇的洪水流量减少了近 20%；美国 Glen Canyon 大坝的建成使科罗拉多河 10 年一遇的洪水流量降低了 75%；Kingsford 等研究了澳大利亚的水利工程建设对河流湿地产生的影响，发现水库对流量的调节作用减少了河道内的水量、降低了泛滥平原和湿地被淹浸的频率，从而出现下游河流生态系统恶化的现象。另外，水利水电工程建设对河道内和河道外区域的各种生态过程有着显著的影响（Ouyang et al.，2010），不同的生态过程响应不同的水文特征。河流的中高流量过程输移河道的泥沙；大洪水过程通过与河漫滩和高地的连通，大量地输送营养物质并塑造漫滩多样化形态，维系河道并育食河岸生物；小流量过程则影响着河流生物量的补充，以及一些典型物种的生存。水流的时间、历时和变化率，往往和生物的生命周期相关联，例如在长江流域，涨水过程（洪水脉冲）是四大家鱼产卵的必要条件，如果在家鱼繁殖期间（每年的 5—6 月）没有一定时间的持续涨水过程，性成熟的家鱼就无法完成产卵。

天然河流是一个完整的生态系统，其稳定性和平衡性是在长期的自然过程中逐渐形成的，而水利水电工程建设与开发将会破坏河流原有的生态系统。水利水电工程建设作为较大规模的人类活动是改变河流自然结构和功能的主要因素之一（Lopes et al.，2004），其带来的水文特征的变化是产生河流生态效应的原因之一。水利水电工程建设与运行所导致的水文特征变化主要包括以下方面：径流的年际年内变异、高地脉冲发生频率和历时、水文极值、水温、泥沙、流速等。水库的运行直接调节流域径流的变化，而河流径流的变化会影响河流生态系统的完整性，改变河流的横向连接性（Babbitt，2002；Sparks，1995）。径流条件的改变会对河流内水温、溶解氧、颗粒物的大小、水质等栖息地物理化学特征产生影响，从而间接改变水生、水陆交错带及湿地生态系统的功能和结构；水库运行会导致库区高水和低水出现的频率与规模的变化，而高流量和低流量的频繁变化会对水生生物的生存造成极大威胁（Cushman，1985）；水库运行会降低流域水文极值出现的概率，进而减少河流内水生生物的多样性；水库运行会引起水温的变化，而水温是水生生物的繁殖信号之一，因而进一步影响水体鱼类的繁殖及部分动物的生长周期（Jurajda et al.，1995）；同时其对河道浅滩的冲刷作用还会直接导致鱼类产卵场或栖息地的消失（Xu，1996）；水库在河道的拦截作用在流域内产生不同的流速场，会对不同流速场中的生物物种产生影响，特别是水生生物的繁殖产卵等行为（马颖，2007）。总之，水利水电工程引起的河流水文特征的改变，如径流量、频率、历时和变化速率对河流生态系统的稳定性、栖息地的功能和水生生物的生命活动产生明显的影响（Maingi and Marsh，2002；Naik and Jay，2011）。目前，针对河道内影响的研究大部分都是从水文改变切入，并基于站点监测数据提出许多对人类活动影响敏感的量化水文改变度的指标（Yang et al.，2008；Chen et al.，2010），但是，没有一个指标是被世界上广泛接受的（Gao et al.，2009）。相对而言，Richter 等（1996）提出的包含 5 组共 33 个指标的水文变化指标（Indicators of Hydrologic Alteration，IHA）更为普遍使用（Magilligan and Nislow，2005；Shiau and Wu，2006；Hu et al.，2008；Chen et al.，2010）。这些指标与变化范围法（Range of Variability Approach，RVA）的结合则量化了水文改变度的大小。目前这种方法已经被证实为一个有效的、实用的评价水利水电工程建设以及其他人类活动对河流影响的工具（Kummu and Varis，2007；Yang et al.，2008；Zeilhofer and de Moura，2009；Chen et al.，2010）。需要说明的是，水文改变度对径流序列的尺度有很强的依赖性，例如，在年平均径流没有显著变化的情况下，在其他更小的尺度（月、日和小时等）可能会引起河岸植被与生态系统动态显著的变化（Richter et al.，1996，1998）。已有研究证实水文改变是气候变化和径流调节共同作用的结果（Jay and Naik，2011），并指出由它们引起的水文过程变化能在时间和空间上影响水生生态系统的组分、结构和功能。但是，大多数研究往往注重使用连续的水文资料量化水利水电工程建设引起的水文改变，却很少研究气候变化对评价水利水电工程引起的水文改变的影响（Maingi and Marsh，2002；Magilligan and Nislow，2005；Hu et al.，2008；Matteau et al.，2009），换言之，很难去区分和识别水利水电工程或者气候变化等单一因素对水文过程的影响，同时，对于多大的水文改变能引起什么样的生物响应目前也是未知（Arthington et al.，2006）。气候因子中，降雨是影响水文过程的一个重要因素。径流变化作为降雨变异的一个重要指标（Naik and Jay，2011），已在对许多大流域的研究中用来评价降雨对河流的影响，如 Columbia 河（Jay and Naik，2011）、Colorado 河（Timilsena and Piechota，2008）、Mississippi 河（Jha et al.，2004）、Mekong 河（Prathumratana et al.，2008）、Yongdam 河（Kim et al.，2007）、黄河（Xu，2005；Cong et al.，2009）和长江（Blender and Fraedrich，2006；Zhang et al.，2008）等。这些研究均证实降雨变异能够改变区域水文循环并引起河流径流一系列的变化。从全球来看，20 世纪后半叶中纬度国家日降雨超过 50.8 mm 的概率增加了 20%（Groisman et al.，1999）；在中国，由于气候变化，中西北、西南和华东地区年平均降雨出现显著的增加，而在华北、华中和东北地区出现显著的减少（Wang and Zhou，2005）；在澜沧江流域，从上游至下游的降雨同样表现出显著的空间变异（He et al.，2007）。因此，在分析水利水电工程建设造成的水文改变时，有必要研究降雨对水文改变的贡献，对这两个干扰的影响的区分，有助于研究水利水电工程建设影响下水文与河流生态系统的真实变化；同时区分人类活动和气候变化对历史监测数据的影响，将有助于流域未来管理决策的智能规划（Naik and Jay，2011）。在区分降雨与人类活动对水文过程影响的方法中，由韩国 Yoo（2006）提出的丰平枯水年划分的方法相对简单有效，并在黄河流域（Yang et al.，2008；Chen et al.，2010）应用且得到了很好的效果。

除水文改变外，水利水电工程建设在河道外景观变化中也扮演着重要的角色（Xu et al.，2007；Liu et al.，2008；Yang et al.，2010；Bergerot et al.，2011）。在河道外区域，与景观变化密切联系的土地利用和覆盖变化是受水利水电工程建设影响最为明显的因素（Ouyang et al.，2010），其与各种生态过程有着最根本的相互关系（Turner，1989）。因此，调查和定量化分析水利水电工程建设引起的景观变化是景观生态学领域中一个非常必要的议题和环境可持续管理的基础。目前，已有许多景观指标被用来反映人类活动对景观格局的影响（Theobald，2010），如景观类型的面积、斑块密度、边密度、周长 - 面积比率和景观多样性等（Palmer，2004；Morgan et al.，2010）。总结以前的研究，土地利用变化，如林地被开垦为农田，会直接影响区域水文特征和过程（Zacharias et al.，2004；Verbunt et al.，2005；Ouyang et al.，2011）。目前研究水利水电工程的影响，更多的是分别量化水利水电工程建设引起的景观变化或者水文变化，而较少分析在水利水电工程影响下景观变化与水文变化之间的关系。随着研究的深入，更多人运用模型模拟的方法研究水利水电工程、气候变化、景观动态、水文循环等之间的关系。比如，针对径流的模拟与预测，前人研究多在基于回归方法的基础上对比不同模型以选择最佳模型（Lin et al.，2006；Cheng et al.，2008；Wang et al.，2009；Wu et al.，2009）。随着人工智能的发展，运用人工智能技术研究水文与水资源管理越来越受到研究人员的青睐，如 Lin 等（2006）基于历史月径流数据对比分析了支持向量机模型（Support Vector Machines Model，SVM）、人工神经网络（Artificial Neural Network，ANN）和自回归滑动平均模型（Autoregressive Moving-average Model，ARMA）在长序列径流预测方面的表现，发现 SVM 模型的预测精度高于 ANN 和 ARMA 模型。类似地，Wang 等（2009）分析了 5 种人工智能方法 [包括 ARMA、ANN、SVM、基于自适应神经模糊推理系统（Adaptive-neural-based Fuzzy Inference System，ANFIS）、遗传算法（Genetic Algorithms，GA）] 在径流预测方面的精度。但是，人工智能方法，如 GA，在解决大尺度和复杂现实问题过程中存在缺陷，因此，Cheng 等（2008）基于 GA 和混沌优化算法（Chaos Optimization Algorithm，COA）提出混沌遗传算法（Chaos Genetic Algorithm，CGA），大幅提高了 GA 的预测精度。除上述模型外，一些基于过程的分布式模型，如美国农业部研发的 SWAT 模型（Soil and Water Assessment Tool）、美国环保局的 BASINS 流域模型和美国华盛顿大学的 VIC 模型以及中国的新安江模型得到快速发展和应用。

总之，随着水电站数量的增加，水电站建设引起的生态退化受到越来越多的关注（Chovanec et al.，2002；Dudgeon，2005；Jansson et al.，2000；Tockner and Stanford，2002）。目前，对于水电站干扰下的生态水文过程，其主要的研究内容包括：找出并量化影响河流生态系统结构和功能的主要水文特征；从影响河流生态的水文机制入手，进一步探讨生态系统和水文特征的交互影响机制，即深层次研究水文特征是如何影响生态系统的结构和功能。例如，水量与流速如何影响悬浮质、泥沙沉积等；进一步通过发展调控生态水文特性的方法和技术，实现河流生态系统的保护和恢复。发展调控生态水文特性的方法和技术，涉及物理、化学、生物等各种因素。在了解水文与生态相互作用机制的基础上，合理设定生态目标，根据河流的具体情况制订科学的河流管理规划，使河流生态系统得以持续地为人类社会发展做出贡献（Richter and Thomas，2007）。

7.2　水利水电工程建设影响下澜沧江流域景观变化与水文过程

从景观及其流域角度来分析流域景观变化与水文过程最为常见。而人类干扰特别是水利水电工程建设在景观变化与水文改变中扮演着重要的角色（Liu et al.，2008；Xu et al.，2007；Zhao et al.，2012）。在河道外区域，与景观变化密切联系的土地利用和覆盖变化是受水利水电工程建设影响最为明显的因素（Ouyang et al.，2011），其与各种生态过程有着最根本的相互关系（Turner，1989）。因此，调查和定量化分析水利水电工程建设引起的景观变化是景观生态学领域中一个非常必要的议题和环境可持续管理的基础。目前，已有许多景观指标被用来反映人类活动对景观格局的影响（Theobald，2010），如景观类型的面积、斑块密度、边密度、周长 - 面积比率和景观多样性等（Morgan and Gergel，2010；Palmer，2004）。以往研究经常采用划分景观指数类别的方法（如破碎化指标、形状指标和多样性指标等）分析景观变化。与河道外景观变化相比，河道内的水文状况变化对水电站建设影响的响应更为直接（Nilsson and Berggren，2000；Walter and Merritts，2008），如通过调节流量的季节性、改变地表水和地下水水位和改变径流的径流量、时间、频率、历时和变化速率等中断河流连续性、阻挡泥沙运输和鱼类迁移等（Nilsson and Berggren，2000；Ouyang et al.，2011）。水利水电工程对河道内水文的这些影响，可能导致水生生态系统生物多样性的损失和生态功能的退化（El-Shafie et al.，2009；Isik et al.，2008；Postel，1998）。

国内水利水电工程建设对河流水文学特性的影响也已经开展了一些研究，如陈启慧等（2006）利用 IHA 法分析了水电站建设对河流径流的影响，李种等（2006）采用 RVA 法分析了长江水文特征的改变程度，Zhao 等（2012）采用监测站点、控制站点和模拟分析的方法比较了澜沧江流域水电站建设前后径流的变化。总体来看，国内利用水文监测数据在宏观上评价水利水电工程建设影响的研究较多，但是利用物理模型模拟的方法模拟水利水电工程建设下水文特征变化的研究相对较少。从澜沧江流域的研究来看，已有研究分别从泥沙、水文、水质等方面分析澜沧江水利水电开发对河流水文的影响（Fu et al.，2008；Kummu and Varis，2007；姚维科等，2006），但是仍缺乏对河流水文特征变化的定量分析。

本节以澜沧江流域云南段为研究区域，入口点为澜沧江进入云南省边界处，出口点为允景洪水文站（图 7-1）。根据水文和地形特征（甘淑等，2002），本节将研究区域划分为上、中、下游 3 个部分：入口至旧州水文站为上游，此区域不受漫湾电站建设及水库蓄水的影响；旧州至戛旧水文站为中游，此区域内水电站建设和水库蓄水是景观和水文主要的干扰；戛旧至允景洪水文站为下游，此区域同时受水电站建设和其他人类活动的影响。

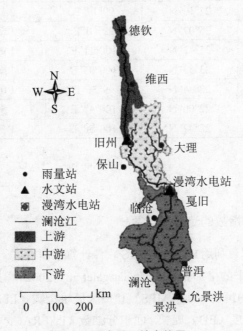

图 7-1　研究区及站点位置

利用云南澜沧江流域 1980 年、1990 年和 2000 年 3 个时期的土地利用数据、1∶5 万的 DEM 数据、月径流数据和月降雨数据进行分析。土地利用类型包括林地、草地、农田、水域、建设用地和未利用地 6 种景观类型。上中下游区域划分用 SWAT 模型和 DEM 数据完成，然后与 3 期土地利用相交，提取各区域的土地利用，最后把矢量的土地利用数据转化为栅格数据输入 FRAGSTATS 计算各个景观格局指数。月径流数据采用旧州、戛旧和允景洪 3 个水文站点监测的 1957—2000 年的水文数据（表 7-1），月降雨数据采用德钦、维西、大理、保山、临沧、澜沧、景洪和思茅等 8 个雨量站的 1957—2000 年的监测数据。根据漫湾水电站开始运行时间，3 个站点的径流序列被分为建设前（1957—1992 年）和建设后（1993—2000 年）两个时期。

表 7-1　三个水文站点的地理位置信息与径流序列长度

水文站	经纬度		至水电站距离 /km	控制面积 / km²	径流系列长度 /a	
					建设前 （1957—1992 年）	建设后 （1993—2000 年）
旧州	25°17′N	99°13′E	269（上）	34 392.6	17	5
戛旧	24°35′N	100°27′E	2（下）	54 451	19	6
允景洪	22°12′N	100°28′E	401（下）	65 252.9	20	7

表 7-2 澜沧江流域 8 个雨量站的站点信息

雨量站	代码	经纬度		海拔 /m	开始运行时间
德钦	56444	28°29′ N	98°55′ E	3 319	1953.08
维西	56548	27°10′ N	99°17′ E	2 325.6	1954.04
保山	56748	25°07′ N	99°10′ E	1 653.5	1951.01
大理	56751	25°42′ N	100°11′ E	1 990.5	1951.01
临沧	56951	23°53′ N	100°05′ E	1 502.4	1953.04
澜沧	56954	22°34′ N	99°56′ E	1 054.8	1954.01
景洪	56959	22°00′ N	100°47′ E	582	1953.08
思茅	56964	22°47′ N	100°58′ E	1 302.1	1951.11

7.2.1 研究方法

7.2.1.1 景观格局指数的选择与计算

为量化景观变化,本章利用 FRAGSTATS 软件计算了研究区上中下游反映景观破碎化、形状和多样性的景观水平的格局指标(McGarigalet al.,2002)。其中,景观破碎化指标包括斑块密度(PD)、平均斑块大小(MPS)和最大斑块指数(LPI);景观形状指标包括景观形状指数(LSI)、边密度(ED)、周长 - 面积分维数(PAFRAC)和平均分形维数(MFD);景观多样性指标包括景观蔓延度(CONTAG)、香农多样性指数(SHDI)和香农均匀度指数(SHEI)(Huang et al.,2010;McGarigal et al.,2002;Ouyang et al.,2009)。各个指数的计算公式与生态学意义详见 FRAGSTATS 使用手册(McGarigal et al.,2002)。研究表明,土地利用数据的像素大小对景观格局指数的大小有影响,根据前人研究将 3 期土地利用栅格数据的像素大小设定为 200 m(Uuemaa et al.,2005;Ouyang et al.,2009;Uuemaa et al.,2008)。

7.2.1.2 降雨影响的去除与水文改变度的计算

已有研究结果表明降雨的变异对评价水电站建设下水文的改变具有明显的影响。因此,本节中利用丰平枯水年划分的方法对整个区域降雨影响进行分离,但是没有考虑空间上的差异,而是用算术平均法计算整个研究区的平均降雨。

(1)降雨变异影响的去除

从水电站下游水文站获得的监测数据往往同时受气候变化与水电站建设的影响(Yang et al.,2008;Chen et al.,2010),因此,采用 RVA 方法计算得到的水文改变度则是气候变化与水电站建设共同作用的产物。降雨变异是气候变化因素中对径流改变较大的影响因素,所以,为了分离水电站建设与降雨变异对水文改变的影响,本节采用了划分水文年的方法,以分离降雨的影响。Yoo(2006)建议使用降雨数据的平均值 ±0.75 标准方差作为比较合理的划分干、湿年的阈值范围。如果流域在某一年的降雨少

于多年平均值 –0.75 标准方差（$P \leqslant P_{\text{mean}-0.75\text{stdv}}$），或者多于多年平均值 +0.75 标准方差（$P \geqslant P_{\text{mean}+0.75\text{stdv}}$），则这一年份被视为枯水年，或者丰水年；而某一年的降雨落入平均值 ±0.75 标准方差的阈值内（$P_{\text{mean}-0.75\text{stdv}} < P < P_{\text{mean}+0.75\text{stdv}}$），则这一年被视为平水年。Yoo（2006）认为发生在平水年的水文变化受降雨等气候因素的影响较小，而是由同一干扰源影响的结果，在本书中，则是由水电站径流调节产生的结果而没有降雨的影响。

图 7-2 显示了根据降雨数据对云南澜沧江流域丰平枯水年划分的结果，丰水年的下限为 1 006 mm，枯水年的上限为 883 mm，年降雨高于丰水年下限为丰水年，年降雨低于枯水年上限则为枯水年，年降雨处于上限和下限之间则为平水年。只有平水年的径流才能进入 RVA 的计算过程中。如图 7-2 所示，建设前（1957—1992 年）的平水年的年数为 15 年，建设后平水年的年数为 6 年。

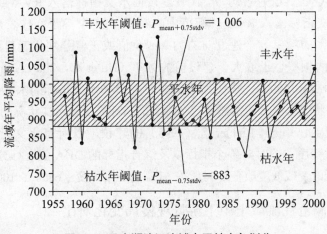

图 7-2　云南澜沧江流域丰平枯水年划分

（2）水文改变度（变化范围法）

变化范围法（Range of Variability Approach，RVA）是 Richter 等于 1996 年提出的评估人类活动对河流水文情势影响的有效方法，已被广泛应用于评价水电站建设对径流特征影响程度（Richter et al.，1996）。它以流量幅度、时间、频率、历时和变化率 5 个方面的水文特征对河流进行描述，并计算 33 个具有生态意义的关键水文参数值，在此基础上，提供河流系统与流量相关的生态综合统计特征（Yang et al.，2008）。在本书中，由于缺少日数据，根据 Lajoie 等（2007）的研究选择了月径流的大小幅度和年最大、最小月径流来反映水文状况受水电站建设影响的程度：月径流大小和年径流极值与河流生态系统特征密切相关，月径流大小可以反映栖息环境特征，如流速、湿周和栖息地面积等；年径流极值出现时间可作为水生生物特定的生命周期或者生命活动的信号，并且其发生频率与生物的死亡或者繁殖有关。RVA 法需以详细的径流序列评估水电站建设前后径流的变化，一般以水电站建设前的自然变化情况为基准来评价水电站建设后径流变化程度。因此，需要设定水电站建设前自然径流过程线的可变范围（或者说是生态系统可以承受的变化范围），大部分研究成果采用所选择指标发生概率 25% 和 75% 的值或者各指标的平均值加减标准差作为各指标的上下限，即 RVA 目标范围（Richter et al.，1996），来反映流量过程线的可变范围。如果水电站建设后的径流指标落在 RVA 阈值内的频率与建设前的频率保持一致，则代表水电站建设及运行对河流径流的影响轻微，仍然保持自然径流的特征；如果水电站建设后的径流指标落在 RVA 阈值内的频率远大于或者小于建设前的频率，则代表水电站建设及运行对径流影响显著，改变了自然径流特征，可能对流域内生态系统产生严重的负面影响（Shiau and Wu，2004；Yang et al.，2008）。RVA 目标范围并不能直接反映水文改变的程度（Hu et al.，2008；Yang et al.，2008；Zeilhofer and de Moura，2009），而且河流管理目标不是每年都保持同样的径流变幅，而是保证其变化幅度保持筑坝前后同样的出现频率，所以水文改变度的计算方法可采用如下公式：

$$\text{DHA} = [(F_O - F_E) / F_E] \times 100\% \tag{7-1}$$

式中，DHA 代表水文改变度，F_E 代表建设前水文指标落入 RVA 目标范围的频率，F_O 代表建设后水文指标落入 RVA 目标范围的频率。DHA 等于 0 代表建设后水文指标落入 RVA 目标范围的频率等于建设前的频率；负值或正值分别代表建设后水文指标落入 RVA 目标范围的频率小于或大于建设前的频率（Hu et al.，2008；Yang et al.，2008；Zeilhofer and de Moura，2009）。式（7-1）只是计算单一水文指标的水文改变度，在评价水电站建设对水状况影响时通常需要一个综合的指标来反映水文状况的整体变化（Shiau and Wu，2004）。因此，根据 Richter 等（1998）的建议，以所有水文指标的 DHA 平均值代表综合水文改变度，同时对各个指标以及综合指标的 DHA 值进行分级：当 DHA 为 0 ~ 33% 时属于无改变或低度改变；34% ~ 67% 为中度改变；68% ~ 100% 为高度改变。

7.2.2 云南澜沧江流域上中下游景观格局变化对比

7.2.2.1 景观破碎化

景观尺度上研究区景观破碎化指标的变化如图 7-3 所示，对于整个研究区来讲，斑块密度（PD）在 1980—1990—2000 年期间呈现先降后升的趋势，3 个时期 PD 值分别为 0.222、0.167 和 0.222；而平均斑块大小（MPS）和最大斑块指数（LPI）则呈现先升后降的趋势，在 3 个时期分别为 451.5 hm^2 和 54.4%、600.2 hm^2 和 63.8%、451.2 hm^2 和 53.7%。上中下游的景观破碎化指标呈现与整个研究区相似的变化，但是，PD 在上下游的大小有所不同：下游的 PD 值最大（表示最大的破碎度），中游的 PD 值最小（破碎度最小），上游区域不受水电站建设和水库蓄水的影响，所以在 1980—2000 年呈现出了较小的变化。根据 PD 的变化可知，与 1990 年相比，2000 年景观斑块数增加变得更加破碎，特别是在中游和下游。MPS 越大表明破碎度越低，同时受水电站建设和其他人类活动影响的下游区域的 MPS 值在 3 个时期的值均为最低，分别为 362.2 hm^2、502.9 hm^2 和 357.2 hm^2，其他区域与下游变化趋势相同。LPI 指数的变化与 MPS 相同，以下游的变化趋势最大，3 个时期的值分别为 50.7%、67.1% 和 49.7%。总之，中游、下游以及整个研究区域在 1980—2000 年呈现较大的变异，并在水库蓄水后变得更加破碎（与建设前相比）；

中游则表现出了较小的变化。

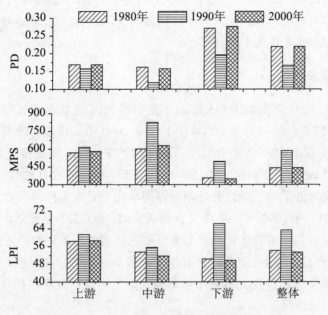

图 7-3　1980—2000 年景观破碎化指标的变化

7.2.2.2　景观形状

景观形状指标的变化如图 7-4 所示，景观形状指标相对破碎化指标变化较小，上游和下游分别呈现出最小和最大的边密度（ED）值，表明两个区域在单位面积里分别有最少的和最多的边长；景观形状指数（LSI）在 1980—1990—2000 年期间呈现先降后升的趋势，并从上游至下游呈现上升的趋势；平均分形维数（MFD）在 1980—1990—2000

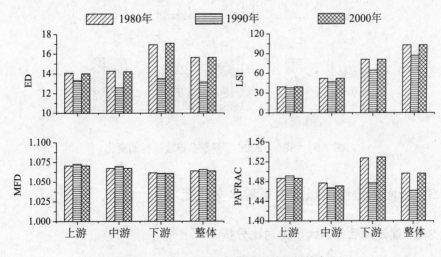

图 7-4　1980—2000 年景观形状指标的变化

年期间和从上游至下游之间变化比较小，表明上中下游景观形状复杂度在水电站建设前后变化不明显；周长 - 面积分维数（PAFRAC）的变化表明，下游景观具有最复杂的形状，而中游具有最基本的形状。总之，景观形状指标的变化表明，在 2000 年区域景观形状变得更加复杂和破碎，尤其是在下游。

7.2.2.3 景观多样性

景观多样性指标的变化如图 7-5 所示，整个研究区的景观蔓延度（CONTAG）在 1980—1990 年从 57.4 上升到 60.6，然而在 1990—2000 年又从 60.6 下降到 57.2，表明优势斑块间的连接度在 1980—1990 年上升了而在 1990—2000 年变得更加均匀化。SHDI 和 SHEI 在 1980—1990 年分别从 0.994 和 0.553 下降至 0.941 和 0.527，表明景观丰富度和均匀度在此时期降低了，景观组分逐渐变得简单化；香农多样性指数（SHDI）和香农均匀度指数（SHEI）在 1990—2000 年又分别从 0.941 和 0.527 上升至 0.997 和 0.556。景观多样性指标在中游和下游的变化趋势与整个研究区相似，不同的是，1980—2000 年下游呈现出更大的变化，上游在整个研究时期变化较少。这些结果表明，在水电站影响区域景观多样性上升了并且景观元素分布得更加均匀，同样也表明包括水电站建设在内的人类活动在研究区域增强了。

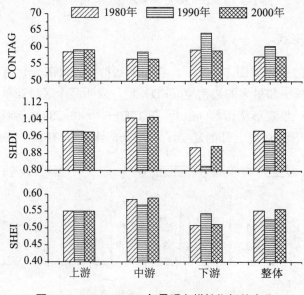

图 7-5　1980—2000 年景观多样性指标的变化

7.2.3　云南澜沧江流域上中下游水文改变度

7.2.3.1　建设前后径流大小的对比分析

水电站建设前后澜沧江干流上游（旧州水文站）、中游（戛旧水文站）和下游（允景

洪水文站）的月径流的大小和变异系数（CV）的对比结果如图 7-6 所示。在旧州水文站
（图 7-6a，上游），水电站建设前后 1 月、2 月、3 月、4 月、10 月和 12 月的月平均径流
没有明显的变化，在 5 月、7 月、8 月、9 月和 11 月呈现明显的上升趋势，在 6 月呈现
明显的下降趋势。旧州水文站月径流变异系数表明，水电站建设后月径流变异系数增加
了，建设前后的最大变异系数均发生在 8 月。但是，建设前最大月径流出现在 8 月，建
设后却出现在 7 月，建设前后最大月径流的变异系数分别为 39.4% 和 37.4%。戛旧水文
站月径流的变化（图 7-6b，中游）与旧州和允景洪相似，建设前后径流大小差异不大，
但是，建设前 10 月份的变异系数最大（32.1%），而建设后 4 月份的变异系数最大（31.2%）。
建设前允景洪站径流在 6 月的变异系数最大，达到 33.8%，建设后在 11 月的变异系数最大，
为 34.1%（图 7-6c，下游）。

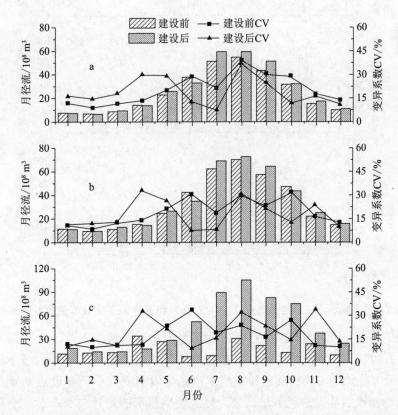

图 7-6 云南澜沧江流域上游（a）、中游（b）和下游（c）径流大小与变异系数

7.2.3.2 建设前后径流极值频率与年际变异的对比分析

云南澜沧江流域上游（a）、中游（b）和下游（c）径流极值的发生频率在水电站建
设前后的对比结果如图 7-7 所示。上游建设前的月最大径流发生在 7 月的频率最多，而
建设后则经常发生在 7 月和 8 月；月最小径流在建设前后均较大程度地发生在 2 月（图
7-7a）。中游月最大径流在建设前后分别经常发生在 8 月和 7 月；月最小径流在建设前经

常发生于 2 月和 3 月，而在建设后则经常发生于 1 月和 2 月（图 7-7b）。下游建设前的月最大径流经常发生于 8 月，并零散发生于 7 月、9 月和 10 月，而建设后则经常发生于 7 月并零散发生于 8 月和 9 月；月最小径流在建设前后都经常发生于 2 月和 3 月（图 7-7c）。径流极值频率的变化表明水电站下游的月径流极值受到了水电站调节的影响。

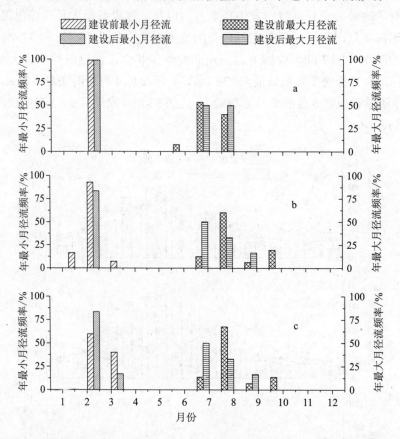

图 7-7 云南澜沧江流域上游（a）、中游（b）和下游（c）径流极值的发生频率

径流极值的年际变异如图 7-8 所示，漫湾水电站建设前，上游、中游和下游的最大径流的变异系数较大（依据最大径流的发生频率而得），而建设后较小。最小径流发生频率的 CV 与最大径流的 CV 相反，即漫湾水电站建设前变异小于建设后变异。这些结果表明，水电站建设后从上游至下游，最大径流发生月份的变异减少，而最小径流发生月份的变异则增大。

7.2.3.3 云南澜沧江流域上游、中游和下游的水文改变度

总体而言，上中下游的水文变化差异很大（图 7-9），变化比较明显的月份主要包括 2 月（下游）、4 月（上游和下游）和 10 月（上游）。上中下水文改变度的最小值和出现的月份分别为 0%（1 月和 2 月）（上游）、9.1%（12 月）（中游）和 9.1%（5 月）（下游）。水电站对中游的影响主要集中于 3 月、6 月和 10 月（水文改变度均大于 50%），水电站

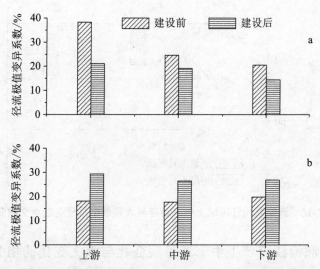

图 7-8　云南澜沧江流域上中下游年最大（a）和最小（b）月径流频率的变异系数

对下游的影响主要集中于 2 月和 4 月两个月份（DHA 达到 77.3%）。径流极值的 DHA 在上中下游均比较低（图 7-10），表明水电站对径流极值的影响不大。综合水文改变度计算表明，上中下游的 ODHA 值分别为 26.28%、33.40% 和 37.14%，表明 3 个水文站的径流分别属于低度变化、中度变化和中度变化。漫湾水电站的建设改变了澜沧江的自然径流和空间变异。最小和最大的综合改变度分别发生在旧州和允景洪水文站，表明在没有水电站影响的情况下，水文改变比较小（上游）；当有水电站存在时，水文发生了更大的变化（中游），当水电站与其他人类活动共同影响时，水文改变的更加严重（下游）。

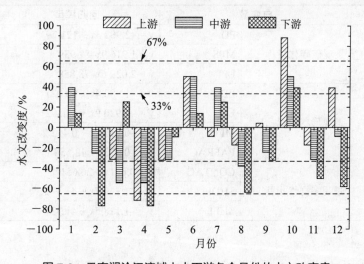

图 7-9　云南澜沧江流域上中下游各个月份的水文改变度

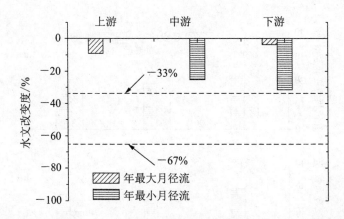

图 7-10　云南澜沧江流域上中下游年最大和最小月径流的水文改变度

7.2.4　云南澜沧江流域上中下游景观变化与水文变化的相关性

表 7-3 中列出了景观指数变化与水文改变度相关性的线性回归模型与相关系数。结果表明，代表景观破碎化的 LPI 与 DHA 具有显著的正相关，说明景观变得越破碎，水文变化就越大；PD 和 MPS 与 DHA 具有正相关性，但是并不显著。4 个形状指数中的 3 个（MFD 除外）与 DHA 具有显著的负相关，说明景观变得越简单，DHA 就越大。景观多样性与 DHA 的相关性表明，DHA 的变化与景观多样性指数的变化具有非常强的关联性：CONTAG 与 DHA 显著正相关，SHDI 和 SHEI 与 DHA 呈极显著负相关（$P < 0.01$），相关系数达到 0.99 7，说明景观多样性越低，DHA 就越大。

表 7-3　云南澜沧江流域上中下游景观变化与水文变化的相关性

因变量	自变量		回归模型	R^2
水文改变度	景观破碎化指标	PD	$y = -2.902\ 3x + 121.79$	0.759
		MPS	$y = 1.916\ 9x - 82.939$	0.711
		LPI	$y = 2.029\ 6x - 78.858$	0.898*
	景观形状指标	ED	$y = -1.980\ 4x + 80.027$	0.949*
		LSI	$y = -1.920\ 9x + 77.392$	0.947*
		MFD	$y = -0.017\ 7x + 0.432\ 2$	0.658
		PAFRAC	$y = -0.373x + 13.554$	0.843*
	景观多样性指标	CONTAG	$y = 0.681x - 26.651$	0.958*
		SHDI	$y = -1.119\ 7x + 41.371$	0.997**
		SHEI	$y = -1.118\ 5x + 41.334$	0.997**

注：* $P < 0.05$；** $P < 0.01$。

表 7-4 列出了景观面积与 DHA 的相关性。结果表明，林地、水域和未利用地面积与 DHA 呈现相关性：水域与 DHA 呈极显著正相关（$P < 0.01$）。造成这种结果的原因是，水域与林地分别是河道内外的主导景观，其变化会显著地影响对方。

总之，景观格局指数与 DHA 具有较强的相关性：随着景观破碎化的加剧、景观形状变得简单和景观多样性的降低，水文改变程度增高。

表 7-4　水文改变度与景观面积的相关性

因变量	自变量	回归模型	R^2
水文改变度	林地	$y = 0.622x - 25.731$	0.930*
	草地	$y = -2.4822x + 96.962$	0.497
	农田	$y = -0.7323x + 36.937$	0.208
	水域	$y = 0.7047x - 24.482$	0.975**
	建设用地	$y = 0.8045x - 20.936$	0.146
	未利用地	$y = -2.7184x + 67.654$	0.813*

注：* $P < 0.05$；** $P < 0.01$。

7.2.5　结论与讨论

7.2.5.1　水电站对景观格局的影响及景观指数的有效性

在本节中，与其他研究相似，基于范畴分类的方法（Morgan and Gergel，2010；Ouyang et al.，2009；Theobald，2010），借助区域土地利用数据计算了反映格局变化的三种类型的景观格局指数，意味着景观格局变化的结果会面临着分类标准带来的一些问题，如类别个数、类别的角度、分类的准确性和空间尺度等（Corry，2005；Diaz-Varela et al.，2009；Theobald，2010；Wu et al.，2004）。尽管一些方法被用来检测景观格局指数对幅度、粒度、分辨率、间隙、地图比例尺等因素的响应，但是很少有适用的结果。Uuemaa 等（2008）指出景观格局指数对粒度的响应在不同的景观和指数之间差异显著，如在 100 m 以内的粒度，斑块密度（PD）和边密度（ED）随着粒度的增加急剧减少，在粒度 100 m 以外，随着粒度的增加波动较小；蔓延度指数（CONTAG）在粒度 400 m 以内随着粒度的增加呈显著降低的趋势，在 400 m 以外随着粒度增加呈现波动的趋势；香农多样性指数（SHDI）和香农均匀度指数（SHEI）在 400 m 粒度范围内随着粒度的增加呈现显著降低的趋势；形状指数（LSI）在 100 m 粒度范围内随着粒度的增加呈现显著降低的趋势，而从 200 m 开始随着粒度的增加呈现漂浮不定的波动状态。因此，考虑以上格局指数随粒度的变化趋势与 Landsat MSS（80 m）和 TM（30 m）图像的分辨率以及前人的研究（Morgan and Gergel，2010；Uuemaa et al.，2008），选择了 200 m 作为计算景观格局指数时输入粒度的大小。同时，本书中所选择的与景观组分和结构密切相关的指标被分为三类：景观破碎化指标、景观形状指标和景观多样性指标。其中，虽然 LSI 指数在实际中不是真正的衡量景观形状的指标，而是更多反映景观破碎化（Saura and Castro，2007），但是在参考其他文献后（Ouyang et al.，2009；甘淑等，2002）仍然将其归类到了景观形状类别之中。

本节的研究结果证实，水电站建设后，中游变得更加破碎化，中游和下游景观形状变得更加复杂和破碎而不聚集，同时中游变得更加多样化和分布更加均匀化。本区域景观格局的时空变化是理解水电站建设对景观影响的基础认识。然而，Wu（2004）和Corry（2005）指出研究幅度的变化能显著地影响景观指数，虽然这种效应的可预测性要比粒度的变化小；同时景观类型的分类也能影响区域景观的多样性和均匀性。在这种情况下，水电站建设后变得破碎化的景观，在一个更小的幅度可能会呈现出更好的连通性，水电站建设后变得更加多样或者均匀化的景观可能会呈现相反的变化。因此，有必要利用景观指数尺度图来代替单一尺度下水电站引起的景观变化，并清晰地识别所选择的景观指数对细粒尺度空间数据的响应，以呈现最优化的管理方法减轻水电站建设引起的负面的生态后果。

7.2.5.2　水电站对径流的影响及 RVA 方法的应用

变化范围法（RVA）已经被广泛应用到水电站引起的水文改变的评价中，本节借用该方法并结合 Lajoie 等（2007）提出的月径流指标，分析月径流对水电站建设的响应。需要说明的是，两种方法的结合为使用月径流数据评价水电站引起的水文改变度提供了一种途径。结果表明，水电站的运行提前了下游最小和最大月径流的发生时间，此结果与前人在黄河中下游的研究不一致。漫湾水电站的建设降低了年最大月径流的年际变异，而增加了年最小月径流的年际变异。尽管径流的大小在建设前后差异不显著，但是水电站建设后 4 月径流的变异系数明显增加，而 6 月、7 月和 10 月有明显的降低，说明月径流在这些月份受水电站运行的影响而波动异常。因此，当结合径流大小与变异系数时，漫湾水电站对水文变化的影响变得相对复杂。

最大和最小月径流的水文改变度在上中下游相对较低，综合水文改变度在上中下游分别为 26.28%、33.40% 和 37.14%，表明漫湾水电站对澜沧江月径流的影响没有重大的环境压力或者强烈的生态干扰。但是，水文改变在水电站建设后变得明显（中游），同时受水电站和其他人类活动影响时，局势进一步恶化（下游）。由于允景洪水文站（下游）位于中缅交界处，其上游区域其他人类活动，如农田开垦、森林砍伐、城市扩张、道路网络建设等可能会对整个区域的水文状况有着更为明显的影响。例如，对下游区域内道路网络建设的研究表明，路网对生态系统有着显著的影响，并引起景观格局变化。而变化的景观格局又影响区域水文特征与过程，这在本研究中也得到证实。由于本研究的主要目的是评价水电站建设对景观和水文的影响，其他人类活动的单一要素对景观和水文的影响则没有包含在内。

气候变化对水文序列的影响已在不同的区域得到证实（Chen et al.，2010；Yang et al.，2008），气候因子中降雨是最为显著的因子之一，降雨不仅仅能影响年、季节和月径流的大小，而且改变了径流极值的发生时间及频率，因此降雨的变异不可避免地影响水文改变度的大小。为此，本节采用 Yoo（2006）提出的划分水文年的方法以分离降雨的影响来呈现水电站调节对径流的影响。即便如此，要清楚地区分自然和人为干扰对水文状况的影响的难度相当大，是目前水文过程变化研究的一项重要议题（Yang et al.，

2008)。因此，水文改变的更多不确定性因素需要进一步识别和评价。另外，RVA 方法对径流序列长度相当敏感（Richter et al.，1996），因此过短的水文序列长度（建设前和建设后）需要采取谨慎的态度对获得的 DHA 值的有效性进行分析（Yang et al.，2008）。在研究中，没有去除降雨影响之前的水文序列长度在水电站建设前后分别为 36 年和 8 年，去除降雨影响之后的长度分别为 15 年和 6 年。水电站建设后较短的序列长度可能会对研究结果有影响。因此，在以后的研究中采用可行的方法对延长或拓展水电站建设后序列长度以及研究 DHA 值对序列长度的响应是必要的。总之，本书在现有序列长度基础上对水电站建设引起的水文改变度做了剖析，以期能对河流开发和水库管理提供相应的支持。

7.2.5.3　景观变化与水文改变之间的关系

已有研究利用回归分析法识别水电站下游水文变化的影响因子（Matteau et al.，2009）和梯级水电开发对景观的累积效应（Ouyang et al.，2009）。本节试图利用回归分析法分析水电站影响下景观格局变化与水文改变之间的关系。结果发现，水文改变度（DHA）与景观格局指数的变化有着显著的关系，特别是林地和水域面积，进一步支持了前人的结果：流域面积与水文改变有直接的相关性（Lajoie et al.，2007；Matteau et al.，2009）。其中，景观破碎化指标中 LPI 和景观形状指标中的 ED、LSI 和 PAFRAC 以及景观多样性指标中的 3 个指数都与 DHA 有着显著的相关性，表明景观格局的变化将会引起水文改变：随着景观破碎化的加剧、景观形状变得简单和景观多样性降低，水文改变程度增高。根据回归分析的原理，虽然其用于研究一个变量对其他变量的依赖关系，但本身只是表明变量之间存在统计上的相关性，这种关系不一定含有因果关系，具有不确定性，研究结果有必要做进一步分析。尽管有许多研究模拟了土地利用和覆盖变化对水文的影响（Oeurng et al.，2011；Verstraeten and Prosser，2008；Xie and Cui，2011），但很少直接反映水电站建设引起的土地利用变化对水文的影响，因此在以后的研究中仍需继续调查和综合模拟水电站建设对景观和水文以及两者之间的关系的影响。

7.3　水利水电工程泥沙沉积及其生态效应

7.3.1　水利水电工程泥沙沉积机制

水利水电工程在运行过程中，由于设计的不合理和管理措施不当，会出现严重的泥沙淤积现象。泥沙淤积造成的库容损失，使水库的功能、安全和综合效益不断受到影响，是水库可持续利用研究中亟须解决的问题。据 2001 年的统计数据，世界上大型水库库容的年均淤损量占剩余库容的 0.5%～1%，我国为 2.3%，远远高于世界平均水平，泥沙的淤积会带来严重的生态风险与环境问题。

7.3.1.1 我国水库泥沙沉积的现状及特点

据统计，我国七大江河的年输沙量高达 23 亿 t，特别是西北、华北地区的一些河流，含沙量非常高，甘肃祖厉河的多年平均含沙量可达 600 kg/m³，实际测到的最大含沙量可达 1 600 kg/m³ 左右。即使是长江，含沙量虽然不算高，仅 0.54 kg/m³，但由于水量丰沛，年沙量也近亿吨（韩其为，2003）。在河流上修建水库后，由于水位抬高，流速减小，必然造成泥沙在水库中的淤积。大量的泥沙被冲刷进入河道，使以兴利为目标的许多水库淤积严重，进而引起水电机组等设备损失，并对生态环境产生影响。表 7-5 列出了我国部分水库的淤积情况。

表 7-5 中国部分水库泥沙淤积情况

水库	河流	排水面积 / 10³ km²	坝高 / m	设计库容 / 10⁸ m³	统计时间	总库容 / 10⁸ m³	淤积比例 / %
刘家峡	黄河	181.7	147	57.2	1968—1978	5.8	10.1
盐锅峡	黄河	182.8	57	2.2	1961—1978	1.6	72.7
八盘峡	黄河	204.7	43	0.49	1975—1977	0.18	35.7
青铜峡	黄河	285.0	42.7	6.20	1966—1977	4.85	78.2
三圣宫	黄河	314.0	闸坝式	0.80	1961—1977	0.40	50
天桥	黄河	388.0	42	0.68	1976—1978	0.075	11
三门峡	黄河	688.4	106	96.4	1960—1978	37.6	39
巴家嘴	蒲河	3.52	74	5.25	1960—1978	1.94	37
冯家山	千河	3.23	73	3.89	1974—1978	0.23	5.9
黑松林	冶峪河	0.37	45.5	0.086	1961—1977	0.034	39
汾河	汾河	5.27	60	7.00	1959—1977	2.60	37.1
官厅	永定河	47.6	45	22.7	1953—1977	5.52	24.3
闹得海	柳河	4.50	41.5	1.96	1942	0.38	19.5
红山	西辽河	24.5	31	25.6	1960—1977	4.75	18.5
冶源	弥河	0.79	23.7	1.68	1959—1972	0.12	7.2
岗南	滹沱河	15.9	63	15.58	1960—1976	2.35	15.1
龚咀	大渡河	76.4	88	3.51	1967—1978	1.33	38
碧口	白龙江	27.6	101	5.21	1976—1978	0.28	5.4
丹江口	汉江	95.2	110	160.5	1968—1974	6.25	3.9
新桥	红柳河	1.33	47	2.00	14 年	1.56	78

数据来源：中国水利水电科学研究院，2011。

我国水库淤积呈现以下两个特点：

第一，水库淤积现象普遍。从地域上说，无论是北方还是南方；从河流特性上说，无论是多沙的黄河流域还是含沙量较少的长江、珠江等流域，都出现了不同程度的水库淤积问题。到 1972 年为止，全国已建成坝高在 15 m 以上的水库 12 517 座。初期运行时，由于缺乏经验，造成水库的严重淤积。山西省 43 座大中型水库的总库容 22.3 亿 m^3，到 1974 年已损失 31.5 %，即 7 亿 m^3，平均每年损失 0.5 亿 m^3（韩其为，2003）。根据全国有实测资料的 236 座大型水库的统计，截至 1981 年年底，全国水库总淤积量达 115 亿 m^3，占这些水库总库容 804 亿 m^3 的 14.2%，平均每年约淤损 8 亿 m^3。

第二，中小型水库淤积问题尤为突出。国内 550 余座有淤积资料的水库统计表明，中小水库的泥沙淤积速率一般较大型水库高出 50%～237%，北方严重水土流失区的中小型水库淤积速率尤甚。例如，陕西省杏河水库两年建成，而仅一年就被淤满；马家湾水库总库容 750 万 m^3，兴利库容 300 万 m^3，已淤积 43 万 m^3；白家坪水库库容 240 万 m^3，已淤积 230 万 m^3；延安王瑶水库淤积也十分严重，总库容 2.03 亿 m^3，淤积已占总库容的 44.5%（高志科，2001）。

国外水库淤积也较为严重。在日本，根据 425 个库容大于 100 万 m^3 的水库资料，截至 1979 年泥沙淤积使库容损失 6.3%。根据 1996 年对 786 座水库（占日本水库总数的 30%，超过日本总库容的 80%）的统计资料，每年淤积量大约 2 000 万 m^3，若加上每年从水库清除的大约 390 万 m^3 泥沙量，则每年实际泥沙淤积量大约达 2 390 万 m^3。在印度，根据 1969 年统计资料，21 个库容超过 11 亿 m^3 的水库每年因为泥沙淤积造成的库容损失为 0.5%～1.0%。在美国，水库年均泥沙淤积量达 12 亿 m^3。在俄罗斯的中亚地区，坝高低于 6 m 水库的使用寿命只有 1～3 年，坝高 7～30 m 水库的使用寿命只有 3～13 年（韩其为，2003）。

7.3.1.2　我国水库河流泥沙变化特征

河流输沙入海是地表过程的一个重要表现，也是水库淤积研究的重要内容。Walling 和 Fang 对亚洲、欧洲和北美洲的 145 条河流的长期数据（大于 25 年）研究后指出，50% 的河流的输沙通量表现出上升或者下降的趋势，其中下降者占多数，而另约 50% 的河流的输沙通量基本保持不变。Milliman 指出，过去 50 年来欧洲很多河流的输沙通量明显减少，有的还发生了急剧下降。Bobrovitskaya 对俄罗斯注入北冰洋的河流的研究表明，在 20 条河流中，输沙通量呈现上升的为 7 条，下降的为 12 条，保持不变的为 1 条。刘曙光等对亚洲主要河流输沙量进行了研究，根据含沙量可将亚洲入海河流分为三个区，北亚河流的径流量较大，含沙量、输沙量最低；东亚华北河流（34°N—39°N）含沙量最高、输沙量较大；东南亚及南亚河流的输沙总量最大。上述研究表明，究其原因，绝大部分水库建设是造成世界河流的输沙通量减少的主要原因。表 7-6 分别是中国 9 大河流（松花江、辽河、海河、黄河、淮河、长江、钱塘江、闽江、珠江）在 20 世纪 50 年代到 21 世纪初河流的基本资料（主要包括降雨量、径流量和输沙量等）（戴仕宝，2007）。

表 7-6　我国主要河流基本概况

流域	流域面积 / 10^4 km²	水文测站		多年平均降雨量 /mm	多年平均径流量 /10^8 m³	多年平均输沙量 /10^4 t	年份
		站名	控制面积 / 10^4 km²				
松花江	55.7	哈尔滨	38.98	518	437.6	676	1955—2000
辽河	22	铁岭	12.08	525	32.37	1 380	1954—2000
海河	31.8	海河闸		511	9.709	9.55	1960—2000
黄河	79.5	利津	75.2	439	331.2	83 920	1950—2000
淮河	27	蚌埠	12.13	940	264.1	987	1950—2000
		临沂	1.03		21.34	254（1954—2000 年）	1951—2000
长江	180	大通	170.54	1 099	9051	43 300	1950—2000
钱塘江	5.56	兰溪	1.82	1 424	167	216	1977—2000
闽江	6.1	竹岐	5.45	1 542	538	637（1951—2000 年）	1950—2000
珠江	45.4	高要	35.2	1 472	2212	7 160	1957—2000
		石角	3.8		419.5	563.6	1954—2000
		博罗	2.5		234.6	256.6	1954—2000

数据来源：戴仕宝，2007。

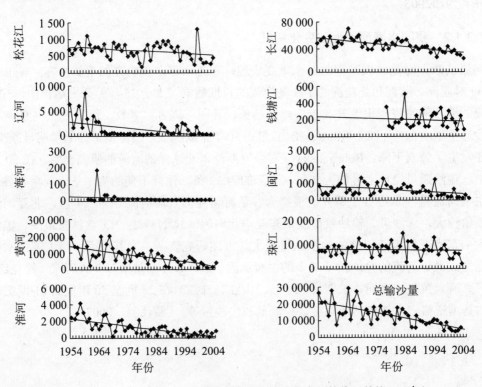

图 7-11　中国主要河流输沙量变化趋势（单位：10^4 t）

注：改自戴仕宝等，2007。

中国 9 大河流的输沙率在过去的 50 年中均呈下降趋势，但下降的幅度却各不相同。总体来看，华北的河流下降幅度最大，而珠江幅度最小（图 7-11）。例如，长江的淤沙量在 9 大河流中是最高的，在近 50 年间呈下降趋势，而长江流域建设的水库数量较其他河流是最多的；黄河和淮河的输沙量减少率比较大，比较 1954—1963 年与 1994—2003 年两个阶段的 10 年平均值表明，珠江下降了约 3.3%，松花江与长江下降了约 1/3，而辽河、黄河、淮河则分别下降了 85 %、77 % 和 81 %，这三条河流的输沙量水平降低了一个数量级。

我国是世界上水库数量最多的国家之一，我国主要河流已建成的水库已经约 8×10^4 座，总库容达到 $4\,260.28 \times 10^8 \text{m}^3$，占多年平均径流量的 33%，远远超过世界平均 20% 的水平。水库在调节径流的同时也拦截了大量的泥沙。对海河流域 24 座库容超过 $1 \times 10^8 \text{m}^3$ 的水库的统计显示，截至 1985 年总的淤积量已达 $16.9 \times 10^8 \text{m}^3$，占总库容的 10.27%。在长江流域，被水库拦截的泥沙在 50 年代很少，而至 2002 年则约为 $7.4 \times 10^8 \text{t}$。并且从 1980 年代的早期开始，被流域水库拦截的泥沙总量即已超过长江的入海泥沙总量。三峡水库自 2003 年 6 月开始蓄水，至该年 12 月即淤积泥沙 $1.24 \times 10^8 \text{t}$。在黄河流域，由于河流含沙量很高，水库淤积十分迅速。如三门峡水库 1960—2003 年总淤积量达 $69.24 \times 10^8 \text{m}^3$，年均淤积达 $1.57 \times 10^8 \text{m}^3$。小浪底水库在 1997—2003 年的 7 年间，泥沙淤积就达 $14.16 \times 10^8 \text{m}^3$，年均淤积超过 $2 \times 10^8 \text{m}^3$（中国河流泥沙公报，2003）。在珠江流域虽然河流含沙量较小，但因其丰富的水量，部分水库的泥沙淤积也很严重。据报道，广东省的水库由于泥沙淤积平均减少了 30 % 的库容（戴仕宝等，2007）。

7.3.1.3　水库泥沙淤积形态

水库的修建本质上改变了自然状态下下游河流的水沙过程，势必会引起水沙输移特性、河道形态的调整及周边生态环境的响应（谢金明等，2013）。水库泥沙淤积是在水流对不同粒径泥沙的分选过程中发展的。在回水末端区，流速沿程迅速递减，卵石、粗沙等推移质首先淤积，泥沙分选较显著。继续向下游，悬移质中的大部分床沙质沿程落淤，形成了三角洲的顶坡段，其终点就是三角洲的顶点。在顶坡段，由于水面曲线平缓，泥沙沿程分选不显著。当水流通过三角洲顶点后，过水断面突然扩大，紊动强度锐减，悬移质中剩余的床沙质在范围不大的水域全部落淤，形成了三角洲的前坡。水体中残存的细粒泥沙，当含沙量较大时，往往从前坡潜入库底，形成继续向前运动的异重流，或当含沙量较小而不能形成异重流时，便扩散并在水库深处淤积（丁金凤，2009）。

水库淤积是一个长期过程。一方面，卵石、粗沙淤积段逐渐向下游伸展，缩小顶坡段，并使顶坡段表层泥沙组成逐渐粗化；另一方面，淤积过程使水库回水曲线继续抬高，回水末端也继续向上游移动，淤积末端逐渐向上游伸延，也就是通常所说的"翘尾巴"现象，但整个发展过程随时间和距离逐渐减缓。最终，在回水末端以下，直到拦河建筑物前的整个河段内，河床将建立起新的平衡剖面，水库淤积发展达到终极。终极平衡纵剖面仍是下凹曲线，平均比降总是比原河床平均比降小，并与旧河床在上游某点相切（高建，2010）。

水库泥沙淤积形态可分为纵剖面形态和横断面形态。纵剖面形态根据形成条件不同，可分为三角洲、锥体和带状淤积（郭庆超，2007）。在库水位变化幅度不大，淤积处于自由发展情况下，水库淤积一般呈三角洲形态；在回水曲线较短，入库水流在通过库段时紊动强度较大或含沙量较高，含沙水流在达到拦河建筑物前泥沙来不及完全沉积情况下，水库淤积将形成锥体形态。

三角洲淤积的形成条件：水库运用水位高且比较稳定，变动回水区长。特性是包括尾部段、洲面段、前坡段、坝前段，淤积物及分配沿程分布明显，自尾部至坝前逐渐变细，由于进入坝前段泥沙量很少且很细，因此淤积厚度较小（见图7-12）。

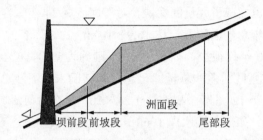

图 7-12　三角洲淤积示意

锥体淤积的形成条件：水库小，淤积不能充分发展。一种是运用水位低，坝前有一定流速，能使较多泥沙运行到坝前落淤和排出水库；另一种是水库回水短，含沙量高且颗粒细，即便坝前流速不大，但依靠超饱和输沙，仍有较多泥沙运行到坝前落淤或排出水库。特点是淤积厚度自上而下沿程递增，河底比降逐年变缓。此外，当水库达到淤积平衡，其淤积体都是锥体形状（见图7-13）。

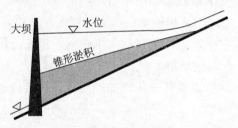

图 7-13　锥形淤积示意

带状淤积的形成条件：运用水位变幅大，变动回水区范围长且具有河道和水库双重特性，变动回水区虽然以淤积为主，但冲淤交替，常年回水区以悬移质中的中细沙淤积为主。特性是淤积厚度沿程分布较均匀，淤积分布是由坝前水位升降淤积体拉平所致，不是水库淤积固有特性，一般出现在水库运用初期，很难长期维持（见图7-14）。

横断面形态在多沙河流与少沙河流的水库中有所不同。多沙河流上的水库普遍有淤积一大片、冲刷一条带的特点。淤积一大片指泥沙在横断面上基本呈均匀分布，库区横断面上不存在明显的滩槽。冲刷一条带指水库在有足够大的泄流能力，并采取经常泄空的运用方式时，库底被冲出一条深槽，形成有滩有槽的复式横断面（丁金凤，2009）。

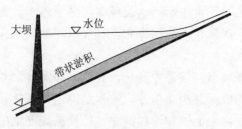

图 7-14　带状淤积示意

7.3.1.4　泥沙沉积的原因

由于水库建设时间、设计原理和所处地理位置等方面存在差异，则水库引发泥沙淤积的原因也不尽相同，结合不同研究结果及其现有理论，主要归结为以下几个原因（徐国宾，1994）：

第一，水土流失严重，导致河流含沙量高，是水库泥沙淤积的主要原因。例如，安塞县王瑶水库，位于陕西省，该地区地处黄土丘陵沟壑区，丘陵起伏，沟壑纵横，再加上暴雨集中、植被稀少和人类不合理的社会经济活动等因素的影响，在黄土丘陵沟壑区，水土流失尤为突出，年平均侵蚀模数高达 10 000 t/（km²·a）以上，每年向黄河输入泥沙约 7 亿 t，约占全省输入黄河泥沙量的 89%。严重的水土流失，加剧了该地区的水库淤积；位于靖边县的新桥水库，总库容 2 亿 m³，建成后仅蓄水运用 2 年就淤积了 8 655 万 m³ 泥沙，占总库容的 43.3 %（徐国宾，1994）。

第二，水库未设置泄流排沙底孔、入库泥沙排不出。合理利用泄流排沙底孔可以将入库泥沙排往下游河道，其排沙效率取决于水库运用方式。早期修建的水库绝大多数未设置泄流排沙底孔。而输水建筑物又大多采用卧管和竖井，使入库泥沙难以排出（徐国宾，1994）。

第三，水库运用方式不合理，加速了水库淤积。水库淤积的速度与水库运用方式密切相关。汛期洪水含沙量高，如果采用拦洪蓄水运用方式，将会把大部分泥沙拦在库内，势必加快水库淤积速度。如陕西省安塞县王瑶水库，1980—1984 年，由于采用拦洪蓄水运用方式，5 年中仅排出入库泥沙总量 2 400 万 m³ 的 19.7%。截至 1984 年年底，淤积泥沙 7 913 万 m³，占总库容的 39%（徐国宾，1994）。

第四，人为原因改变土地利用方式，加速水土流失，导致水库泥沙淤积。随着人口增加、流域内的经济开发，有时水库建成后移民定居，又加剧了水土流失，使水库淤积趋向严重。人类活动是影响河道输沙变化的另一关键要素，以澜沧江 - 湄公河一级支流为例，该地区水库泥沙增加趋势是由于区域内土地利用及覆被变化引起的，是人类活动影响的结果（傅开道等，2008）。

第五，季节性泥沙淤积。河川中的泥沙主要出现在汛期。在我国一般是 6—10 月，占年输沙量的 90% 左右，汛期入库泥沙是形成水库淤积的主体。研究早期季节性汛后蓄水的水库，不难发现，在汛期大量泥沙进入水库时坝前水位很低，甚至接近天然状态，泥沙可排往下游，水库淤积量很少。从而，汛期水库运行水位越低，泥沙淤积越少，电站发电量损失越大。反之汛期水库运行水位越高，甚至蓄水至正常蓄水位，虽然增加了近期的发电量，但泥沙大量淤积，最终将完全丧失水库的调节作用，导致长期损失发电量（徐国宾，1994）。

第六，建库后导致库周微气候发生变化，导致水库泥沙淤积。目前的研究中，研究气候影响水库泥沙淤积的成果甚少。但是，流水是河道泥沙输移的载体和动力之源，而流域面上降雨的雨点溅蚀，经面蚀和沟蚀的输送，使流域面上的土壤侵蚀进入河道形成泥沙，因此在天然河流中降雨变化不仅是河道径流变化，更是泥沙增减的重要原因。如澜沧江下游流沙河流域气候变化对河道输沙量增减的影响结论表明：输沙量的变化并非气候变化导致（徐国宾，1994）。

7.3.1.5 泥沙沉积的生态效应

泥沙淤积使水库不断受到功能性、安全性和综合效益下降的影响。泥沙淤积对水库的影响可分为社会影响、经济影响和生态环境影响，主要包括减少水库有效库容、削弱水库功能、影响库尾河道形态、降低水库安全等级和水质等级等方面。因为修建水库的目的不同，调度运行各异，对水库管理者来说，泥沙淤积所带来的问题也各不相同。一般而言，水库淤积会造成以下几个方面的不良影响（谢金明，2013）：

（1）泥沙淤积导致水库功能削弱

库容的大小决定着水库径流调节能力和兴利效益。库容大，其径流调节能力强，兴利效益高。水库功能的削弱主要是泥沙淤积会导致有效库容的降低，失去了修建水利水电工程的目的。防洪库容减少导致水库防洪标准降低，兴利库容减少导致水库供水能力、供水保证率、发电保证率等降低，严重时甚至丧失部分功能。变动回水使宽浅河段主流摆动或移位，影响库区通航保证率、航道等级。

（2）导致河床太高，加剧土地盐碱化

泥沙淤积上延造成库尾河床抬高，河道水位抬升，水面比降和流速减小，河槽过水能力降低，河道形态发生改变。例如，受三门峡水库回水末端"翘尾巴"淤积影响，渭河下游河床淤积抬高，降低了渭河下游防洪、排涝能力，增加了沿河两岸的沼泽、盐碱化面积。城固县南沙河水库回水末端淤积上延，抬高了上游河床，形成地上河，造成两岸 150 多亩①稻田排水不畅，成为冷浸田。另外，在有通航条件的河流上，回水末端淤积还容易堵塞航道，恶化通航条件。

河道水位抬高还会增加水库淹没周边土地损失，引起两岸地下水位升高，加重土地盐碱化。特别是在山区的水库，河床抬高会影响消落带生物。

（3）降低水电站的发电能力

泥沙淤积影响水工建筑物安全，如船闸、引航道、水轮机进口、引水口、水轮机叶片、拦污栅等。水库淤积减少水库的有效库容，使水电站的发电能力降低。如果淤积形成的

---

① 1 亩 =1/15 hm²。

三角洲在大坝附近形成，还可能阻碍水流进入发电机，并增加进入发电机的泥沙，从而磨损涡轮机叶片和闸门座槽。涡轮机叶片的磨损与泥沙粒径有关，一般认为，泥沙的粒径若大于 0.25 mm，就会磨损叶片。进入电站引水管的泥沙会加剧对过水建筑物和水轮机的磨损，影响建筑物和设备的效率和寿命。坝前堆淤（特别是锥体淤积）也会增加大坝的泥沙压力，加重水库病险程度。

（4）恶化库区生态环境

泥沙本身是一种非点源污染物，同时也是有机物、铵离子、磷酸盐、重金属以及其他有毒有害物质的主要携带者，这些污染物进入水库，将会给库区水质造成不良影响。泥沙淤积会改变水库以及库尾以上河道的地形，从而改变水生生物的生存环境，可能引起水库及库区以上河道内水流的富营养化，而使下泄的清水缺乏必要的养分。

泥沙也会对鱼类的生长和繁殖带来不利的影响，水中含沙浓度高时，会减弱水中的光线，影响水中微生物生长，使鱼类赖以生存的食物减少，不利于鱼类繁殖。

（5）破坏水库下游河道平衡状态，危及下游河道堤防安全

水库正常蓄水运用时，泥沙淤积在库内，下泄清水，下游河道冲刷下切，容易造成两岸堤防基础悬空、坍塌，并影响两岸引水。水库排沙运行时，排出的泥沙淤积在下游河道，引起河道水位升高，甚至超过堤防顶部，造成堤防溃决，危害两岸安全。

国内外对大坝建设以后对水环境影响的调查研究比较多，众多的研究表明，大坝建设以后，不仅减少了下游来沙量，而且还改变了支流水系的水动力条件，使得水流变缓，水相泥沙含量骤然减少，水体自净能力降低，污染有所加剧。但是，泥沙作为河流水体的重要组成部分，在其迁移输运过程中，可以吸附水相的氮、磷等污染物。调查研究发现，河流泥沙对污染河水氮、磷污染物及高锰酸盐指数均有一定的吸附效果，泥沙在随水流的迁移输运过程中对河道污染物负荷的降低可起到较为积极的作用。泥沙特别是悬移质泥沙是污染物的主要携带者，悬移质泥沙的沉降是降低河水污染负荷的重要途径，污染物可被泥沙吸附以后随泥沙的沉降而进入水体底层，脱离水相，对水体自净具有重要的积极意义。

7.3.2　水利水电工程建设影响下泥沙变化特征定量描述

土壤侵蚀和水土流失，是河流水电水利工程出现泥沙问题的直接起因。从长远的观点来看，解决泥沙问题的根本途径是减少人为侵蚀，恢复流域植被，保护和改善流域内的生态系统，减少水土流失。但是实现这一目标需要巨大的财力投入，生态环境的自然恢复过程也较慢。因此，在未来相当长的时间内，我国水电水利工程的泥沙问题仍然将十分严峻。在河流和流域的水电资源开发及治理中还将遇到许多与泥沙有关的工程问题，为了能够做出符合自然规律的正确工程决策，必须详细地了解河流泥沙运动的规律。流域土壤侵蚀、产沙、泥沙沉积、河流输沙构成了泥沙淤积的主要环节（贾艳红，2011）。

（1）侵蚀

河岸侵蚀是由河岸植被的破坏或水流流速的升高引起的。流域的侵蚀产沙包括风化和侵蚀等复杂的物理化学过程。研究流域侵蚀需要考虑流域的地质条件、地球化学特性、

气候条件、降雨、植被等多种物理的和化学的因素。河岸侵蚀不仅通常发生在弯道的外侧，也可能发生在弯道内侧或河道顺直部位。河床侵蚀量可根据水沙条件利用河流动力学方法计算。重力侵蚀是河岸侵蚀中最为常见的一种类型。重力侵蚀又称块体运动，指坡面岩体、土体在重力作用下，失去平衡而发生位移的过程。国外学者曾进行了块体运动的系统分类，根据我国的具体情况，重力侵蚀主要划分为泻溜、滑坡、崩塌，以及重力为主兼水力侵蚀作用的崩岗、泥石流。重力侵蚀通常发生在山区，特别是在雨强较大的湿润山区。边坡失稳是导致重力侵蚀的主要因素，而气候、土壤、地形、植被、水蚀力、人类干扰和动物干扰都是诱发边坡失稳的重要原因。目前已开发出了很多评价边坡稳定性的程序，这些程序大部分都是以边坡稳定因素和侵蚀因素为主要参数。不合理的人类活动如植被破坏、陡坡开荒、工程建设处置不当（开矿、修路、挖渠等），增加径流，破坏山体稳定，均可诱发重力侵蚀，或加大重力侵蚀规模，加快侵蚀频率。侵蚀坡面侵蚀量可通过野外量测、地貌调查、遥感摄影、示踪法和模型计算的方法获得。利用土壤流失方程（USLE）、修正土壤流失方程（RUSLE）（Yoder et al., 1995）、水土流失预测模型（WEPP）（Weltz et al., 1998）、风蚀方程（WEE）（Van Donk et al., 2008）等进行坡面侵蚀的计算和预测（贾艳红, 2011）。

（2）产沙

流域产沙是指流域或集水区内的侵蚀物质向其出口断面的有效输移过程。流域产沙由坡地部分产沙和水系自身部分产沙组成。对于坡地部分产沙，可利用泥沙收集槽收集从坡面侵蚀下来的泥沙并进行量测，也可对集水区的指定横断面进行反复观测或利用测绘图片对比进行侵蚀量的计算。水系部分产沙不仅包括河岸侵蚀产沙，也包括河床泥沙受到外力作用，以推移质或悬移质的形式沿河道输移产沙。

由于流域产沙机理较复杂，因此产沙模型应用中大多为经验回归方程，此类模型缺乏明确的物理成因机制，区域性限制因素很多，在一些小流域尚有一定的适用性，但在大中尺度流域中其应用性不强。近年来发展的物理成因性模型，比较好地解决了经验方程的弊端，模型可分过程分别模拟，且物理概念明确，对小流域和大中尺度流域都比较适用（余新晓等, 2007）。

（3）泥沙沉积

泥沙沉积可能会发生在坡面、沟道、河岸、河床等流域中的各个部位。即使产沙类型明确，也很难直接计算有多少泥沙在进入河道前沉积下来，目前应用广泛的方法是用总侵蚀量减去下游河道出口的泥沙输出量来获得流域内的泥沙沉积量（贾艳红, 2011），另外，泥沙拦截率也可以利用经验公式求出。

（4）河流输沙

河道泥沙可能源于坡面侵蚀、沟道侵蚀、河岸侵蚀、重力侵蚀或上游河道输送的泥沙。河流泥沙输移与河道的侵蚀特性、泥沙性质以及输沙效率都有关系，且只有部分侵蚀产生的泥沙被河流输送进入下游河道，其余的侵蚀泥沙沉积在坡面、河岸或河床。沿河流输送的泥沙通常以推移质、悬移质、冲泻质的形式运动。汇集到集水区某一断面或流域出口断面的侵蚀量又称输沙量，在一定的侵蚀条件下，输沙量越多，说明流域的产沙强度越高。为表征流域的产沙强度，定义流域产沙量（或输沙量）与侵蚀量之比为泥沙输移比（贾艳红，2011）。

7.3.2.1　河流泥沙模拟方法

河流模拟技术包括河流实体模型和泥沙数学模型两部分，两种研究手段各具有优缺点（左明利和张洪龙，2012）。在实体模型方面，建立了一整套河工模型的相似理论、设计方法和试验技术，在模型几何变态、比降二次变态、模型沙的选择、高含沙水流模拟、宽级配非均匀沙模拟等方面取得了重要的研究成果，并解决了大量的工程泥沙问题。

数学模型的建立是基于水流、泥沙动力学和河床演变等扎实的泥沙理论之上的，具体有由质量守恒定律和动量守恒定律推导出来的水流连续方程、水流运动方程、泥沙运动方程、河床变形方程等，同时数学模型的发展还离不开不断发展的计算机技术。在数学模型方面，已经建立了一维、二维和三维泥沙数学模型，并随着泥沙基本理论研究的不断深入与广泛的工程应用，在计算模式、数值计算方法、计算结果的后处理、参数选择、高含沙水流问题处理等方面均取得了重要进展。目前，仍需完善数学模型的计算方法，同时对阻力问题、糙率、底部泥沙挟沙力素动黏性系数等问题进行深入的研究（左明利和张洪龙，2012）。

分布式水文模型目前也被广泛用于分析流域产沙径流，比较广泛的如 SWAT 模型，综合考虑了流域的空间变异性，SWAT 模型在计算中根据流域汇流关系将流域分成若干子流域，单独计算每个子流域上的产流产沙量，然后由河网将这些子流域连接起来，通过河道演算得到流域出口处的产流产沙量。因此，在 SWAT 模型中，分成两个阶段：一是陆面水文循环，降水产流同时伴有土壤侵蚀；二是河道演算，包括水、沙的输移过程以及营养物质在河道中的变化及输移过程。SWAT 模型结构复杂，它是由 701 个方程和 1 013 个中间变量组成的一个模型系统，结构上可以分为水文过程、土壤侵蚀和污染负荷三个子模型。水文过程子模型可以模拟和计算流域水文循环过程中降水、地表径流、层间流、地下水流以及河段水分输移损失等。该子模型模拟水文过程可以分为两部分：一部分是控制主河道的水量、泥沙量、营养成分及化学物质多少的产流与坡面汇流等各水分循环过程；另一部分是与河道汇流相关的各水分循环过程，决定水分、泥沙等物质在河网中向流域出口的输移运动情况。土壤侵蚀子模型从对降水和径流产生的土壤侵蚀运用修正的通用土壤流失方程（RUSLE）获取。污染负荷子模型主要进行氮循环模拟和磷循环模拟过程，这两个循环伴随水文过程和土壤侵蚀过程而发生（王林，2008）。

河道泥沙演算由沉积和降解两个组件同时组成。从子流域出口到整个流域出口这段距离上，河道内及河滩上的泥沙沉积通过泥沙颗粒的沉降速率计算；泥沙的传输率按照不同的泥沙颗粒大小，分别由沉降速度、河道径流历时和沉降深度进行计算；泥沙降解过程通过 Williams 修改的 Bagnold 泥沙输移方程来计算。

SWAT 模型根据一系列反映水文和侵蚀过程的运算程序计算离散的各单元的产流产

沙，最后进行河道演算，从而达到比较准确的模拟整个流域产流产沙的目的。TriPathi 等在 Nagwan 小流域对 SWAT 模型进行了验证，计算出流域年均产沙量。杨巍等利用 SWAT 模型对辽宁省大伙房水库径流和泥沙进行模拟研究，开展汇水流域产沙以及泥沙入库研究，其结果可为饮用水水源地的水土保持和管理工作提供基础支持。张雪松等进行流域产流产沙模拟，并对其模型的适用性进行精度验证，认为 SWAT 模型可以较为准确地模拟中尺度流域产流产沙，为我国流域水土保持规划提供科学依据。

从 SWAT 模型已有研究看，提出以下几个存在的问题：①从研究区分布范围看，主要位于半干旱的内陆地区，较缺乏降水量丰富的东南沿海湿润区流域的成果报道。尤其是针对受基础数据和参数影响较大的模拟效率问题的探讨较少；②从模拟结果验证看，已有模型验证方法研究多是采用流域出口总径流量模拟效率来检验模型的适用性，由于流量是各种水文过程综合作用的结果，这使得模型在水文过程模拟中缺乏可靠性；③从应用研究看，多涉及流域植被覆被现状下的产流产沙模拟，植被覆被变化下的水文效应多是针对植被水平空间分布变化的水文响应分析，未考虑不同植被在坡度分布上的空间差异对于流域水文过程的影响，也未见结合流域典型区的生态重建要求研究植被恢复的水文效应。

7.3.2.2 水库泥沙淤积计算方法

水库泥沙淤积计算是水库淤积和工程泥沙研究的重要内容之一，它的预报结果对水库规划和水库运用均是必需的。通常，水库泥沙淤积计算应该遵循以下几个原则（参考《水电水利工程泥沙设计规范》）：

①水库泥沙冲淤计算方法应该根据水库类型、运行方式和资料条件等进行选择，可采用泥沙数学模型、经验法和类比法。

②采用泥沙数学模型进行水库泥沙冲淤计算时，对数学模型及参数应使用本河流或相似河流已建水库的实测冲淤资料进行验证；缺乏水库实测冲淤资料时，可利用设计工程所在河段天然河道冲淤资料进行验证。

③采用经验法进行淤积计算时，应了解方法的依据和适用条件并利用工程所在地区的水库淤积资料进行验证。

④采用类比法进行淤积计算时，应论证类比水库的入库水沙特性、水库调节性能和泥沙调度方式与水库设计水位的相似性。

⑤对水库冲淤计算成果进行合理性检查。泥沙淤积问题严重的水库，宜采用多种方法进行计算，综合分析，合理确定。

⑥水库冲淤计算系列，可根据计算要求和资料条件，采用长系列、代表系列或代表年。采用代表系列的多年平均年输沙量、含沙量或代表年的年输沙量、含沙量应接近多年平均值。

国内外水库冲淤计算方法通常分为：经验法（又称平衡比降法、水文学法），即经过对水库淤积规律的研究，得出各种参数的直接计算方法，如对于三角洲的洲面坡降、长度、前坡坡降以及水库淤积平衡后的坡降、保留库容等，直接给出公式确定；形态法（又称半经验半理论法、半水文学半动力学法）；数值模拟法（又称理论法、水动力学法），即采用河流动力学的有关方程和方法构造模型，分时段、分河段求解，不直接计算有关参数，而是根据求解结果得出，这种模型可称为河流动力学数学模型。

水库淤积泥沙设计预测计算的成果，同水库若干年实测资料比较，若淤积量、淤积部位有 70% 相符，水库淤积高程相差 1 ~ 2 m，即可认为水库淤积预测成功，即便是数值模拟数学模型的计算成果也是如此。对淤积计算成果无精度可言，只有可靠与否。

计算方法首先是类比法，之后发展为平衡比降法、形态法。我国乃至世界，20 世纪已建的大中型水库，绝大部分都是用以上方法计算水库淤积。通过数十年过程运行实验检验，我国除个别工程外，绝大多数同实际淤积状况相符。如龚嘴水电站设计预测运行 15 年，淤积洲头到达坝前，保留调节库容 96%，实际运行 16 年淤积洲头到达坝前，保留调节库容 92%。对泥沙设计而言，这是很可靠的预测。

我国著名的形态法数学模型主要有以下几种：

①沙河流水库三角洲淤积计算方法，水利水电科学研究院姜乃森。

②水库淤积的简化估算方法，黄河水利勘测设计院焦恩泽、林斌文。

③ XIKAN-1 "水库三角洲冲淤过程计算"，西北勘测设计研究院泥沙室。

④ XIE-3 "水库泥沙冲淤计算的数学模型"，清华大学谢树楠等。

⑤ CHENG-1 "水库悬移质泥沙淤积的分析计算"，成都勘测设计研究院白荣隆等。

⑥ "大型水库泥沙冲淤计算方法"，黄河水利委员会勘测设计规划研究院涂启华等。

⑦ H-H2.1 "泥沙数学模型"，水科院张启瞬等。

利用经验法来计算水库淤积中较典型的是针对于三角洲淤积体的水库，三角洲各项参数计算的方法及其公式也可查阅到，也可以对其他不同形式排沙（如壅水排沙、异重流排沙、敞泄排沙、溯源冲刷）效果，水库淤积末端的上翘长度、库尾的比降等研究有较好的支持。例如，黄河水利委员会勘测设计规划研究院涂启华、李世莹等分析了三门峡、青铜峡、盐锅峡、巴家咀、张家弯、官厅、渠河等水库资料，建立了水库淤积长度关系式：

$$L_{淤} = 0.485 \left(H_{淤}/i_0 \right)^{1.1} \tag{7-2}$$

式中，$L_{淤}$ 为包括尾部段在内的水库淤积长度，对于锥体淤积，即为淤积末端至坝前的距离，对于三角洲淤积，即为淤积末端至三角洲顶点的距离，m；$H_{淤}$ 为水库锥体淤积前顶点处淤积厚度或三角洲淤积顶点处淤积厚度，m；i_0 为建库前河道平均比降，万分率。

淤积总长度计算式：

$$L_{总} = L_{尾} + L_{平} = \Delta Z_{\mathrm{S}}' / \left(J_0 - J_{尾} \right) + H/J_0 \tag{7-3}$$

式中，$\Delta Z_{\mathrm{S}}'$ 与坝前淤积面高程、顶坡段比降及原河床比降有关；$L_{尾}$ 是尾部段淤积长度；$L_{平}$ 是水平段的淤积长度；J_0 为原河床比降，万分率；$J_{尾}$ 为尾部段比降，万分率；H 为正常高水位与原河道多年平均水位的差值，m。

姜乃森计算水库淤积平衡后淤积末端距坝里程公式为：

$$L = \left(H - h \right) / \left(J_0 - J_{\mathrm{P}} \right) \tag{7-4}$$

式中，H 为坝前最大水深，m；h 为库区淤积后平衡水深，m；J_0 原河床坡降；J_P 为淤积平衡坡降；淤积平衡坡降可由联解有关方程求得。

姜乃森还根据三门峡、盐锅峡、青铜峡等水库的资料分析出边坡与河床粒径的关系式：

$$\tan\alpha=0.001\,7/（D-0.021）\tag{7-5}$$

式中，D 为河床粒径，mm。

山西水利勘测设计院、陕西省水利科学研究所河渠研究室等根据山西冯家山水库和王瑶水库实测资料率定出经验公式：

$$J_b=0.083Q_B^{-0.54}\tag{7-6}$$

式中，J_b 为三角洲前坡比降；Q_B 为形成异重流的洪峰流量平均值。

$$（Q_{sk}-Q_{so}）\Delta t=0.5r_sBh_sL\tag{7-7}$$

式中，Q_{sk} 为出库断面输沙率；Q_{so} 为进口断面输沙率；Δt 计算时段；r_s 为淤积物容重；B、h_s、L 分别为冲刷体的长、宽、高。在求出 Q_{sk} 后，就可计算出冲刷体积。

Q_{sk} 可由下式求出：

$$Q_{sk}=K（Q^{1.6}J^{1.2}）\tag{7-8}$$

式中，K 由实测资料率定。

韩其为曾利用不平衡输沙理论导出了一个较为通用的出库含沙量关系，它能概括 Brune 拦沙率、张启舜等排沙比和 Гончаров 等出库含沙量关系，其库容淤积方程及其解也能概括一些苏联学者的库容淤积公式。拦沙率曲线中有代表性的是 G M Brune 于 1953 年提出的。拦沙率曲线可近似表示为：

$$\lambda=（W_{in}S_{in}-W_{out}S_{out}）/W_{in}S_{in}\tag{7-9}$$

式中，λ 为拦沙率；V 为水库的库容；W_{in}、W_{out} 为进出库水量；S_{in}、S_{out} 为进出库含沙量。该式适用于年均和多年平均拦沙率的计算。

韩其为等的年平均和多年平均拦沙率一般为

$$\lambda=1-1/[1+K(V/W_{in})]^2\tag{7-10}$$

单次排沙百分数为

$$\eta=1/[1+(V/t_kQ)]^2\tag{7-11}$$

$$K=W_{in}/W_R$$

$$t_k=L/V_k\tag{7-12}$$

式中，W_R 为水库淤积平衡的河槽容积；t_k 为淤积平衡后河槽充水时间；V_k 为此时的水流速度；L 为水库长度。

由此可见，对于不同的水库，K、t_k 不同，故拦沙率、排沙比曲线也就不同。

K 实际上是表征水库相对库容的指标，主要与来水条件、水库特性、水库运用方式（尤其是坝前运行水位）等有关。对于不同的水库，来水条件、水库特性、坝前运行水位都不同，K 自然也就不同。同样对于同一水库，不同的淤积发展阶段尤其是不同的运行条件，K 也应不是一定值。

随着水库淤积发展，水库库容 V 逐渐减小，水库特性也发生变化，水库水面比降也不断调整，K 也应随之调整。不同的水库运行方式对 K 的影响也是很显然的。坝前运行水位越低，水库的水面比降越大，拦沙率也就越小，K 也越小；当低于某一水位时，水库水面比降达到平衡比降，水库的拦沙率也就为 0，对应的 K 也就为 0。对于不同的水库、不同的情况，可以选择不同的指标，以力图最客观地反映 K 的变化规律。排沙比曲线是一种比较粗略的方法，一般适用于资料缺乏、不需要计算冲淤的时空分布、只需要估算总淤积量的情形。

我国于 20 世纪 60 年代开始研究数值模拟的泥沙冲淤模型。在 90 年代中期，数值模拟模型在工程泥沙设计中开始推广应用。21 世纪初获得广泛的应用。

数值模拟模型方法是根据水流运动方程、水流连续方程、泥沙运动方程、泥沙连续方程、河床变形方程等进行求解，给出淤积过程、淤积部位（包括淤积形态）、淤积物级配及淤积引起的水位抬高等。从原则上说，好的河床动力学数学模型在一定补充条件下应能基本满足水库淤积计算的需要。

由于泥沙运动理论的发展和计算机的应用，长江科学研究院为研究三峡水库泥沙冲淤计算，于 20 世纪 60 年代初期组织人员，率先采用有限差法联解水流连续方程、水流运动方程、泥沙连续方程、河床变形方程、挟沙水流运动方程和推移质输沙率方程。于 70 年代初期建立了水库不平衡输沙的泥沙冲淤计算数值模拟数学模型，经不断改进成为后来著名的 M1-NENUS-3（韩其为）和 HELIU-2（长江科学研究院）模型，并都用于三峡水库及其下游冲淤计算。80 年代以后越来越多的学者从不同角度用不同手段，对水库泥沙数值模拟数学模型进行研究，先后建立适用于不同类型水库的数值模拟模型。

由于泥沙运动规律的复杂性和泥沙理论的不完善，数值模拟模型目前正处于发展阶段。数值模拟数学模型，一般采用差分法或特征线法，用挟沙能力公式代替非饱和输沙的含沙量变化关系式。模型的基本方程类似，数学解法有所不同，使用的辅助方程不同。重要参数在计算过程中的敏感性也不尽相同。

我国在 21 世纪初设计的大型水利水电工程泥沙冲淤计算中，数值模拟模型获得广泛应用。数值模拟模型研究应用的范围已由一维扩展到准二维、二维和三维。

目前设计单位应用较多的数值模拟泥沙冲淤数学模型主要如下：

M1-NENUS-3，中国水利水电科学研究院韩其为；

HELIU-2，长江科学研究院；

SUSBED-2，武汉大学水利水电学院杨国录、吴卫民等；

CRS-1，四川大学水力学与山区河流开发保护国家重点实验室；

SBED，成都勘测设计研究院曹鉴湘；

一维非恒定流河网水沙数学模型，武汉大学李义天；

河道二维水沙数学模型，南京水利科学院陆永军；

三维水动力泥沙输移模型，中国水利水电科学研究院王崇浩、曹文洪。

7.3.3 澜沧江流域泥沙沉积的研究

澜沧江蕴含着丰富的水资源以及巨大的势能资源，20世纪80年代末，澜沧江列入国家重点开发区和水能开发基地并筛选出8个梯级电站，目前投入运行的有小湾、漫湾、大朝山和景洪水电站（表7-7）。关于澜沧江梯级电站修建对河流泥沙的拦截效应及其跨境影响，过去虽有过一些研究，但受资料条件和研究范围的限制，迄今还没有明确的结论，尚存诸多争议。例如，国际上一些观点指责澜沧江水电梯级开发导致流入下游湄公河泥沙的大幅度减小，将威胁下游的渔业生产，增大河岸冲刷，引发界河国界变化，进而危害下游的生态安全和可持续发展。

表 7-7　澜沧江干流已建水电站指标

水电站	水电站指标											
	流域面积 / 10^4 km²	多年平均流量 / (m³/s)	坝高 / m	水面面积 / km²	回水长度 / km	蓄水位 /m	有效库容 / 10^8 m³	死库容 / 10^8 m³	总库容 / 10^8 m³	水头 / m	装机容量 / 10^4 kW	年发电量 / 10^8 kW·h
功果桥	9.72	985	130	16.72	52	1 319	1.2	3.9	5.1	77	75	40.6
小湾	11.33	1 210	300	189.1	178	1 240	99	47.5	151.32	248	420	188.9
漫湾	11.44	1 230	126	23.6	70	994	2.57	6.62	10.06	99	150	78.1
大朝山	12.1	1 330	110	26.25	80	899	3.67	7.2	9.4	80	135	67
糯扎渡	14.47	1 730	254	320	210	812	123	103	237.03	205	550	237.8
景洪	14.91	1 840	118	32.81	105	602	2.49	8.1	11.39	67	150	80.6
橄榄坝	15.18	1 880	60.5	5.92	30	533				10	15	7.8
勐松	16	2 020	65	10.58	45	519				28	60	33.8

数据来源：翟红娟，2009。

河流中的泥沙主要来自两方面：流域范围内的地表侵蚀和河水对河床本身的侵蚀。澜沧江主要为山区河流，河床由基岩和粗颗粒的砂卵石组成，但这些在河底滚动的推移质一则数量较少，二则缺乏实测资料，所以我们主要关注的是数量上远比推移质大得多、来自流域地表侵蚀的悬移质泥沙。

由于水库蓄水引起河流水动力条件的改变（主要是流速减慢），导致颗粒物迁移、水团混合性质等发生显著变化，使大量泥沙、营养物质在水体中滞留。由于水库的拦沙作用影响河流的冲淤与输沙，破坏了原有河流的输沙平衡，使上游和支流来沙大部分被拦于各梯级库内，下泄水量中含沙量大大减少。由于下泄水量减少，导致河流挟沙能力降低，挟沙颗粒细化，降低了对金属粒子的吸附能力，造成沉淀，使有毒、有害物质沉积于水库，影响水质。这些物质长期积累，是潜在的二次污染源。

由于水库的拦沙作用，影响河流的冲淤与输沙，打乱了原有河流的输沙平衡，上游来沙大部分被拦于各梯级库内，下泄水量中含沙量大大减少。流域梯级开发对泥沙的拦截可以达到99%，累积效应显著（钟华平，2008）。澜沧江流域梯级水电工程建成蓄水后，各库区的泥沙主要来源有：

第一，水土流失：据澜沧江泥沙观测资料统计，由于土地开垦（尤其是坡地开垦）、植被破坏造成流域水土流失严重。尤其是 20 世纪 60 年代以来，澜沧江河段含沙量和输沙模数均有增大的趋势，以下游的戛旧—景洪段最大，80 年代以后明显增加。河流泥沙淤积已对澜沧江下游河段的国际航运造成危害，因沙坝堵塞，每年国际航运仅汛期通航半年。工程建设造成水土流失的区域分布主要在施工区和移民安置区。施工区范围相对集中，影响水土流失的主要因素为主体工程开挖、砂石料场开挖、弃渣场、场地平整和道路修建，上述施工活动将大面积扰动施工区地表，破坏原有地貌和植被，产生严重的水土流失（钟华平，2008）。

第二，库岸坍塌、滑坡：梯级水库蓄水后，水位抬高、水面扩大，造成水文地质和工程地质条件改变，影响库岸稳定，在局部库段可能引起库岸坍塌或山体滑坡，并使大量泥沙集中的库区造成水文地质和工程地质条件改变并影响库岸稳定，在局部库段可能引起库岸坍塌、滑坡或地面塌陷等，并使大量泥沙积聚在库区。水库蓄水后还会诱发地震，增加库岸坍塌和滑坡概率。据统计，坝高大于 100 m 的水库，诱震率约 10%，坝高大于 200 m 时诱震率达 28%。库岸坍塌或滑坡在经历一段再造过程后，才能达到新的平衡。

第三，矿产资源开发：开采矿藏，产生大量的尾矿，这些尾矿堆积在山间河谷，在造成环境污染的同时，也产生水土流失，造成大量泥沙富集在库区中。

第四，地质灾害：如流域处于地质结构不稳定区，怒江中下游所处的横断山区新构造运动活跃，发生山洪、泥石流、山体滑坡和地震的概率较高，这些自然灾害的发生都将伴生大量泥沙聚集在库区。

7.3.3.1 澜沧江近 20 年的泥沙变化与分配特征

利用傅开道等（2007）和周安辉（2012）对澜沧江泥沙研究结果对干流近 20 年泥沙变化进行分析。通过对干流旧州和允景洪两个重要控制站 1987—2003 年的月悬移质泥沙实测资料的分析，进一步判识泥沙含量年内分配的变化与水电站建设进程的关系。其中旧州水文站位于漫湾电站上游 269 km，代表未受水库回水影响的天然河道。允景洪水文站断面位于大朝山电站下游 314 km、景洪电站下游 3.5 km 处，控制流域面积 141 779 km²，占澜沧江全流域面积的 89%，断面下游 104 km 处为出境口。其水沙观测资料对于反映澜沧江流域的水沙变化情况具有一定的代表性。允景洪控制站的泥沙变化基本能反映电站开发建设对下游河道影响的程度（傅开道等，2007；周安辉，2012）。

泥沙年内分配特征变化包括"量"和"结构"的变化。"量"通常是指泥沙含量、输沙总量等数值上的变化。而后者则注重从泥沙过程线的"形状"上进行分析，它反映不同时段内来沙量的比例。该研究的泥沙年内分配特征的分析即属于后者。描述泥沙年内分配特征的方法有多种，通常使用较多的有各月（或季）占年输沙总量的百分比数、汛期 - 非汛期占年输沙量的百分比数等。除了上述方法之外，为了进一步定量分析澜沧江 - 湄公河主要河段河道泥沙年内分配特征的变化（表 7-8），研究采用泥沙含量年内不均匀系数、集中度（期）以及变化幅度等不同指标，从不同角度分析泥沙年内分配的变化规律（傅开道等，2007）。

表 7-8 澜沧江 - 湄公河旧州和允景洪水文站时段平均月含沙量 单位：kg/m³

月份	1987—1992 年		1993—1996 年		1997—2003 年		1987—2003 年	
	旧州	允景洪	旧州	允景洪	旧州	允景洪	旧州	允景洪
1	0.04	0.18	0.02	0.14	0.04	0.17	0.03	0.16
2	0.04	0.14	0.06	0.16	0.04	0.11	0.05	0.14
3	0.35	0.29	0.23	0.52	0.07	0.12	0.22	0.31
4	0.19	0.41	0.17	0.47	0.13	0.17	0.16	0.35
5	0.29	0.87	0.34	0.99	0.30	0.73	0.31	0.86
6	0.89	2.38	0.56	1.78	0.92	1.13	0.79	1.76
7	1.46	3.02	1.52	2.47	1.64	1.97	1.54	2.48
8	1.45	2.79	1.50	2.38	1.46	1.92	1.47	2.37
9	0.76	2.55	0.77	1.85	1.03	1.96	0.85	2.12
10	0.38	1.96	0.15	1.27	0.16	1.00	0.23	1.41
11	0.03	0.80	0.02	0.77	0.04	0.88	0.03	0.82
12	0.03	0.31	0.01	0.39	0.02	0.25	0.02	0.32

数据来源：傅开道等，2007。

（1）澜沧江泥沙年际变化

通过对允景洪断面 1988—2007 年逐年径流量、输沙量、含沙量与近 20 年均值进行对比分析表明，允景洪断面从 1988—2007 年年径流量与年输沙量变化除 1997 年、2006 年不对应外，其余年份大致相应，且输沙量的变幅大于径流量的变幅。1994 年年径流量较 20 年均值偏小 25.4%，相应的其输沙量偏小 18.3%，而年平均却偏大 12.4%。值得注意的是，2000—2003 年的年径流量、年输沙量急剧下降，2004 年年输沙量又稍有回升，主要与允景洪电站施工建设期泥沙扰动影响有关（傅开道等，2007）。

（2）澜沧江泥沙年内分配不均匀性

由于气候的季节性波动，降水和气温等因素的季节性变化，对河流泥沙年内分配的不均匀性影响明显。反映河流泥沙年内分配不均匀性的特征值有许多不同的计算方法。本书借鉴径流年内分配的计算方法，采用泥沙年内分配不均匀系数 S_v 和泥沙年内分配完全调节系数 S_r 来衡量泥沙年内分配的不均匀性。泥沙年内分配不均匀系数 S_v 计算公式如下：

$$S_v = \sigma/S \tag{7-13}$$

式中，S_v 为年内各月泥沙含量；S 为年含沙量。

由上式中可以看出，S_v 值越大说明年内各月泥沙含量相差越大，泥沙年内分配越不均匀。

从三站不同时段内泥沙年内分配不均匀性的变化特征可以看出（表 7-9），1987—1992 年时段（漫湾电站建设期）、1993—1996 年时段（漫湾电站蓄水发电）和 1997—2003 年时段（大朝山电站建设期），旧州水文站的 S_v 与 S_r 值均逐段增加；允景洪水文站

的 S_v 与 S_r 值先减少后急剧增加；清盛站却逐段呈平稳减小趋势。

表 7-9　澜沧江 - 湄公河旧州和允景洪水文站泥沙年内分配不均匀性

时段	S_v		S_r	
	旧州站	允景洪站	旧州站	允景洪站
1987—1992 年	3.575	2.875	0.439	0.3259
1992—1996 年	4.076	2.528	0.479	0.3222
1997—2003 年	4.106	3.902	0.530	0.3516
1987—2003 年	3.875	2.722	0.486	0.3576

数据来源：傅开道等，2007。

（3）泥沙年内分配集中程度

集中度和集中期的计算是将一年内各月的泥沙含量作为向量看待，月泥沙含量的大小为向量的长度，所处的月份为向量的方向（表 7-10 和表 7-11）。

表 7-10　澜沧江 - 湄公河旧州和允景洪水文站泥沙年内分配的集中度

时段	旧州站	允景洪
1987—1992 年	0.220	0.463
1992—1996 年	0.170	0.349
1997—2003 年	0.212	0.606
1987—2003 年	0.186	0.463

数据来源：傅开道等，2007。

表 7-11　澜沧江 - 湄公河旧州和允景洪水文站泥沙年内分配的集中期

时段	旧州站		允景洪	
	集中期	集中天数	集中期	集中天数
1987—1992 年	192.4	7 月 12—13 日	204.8	7 月 24—25 日
1992—1996 年	189.6	7 月 9—10 日	199.2	7 月 19—20 日
1997—2003 年	192.0	7 月 11—12 日	211.2	8 月 2—3 日
1987—2003 年	190.5	7 月 10—11 日	204.8	7 月 24—25 日

数据来源：傅开道等，2007。

流域上游的人类活动能敏感地为下游泥沙所记录，其中电站建设的下游泥沙响应表现为：建设期的增沙效应以及建成后的拦沙效应。旧州位于远离电站上游，基本反映天然河流泥沙输移状况；而允景洪、清盛站则处于两电站下游，受电站建设施工造成的泥沙扰动影响，以及蓄水的拦沙效应，均为大坝下游的允景洪和清盛水文站泥沙年内分配记录所响应。三站泥沙含量年内分配曲线能清楚反映电站对下游断面泥沙的影响（傅开道等，2007）。

自 1987 年以来，上游旧州站各时段年平均泥沙含量年内分配差异微小，基本维持天然河道输沙特性；而允景洪与清盛站泥沙年内分配趋势在变"矮"，即在漫湾电站施工高峰期，由于受施工扰动，河道输沙较多年平均明显增加，随后的漫湾蓄水拦沙导致下游泥沙季节分配的重新调整，来沙高峰削减。1987—1992 年时段（漫湾电站建设高峰期）和 1997—2003 年时段（大朝山电站建设高峰期），旧州水文站泥沙年内分配不均匀系数 S_v 和泥沙年内分配完全调节系数 S_r 逐时段增加，这与区域降水趋势一致，据旧州与允景洪逐日实测降水资料，该区 1987 年以来，两站时段平均年降水量呈平稳增加态势，这可能是全球气候变暖的区域响应，而其时段平均年含沙量却表现出不同的变化程度（傅开道等，2007）。

允景洪站年含沙量波动更加急剧；与此同时，尽管允景洪水文站降水呈上升趋势，但其泥沙 S_v 和 S_r 值却先减小后再急剧增加，表现出与降水不协调的步调，这归因于上游电站的调节作用；距离电站更远的清盛水文站泥沙 S_v 和 S_r 值逐时段微小下降，表明其泥沙年内分配由于受上游电站调节流量的影响，输沙趋向平稳；允景洪与清盛泥沙 S_v 和 S_r 值对电站建设及气候变化的响应趋势及程度的不一致，可能是两控制断面距电站远近不同与区间来水输沙状况差异造成的。允景洪水文站离大朝山电站较近，区间较少有大支流汇入，人为活动作用表现强烈，清盛站离电站很远，区间有诸如补远江、南腊河、南阿河等多条含沙量大的支流汇入。值得注意的是，下游两水文站集中期不同步现象比较明显，说明三站集水区地理特征、水文情势以及区内的人类活动均存在较大的差别，这些差别因素叠加在电站建设的响应过程中，最后表现出不一致的响应程度（傅开道等，2007）。

（4）泥沙年内分配变化幅度

1988—2007 年观测资料分析表明，受上游漫湾、大朝山电站蓄、泄过程的影响，下游泥沙季节分配重新调整，来沙高峰削减，允景洪水文站水沙年内过程已明显改变，更集中于汛期和主汛期，尤以沙量最为明显。汛期和主汛期水量占全年的比例分别由 76.4% 和 47.3% 增大至 77.4% 和 53.4%，沙量所占比例则分别由 91.5% 和 64.1% 增大至 94.9% 和 74.8%（周安辉，2012）。

此外，1988 年以来，允景洪断面各时段月平均含沙量均有所减小，特别是 2003—2007 年各月平均含沙量减小最为明显，且含沙量年内分配集中度（即一年中最大月含沙量出现的月份）出现后延，由 7 月后延至 8 月。

泥沙变化幅度的大小对于河床演变有重要的影响。所以，用两个指标来衡量河流泥沙的变化幅度，一个是相对变化幅度，以河流最大月含沙量（S_{max}）和最小月泥沙含量（S_{min}）之比表示，见式（7-14）；另一个是绝对变化幅度，以最大与最小月含沙量之差表示。

$$S_r = S_{max} / S_{min} \tag{7-14}$$

$$S_a = S_{max} - S_{min} \tag{7-15}$$

从表 7-12 可以看出，允景洪断面 1988—2007 年含沙量年特征值、月特征值逐年减小，表现为各时段的最大与最小月泥沙含量的相对变化幅度先减后增，绝对变化幅度则一直减小，说明影响该断面泥沙变化的因素发生了一定改变。

表 7-12　1988—2007 年允景洪断面泥沙年内变化幅度计算

时段	相对变幅 S_r	绝对变幅 $S_a/$（kg/m³）
1988—1992 年	45.4	4.18
1993—1997 年	43.5	3.06
1997—2002 年	74.7	2.65
2003—2007 年	74.9	1.70

数据来源：周安辉，2012。

（5）河床断面冲淤变化

允景洪断面右岸为石砌护岸，左岸为沙土植被，允景洪水文站上游电站建成后，由于水动力条件的改变，泥沙不可避免地将在库区内淤积，使出库泥沙量较原来减少；另外，由于水体自身具有挟沙能力，它将带起下游邻近河段的泥沙，引起河床冲刷。1988—2008年汛后断面观测资料分析表明，河床断面左右岸的历年冲淤变化较小，仅 2008 年汛后左岸，距离断面起点 270～320 m 产生淤积。受洪水涨落及上游电站工程建设等因素的影响，1998 年，距离断面起点的 50～270 m 呈现淤积状态，在距离起点 210 m 处淤积深约 1.64 m，淤积原因为上游大朝山水电站的兴建及区间的人类活动影响。1999—2008 年，断面起点距在 50～270 m 冲刷逐渐增加，呈现为冲刷状态，最大冲刷面积为 780 m²（周安辉，2012）。

7.3.3.2　漫湾水库对下游泥沙扰动分析

随着经济发展和人类活动影响增加，总体来说各年代实测含沙量有逐年增大趋势，澜沧江实测多年平均含沙量 1956—1979 年为 0.24～1.35 kg/m³，1980—2000 年为0.234～1.88 kg/m³。但干流则由于水库电站的修建，拦蓄泥沙，20 世纪 90 年代后戛旧、允景洪站实测含沙量出现了减少。澜沧江多年平均输沙量 1956—1979 年为 6 125 万 t，1980—2000 年为 12 044 万 t，输沙量增加 96.6%，超过全省平均 22.2% 的增加幅度，为云南省六大流域中输沙量增加最大的。由于漫湾水库修建后，部分泥沙被拦截至库区内，干流下段的戛旧站和允景洪站在 90 年代输沙量则出现明显下降，而干流上段未受水库拦沙影响的旧州站输沙量仍然处于显著上升中。戛旧站含沙量与输沙率年内分配过程与径流一致，在 7—9 月最高，1—2 月最低。通过建坝前后对比分析，建坝后含沙量、输沙率全年均降低。建坝后戛旧站枯期含沙量减小到 0.04 kg/m³，汛期含沙量下降至 0.38 kg/m³，年输沙量从建库前 4 654 万 t 减少到 1 693 万 t，仅为建库前年输沙量的 36.7%。建坝前后戛旧站平均含沙量、输沙量比较见表 7-13，其平均含沙量、平均输沙率和月输沙量比例过程分别见图 7-15 和图 7-16。

从各月输沙量所占比例看，戛旧站的输沙量受水库调蓄影响，建坝后，7—9 月的输沙量比例较建坝前增大，4—6 月及 10 月水库蓄水拦沙，输沙量比例较建坝前减小，1 月—次年 3 月则因水库发电放水，输沙量比例较建坝前略有增高。

表 7-13　建坝前后戛旧站平均含沙量、输沙量比较

时间	平均含沙量 /（kg/m³）			输沙量 /10⁴ t				
	全年	汛期	枯期	全年	汛期	汛期比例 /%	枯期	枯期比例 /%
1964—1992 年	1.17	1.23	0.13	4 654	4 476	96.2	178	3.83
1996—2007 年	0.42	0.38	0.04	1 693	1 622	96.0	69	4.04

数据来源：贺玉琼等，2009。

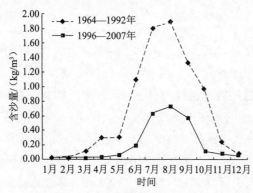

图 7-15　建坝前后戛旧平均含沙量变化

资料来源：贺玉琼等，2009。

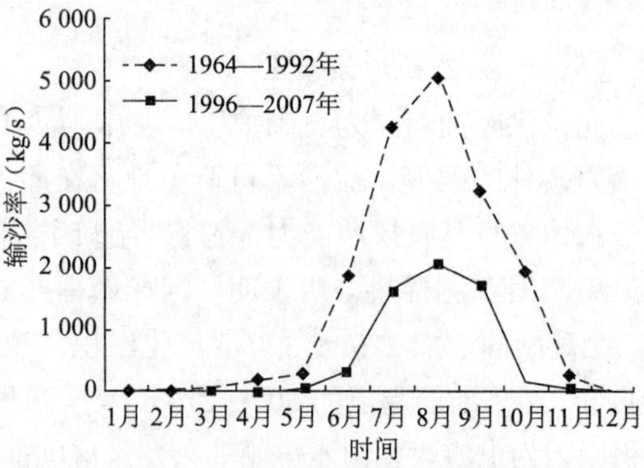

图 7-16　建坝前后戛旧平均输沙率变化

资料来源：贺玉琼等，2009。

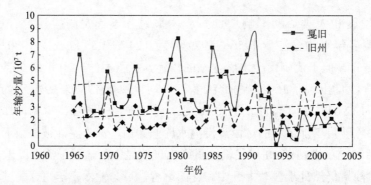

图 7-17　澜沧江旧州和戛旧水文站 1965—2003 年替补年输沙量对比过程曲线

资料来源：傅开道等，2008。

7.3.3.3　漫湾电站拦沙能力评估

利用实测输沙量估算水库拦沙量通常有两种方法：一是通过模拟出入库水文站实测输沙，然后预测假设未建坝情形下，出库泥沙的模拟值，其与建坝影响下的实测值之差即为拦沙量；二是认为距电站不远的下游水文站，在电站建设前后多年平均输沙量的差值近似于电站拦沙量。结合 1993 年漫湾电站运行拦沙后旧州站的实测资料，模拟得到假设漫湾电站不存在时，戛旧站应出现的输沙量，再将该模拟值减去相应实测输沙量，便可获得漫湾电站逐年的拦沙量。结果如表 7-14 所示。

表 7-14　漫湾电站拦沙量估算　　　　　　　　　　　　　　　　单位：10^6 t

年份	旧州实测输沙	戛旧实测输沙	戛旧模拟输沙	漫湾拦沙量	年份	旧州实测输沙	戛旧实测输沙	戛旧模拟输沙	漫湾拦沙量
2003	32.85	13.20	48.95	35.75	1997	13.97	5.41	20.80	15.39
2002	26.43	21.77	39.39	17.62	1996	22.85	8.61	34.05	25.44
2001	25.91	15.83	38.60	22.77	1995	23.26	18.16	34.66	16.50
2000	48.89	24.96	72.86	47.90	1994	9.45	1.72	14.09	12.37
1999	24.86	12.89	37.04	24.15	1993	44.80	37.33	66.76	29.43
1998	44.57	26.45	66.42	39.47	平均	28.89	16.94	43.05	26.12

数据来源：傅开道等，2008。

从表 7-14 可以看出，漫湾电站年拦沙量变化为 $12.37×10^6$ ～ $47.90×10^6$ t，最小拦沙出现在 1994 年，2000 年最大，与旧州、戛旧实测输沙极值相应。1993—2003 年，漫湾年平均拦沙量 $26.12×10^6$ t，11 年共淤沙 $286.79×10^6$ t。利用第二种方法估算漫湾电站拦沙量，可以采用位于漫湾坝址下游距离不远且无支流汇入的戛旧水文站，用漫湾电站建设前后的多年平均输沙量的差值表示。戛旧站 1965—1992 年年平均输沙量为 $45.8×10^6$ t，1993—2003 年年平均输沙削减到 $18.1×10^6$ t，因此可认为其年拦沙量约为 $27.7×10^6$ t，11 年共拦沙 $304.7×10^6$ t。两种估算方法的结果相近，后者略偏高。电站拦沙造成库容损失，降低水库兴利效益，缩短了水库寿命，因此开展电站的拦沙淤积能力评估工作非常必要。经运用上述两种方法估算，漫湾电站建成以来，年平均拦截悬移质泥沙 $26.12×10^6$ ～ $27.7×10^6$ t，如果按推移质泥沙占悬移质泥沙的 3% 估算，漫湾年总拦沙为 $26.9×10^6$ ～ $28.5×10^6$ t；运行 11 年共拦截泥沙 $295.9×10^6$ ～ $313.5×10^6$ t。假设泥沙平均容重为 1.3 t/m^3，那么漫湾电站每年拦沙造成的库容损失为 $20.7×10^6$ ～ $21.9×10^6$ m^3，至 2003 年为止共损失 $227.6×10^6$ ～ $241.2×10^6$ m^3，占漫湾总库容 $1 060 ×10^6$ m^3 的 21.5% ～ 22.8%。对于梯级水电站来说，泥沙拦截率更为复杂，Kummu 和 Varis（2007）利用 Brune 方法粗略估算了澜沧江上游理论泥沙拦截率的情况（图 7-18）。

7.3.4　澜沧江流域沉积物生态风险评价

7.3.4.1　澜沧江流域沉积物相关研究进展

河流沉积物是水环境的基本组成部分，它既能为河流中的各种生物提供营养物质，同时又是有毒有害物质的贮藏库（Acevedo-Figueroa et al.，2006）。水域景观沉积污染物一般通过大气沉降、雨水淋溶与冲刷及废弃物排放等途径进入水体，然后沉积于底泥并逐渐富集，最终导致底泥污染（Zhang et al.，2009）。底泥污染物的富集积累，往往与人类活动密不可分，一些工农业生产活动包括化石燃料的燃烧、废弃物焚烧、化肥农药的生产和施用、工业废水和城市生活污水排放等均可导致污染物随点源或面源进入水体，从而在水体底泥中富集（Loska and Wiechua，2003；Ye et al.，2011）。

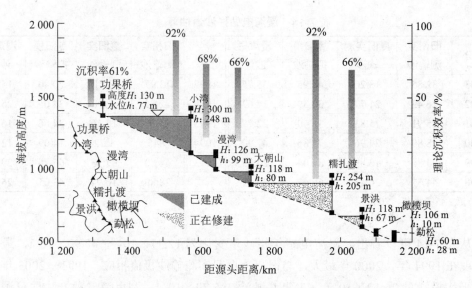

图 7-18　澜沧江梯级水电站建设对泥沙的理论拦蓄效率

资料来源：Kummu and Varis，2007。

　　水电站的建设和运行改变了河流的自然水文过程，通过土壤侵蚀加剧、土地利用变化、地表植被破坏等，造成区域局部范围的水土流失，甚至是山体滑坡与坍塌，加之上游河水带来的部分泥沙沉积于坝前形成回水三角洲，最终减少库容及水库的调节能力，而增加淹没和洪灾损失。因此，研究水电站建设对水文过程的影响，更深刻地认知和理解底泥污染的含量、形态及其分布，评估其生态风险，对于保护流域内特殊的生态系统，实现流域水资源的合理开发与生态环境的可持续发展具有重要的理论与实践意义。

7.3.4.2　澜沧江沉积物重金属的生态风险评价

（1）重金属的生态风险评价方法

　　在底泥沉积物众多污染物中，重金属由于其毒性、难降解和持久性而成为对底泥质量影响较大的一类（Ghrefat and Yusuf，2006）。水体中的重金属通过物理沉淀和化学吸附等作用转移至底泥沉积物中，其与底泥沉积物结合并通过迁移转化等多种途径对水生生物产生毒害作用，同时又会通过重新释放而产生潜在的生物毒性风险（Loska and Wiechua，2003；Raju et al.，2011）。因此，底泥重金属可以作为判别河流景观生态风险的重要参考指标（Ghrefat and Yusuf，2006）。

　　目前，随着人类活动对水域景观的压力日益加剧（如人口过剩、密集的森林砍伐、生活污水、各种工业排放和农业活动等），针对底泥重金属污染的研究也引起人们更多的关注（Yang et al.，2009），大坝建设所形成的水库底泥污染的研究引起特别的关注（Ghrefat and Yusuf，2006；Zhao et al.，2011）。而且，此方面的研究已经在很多大的河流或者水库上开展，但由于各种原因，鲜有针对澜沧江流域底泥重金属的报道。根据 1996 年对漫湾库区水下地形测量的结果，漫湾电站运行 3 年库区底高比设计期估算高出 30 m，平均每年泥沙淤积量可能有 60×10^6 t，提前两年达到预计水平（913.8 m）（He et al.，2004；Kummu and Varis，2007；Fu et al.，2008；Zhao et al.，2011）。同时，水库的蓄水导致支流进入水库的基线升高，库区的沉积物已延伸至支流（Fu et al.，2008）。Fu 和 He（2007）利用 1965—2003 年的站点泥沙数据对漫湾大坝的拦沙效率的研究表明，漫湾大坝的拦沙率达到了 60.48%，1993—2003 年平均每年拦沙 26.12×10^6 t。Huang 等（2010）利用站点泥沙数据研究了漫湾大坝的拦沙作用对上下游泥沙组成的影响，结果表明漫湾大坝在一定程度上拦截了包括重金属在内的一些金属元素。

国内外关于水体底泥重金属的研究主要集中于重金属分布规律、污染特征和污染程度评价以及来源分析等方面。但是，由于澜沧江流域多为高山峡谷区，河道特征与泥沙的输移、不同粒径泥沙的分布等有着直接关系，这导致附着于沉积物中的重金属在空间上存在一些差异。

底泥重金属的生态风险评价是重金属研究中的重要内容，至今已发展出多种方法。其中，最常用的是瑞典科学家 Hakanson（1980）提出的潜在生态风险指数（RI），该方法考虑重金属性质及环境行为特点，从沉积学角度对土壤或沉积物中重金属污染进行评价，它不仅仅考虑沉积物重金属含量，还将重金属的生态效应与毒理学联系在一起，在环境评价中更具实际意义。其计算公式为：

$$E_i^n = T_n \times \frac{C_n}{B_n} \tag{7-16}$$

$$RI = \sum_{n=1}^{m} E_r^n \tag{7-17}$$

式中，E_r^n 和 RI 分别为底泥中单种和多种重金属潜在生态风险指数；C_n 为第 n 种重金属的实测浓度；B_n 为第 n 种重金属的参照浓度（本书采用云南省土壤元素背景值）；T_n 为第 n 种重金属的毒性响应系数（表 7-15）。根据计算的单种和多种重金属的潜在生态风险系数，对应表 7-16 中的等级即可得到重金属的污染状况。

表 7-15　重金属的毒性响应系数

重金属元素	As	Cd	Cr	Cu	Ni	Pb	Zn
T_n	10	30	2	5	5	5	1

表 7-16　重金属生态风险评价等级

E_r^n 等级	E_r^n 值	单一金属生态风险程度	RI 级别	RI 值	综合风险程度
1	$E_r^n < 40$	轻微	1	RI < 150	轻微
2	$40 \leqslant E_r^n < 80$	中等	2	$150 \leqslant RI < 300$	中等
3	$80 \leqslant E_r^n < 160$	强	3	$300 \leqslant RI < 600$	强
4	$160 \leqslant E_r^n < 320$	很强	4	$600 \leqslant RI$	极强
5	$320 \leqslant E_r^n$	极强			

资料来源：Hakanson，1980。

另外两个比较常用的指数，如地累积指数法和污染因子指数，也在本节中用来反映漫湾库区底泥的重金属污染水平。地累积指数常称为 Müller 指数（Müller，1981），它不仅考虑了自然地质过程（如沉积成岩作用等）对背景值的影响，也考虑了人为活动对重金属污染的影响。因此，地累积指数是区分人为活动影响的重要参数，它不仅仅反映了重金属分布的自然变化特征，还能判别人为活动对环境的影响。其计算公式为：

$$I_{geo} = \log_2 \left[C_n / (1.5 \times B_n) \right] \qquad (7\text{-}18)$$

式中，I_{geo} 为地累积指数；C_n 为第 n 种重金属的实测浓度；B_n 为第 n 种重金属的参照浓度；1.5 为考虑岩层差异所引起背景值变化的调整系数。计算出各个断面的 I_{geo} 后，对照表 7-17 可得出重金属的污染等级。

表 7-17　基于 I_{geo} 的重金属污染水平等级

I_{geo} 等级	I_{geo} 值	污染程度
0	$I_{geo} \leqslant 0$	无
1	$0 < I_{geo} < 1$	无—中
2	$1 < I_{geo} < 2$	中
3	$2 < I_{geo} < 3$	中—强
4	$3 < I_{geo} < 4$	强
5	$4 < I_{geo} < 5$	强—极强
6	$5 < I_{geo}$	极强

资料来源：Müller，1981。

污染因子指数作为评价沉积物污染水平的环境指标，其计算公式为：

$$CF = C_n / B_n \qquad (7\text{-}19)$$

式中，C_n 为第 n 种重金属的实测浓度；B_n 为第 n 种重金属的参照浓度。各元素的平均值被认为是综合污染因子指数。计算出各个断面的污染因子指数后，对照表 7-18 可得出重金属的污染等级。

表 7-18　污染因子评价等级

CF 等级	CF 值	污染程度
1	$CF \leqslant 1$	轻微
2	$1 < CF \leqslant 3$	中等
3	$3 < CF \leqslant 6$	强
4	$6 < CF$	很强

资料来源：Raju et al.，2011。

（2）澜沧江漫湾库区底泥沉积物重金属时空分异

表 7-19 列出了云南省土壤元素背景值、临界效应浓度（Threshold Effect Level，TEL）和必然效应浓度（Probable Effect Level，PEL）。TEL 和 PEL 是加拿大环境部在 1996 年利用生物效应数据库法设立的加拿大淡水沉积物重金属质量基准，如果重金属浓度高

于 PEL，则表明沉积物受到严重污染，并呈现严重生物毒性效应；如果重金属浓度低于 TEL，则表明沉积物未受污染或受到轻度污染，基本无生物毒性效应；如果重金属浓度值介于 TEL 和 PEL 之间，则表明沉积物属于中等污染（Macdonald et al.，1996）。从表 7-19 可以看出，除了 As 高出 PEL 外，其他重金属元素的平均值均处于 TEL 和 PEL 之间，表明漫湾水库底泥已经受到中等程度污染，特别是 As 污染。从各个采样断面来看（图 7-19），As 含量在所有断面均高于 TEL，在 S_4—S_8 则均高于 PEL，但是 As 含量的最大值出现在 S_5（约是 TEL 的 8.7 倍），也就是水库蓄水前的景云桥附近。除了 Cd、Pb 和 Zn 含量在断面 S_1 低于 TEL 外，Cu 在断面 S_1 和 S_2 低于 TEL，在其他断面均处于 TEL 和 PEL 之间，并且最高值分别出现在 S_7、S_8、S_6 和 S_6 处。Cr 和 Ni 含量在所有断面均高于 TEL，并且在 S_8 处达到最大值。

由此得出结论，漫湾库区底泥中的 As 可能引起严重的生物毒性效应；而其他金属低于引起严重生物毒性效应的水平（Macdonald et al.，1996；Yang et al.，2009），虽然如此，这些金属基本上都处于 TEL 和 PEL 之间，意味着中等程度的污染，或者引起中等程度的生物毒性效应。需要说明的是，当对比云南省土壤元素背景值（国家环境保护局，1990）与 TEL 以及 PEL 时，可以发现除 Cd 和 Zn 低于 TEL 之外，其余重金属的背景值均高于 TEL，因此漫湾库区底泥重金属的含量可能与高背景值有关（国家环境保护局，1990；Bai et al.，2009），而不能仅仅以高于 TEL 就认定漫湾库区底泥处于中等程度的污染或者引起中等程度的生物毒性效应。重金属含量在断面 S_1 处经常低于 TEL，或者说，重金属含量在大坝附近要高于远离大坝的断面，这可能是因为库区沉积物来源于上游区域而在水库蓄水后被大坝拦截于库区，并累积于大坝附近（Fu and He，2007；Fu et al.，2008）；同时，距离大坝远的断面（如在库尾附近）受小湾大坝运行引起的高流速的影响，造成沉积作用小并且河床冲刷严重。

表 7-19　漫湾库区底泥重金属含量的统计特征

	As	Cd	Cr	Cu	Ni	Pb	Zn
最小值	12.22	0.21	52.19	16.27	24.29	23.97	46.86
最大值	62.91	1.97	70.67	50.07	38.59	73.59	224.99
中值	49.61	1.76	61.54	44.50	30.60	44.47	195.47
平均值	47.20	1.48	61.86	39.92	31.34	50.02	167.74
标准方差	15.99	0.56	6.36	11.36	4.44	14.48	53.93
TEL	7.2	0.6	42	36	16	35	123
PEL	42	3.5	160	197	43	91	315
云南省土壤元素背景值	18.4	0.22	65.2	46.3	42.5	40.6	89.7

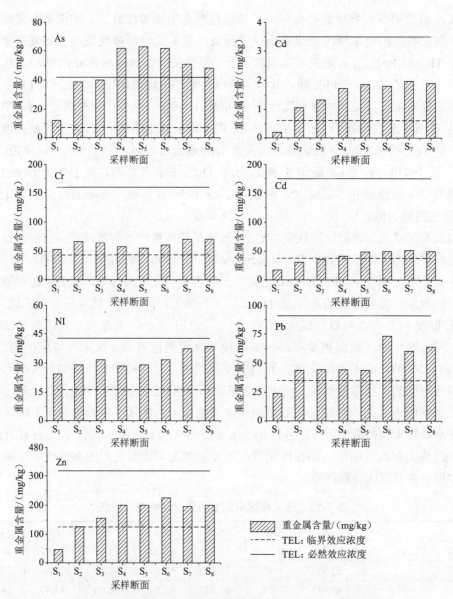

图 7-19 漫湾库区各断面重金属含量与 TEL 和 PEL 的对比

（3）澜沧江漫湾库区底泥沉积物重金属生态风险评价

地累积指数法（I_{geo}）常被用来评价底泥重金属污染。I_{geo} 结果如图 7-20 所示，As、Cd、Cr、Cu、Ni、Pb 和 Zn 各金属的 I_{geo} 值的范围分别为 –1.18～1.19、–0.63～2.58、–0.91～0.47、–2.09～0.47、–1.39～0.72、–1.35～0.27 和 –1.52～0.74。根据 Müller（1981）推荐的重金属污染等级，漫湾库区底泥呈现出了中—强的 Cd 污染，无—中的 As 污染，断面 S4—S8 呈现无—中的 Zn 污染（图 7-20）；漫湾库区底泥未受到 Cr、Cu、Ni 和 Pb 污染。有研究表明（Ghrefat and Yusuf，2006），坝址附近的重金属的来源是岩石风化 [包括石灰岩、沥青（质）石灰岩、玄武岩和白垩泥灰岩]。但是，由于该地区 Cd 和 Zn 的背景值（国家环境保护局，1990）均低于 TEL 和 PEL，表明库区底泥中 Zn 和 Cd 应该属于水库上游人为因素的输入，如农业活动排放的化肥与农药，生活污水和工业废水可通过径流传输而沉降在底部沉积物表面（Yang et al.，2009；Ye et al.，2011；Zhao et al.，2011）。

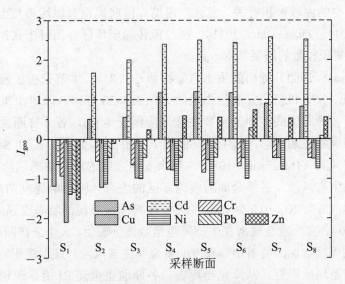

图 7-20　漫湾库区底泥重金属的地累积指数（I_{geo}）

污染因子指数（CF）是通过计算沉积物采样位置的金属含量和云南省背景值之间的比例来反映库区底泥的污染状况。当 CF ＜ 1，表明无或者低的重金属污染，当 CF ＞ 1，表明库区底泥存在重金属污染。CF 的结果如图 7-21 所示，Cd 在所有采样点拥有最大的

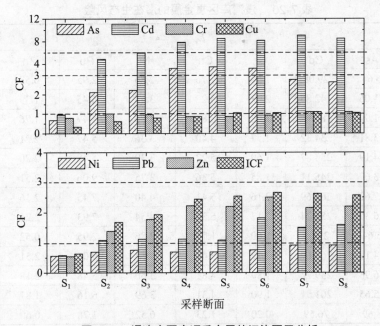

图 7-21　漫湾库区底泥重金属的污染因子分析

CF 值，除断面 S_1 外，其他断面达到中等至强污染等级，表明 Cd 是漫湾库区底泥最严重的污染因子。综合污染因子（ICF）表明，除了断面 S_1 属于无或者轻微的重金属污染外，漫湾库区其他断面底泥属于中等的重金属污染（图 7-21）。断面 S_1 的低污染应与此处很高的流速造成较少的泥沙淤积有关。总之，漫湾库区底泥重金属污染与上游污染排放有关（Ye et al.，2011；Zhao et al.，2011），经径流传输至库区并沉降于底泥表面。污染因子指数结果与地累积指数的结果基本一致。

根据 Hakanson（1980）提出的生态风险指数法（RI），本节分析了漫湾库区底泥中 As、Cd、Cr、Cu、Ni、Pb 和 Zn 的生态风险。由表 7-20 可知，以单个重金属潜在生态危害系数评价，漫湾库区底泥中的主要生态风险因子是 Cd，各采样断面的平均值达到201.5，已具有很强的生态风险，其中最高值位于断面 S_7 和 S_8 处，S_1 和 S_2 处分别属于轻微的和强的生态风险（Hakanson，1980），其余 6 种金属的潜在生态风险均小于 40，属于无或者轻微的生态风险。各重金属对漫湾库区的生态风险影响程度由高到低依次为：Cd ＞ As ＞ Pb ＞ Cu ＞ Ni ＞ Cr ＞ Zn。总之，漫湾库区底泥面临着很强的 Cd 生态风险（Hakanson，1980）。多个重金属潜在生态风险指数评价表明，8 个采样断面 RI 平均值为245.1，说明漫湾库区底泥面临着中等程度的重金属生态风险，底泥沉积物已具有中等的生态危害，特别是坝址附近。从库尾至库首，各断面重金属 RI 值呈现递增的趋势，如从断面 S_1 处的轻微生态风险（45.4），到断面 S_2 处的中等生态风险（179.4），最后到断面 S_8 处的强生态风险（304.7）。此结果很可能是由于大坝的拦截效率和泥沙沉积量与至大坝的距离的相关性引起的（WMO，2003；Rahmanian and Banihashemi，2011）。总之，漫湾库区底泥在空间上呈现不同程度的生态风险，应引起环境监测与治理部门的关注。

表 7-20　漫湾库区重金属的潜在生态风险

	E_r^n							RI
	As	Cd	Cr	Cu	Ni	Pb	Zn	
S_1	6.64	29.08	1.60	1.76	2.86	2.95	0.52	45.41
S_2	21.06	142.85	2.02	3.22	3.45	5.45	1.39	179.44
S_3	21.94	180.94	1.92	3.83	3.76	5.47	1.76	219.63
S_4	33.81	234.32	1.77	4.40	3.36	5.47	2.21	285.35
S_5	34.19	254.87	1.69	5.22	3.39	5.48	2.20	307.03
S_6	33.67	245.11	1.85	5.36	3.75	9.06	2.51	301.32
S_7	27.62	268.69	2.16	5.41	4.40	7.45	2.16	317.88
S_8	26.30	256.24	2.17	5.30	4.54	7.93	2.21	304.69
最小值	6.64	29.08	1.60	1.76	2.86	2.95	0.52	45.41
最大值	34.19	268.69	2.17	5.41	4.54	9.06	2.51	317.88
中值	26.96	239.72	1.89	4.81	3.60	5.48	2.18	293.33
平均值	25.65	201.51	1.90	4.31	3.69	6.16	1.87	245.09
标准方差	8.69	76.59	0.20	1.23	0.52	1.78	0.60	88.25

（4）漫湾库区底泥重金属生态风险的纵向分布

已有很多研究证实了粒径大小、入库径流特征、输沙能力、水库地形地貌和水库滞留时间等因素对水库泥沙累积的影响（WMO，2003；Zhang et al.，2009）。由于小颗粒泥沙的高比例表面积，细粒沉积物往往有比较高的金属含量（Zhang et al.，2009），同时，细粒泥沙的沉降往往随着至大坝距离的增加而降低，也就是说，有大量细粒累积在大坝附近（Annandale，1996；Rahmanian and Banihashemi，2011）。因此，分析了重金属潜在生态风险与至大坝的距离的相关性。从结果中可以看出（图 7-22），Cd 和 Cu 的单一重金属生态风险指数与至大坝的距离呈极显著相关关系（$P < 0.001$），Zn 的生态风险与至大坝的距离相关性在 0.01 水平，As、Ni 和 Zn 的生态风险与至大坝的距离相关性在 0.05 水平，而 Cr 生态风险则与至大坝的距离相关性不显著。总之，结果表明重金属的生态风险与至

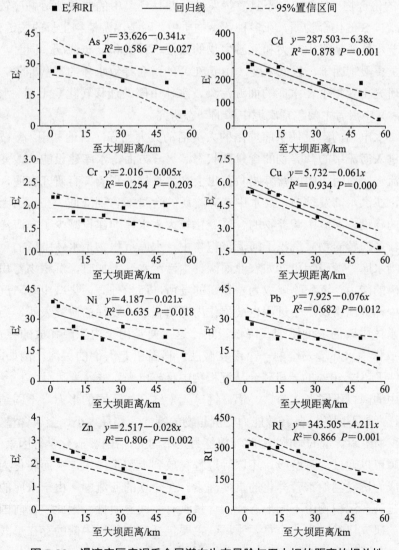

图 7-22　漫湾库区底泥重金属潜在生态风险与至大坝的距离的相关性

大坝的距离之间存在显著的相关性，而 Cr 的生态风险与至大坝的距离的不显著相关可能与库区 Cr 的平均含量低于云南省土壤元素背景值有关。多个重金属潜在生态风险与至大坝的距离的相关性结果表明，两者呈极显著的相关性，相关系数达到 0.001 水平，表明距离大坝越近，重金属的生态风险越大。

7.3.4.3 澜沧江漫湾库区底泥沉积物磷的相关研究

（1）磷在底泥沉积物中的性质

磷是生物生长所必需的大量元素之一。磷在地壳中的含量为 1 180 mg/g，其丰度排在第 11 位。土壤中磷含量在空间上的分布，是不同位置的土壤在物理、化学和生物多个过程相互作用的结果，表现了土壤的空间异质性。在天然淡水中，磷的本底值一般低于 20 μg/L。磷的化合物（除 PH_3）不具有挥发性，并且环境中的磷酸盐溶解度较低，其迁移能力比 C、N、S 的化合物弱。在多种营养物质中，磷是浮游植物生长的关键营养物质，它直接影响着水体的初级生产力和浮游生物的数量、种类和分布情况。同时，磷是水体富营养化的主要限制因子，极低浓度（10 μg/L）的磷会导致水体的富营养化。目前对库区磷的负荷研究主要集中在水库的面源污染及水体中磷的迁移转化、土壤 - 水界面磷的吸附与释放，其中后者主要包括底泥中磷的动态研究。

一方面，水电站的建设使水库周围的人类活动大大加强，土地利用 / 覆被的变化会影响由陆地进入河流中的营养物的含量和状态。另一方面，水库建设能够改变河流的结构和河水的流态，对河流中的营养物负荷也会产生直接的影响。有研究表明，由于三峡大坝的建设，在洪水高发季节，河水中营养物质的含量却急剧降低。在黄河上游，由于梯级水电站的建设，河流中营养物的含量变化较大。水库的建设减少了向海洋输送营养物质的量，较多的营养物质沉积于河流沉积物中。水库沉积物是水体中磷的重要蓄积库或释放源。当水库外源磷污染（如农业面源、生活污水）增加时，沉积物蓄积磷的能力超过了释放磷的能力，沉积物就成为蓄积磷的场所，而当外源污染减少时，沉积物就会向上覆水体中释放出磷，这个过程也被称作内源磷释放。以往的研究表明，当外源磷负荷减少时，水体中磷的浓度不变或降低很小，这主要是由于内源磷释放的存在。因此，内源磷的释放作为水环境安全的一个潜在威胁，日益引起人们的关注。例如，在太湖，在一定的条件下超过 50% 的无机磷会从沉积物中释放出来，被藻类利用。

沉积物中的磷以不同形式与铁、铝、钙等元素结合成不同的形态，不同结合态的磷其地球化学行为是不同的，其释放能力受沉积物的特性（粒径大小、金属含量等）、周围环境以及沉积物中磷含量的影响，因此释放能力是不同的。在物理、化学等因素的作用下，一些形态的磷可以通过溶解解吸、还原等过程释放到上覆水体中，从而转化为生物可利用的磷，这成为诱发湖泊富营养化的重要因素。在建坝的河流中，由于水库的形成及水滞留时间的延长，沉积物中不同形态磷的含量具有空间异质性。因此，目前国内外对沉积物中磷素的研究已经成为一个重要领域，主要包括对沉积物中磷的存在形式和影响因素的研究及磷在沉积物 - 水界面间的吸附解吸的研究。

（2）底泥沉积物中磷的提取方法

研究分析水体沉积物中磷的形态有助于进一步认识沉积物 - 水界面磷的交换机制以及沉积物内源磷释放的机制，同时，对评价沉积物中磷的生物可利用性以及水体的营养现状、探究景观动态与磷之间的关系以及磷沉积后的地球化学行为也有很大的帮助。化学连续提取法是目前研究沉积物中磷的形态最理想、最成熟的方法。在不同类型提取剂的作用下，沉积物样品中不同形态的磷被选择性地连续提取出来，可以根据不同提取剂提取出的磷的含量来估计沉积物中生物可利用性磷的释放潜能。根据不同的连续提取方案和提取剂种类，化学连续提取法可分为很多种，如 1967 年 Chang 和 Jackson 提出 C-J 法，然后经过 Wiiliams 等的修正，其克服了应用 C-J 法提取的 Fe-P 又重新吸附于沉积物上的缺点。此后，Hieltjes 和 Lijklema 提出 H-L 法，该方法强调了分析沉积物中磷的化学性质的必要性，这更加有助于认识在沉积物 - 水界面磷的交换过程。1985 年，Psenner 等提出了一个较好的分级分离沉积物中磷的方法，即 P 法（表 7-21）。之后又相继出现了 GI 法、R 法、G2 法、SMT 等方法。与其他磷的分级分离方法相比，W 法、H-L 法、P 法及其改进方法，具有较强的可操作性，已被许多学者应用于河流、湖泊以及水库沉积物磷形态的分级当中。

表 7-21　不同形态磷的提取流程

步骤	连续提取方法	磷形态
1	将 1 g 沉积物加入 25 mL pH=7 的 1 mol/L NH_4Cl 中，常温振荡 4 h	ex-P
2	向第一步的残渣中加入 0.11 mol/L$Na_2S_2O_4$/$NaHCO_3$[*] 在 40 ℃下振荡 1 h	BD-P
3	向第二步的残渣中加入 0.1 mol/L NaOH，常温振荡 16 h	NaOH-P
4	向第三步的残渣中加入 0.5 mol/L HCl 常温振荡 16 h	HCl-P

注：* 提取液中 $Na_2S_2O_4$ 和 $NaHCO_3$ 为相同的浓度。

（3）漫湾水库底泥沉积物磷含量分布

沉积物中磷的主要形态包括 HCl-P、NaOH-P、Residual-P、BD-P、ex-P 5 种（见表 7-22）。

表 7-22　漫湾水库磷形态、金属的含量与沉积物粒径分布

	范围 /（μg/g）	平均百分比 /%	平均含量 /（μg/g）	标准差	变异系数
ex-P	0～1.4	0.1	0.5	0.4	0.8
BD-P	8.7～80.4	4.9	35.5	21.7	0.6
NaOH-P	57.3～270.2	19.6	155.3	67.7	0.4
HCl-P	137.5～403.0	43.6	315.6	91.5	0.3
Residual-P	66.2～369.8	31.9	228.8	97.4	0.4
Al	3.89×10^4～7.57×10^4	49.4	6.07×10^4	1.17×10^4	0.2
Ca	2.37×10^3～4.61×10^4	31.6	2.25×10^4	1.14×10^4	0.5
Fe	2.65×10^4～4.31×10^4	18.4	3.71×10^4	4.62×10^4	0.1
Mn	2.71×10^2～1.09×10^3	0.6	6.76×10^2	1.81×10^2	0.3

	范围 /（μg/g）	平均百分比 /%	平均含量 /（μg/g）	标准差	变异系数
S/C	—	47.9	—	33.3	0.7
VFS	—	14.5	—	8.8	0.6
FS	—	12.1	—	15.2	1.3
CS	—	18.6	—	29.9	1.5

注：S/C：粉黏粒（＜74 μm）；VFS：极细砂（74～147 μm）；FS：细砂（147～246 μm）；CS：粗砂（246～840 μm）。

其中，ex-P 包含轻微吸附于沉积物颗粒表面的磷、淋溶磷和从有机残体中释放的碳酸钙结合态磷，因此是一种可溶性磷。ex-P 可用来估计从沉积物中瞬间释放的磷的含量。在漫湾水库，ex-P 的含量平均占所有磷形态的 0.1%。

BD-P 是氧化还原结合态磷，通常吸附在铁的氢氧化物和锰的化合物上，被当做是潜在藻类可利用的磷。当水 - 沉积物界面处于缺氧的环境时，由于铁氢氧化物的分解，BD-P 被释放到水体中。在漫湾水库中，BD-P 的含量仅为总磷含量的 4.9%，远远低于其他水库的水平。在位于加拿大南安大略省最大的湖——锡姆科湖，其营养化水平为中营养度，BD-P 含量占总磷含量的 20%～42%。Dittrich 等发现，在长期和短期的沉积物磷释放的过程中，BD-P 都是占优势的一种磷形态，分别占释放磷量的 40% 和 57%。

NaOH-P 通常被认为是吸附在铝的氧化物表面或是在 BD-P 环节未被提取的内部的铁氧化物的表面。在高 pH 条件下，由于氢氧离子配位体交换了正磷酸盐，导致磷的释放。在以往的研究中，NaOH-P 可用来估计沉积物中长期和短期生物可用的磷的含量，并已证实它可以表征藻类可利用性磷。

HCl-P 也就是钙结合态的磷，是沉积物中非运动性的磷，不易被生物利用。HCl-P 是漫湾水库中含量最高的磷形态，占总磷含量的 43.6%，这与锡姆科湖的情况相似。

Residual-P 包含有机磷和惰性磷化合物。在漫湾，残余态磷的含量仅次于 HCl-P，占总磷含量的 31.9%。

（4）干流和支流中磷形态的空间分异

干流上不同形态磷的含量随采样点与漫湾电站距离（dis-MW）的变化而呈现出空间分异性，见图 7-23。在干流上，ex-P、BD-P 和 NaOH-P 从漫湾库首到库尾的变化规律相似。随着采样点与漫湾水坝距离的减小，沉积物中这 3 种形态的磷的含量存在波动，但整体有增加的趋势，直线回归拟合显著。尤其是在距离漫湾水坝 9 km 的河段内，沉积物中 ex-P、BD-P 和 NaOH-P 的含量相比漫湾水库其他区域明显增大。其中，NaOH-P 的增大幅度较 ex-P 和 BD-P 更大。总磷的含量在距离漫湾电站 10 km 内及 20 km 以外较高。

对海河的研究显示，从沉积物中释放的磷与 ex-P 和 BD-P 有密切的关系，表明这两种形态的磷较容易释放。而且，有学者采用 ex-P、BD-P 和 NaOH-P 三者的加和来估计沉积物中可被生物利用的磷（BAP）的含量。据此，用图 7-24 表示漫湾水库沉积物中 BAP 含量的空间分异性。在 S_{10} 和 S_{14} 两个采样断面之间的区域，BAP 的含量最高，表明在这一区域沉积物的潜在释放风险较大。采样的支流均分布在距离漫湾水坝 10 km 的范围内，因此采用单因素方差分析法分析了距离漫湾水坝 10 km 范围内的干流和支流上不同形态磷的空间分异性，结果如图 7-25 所示。ex-P、HCl-P、Residual-P 和 BAP 的含量在干流和支流上有很大差异性。在干流上，ex-P、HCl-P、Residual-P 的平均含量分别为 1.08 μg/g、380.50 μg/g 和 153.47 μg/g，而在支流上，ex-P 和 HCl-P 的含量分别减少了 63% 和 56%。同样，在干流上，BAP 的含量显著高于支流。

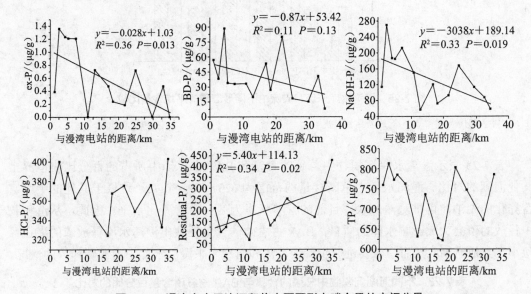

图 7-23　漫湾水库干流沉积物中不同形态磷含量的空间分异

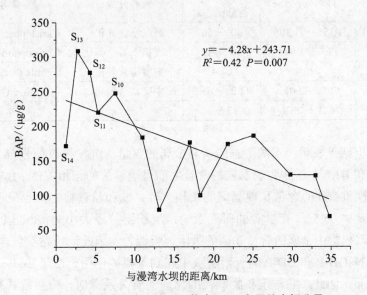

图 7-24　漫湾水库干流沉积物中 BAP 含量的空间分异

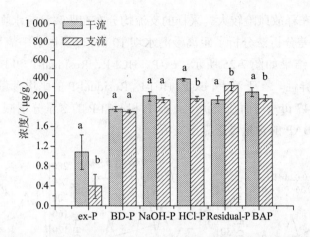

图 7-25　漫湾水库干流和支流中不同形态磷的平均含量比较

注：不同字母代表 $P < 0.05$ 下的差异性情况。

表 7-23 表示漫湾水库沉积物中总磷的含量和 BAP 在总磷中所占的百分比与世界上其他河湖的对比。漫湾水库中总磷含量的范围为 623 ～ 899 μg/g，这低于其他的中度富营养化的湖泊，可推测漫湾水库目前的营养状态为低—中营养化水平。因此，从沉积物中释放的磷会大大影响水体的质量。BAP 占总磷的含量反映出漫湾水库释放磷的潜在风险小于其他河湖。然而，需要进一步持续监测和研究未来漫湾水库中内源磷释放的情况。

表 7-23　不同河湖沉积物中总磷的含量与 BAP 占总磷含量百分比的对比

沉积物来源	TP/（μg/g）	BAP 占 TP 百分比 / %	营养分级	参考文献
希腊科罗尼亚湖	1 156 ～ 1 305	40 ～ 60	高度富营养化	Christophoridis 等，2006
希腊沃尔微湖	776 ～ 1 044	60 ～ 80	中度偏下富营养化	Christophoridis 等，2006
瑞典尔肯湖	1 814	61.4	中度富营养化	Emile Rydin 等，2000
中国海河	968 ～ 2 017	42.2 ～ 65.3	中度富营养化	Sun 等，2009
漫湾水库	623 ～ 899	37.7	—	本研究

相关性分析结果表明，不同形态的磷与金属的含量、沉积物粒径分布之间有很大的相关性。ex-P 和 BAP 与沉积物粉黏粒的含量之间呈现显著的正相关性；BAP 和 TP 与沉积物中粗 / 中砂和细砂的含量呈现显著的负相关性。铁和粉黏粒之间也呈现显著的相关性（r=0.544，$P < 0.05$）。有学者的研究表明，沉积物粒径大小对沉积物的化学成分影响很大，包括沉积物中金属的含量和磷的吸附解吸能力。因此，粉黏粒包含更多的物质，比如铁，铁在 NaOH-P 和 BD-P 的吸附解吸中起到重要的作用。由于 ex-P 是轻微吸附在沉积物颗粒表面，因此，它与沉积物颗粒的物理性质关系密切。粉黏粒具有更大的表面积，因而可以吸附更多的 ex-P。在海河和基隆海的研究中同样得出，ex-P 与粉黏粒之间存在显著相关性，同时铁与细颗粒的沉积物（粒径＜ 63 μm）呈线性关系。与漫湾水坝

的距离和 NaOH-P、BAP 的含量具有相关性，同时也与沉积物中粗砂的百分比（$r=0.581$，$P < 0.05$）和铝的含量（$r=-0.486$，$P < 0.05$）相关。这表明距离漫湾水坝越远，沉积物中的粗砂百分比越高，沉积物中铝的氧化物含量越低，导致 NaOH-P 和 BAP 吸附越少。

河流中水流的变化影响生态结构和生态学过程，比如影响营养物质的动态。大坝可以调节水流动态继而导致大坝上游来自泛滥平原的细颗粒物质沉降于河底，而在大坝下游，河道被侵蚀严重，粗砂的百分比较大。由于漫湾和小湾电站的相继建成，小湾水坝下游区域的水流流速远大于漫湾水坝上游，因此其含有粗砂的含量较高。随着与漫湾电站的距离变小，粉黏粒的含量越来越大。

以 4 种不同形态的磷及 TP 和 BAP 为响应变量，以金属的含量、采样点与漫湾电站的距离、沉积物粒径分布为解释变量，进行冗余分析（图 7-26）。沉积物中粉黏粒的含量、采样点与漫湾电站的距离和 Mn 的含量对变异的解释较大，P 值分别为 0.014、0.018 和 0.05。这 3 个解释变量对变异的解释达到 54%。RDA 除了揭示变量间的相关性，还反映了不同采样点之间的关系。不同的采样点分布在 RDA 排序图的不同象限中，分布在漫湾库首的采样点（S_{10}—S_{14}）与 ex-P、BD-P、BAP 和粉黏粒紧密相关，说明这一区域磷释放潜力较大。

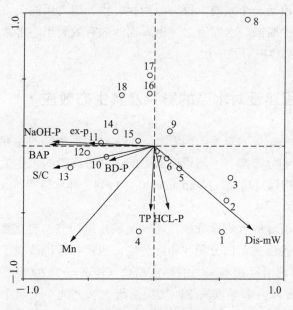

图 7-26　冗余分析结果

注：BAP：生物可利用性磷；FS：细砂（147～246 μm）；CS：粗砂（246～840 μm）；S/C：粉黏粒（< 74 μm）；VFS：极细砂（74～147 μm）；Dis-mW：与漫湾水坝的距离。

我国水库淤积具有水库淤积现象普遍和中小型水库淤积问题尤为突出两方面的特点。泥沙淤积对水库的影响体现为：侵占调节库容，减少综合利用效益；淤积末端上延，抬高回水位，增加水库淹没、浸没损失；变动回水使宽浅河段主流摆动或移位，影响航运；

坝前堆淤（特别是锥体淤积）增加作用于水工建筑物上的泥沙压力，妨碍船闸及取水口正常运行，使进入电站泥沙增加而加剧对过水建筑物和水轮机的磨损，影响建筑物和设备的效率和寿命；化学物质随泥沙淤积而沉淀，污染水质，影响水生生物的生长；泥沙淤积使下泄水流变清，引起下游河床冲刷变形，使下游取水困难，并增大水轮机吸出高度，不利于水电站的运行。此外，淤满的水库可能面临拆坝问题，造成经济损失。

研究泥沙产生的整个过程以及泥沙在流域生态系统中的迁移规律，了解泥沙的年际和年内分配规律。由于水库淤积计算是水库淤积和工程泥沙研究的重要内容之一，它的预报结果对水库规划和水库运用均是必需的，所以阐述了在泥沙淤积计算中应遵循的几个原则和常用的计算方法和数值模拟数学模型。

本节以澜沧江流域为例，在澜沧江流域的基本生态环境的基础上，描述澜沧江梯级水电站建设的泥沙累积效应，基于收集的数据和查阅的资料，分析了澜沧江近 20 年的变化及分配特征与年内分配特征及预测水坝拦沙能力。同时，河流沉积物是水环境的基本组成部分，它既能为河流中的各种生物提供营养物质，同时又是有毒有害物质的贮藏库。在实验测定基础上，对底泥沉积物中的重金属和不同磷形态进行含量的分析，并进行生态风险评价。

水库泥沙淤积防治是一个系统工程，分为拦、排、清、用四个方面，具体包括：减少泥沙入库、水库排沙减淤、水库清淤、出库泥沙的有效利用。本章简单介绍了这四种不同淤积防治方法的具体内容及应用。

7.4 水利工程建设对水温的影响及其生态效应

水温是水生生态系统最为重要的因素之一，它对水生生物的生存、新陈代谢、繁殖行为以及种群的结构和分布都有不同程度的影响，并最终影响水生生态系统的物质循环和能量流动过程、结构以及功能（Naim an et al.，1998；林秋奇等，2001；Bonacci et al.，2003；钱骏等，1997）。

大坝不仅调节了流域的水流量分配，还对区域热量调节起着重要支配作用。水电工程的存在改变了河道径流的年内分配和年际分配，也就相应地改变了水体的年内热量分配，引起了水温在流域沿程和水深上的梯度变化（Brismar，2004；刘兰芳，2002）。这种变化在下游 100 km 以内都难以消除，如果两级大坝之间小于这个距离，就会产生累积性，将会对水生生态系统、河岸带生态系统产生一系列的生态效应（尹魁浩等，2001；隋欣等，2004）。

一些深水大库在夏季将出现水温稳定分层现象，表现为上高下低，下层库水的温度明显低于河道状态下的水温，从而导致下泄水水温降低，并影响下游梯级的入库水温。水利工程对水温的影响可以分为库区垂直方向上的水温分层现象和低温下泄水两个主要方面。

7.4.1　水库水温分层与下泄水形成

目前，关于形成水温分层现象的原因一般有三种看法（吴锡锋，2011）。第一种认为大型深水库形成水温分层的原因为：水体的透光性能差，当阳光向下照射水库表层以后，以几何级数的速率减弱，热量也逐渐向缺乏阳光的下层水体扩散。水的密度随温度降低而增大，在 4 ℃时，水的密度最大。冬季的低温水密度大沉入库底，夏季的高温水密度小留在上层，故形成水温分层（图 7-27）。第二种认为深水库形成水温分层的原因为：水库上游来水温度也有高低差异，汇入水库时，低温水因为密度大下沉在水库底部，高温水密度小在水库上部，形成水温分层。第三种认为水库形成水温分层及滞温效应的原因为：水库建成后，水面增大，水流变缓，改变了水的热交换环境，故形成水温分层，并使下游水温降低。吴锡锋（2011）结合空调制冷剂受压时放热的现象认为，大型深水库产生水温分层及滞温效应的原因是水库底部水在高压下被压缩而降温。大型深水库底部水在自身的高压下被压缩，密度增大，温度降低，热量传递至上层水，形成水温分层现象。

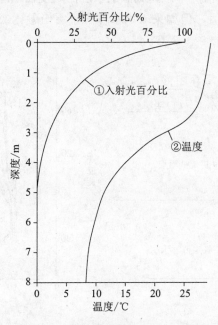

图 7-27　水库水温随水深变化示意

资料来源：董哲仁等，2007。

水库水温的变化很复杂，受多种因素的控制。调查结果表明，水库水温分布具有以下主要规律：①水库表面水温一般随气温而变化，由于日照的影响，表面水温在多数情况下略高于气温。在结冰以后，表面水温不再随气温变化。②库水表面以下不同深度的水温均以一年为周期呈周期性变化，变幅随深度的增加而减小。与气温相比，水温的年变化在相位上有滞后现象。一般情况下，在距离表面深度超过 80 m 以后，水温基本上趋于稳定。③在天然河道中，水流速度较大，属于紊流，水温在河流断面中的分布近乎均匀。

但在大中型水库中，尽管不同的水库在形状、气候条件、水文条件、运行条件上有很大的差异，但由于水流速度很小，属于层流，基本不存在水的紊动。由于水的密度依赖于温度，因此一般情况下，同一高程的库水具有相同的温度，整个水库的水温等温面是一系列相互平行的水平面（胡平等，2010）。

水库水温沿深度方向的分布可分为 3～4 个层次。分别为：①表层。该层水温主要受气温季节变化的影响，一般在 10～20 m 深度范围；②掺混变温层。该层水温在风吹掺混、热对流、电站取水及水库运行方式的影响下，年内不断变化。该层范围与水库引泄水建筑物的位置、运行季节及引用流量有关；③稳定低温水层。一般对于坝前水深超过 100 m 的水库，在距离水库表面 80 m 以下的水体；④库底水温主要取决于河道来水温度、地温以及异重流等因素。异重流高温水层在多泥沙河流上，如有可能在水库中形成异重流，并且夏季高温浑水可沿库底直达坝前，或受蓄水初期坝前堆渣等因素的影响，则库底水温将会明显增高。图 7-28 为一般较深水库沿深度方向水温分布示意（胡平等，2010）。在无异重流等特殊情况下，库底低温水层的温度在寒冷地区为 4～6℃，约为温度最低 3 个月的气温平均值，但如果入库水体源于雪山融化或地热条件特殊等情况，库底水温为最低月平均水温加 2～3℃。

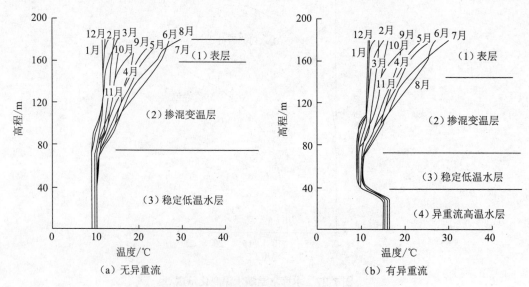

图 7-28 较深水库沿深度方向年内水温分布

资料来源：胡平，2010。

影响水库水温分布的主要因素有 4 个方面：水库的形状、库区水文气象条件、水库运行条件和水库初始蓄水条件（胡平等，2010）。水库的形状参数包括：水库库容、水库深度、水库水位-库容-库长-面积关系等。不同形状的水库，库容、库长和截面积各不相同，对于相同入（出）库体积的水体，在不同形状水库的水体热交换中，所占据的水层高度是不同的，因此形成的水温分布和变化一定是不同的。水文气象条件中，水文气象参数包括气温、太阳辐射、风速、云量、蒸发量、入库流量、入库水温、河流泥沙含量、入库悬移质等。水库运行参数包括：水库调节方式、电站引水口位置及引水能力、水库泄水建筑物位置及泄水能力、水库的运行调度情况、水库水位变化等。水库初始蓄水参数包括：初期蓄水季节、初期蓄水时地温、初期蓄水温度、水库蓄水速度、坝前堆渣情况、上游围堰处理情况等。如果水库初期蓄水时间为汛期（6—9 月），此间一般地温高、入库流量大、蓄水速度较快、水温较高，且河流的泥沙含量相对其他月份要高（胡平，2010）。如果上游的施工废弃物的量较大，水库蓄水后，将会在坝前库底迅速形成泥沙淤积，导致坝前库底一定范围内的温度较高（戴凌全等，2010）。

　　水库与湖泊不同，水库可以通过操作闸门等泄流设施对泄流进行人工控制，可以开启不同高程的闸门进行泄流（如表孔、中孔、深孔、底孔、水力发电厂尾水孔、旁侧溢洪道等）。在水体温度分层的情况下，水库调度运行中启用不同高程的闸门泄流，对于水体温度分层也产生很大影响。另外，强风力的作用可以断续削弱水体温度分层现象，有利于下层水体升温（董哲仁等，2007）。

　　水库的泄水口多位于坝体下部，下泄的水为下层的低温水，这也是滞温效应的原理。低于同期天然河水温度的低温水会对下游生态环境造成影响。但是也有一些水库在冬季的下泄水温会高于天然水温，在冬季上游来水温度本来就低，水库水压起不到压缩作用，反而由于水库增加了河水接收太阳光光照的面积，吸收的热量较多，所以冬季下泄水温高于天然河水水温（图 7-29）。

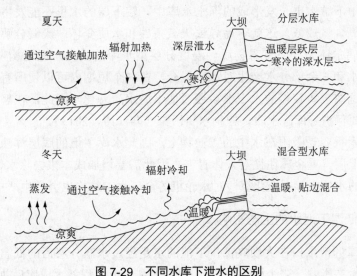

图 7-29　不同水库下泄水的区别

资料来源：Richter and Thomas，2007。

7.4.2 水温分层与下泄水的生态环境影响

7.4.2.1 水温分层对水质的影响

水库水温的垂向分层，直接导致其他水质参数如溶解氧、pH值、化学需氧量等在垂向上发生变化，进而对水质产生不利影响，由于水动力特性的改变，在适宜的气温条件下，浮游植物在水库表面温跃层繁殖生长，通过光合作用释放出大量的氧气，使溶解氧浓度始终处于饱和状态。当水库水温结构为混合型或过渡型时，库表水体与深层水体发生对流交换，使溶解氧浓度在深层水体中也能保持在一定的水平，但当水库水温结构为分层型时，阻断了上下层水体的交换，在温跃层之下，垂向水流发生掺混的概率很少，上层含溶解氧浓度较多的水体不能通过水体的交换发生传递；另外，浮游植物光合作用所必需的阳光受到水深的影响，不能透射到深层水体中，致使水体不能发生光合作用而产生氧气，水中好氧微生物因新陈代谢消耗氧气，而溶解氧又得不到补充，导致深层水溶解氧浓度急剧降低；同时在低氧状态下，厌氧生物的分解使库底的氮、磷等营养物质从土壤中析出，并释放出 CO_2，使pH值减小，含碱量和亚磷酸盐有所增加，水质不断恶化。蓄水后由于水库水动力条件及热力学条件的改变，库水结构由建库之前的混合型演变成蓄水之后的分层型，出现水温分层的水库，会导致其他水质参数的分层，对水域生态环境产生不利影响。

云南怒江中下游水电开发形成的深水水库中，较下层的水里不能发生复氧作用，库底水体中溶解氧含量较低，这就容易导致厌氧条件和水质变坏。厌氧分解会产生讨厌的味道和臭气，偶尔还会产生有毒物质。温度分层型水库的垂向水温结构发生变化期间，库底较低层的水和其余部分水产生对流、混合，在一个短期内可以使所有的库区水体受到污染，而且这些水质较差的水下泄后还会使下游水质恶化。因此，在怒江中下游水电开发中，必须要保护好库区水质，控制水质污染（郑江涛，2013）。

重金属元素很容易吸附在水中的颗粒物上，因此水库下泄的底层浑浊水含有的重金属含量要高于上层。重金属往往对人体有害，因此需要增加成本来去除水体中的重金属。同时，高浊度的水体中存在硫化氢，对水轮机等金属水工结构也会产生严重的腐蚀。

7.4.2.2 低温下泄水的生态影响

大多数水库的泄水口在大坝底部，下泄的水是经过水温分层后的低温水，流到下游会有进一步的生态影响（张少雄，2012）。河流水利水电工程蓄水成库后热力学条件发生改变，水库水温出现垂向分层结构以及下泄水温异于河流水温的现象。水库水温的变化对库区及下游河流的水环境、水生生物、水生态系统等产生重要影响，同时还会影响到水库水的利用，主要是用于农业灌溉的水温影响，其中，春夏季节水库泄放低温水可能对灌溉农作物、下游河流水生生物和水生生态系统等产生重大不利影响，通常称为冷害，这也是水库水温的主要不利影响（张士杰等，2011）。

生物的生存和繁殖依赖于各种生态因子的综合作用，其中限制生物生存和繁殖的关键因子就是限制因子。环境温度不仅会影响鱼类的摄食、饲料转化、胚胎发育、标准代谢和内源氮的代谢过程，而且会影响鱼类的免疫功能、消化酶活性和性别决定。生物在长期的演化过程中，各自选择了自己最适合的温度。在适温范围内，生物生长发育良好；在适温范围之外，生物生长发育停滞、受限甚至死亡（余文公等，2007）。沃德（1976c）及史坦福（Ward and Stanford，1979b）进一步阐明了温度调整的潜在影响，见图 7-30，虽然图中的许多关系是假设的，但可以说明深层泄流大坝下游水温调节会引起某些大型无脊椎动物的灭绝。沃德区分出 5 种温度调节的影响，这些影响能够选择性地灭绝某些种类。它们是：最高水温发生时间推迟；最高水温降低；最低水温升高；季节性温度变化减弱；日温度变化减弱。这些影响的后果部分地与不能成功地再繁育有关。

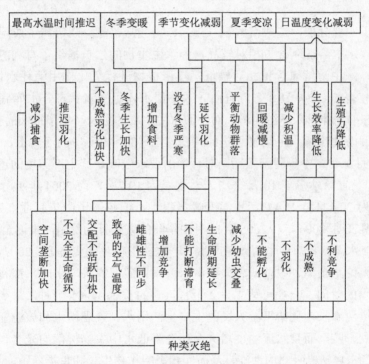

图 7-30　深层泄流大坝下游的温度调节：导致底栖动物某些种类灭绝的影响因素之推测关系

引自 Ward and Stanford，1979。

水库采用传统底层方式取水，下泄低温水对下游水生生物的生长繁殖造成一定的不利影响。例如，鱼类属于变温动物，对温度十分敏感。在一定范围内，较高的温度使鱼生长较快，较低的温度则生长较慢。我国饲养的草鱼、鲤、鲢、鲫、罗非鱼等大多都是温水鱼类，生活在 20 ℃以上的水体中，适宜水温为 15 ～ 30 ℃，最适温度在 25 ℃，超过 30 ℃或者低于 15 ℃食欲减退，新陈代谢减慢，5 ℃以下停止进食，大多数鱼类在一定温度下才能产卵。表 7-24 给出了部分水生生物与水温的关系。

表 7-24 部分水生生物与水温

种名	生存温度 /℃	最适温度 /℃	种名	生存温度 /℃	最适温度 /℃
斑节对虾	—	27 ～ 31	鲮鱼	15 ～ 30	—
黄鳍鲷	—	28 ～ 30	泥鳅	15 ～ 30	25 ～ 27
野鲮	—	30 ～ 35	罗非鱼	16 ～ 40	28 ～ 32
鲍	10 ～ 25	—	日本对虾	17 ～ 29	—
鲫鱼	10 ～ 32	—	胡子鲇	18 ～ 32	25 ～ 30
文蛤	11 ～ 30	25 ～ 27	锯缘青蟹	18 ～ 32	—
淡水鲳	12 ～ 35	24 ～ 32	银鲅	18 ～ 34	—
牙鲆	14 ～ 23	19 ～ 20	鱼鲶	20 ～ 36	—
珍珠贝	15 ～ 30	23 ～ 25	石斑鱼	22 ～ 30	24 ～ 28

水库由于水温分层，造成溶解氧（DO）、硝酸盐、氮、磷等离子成层分布。上层水体温度较高，水中溶解氧含量相对较高，为水生生物的生长提供了有利的环境。下层水体温度较低，水中溶解氧含量相对较低，浮游植物进行氧化作用消耗水体中的溶解氧，产生对鱼类有害的 CO_2、H_2S 等，进而导致下层水体呈缺氧状态。水库底层取水将下层处于缺氧状态的水体排入下游河道，对下游水生生物的生长产生了很大的负面影响。

长江的洄游性珍稀水生动物中华鲟，每年 7—8 月由河口溯河而上，生殖季节为 10 月上旬—11 月上旬。中华鲟繁殖期间对环境的要求较高，其中产卵场的适宜水温范围为 17 ～ 20.2 ℃。宜昌站多年 10 月平均天然水温为 19.7℃，而 2004 年 10 月和 2005 年 10 月水温分别为 20.4℃和 21.4℃，水温变幅虽很小，但超过了中华鲟适宜繁殖水温范围。实际观测资料表明，2004 年和 2005 年 10 月中华鲟的繁殖行为受阻而推迟至 11 月。这说明，三峡水库下泄水温变化对中华鲟繁殖产生了一定的影响（余文公等，2007）。

另外，无论是小型、中型或者大型洪水，采用底层方式取水时，都将相应拖长下游河道出现浊水的时间，一般可达 1 ～ 2 个月，有的长达 4 ～ 5 个月，最少的也有 2 个星期左右。河道浊水长期化给下游人民的生产生活用水、景观用水和旅游业、渔业等带来了很大的不利影响，而且水流浊度增大，还会降低水中生物群落的光合作用，阻碍水体的自净，降低水体透光吸热的性能，从而间接影响作物生长和鱼类养殖。

水库传统底层取水产生的下泄低温水会对下游农作物造成一定的影响，尤其是需水喜温作物——水稻。水稻对水温的要求，因稻谷品种和稻株所处生长发育期的不同而有区别。水稻进入每一生长发育期都要求具有一定的温度环境，一般控制条件有：起始温度（最低温度）、最适温度和最高温度（见表 7-25）（詹晓群等，2005）。在最适温度中，稻株能迅速地生长发育；水温过高对营养物质的积累不利，同时容易引起病虫害，增加田间杂草；水温过低会使地温降低，肥料不易分解，稻根生长不良，植株矮，发育迟，谷穗短，产量降低。水温对水稻生长发育的影响主要表现在对发根力、光合作用、吸水吸肥的影响上，最终将反映在产量上。水库建成后，传统底层取水的下泄水温较天然水温下降很多，低温水导致稻株光合作用减弱、抑制根系吸水、减少稻株对矿物质营养的吸收，因而导致水稻返青慢、分蘖迟、发兜不齐、抗逆性降低、结实率低、成熟期推迟、产量下降。

表 7-25　水稻各生长期对水温的要求

生育期	所在月份		最低温度 /℃	适宜温度 /℃	最高温度 /℃
	早稻	晚稻			
发芽	3	7	10 ～ 13	30 ～ 35	36 ～ 42
幼苗	3、4	7	15	28 ～ 32	36 ～ 40
返青	4、5	7、8	18	30 ～ 35	36 ～ 40
分蘖	5	8	19	32 ～ 34	36 ～ 40
孕穗	5、6	8、9	18	28 ～ 30	36 ～ 38
抽穗扬花	6	9	20	30 ～ 35	36 ～ 40
乳熟、黄熟	6、7	9、10	20	35 ～ 38	36 ～ 42

数据来源：詹晓群等，2005。

7.4.2.3　澜沧江水温的空间分布特征

澜沧江流域梯级开发，在改变河道径流的年内分配和年际分配的同时，也将相应地改变水体的年内热量分配，引起水温在流域沿程和纵向深度上的梯度变化。水温的沿程变化在下游 100 km 以内都难以消除，如果两级大坝之间小于这个距离，就会产生累积效应。澜沧江的梯级开发使各水库基本首尾衔接，这一影响将逐级传递，每一个水库的水温不仅会受到本身由于水位抬升和水量增加带来的影响，同时还受上游梯级的共同作用，使下泄水的水温降低更加明显。如漫湾水库水温不仅受本身建库的影响，还受小湾下泄水流水温的影响，而大朝山水库则同时将受漫湾和小湾水库下泄低温水的累积影响。随着干流上梯级电站数目的增加，水温的空间累积效应将会更加明显，上游库区的下泄水将可能对其下游几个库区的水温产生空间累积效应（钟华平等，2008）。

图 7-31 给出了 2004 年 12 月空间上沿干流上游到下游 165 km 长的河段上布置监测点的表层水温、气温监测结果。气温沿干流从上而下呈递减趋势，从漫湾库尾的16.2℃下降到大朝山坝下的 14.4℃，而表层水温在每个库区则呈递增趋势，漫湾库区从库尾的 13.9℃递增到坝前的 14.6℃，大朝山库区从 12.3℃ 增加到 13.8℃。表层水温曲线下降特别明显处位于漫湾坝下和大朝山坝下，从坝前到坝下分别从 14.6 ～ 12.3℃和13.6 ～ 11.8℃急剧下降，降幅为 2.3℃和 1.8℃（钟华平等，2008）。

空间上，气温与表层水温的比值能更清楚地反映水电工程对表层水温的影响，漫湾和大朝山库区都是在库尾处比值最大，分别为 1.17 和 1.19；而坝前达到最小值，分别为1.02 和 1.05（图 7-31b）。漫湾库区气温 / 水温和大朝山库区气温 / 水温呈现正相关，相关系数 r=0.999 0，漫湾、大朝山库区气温 / 水温受监测点距离大坝远近的影响（图 7-31b），分别就各个库区气温 / 表层水温与大坝距离建立线性回归方程。说明库区蓄水对水温有着明显的增温效应，从库尾到坝前，水温与天然气温逐渐接近，水温分层特征将更加明显。

水从库区释放出来，不同层的水充分混合，使得水温与气温比值达到最大值（图 7-31）。

水电工程建坝后，一般使得库区的表层水温受气温的波动比建坝前小，最高表层水温接近气温，绝大多数的月份都高于气温，最低水温也高于最低气温，受气温的波动比建坝前小，时间分异性减弱。漫湾电站和大朝山电站在坝高、集水面积、库长、平均流量、库区面积、装机容量等方面基本类似以及建坝前年均表层水温同为 16.3℃的情况下，建坝后，大朝山坝前表层水温年均值比漫湾断面高 0.2℃，最大值出现的月份延迟 2 个月；作为大朝山库区的戛旧水文站表层水温，在大朝山水库未蓄水时，此处经过 15 km 的混合，基本接近建坝前状况，但因大朝山水库的蓄水作用，6—9 月混合距离增加，表明下一级电站表层水温受到上一级电站下泄水的影响明显；其他月份混合距离缩短，表明受大朝山蓄水影响明显，但影响的范围和程度有待进一步考证。大朝山库区下泄水温同气温、天然表层水温的相关系数分别为 0.443、0.575，下泄水温与气温以及天然表层水温的相关性减弱，下泄水温与建坝后的大朝山坝前表层水温的相关系数也只有 0.682，说明下泄水温随着气温的变化较建坝前天然表层水温随气温的变化要小得多，与建坝后的表层水温变化也不同步。下泄水温比天然气温、天然表层水温最大最小值出现时间分别延迟 2 个月；当将下泄水温的月均值向前平移 2 个月时，即可得下泄水温与气温、坝前表层水温的相关系数达到 0.977 8 和 0.982，呈现明显的正相关，表明下泄水温与气温和坝前表层水温相比在时间上有明显的滞后性。

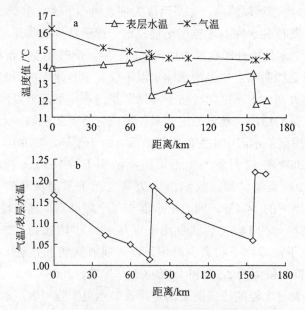

图 7-31 建坝后表层水温空间特征

资料来源：姚维科等，2006。

从水电工程对水温空间分布的影响来看，大朝山库区水温／气温回归方程斜率（$k=0.001\,5$）明显小于漫湾库区（$k=0.002$），说明漫湾库区的水温／气温比值的变化大于大朝山库区，考虑该比值的大小在一定程度上与纬度、坝高、下泄水量以及库区补给水量等存在一定的关系以及不同地点局地气候微小的差异性，更内在的原因可能是大朝山库区的水温空间分布特征受漫湾库区下泄水一定程度的累积效应，两坝址距离 80 km，明显小于 Walling 等（1992）提到的 100 km。从回归方程的 R^2 值也可以看出漫湾库区各点表层水温与大坝距离的关系更为显著，原因在于没有受其他下泄水的影响。几年后随着小湾电站的建成，其与漫湾电站之间的距离只有 75 km，其表层水温随距离变化的线性关系显著性也可能减弱。十几年后，随着干流上电站数目的增加，水温的空间累积效应将会更加明显，上游库区的下泄水将可能对其下游几个库区在水温上产生空间累积效应，如果进一步考虑以上因素与水温特征的联系及研究水温在垂向和横向上的时空分布特征及其对水生生态系统、河岸带生态系统的影响，将可能形成以水温为初始驱动力的生态效应链（姚维科等，2006）。

　　图 7-32 显示西沥水库进行了水温及其他水质参数的现场观测，结果表明该水库是一个典型的分层型水库，在春季，温度、溶解氧、pH 值及化学需氧量随水深的分布有很强的规律性。水温结构呈明显分层特性，温变层、温跃层、滞温层区分明显，随着水深的增加，溶解氧、pH 值逐渐降低，与水温的变化呈现高度的一致性，化学需氧量随着水深的增加而逐渐升高，说明水体随着水深的增加污染情况越严重（连家伟等，2002；戴凌全等，2010）。

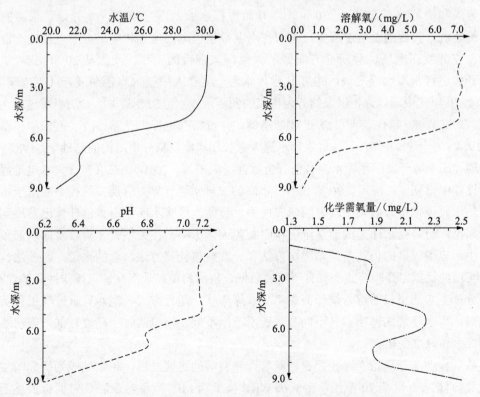

图 7-32　水库水温与溶解氧、pH 值和化学需氧量随水深变化示意

资料来源：连家伟，2002。

在对水库水温结构及下泄水温进行正确预测和数值模拟的基础上，如何采取有效的工程措施来减缓低温水的下泄，是目前水电设计和运行部门要重点考虑的问题（王煜和戴会超，2009）。目前我国在提高下泄水温的工程措施方面主要以采取分层取水为主。分层取水虽早已有之，但过去主要用于规模较小、对水温有要求的灌溉水库，而这些灌溉水库的坝高大多低于 40 m，分层建筑物主要采用竖井式和斜涵卧管式。竖井式采用进水塔或闸门井，沿垂直方向设若干层闸门，通过启闭机启闭闸门以控制流量和水温。对于大型水温分层型水库，由于水库流态和坝前水温分层结构比较复杂，分层取水方案的确定应建立在水工模型试验、水力学计算和结构体型反复优化设计的基础上，闸门设计较前述小型水库更为复杂，如雅砻江锦屏一级电站拟采用多层取水叠梁闸门方案。

7.4.3　水库低温水与下泄水温的模拟

电站建成运行后，它不仅可以调节天然河流径流量的变化，而且还对库内的热量起到调节作用。受以年为周期的入流水温、气象条件变化的影响，水库在沿水深方向上呈现出有规律的水温分层，并且在一年内周期性地循环变化。库区水温分层同时也改变了下游河道的水温分布规律，使春季升温推迟，秋季降温推迟，直接表现在春季、夏季水温下降，秋季、冬季水温升高。水库运行冬季水温高对渔业有利，而 4—5 月是绝大多数鱼类的繁殖期，这时水温降低对鱼类的繁殖不利（王雅慧等，2012）。

美国和前苏联在 20 世纪 30 年代即开始重视水库的水温研究，并进行了水温的实地监测分析。其后的发展过程中，美国在水温数学模型的建立和应用方面一直处于世界前列，前苏联在现场试验研究方面做了大量深入细致的工作。我国从 20 世纪 50 年代中期开始进行水库水温观测，60 年代水库水温观测在大中型水库逐渐展开（丁宝瑛等，1982），70 年代中期以来，以朱伯芳为代表的预测水库水温的经验类比方法不断出现（朱伯芳，1985），80 年代我国引进了 MIT 模型，并对模型进行扩充和修改（范乐年和柳新之，1984；李怀恩，1987）。在对水库水温大量长期实测资料分析对比的基础上，1987 年，丁宝瑛、胡平等开发了水库水温数值分析软件（胡平等，2010），在许多重大水电工程的温控设计中得到广泛应用。90 年代后，水库的二维水温计算与分层三维模型应用于水库水温与水质模拟中，取得了较好的研究成果。目前，尽管水库水温数值计算已发展到准三维模型，但是受水库建成前基础资料限制等因素影响，在大坝设计阶段水库水温预测分析中，应用较多的仍然是经验类比方法和一维数值计算方法。总的来说，经验法具有简单实用的优点；经验公式法具有资料要求低、应用简单、效率高、可操作性强等优点，但过分偏重实测资料的综合统计而忽略了水库形状、运行方式、泥沙异重流等工程实际情况对水库水环境的影响，且不同公式适用范围不同，模拟的时空精度较低，无法获得详细的水温时空变化。

数学模型法在理论上比较严密，随着计算科学的飞速发展，越来越成为研究的主要手段和方法。20 世纪 70 年代，为解决 WRE 模型和 MIT 模型对表层风力混合描述不足的问题，Minnesota 大学的 Stefan 建立了一维 Stefan-Ford 模型，以紊流动能和热能的转化来计算水温变化，并成功预测了两个温带小型湖泊的水温分布，1977 年 Halerman 也将类似理论引入 MIT 模型改善其效果。1978 年，Imberger 提出了适宜于描述中小水库温度和盐度分布的混合模型 DYRESM，初步解决了风力混合问题，自 20 世纪 80 年代起广泛应用于大洋洲、欧洲的许多湖泊和水库，但因参数分析复杂而缺乏通用性。

二维模型中，水库水温主要沿深度有分层现象，因此应用更多的是沿纵向或垂向剖分水库的立面二维模型。如美国陆军工程师团水道实验站在 LARM 模型基础上加入水质计算模块开发出了现今最为成熟的二维 CE-QUAL-W2 模型的第一个版本，丹麦于 1996 年提出的 MIKE21 模型，也实现了水库水温的较好模拟。此外其他的一些研究者也开发了自己的二维模型，如 Huang 等二维风力混合水库水温模型 LA-WATERS，Farrell 则将 k-ξ 模型成功应用于 1 个 100 m 长的水库的下潜流过程模拟和温度分层研究。随着数值技术和计算机水平的发展，近年来国内外学者致力于开发能同时考虑温度垂向、纵向、横向变化的三维水温模型，耦合求解流场和温度场。国外开发的模型有美国弗吉尼亚海洋研究所的 EFDC 模型、丹麦水动力研究所的 MIKE3 模型、荷兰 Delft 水力研究所的 Delft3 模型等，在大型水体的流场、泥沙、温度、污染物研究中广泛应用。我国的一些学者也做了许多工作：如李冰冻用剪切应力输运紊流模型模拟了水库的温度分层流动；李兰等用三维模型较精确地模拟了漫湾水库的水温分布；马方凯基于三维不可压缩的 N-S 方程建立水温模型，采用大涡模拟计算紊动扩散系数，并考虑水面散热及太阳辐射对水温的影响，对三峡水库近坝区三维温度场进行了预测（戴凌全等，2010；胡平等，2010）。

7.4.3.1　水库水温分层结构及判断方法

水库水温分布包括横向水温分布和垂向水温分布，很多实测数据表明：水库等温线的走向基本上是水平的，故一般情况下水温结构主要是指水温沿水深即垂向上的变化情况。水库水温结构取决于当地的气象条件、入流流量及温度、水库的运行管理方式、出库流量及温度等各方面的情况，因此各水库表现出不同的水温分布形式。按水库水温结构类型来划分，主要有三种类型：稳定分层型、混合型和介于这两者之间的过渡型，如图 7-33 所示，稳定分层型水库从上到下分为温变层、温跃层（又称斜温层）和滞温层，温变层受外界影响很大，温度随气温变化而变化，温跃层在垂向上具有较大的温度梯度，并把温变层和滞温层分开，而滞温层水温基本均匀，常年处于低温状态。混合型水库垂向无明显分层，上下层水温比较均匀，但年内水温变化较大。过渡型水库介于两者之间，偶有短暂的不稳定分层现象。依据低温水环境影响评价技术指南（2006）所述，常见的水库水温结构判别模式有：参数 α-β 法（入流流量与库容比值法）、Norton 密度佛汝得数法、水库宽深比法等。其中前两种方法最为简单实用，经水库实测资料检验，其计算结果总体上符合实际情况，可用于水库水温的初步计算（戴凌全等，2010）。

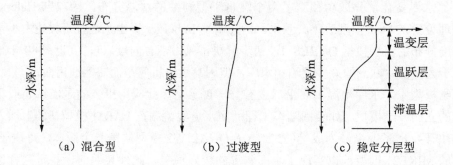

图 7-33　水库水温结构示意

（1）参数 α-β 法

α-β 法又称为库水交换次数法，其判别指标为：

$$\alpha = \frac{多年平均入库径流量}{总库容} \tag{7-20}$$

$$\beta = \frac{一次洪水总量}{总库容} \tag{7-21}$$

当 α ＜ 10 时，为分层型；10 ＜ α ＜ 20 时，为过渡型；α ＞ 20 时，为混合型。对于分层性水库，如遇 β ＞ 1 的洪水，则为临时性的混合型；遇 β ＜ 0.5 的洪水，则水库仍稳定分层；0.5 ＜ β ＜ 1 的洪水的影响介于两者之间。

（2）Norton 密度佛汝得数法

1968 年美国 Norton 等提出用密度佛汝得数作为标准来判断水库分层特性，即：

$$Fr = \frac{u}{\sqrt{\dfrac{\Delta\rho}{\rho_0}gH}} \tag{7-22}$$

式中：u——流速，m/s；

　　　H——水深，m；

　　　$\Delta\rho$——密度差，kg/m³；

　　　ρ_0——参考密度，kg/m³。

当 Fr ＜ 0.1，水库稳定分层；0.1 ＜ Fr ＜ 1.0，则为弱分层；当 Fr ＞ 1.0，则为完全混合层。

（3）宽深比判别法

水库宽深比判别法公式为：

$$R = B\big/H \tag{7-23}$$

式中：B——水库水面平均宽度，m；

　　　H——水库平均水深，m。

当 H ＞ 15 m、R ＞ 30 时，水库为混合型；R ＜ 30 时，水库为分层型。

7.4.3.2　水库垂向水温估算方法

（1）类比法

采用类比法时，选用的参证水库的位置应靠近该工程，并属于同一区域，以保证气象要素、水面与大气的热交换等条件相似；并保证水库工程参数、水温结构类型等相似；同时，参证水库还要有较好的水温分布资料和较丰富的水温资料。

（2）中国水科院公式

1982 年水科院结构材料所根据大量资料，拟合出计算水库多年平均水温分布曲线的公式。公式由库表水温、变温层水温及库底水温三部分组成。当确定了库表和库底水温后，可以用该曲线公式推算水库不同深度处的多年平均水温分布（吴锡锋，2011）。

计算公式为：

$$\overline{T_y} = \overline{T_b} + \Delta T(1 - 2.08\frac{y}{\delta} + 1.16\frac{y^2}{\delta^2} - 0.08\frac{y^3}{\delta^3}) \tag{7-24}$$

式中：$\overline{T_y}$——从水面算起深度 y 处的多年平均水温，℃；

　　　$\overline{T_b}$——库底稳定低温水层的温度，℃；

　　　b——活跃层厚度，m；

　　　ΔT——多年平均库表水温与库底水温的差值，℃。

这种方法适用于计算年平均水温垂向分布，最好利用类比水库的表层水温、地层水温及活跃层厚度来计算，如果不能类比获得，可参照方法（4）进行估算。

（3）水科院朱伯芳公式

通过对已建水库的实测水温的分析，水库水温存在一定的规律性：a）水温以一年为周期，呈周期性变化，温度变幅以表面为最大，随着水深增加，变幅逐渐减小；b）与气温变化比较，水温变化有滞后现象，相位差随着深度的增加而改变；c）由于日照的影响，库面水温存在略高于气温的现象。根据实测资料，1985 年朱伯芳提出不同深度月平均库水温变化可以近似用余弦函数表示：

$$T(y,t) = T_m(y) + A(y)\cos\omega(t - t_0 - \varepsilon) \tag{7-25}$$

式中：y——水深，m；

　　　t——时间，月；

　　　$T(y, t)$——水深 y 处在时间为 t 时的温度，℃；

　　　$T_m(y)$——水深 y 处的年平均温度，℃；

　　　$A(y)$——水深 y 处的温度年变幅，℃；

　　　ε——水温与气温变化的相位差，月；

　　　t_0——年内最低气温至最高气温的时段（月），当 $t=t_0$ 时，气温最高。当 $t=t_0+\varepsilon$ 时，水温达到最高，通常气温在 7 月中旬最高，故可取 $t_0=6.5$；

温度变化的圆频率，w，其中 P 为温度变化的周期（12 个月）。公式中水深 y 处的年平均温度的获取可采用方法（4）。

由于该经验公式是依据对国内外多个水库观测资料获得，而这些水库分布范围较广，因此该公式的适用范围也相对宽泛。

（4）东北水电勘测设计院计算方法

在《水利水电工程水文计算规范》（SL 278—2002）中，对于水库垂向水温分布计算，推荐东北水电勘测设计院的方法。计算公式如下：

$$T_y = (T_0 - T_b)e^{(-y/x)^n} + T_b \tag{7-26}$$

$$n = \frac{15}{m^2} + \frac{m^2}{35} \tag{7-27}$$

$$x = \frac{40}{m} + \frac{m^2}{2.37(1+0.1m)} \tag{7-28}$$

$$T_b = T_b' - K'N \tag{7-29}$$

式中：T_y——水深 y 处的月平均水温，℃；

$\quad T_0$——水库表面月平均水温，℃；

$\quad y$——水深，m；

$\quad m$——月份，1，2，3，…，12；

$\quad T_b$——水库底部月平均水温，℃；

对于分层型水库各月库底水温与其年平均值差别很小，可用年平均值代替；对于过渡型和混合型水库，各月库底水温可用式（7-29）计算，该式适用于 23°—44°N 地区，式中 N 为大坝所在的纬度，T_b'、K' 可通过查表获得，见 SL 278—2002。

该方法应用简单，只需知道库表、库底月平均水温就可计算出各月的垂向水温分布，而且库底和库表水温可由气温 - 水温相关法或纬度 - 水温相关法推算。该方法适用于库容系数 = 调节库容 / 年径流量＜1 的水库，对于库容系数≥1 的水库，计算误差较大。

（5）年平均水温的估算方法

在没有可类比的水库条件下，可采用估算的方法，获得水库表面年平均水温、库底年平均水温和任意深度的年平均水温。

①水库表层年平均水温 $T_表$ 估算方法

a）气温与水温相关法：气温与水温之间有良好的相关性。可根据实测资料建立两者之间的相关图，然后由气温推算出水库表层水温。

b）纬度与水库表层水温相关法：水库水温与地理纬度的关系和气温相似。纬度高，水温表层年平均水温就低；纬度低，水库表层年平均水温就高。水库表层年平均水温随纬度变化的相关关系较好，可用已建水库库表水温与纬度的关系插补。

c）来水热量平衡法：大型水库的热能主要来自两个方面：一是水库表面吸收的热能；二是上游来水输入的热能。在河水进入水库之前，已经和大气进行了充分的热交换，已达到一定水温。水气间的热交换基本达到平衡。因此，水库水温主要取决于上游来水的水温，上游来水温度可近似看做库表水温。这样就可以根据上游来水的流量和水温推算水库表层水温。即：

$$T_{\text{表}} = \sum_{i=1}^{12} Q_i T_i \Big/ \sum_{i=1}^{12} Q_i \tag{7-30}$$

式中：$T_{\text{表}}$——水库表层水温，℃；

　　　Q_i——水库上游多年逐月平均来水量，m^3/s；

　　　T_i——水库上游来水多年逐月平均水温，℃。

d）朱伯芳公式：对于一般地区（年平均气温 10～20 ℃）和炎热地区（年平均气温 20℃以上），这些地区冬季不结冰，表面年平均水温可按下式计算：

$$T_{\text{表}} = T_{\text{气}} + \Delta b \tag{7-31}$$

式中：$T_{\text{表}}$——水库表面年平均水温，℃；

　　　$T_{\text{气}}$——当地年平均气温，℃；

　　　Δb——温度增量，一般地区 Δb=2～4 ℃，炎热地区 Δb=0～4 ℃。

对于寒冷地区（年平均气温 10 ℃以下），采用以下公式：

$$T_{\text{表}} = T_{\text{气修}} + \Delta b \tag{7-32}$$

$$T_{\text{气修}} = 1 \Big/ 12 \sum_{i=1}^{12} T_i \tag{7-33}$$

式中：$T_{\text{气修}}$——修正年平均气温，℃；

　　　T_i——第 i 月的平均气温，℃，当月平均气温小于 0 ℃时，T_i 取 0 ℃。

②水库底层年平均水温 $T_{\text{底}}$ 估算方法

a）相关法：库底水温受地理纬度、水深、电站引水建筑物、泥沙淤积、海拔高度、库底温度等因素的影响，其中又以前两项因素的影响最大。《水利水电水温计算规范》（SL 278—2002）根据十余座水库的情况点绘了纬度、水温和水深三因素相关图。可以采用该图查出拟建水库的库底平均水温。

b）经验估算法：由于库底水温较库表水温低，故库底水密度较库表要大。对于分层型水库来说，其冬季上游水温为年内最低，届时水库表层与底层水温相差较小。因此，库底水温可以认为近似等于建库前河道来水的最低月平均水温。以此为依据，可以采用 12 月、1 月和 2 月气温的平均值近似作为库底年平均水温，即：

$$T_{\text{底}} \approx (T_{12} + T_1 + T_2)/3 \tag{7-34}$$

式中：T_{12}，T_1，T_2——12 月、1 月和 2 月的平均水温。

在一般地区，库底年平均水温与最低 3 个月的平均气温相似，库底年平均水温也可以按照上式估算，其误差为 0～3 ℃。

③任意深度年平均水温估算方法

由于年平均水温随水深而递减，令：

$$\Delta T(y) = T_m(y) - T_{\text{底}} \tag{7-35}$$

在水库表面 y=0 时，有 $\Delta T_0 = T_{\text{表}} - T_{\text{底}}$，比值 $\Delta T(y)/\Delta T_0$ 随水深而递减。根据一些水库实测资料整理分析，得到以下关系式：

$$T_m(y) = c + (b - c)\mathrm{e}^{-0.04y} \tag{7-36}$$

$$c = (T_{底} - bg)/(1-g) \quad g = e^{-0.04H} \tag{7-37}$$

式中：b、c 为参数，$b = T_{表}$；

H——水库深度，m。

有了水库表层、底部和任意深度的年平均水温的估算结果，就可以采用以上水科院公式和东北水电勘测设计院公式等方法，估算坝前水域垂向温度分布。

以上经验公式法是在综合国内外水库实测资料的基础上提出的，应用简便，但需要知道库表、库底水温以及其他参数等，而通过水温与气温、水温与纬度的相关关系得出的库表和库底水温，精度不高，而且预测估算中没有考虑当地的气候条件、海拔高度、水温及工程特性等综合情况，因此预测结果精度相对较低。水库水温的经验公式法一般适用于水库水温的初步估算，对于重要工程还应采取更为精确的数学模型方法。

7.4.3.3 水库垂向水温和下泄水温数值模拟方法

（1）水库垂向一维水温数学模型

1960 年代末，美国水资源工程公司（WRE，Inc）的 Orlob 和 Selna 及麻省理工学院（MIT）的 Huber 和 Harleman，分别独立地提出了各自的深分层蓄水体温度变化的垂向一维数学模型，即 WRS 模型和 MIT 模型。1970 年代中期和后期，美国的一些研究者又提出了另一类一维温度模型—混合层模型（或总能量模型），他们从能量的观点出发，以风掺混产生的紊动动能和水体势能的转化来说明垂向水温结构的变化，初步解决了风力混合问题。

①模型方程

垂向一维模型是将水库沿垂向划分成一系列的水平薄层，假设每个水平薄层内温度均匀分布。对任一水平薄层建立起热量平衡方程：

$$\frac{\partial T}{\partial t} + \frac{\partial}{\partial z}\left(\frac{TQ_v}{A}\right) = \frac{1}{A}\frac{\partial}{\partial z}\left(AD_z\frac{\partial T}{\partial z}\right) + \frac{B}{A}(u_iT_i - u_0T) + \frac{1}{\rho AC_p}\frac{\partial(A\varphi_z)}{\partial z} \tag{7-38}$$

式中：T——单元层温度，℃；

T_i——入流温度，℃；

A——单元层水平面面积，m²；

B——单元层平均宽度，m；

D_z——垂向扩散系数，m²/s；

ρ——水体密度，kg/m³；

C_p——水体等压比热，J/（kg·℃）；

φ_z——太阳辐射通量，W/m²；

u_i——入流速度，m/s；

u_0——出流速度，m/s；

Q_v——通过单元上边界的垂向流量，m³/s。

在库表存在水气界面的热交换，表层单元的热量平衡方程为：

$$\frac{\partial T_N}{\partial t} + \left(\frac{T}{V}\frac{\partial V}{\partial t}\right)_N = \left[\frac{B}{A}(u_i T_i - u_0 T)\right]_N + \frac{Q_{v,N-1} TQ_v}{V_N} - \left(\frac{A}{V}D_z\frac{\partial T}{\partial z}\right)_{N-1} + \left(\frac{A\varphi}{\rho C_p V}\right)_N \qquad (7\text{-}39)$$

式中：φ——表层通过水气界面吸收的热量，W/m^2；

　　　V——单元层体积，m^3；

　　　TQ_v——取值与 $Q_{v,N-1}$ 的方向有关，若 $Q_{v,N-1} > 0$（向上），则 $TQ_v = T_{N-1}$，反之，若 $Q_{v,N-1} < 0$（向下），则 $TQ_v = TN$，℃。

考虑水库入流、出流的影响，水面热交换，各层之间的热量对流传导、风的影响等。

②垂向一维模型适用条件

垂向一维水温模型综合考虑了水库入流、出流、风的掺混及水面热交换对水库水温分层结构的影响，其等温层水平假定也得到许多实测资料的验证，在确定其计算参数的情况下能得到较好的模拟效果。但一维扩散模型（即 WRE、MIT 类模型）对水库中的混合过程特别是表层混合描述得不充分。混合层模型对于风力引起的表面水体掺混进行了改进。垂向一维模型忽略了各变量（流速、温度）在纵向上的变化，这对于库区较长、纵向变化明显的水库不适合。而且垂向一维模型是根据经验公式计算的入库和出库流速分布，再由质量和热量平衡来决定垂向上的对流和热交换，这种经验方法忽略了动量在纵向和垂向上的输运变化过程，其流速与实际流速分布差异很大，应用于有大流量出入的水库将引起较大的误差。另外，一维模型的计算结果都对于垂向扩散系数非常敏感，垂向扩散系数与当地的流速、温度梯度相关，各种经验公式尚不具备一般通用性，流速的误差也将进一步影响垂向扩散系数的准确性。因此，垂向一维模型更适用于纵向尺度较小且流动相对较缓的湖泊或湖泊型水库的温度预测。

（2）二维和三维水库温度模型

垂向二维和三维水库温度模拟方法与步骤可以参考低温水环境影响评价技术指南（2006）。

对于垂向二维水库温度模拟来说，能较好地模拟湍浮力流在垂向断面上的流动及温度分层在纵向上的形成和发展过程，以及分层水库最重要的特征的沿程变化，如纵垂向平面上的回流、斜温层的形成和消失及垂向温度结构等。垂向水温扩散和交换，根据精度要求，可采用常数或经验公式计算，也可采用动态模拟。由于计算稳定性好，且模型中需率定的参数少，使得该模型具有良好的工程实用性，对预测有明显温度分层的大型深水库的水温结构及其下泄水温过程具有良好的精度。当然相对于垂向一维模型来说其所需资料更多，计算工作量也增大很多，计算成本增加，因此该模型不适用于快速的估算，建议对大型深水库和一些关键性的工程采用二维模型进行模拟。

国内外大量的研究资料表明，在一般情况下，应用二维水温预测数学模型可很好地模拟水库流速场和温度场。但二维水温预测数学模型要求水流流动在横向变化不大，而在实际水库流动过程中，特别是在水库大坝附近区域，由于水电站引水发电以及泄洪洞泄洪的影响，坝前附近水流具有明显的三维特征，流速场和温度场变化较大，在此区域可考虑采用三维水温模型进行模拟。

严格地说，所有的紊流问题均为三维问题，三维温度模拟，对于水库水温结构计算和下泄水温计算，均具有精度高的优势。但是，对于大水体中的三维紊流和水温分布模拟，由于天然复杂的地形、计算稳定性的要求，需要合适地划分计算网格，就会产生计算工作量大、要求资料全等困难，一般情况下采用三维模型显得不够经济。由于天然复杂的地形给三维计算稳定性带来很大的困难，需对地形进行大量简化。因此，可考虑对地形影响较小的，且具有明显的三维特征的坝前及进水口附近的水体采用三维温度模型进行模拟。但由于缺乏三维的实测资料，尚难以对模型精确进行评价。

对于水库垂向水温和下泄水温数值计算，不论是采用垂向一维模型、垂向二维模型，还是三维模型，都要对模型水动力学计算参数和水温计算参数，进行率定和验证，符合一定精度要求后，方可用于预测模拟计算。

随着国内高坝大库的不断增多，基于下游水生生态保护和灌溉农业发展为目标的大型水库分层取水措施的研究和设计成为重点，目前国内也开展了大型水库、大流量取水的分层取水措施的物理试验和数学模型研究。

对于低温水的环境影响评价，需要结合工程评价的类型与等级要求，对低温水进行估算或者模拟，依据低温水与下泄水温的计算模型，针对低温水下泄所影响的农业生态系统或者水生生态系统进行系统分析，主要是针对主要的农作物与鱼类进行影响评价，如农作物的生长周期的影响、鱼类产卵季节的推迟、鱼类生长季节的缩短等方面。如参考表 7-24 中关键鱼类种群的生长特性，分析低温水对其影响的情况。

因为水库低温水下泄对农业生态和水生生态系统产生较大不利影响，采取必要的工程措施，从水库中获取适宜农作物生长的灌溉水温和满足水生生物生活史的需求水温，是水库工程规划设计、建设运行中需要重视和科学论证的技术问题。

参考文献

[1] 陈永灿, 张宝旭, 李玉梁. 密云水库垂向水温模型研究 [J]. 水利学报, 1998(9):14-20.

[2] 戴凌全, 李华, 陈小燕. 水库水温结构及其对库区水质影响研究 [J]. 红水河, 2010, 10:30-35.

[3] 戴仕宝, 杨世伦, 郜昂, 等. 近 50 年来中国主要河流入海泥沙变化 [J]. 泥沙研究, 2007.

[4] 丁宝瑛, 等. 水库水温的调查研究 [A]// 水利水电科学研究院科学研究论文集（第 9 集）[C]. 北京：水利电力出版社, 1982.

[5] 丁金凤. 水库泥沙淤积问题研究 [J]. 吉林水利, 2009, 9: 11-12, 15.

[6] 董哲仁, 孙东亚, 赵进勇. 水库多目标生态调度 [J]. 水利水电技术, 2007, (1): 28-32.

[7] 范乐年, 柳新之. 湖泊、水库和深冷却池水温预报通用数学模型 [A]// 水利水电科学研究院科学研究论文集（第 17 集）[C]. 北京：水利电力出版社, 1984.

[8] 傅开道, 何大明, 陈武, 等. 电站建设对澜沧江 - 湄公河泥沙年内分配的影响 [J]. 地理学报, 2007, 62(1):14-21.

[9] 傅开道，王波，黄启胜，等．流沙河气候变化与人类活动导致的泥沙变化 [J]．兰州大学学报：自然科学版，2008, 44(6): 19-24.

[10] 甘淑，何大明，党承林．澜沧江流域上、中、下游典型案例区景观格局对比分析 [J]．山地学报，2002, 20(5): 564-569.

[11] 高建．水库可持续利用调度模式初步研究 [D]．重庆：重庆交通大学，2010.

[12] 韩其为，杨小庆．我国水库泥沙淤积研究综述 [J]．中国水利水电科学研究院学报，2003, 1(3): 169-178.

[13] 贺玉琼，李新红，张培青．水利工程对澜沧江干流水文要素的扰动分析 [J]．水文，2009(S1):93-97.

[14] 胡平，刘毅，唐忠敏，等．水库水温数值预测方法 [J]．水利学报，2010, 41(9):1045-1053.

[15] 贾艳红．流域泥沙概算方法及应用 [D]．北京：清华大学，2011.

[16] 李怀恩．水库水温和水质预测研究述评 [J]．陕西机械学院学报，1987, 3(4): 90-97.

[17] 林秋奇，韩博平．水库生态系统特征研究及其在水库水质管理中的应用 [J]．生态学报，2001, 21(6): 1034-1040.

[18] 刘兰芬．河流水电开发的环境效益及主要环境问题研究 [J]．水利学报，2002, 33(8): 121-128.

[19] 钱骏，任勇，杨有仪，等．亭子口库区水温变化对水生态环境的影响 [J]．重庆环境科学，1997, 19(1): 57-61.

[20] 隋欣，杨志峰．龙羊峡水库蓄水对水温的净影响 [J]．水土保持学报，2004, 18(4): 154-157.

[21] 王煜，戴会超．大型水库水温分层影响及防治措施 [J]．三峡大学学报，2009, 31(6): 11-14.

[22] 吴锡锋．对大型深水库水温分层和滞温效应原因的分析 [J]．大众科技，2011, 12: 82-83.

[23] 谢金明，吴保生，刘孝盈．水库泥沙淤积管理综述 [J]．泥沙研究，2013, 3: 71-80.

[24] 徐国宾．陕西省水库泥沙淤积灾害及其防治对策 [J]．水土保持通报，1994, 14(4): 55-58.

[25] 姚维科，崔保山，董世魁，等．水电工程干扰下澜沧江典型段的水温时空特征 [J]．环境科学学报，2006, 06:1031-1037.

[26] 尹魁浩，袁弘任，徐葆华，等．丹江口水库水质要素变化特征及其相互关系 [J]．长江流域资源与环境，2001, 10(1): 75-81.

[27] 余文公，夏自强，于国荣，等．三峡水库水温变化及其对中华鲟繁殖的影响 [J]．河海大学学报：自然科学版，2007, 35(1): 92-95.

[28] 詹晓群，陈建，胡建军．山口岩水库水温计算及其对下游河道水温影响分析 [J]．水资源保护，2005, 1:29-35.

[29] 张少雄．大型水库分层取水下泄水温研究 [D]．天津：天津大学建筑工程学院，2012.

[30] 郑江涛．水电开发对山区河流生态系统影响模型及应用研究 [D]．北京：华北电力大学，2013.

[31] 钟华平，刘恒，耿雷华．怒江水电梯级开发的生态环境累积效应 [J]．水电能源科学，2008, 26(1): 52-55, 59.

[32] 周安辉．澜沧江近 20 年泥沙变化特性分析 [J]．人民长江，2012, 43(增刊 1): 114-115.

[33] 朱伯芳．库水温度估算 [J]．水利学报，1985(2): 12-21.

[34] Bergerot B, Fontaine B, Julliard R, et al. Landscape variables impact the structure and composition

of butterfly assemblages along an urbanization gradient[J]. Landscape Ecology, 2011, 26: 83-94.

[35] Bonacci O, RojeBonacci T. The influence of hydroelectrical development on the flow regime of the Karstic River Cetina [J] . Hydrological Process, 2003, 17: 1-16.

[36] Brismar A. Attention to impact pathways in EISs of large dam projects[J]. Environmental Impact Assessment Review, 2004, 24: 59-87.

[37] Chen Y Q D, Yang T, Xu C Y, et al. Hydrologic alteration along the Middle and Upper East River (Dongjiang) basin, South China: a visually enhanced mining on the results of RVA method[J]. Stochastic Environmental Research and Risk Assessment, 2010, 24: 9-18.

[38] Chovanec A, Schiemer F, Waidbacher H, et al. Rehabilitation of a heavily modified river section of the Danube in Vienna (Austria): biological assessment of landscape linkages on different scales[J]. International Review of Hydrobiology, 2002, 87(2-3): 183-195.

[39] Christophoridis C, K Fytianos.Conditions affecting the release of phosphorus from surface lake sediments[J]. Journal of Environment Quality, 2006,35(4): 1181-1192.

[40] Corry R C. Characterizing fine-scale patterns of alternative agricultural landscapes with landscape pattern indices[J]. Landscape Ecology, 2005, 20(5): 591-608.

[41] Diaz-Varela E R, Marey-Pérez M F, Rigueiro-Rodriguez A, et al. Landscape metrics for characterization of forest landscapes in a sustainable management framework: Potential application and prevention of misuse[J]. Annals of Forest Science, 2009, 66(3): 1-10.

[42] Dudgeon D. River rehabilitation for conservation of fish biodiversity in monsoonal Asia [EB/OL]. http://www.ecologyandsociety.org/vol10/iss2/art15/.2005.

[43] El-Shafie A, Abdin A E, Noureldin A, et al. Enhancing inflow forecasting model at Aswan high dam utilizing radial basis neural network and upstream monitoring stations measurements[J]. Water Resources Management, 2009, 23(11): 2289-2315.

[44] Fu K D, He D M. Analysis and prediction of sediment trapping efficiencies of the reservoirs in the mainstream of the Lancang River[J]. Chinese Science Bulletin, 2007, 52(2): 134-140.

[45] Fu K D, He D M, Lu X X. Sedimentation in the Manwan reservoir in the Upper Mekong and its downstream impacts[J]. Quaternary International, 2008, 186(1): 91-99.

[46] Gao Y, Vogel R M, Kroll C N, et al. Development of representative indicators of hydrologic alteration[J]. Journal of Hydrology, 2009, 374(1): 136-147.

[47] Ghrefat H, Yusuf N. Assessing Mn, Fe, Cu, Zn and Cd pollution in bottom sediments of Wadi Al-Arab Dam, Jordan[J]. Chemosphere, 2006, 65(11): 2114-2121.

[48] Hakanson L. An ecological risk index for aquatic pollution control[J]. A sedimentological approach Water Research, 1980, 14(8): 975-1001.

[49] He D M, Zhao W J, Chen L H. The ecological changes in Manwan reservoir area and its causes[J]. Journal of Yunnan University:Natural Science, 2004, 26(3): 220-226.

[50] Hu W, Wang G, Deng W, et al. The influence of dams on ecohydrological conditions in the Huaihe

River basin, China[J]. Ecological Engineering, 2008, 33(3): 233-241.

[51] Huang J, Lin J, Tu Z. Detecting spatiotemporal change of land use and landscape pattern in a coastal gulf region, southeast of China[J]. Environment, Development and Sustainability, 2010, 12(1): 35-48.

[52] Isik S, Dogan E, Kalin L, et al. Effects of anthropogenic activities on the Lower Sakarya River[J]. Catena, 2008, 75:172-181.

[53] Jansson R, Nilsson C, Renöfält B. Fragmentation of riparian floras in rivers with multiple dams[J]. Ecology, 2000, 81(4): 899-903.

[54] Kummu M, Varis O. Sediment-related impacts due to upstream reservoir trapping, the Lower Mekong River[J]. Geomorphology, 2007, 85(3): 275-293.

[55] Lajoie F, Assani A A, Roy A G, et al. Impacts of dams on monthly flow characteristics. The influence of watershed size and seasons[J]. Journal of Hydrology, 2007, 334(3): 423-439.

[56] Loska K, Wiechua D. Application of principal component analysis for the estimation of source of heavy metal contamination in surface sediments from the Rybnik Reservoir[J]. Chemosphere, 2003, 51(8): 723-733.

[57] MagilliganFJ, NislowKH. Changes in hydrologic regime by dams[J]. Geomorphology, 2005, 71: 61-78.

[58] Maingi J K, Marsh S E. Quantifying hydrologic impacts following dam construction along the Tana River, Kenya[J]. Journal of Arid Environments, 2002, 50(1): 53-79.

[59] Matteau M, Assani A A, Mesfioui M. Application of multivariate statistical analysis methods to the dam hydrologic impact studies[J]. Journal of Hydrology, 2009, 371(1): 120-128.

[60] Mcgarigal K, Cushman S A, Neel MC, et al. Fragstats: spatial pattern analysis software for categorical maps[M]. University of Massachusetts, Amherst, 2002.

[61] Morgan J L, Gergel S E. Quantifying historic landscape heterogeneity from aerial photographs using object-based analysis[J]. Landscape Ecology, 2010, 25: 985-998.

[62] Morgan J L, Gergel S E, Coops N C. Aerial photography: a rapidly evolving tool for ecological management[J]. BioScience, 2010, 60(1): 47-59.

[63] Müller G. Die Schwermetallbelastung der sedimente des Neckars und seiner Nebenflüsse:eine Bestandsaufnahme[J]. Chemical Zeitung, 1981, 105: 157-164.

[64] Naik P K and Jay D A. Distinguishing human and climate influences on the Columbia River: changes in mean flow and sediment transport [J]. Journal of Hydrology, 2011, 404(3-4): 259-277.

[65] Naiman R J, Bilby R E. Riverecology and management[M]. New York: Springer, 1998:77-78.

[66] Nilsson C, Berggren K. Alterations of riparian ecosystems caused by river regulation[J]. BioScience, 2000, 50: 783-792.

[67] Oeurng C, Sauvage S, Sánchez-Pérez J M. Assessment of hydrology, sediment and particulate organic carbon yield in a large agricultural catchment using the SWAT model[J]. Journal of

Hydrology, 2011, 401(3): 145-153.

[68] Ouyang W, Hao F, Song K, et al. Cascade dam-induced hydrological disturbance and environmental impact in the upper stream of the Yellow River[J]. Water Resources Management, 2011, 25(3): 913-927.

[69] Ouyang W, Hao F H, Zhao C, et al. Vegetation response to 30 years hydropower cascade exploitation in upper stream of Yellow River[J]. Communications in Nonlinear Science and Numerical Simulation, 2010, 15(7): 1928-1941.

[70] Ouyang W, Skidmore A K, Hao F, et al. Accumulated effects on landscape pattern by hydroelectric cascade exploitation in the Yellow River basin from 1977 to 2006[J]. Landscape and Urban Planning, 2009, 93(3): 163-171.

[71] Palmer J F. Using spatial metrics to predict scenic perception in a changing landscape: Dennis, Massachusetts[J]. Landscape and Urban Planning, 2004, 69(2): 201-218.

[72] Postel S L. Water for food production: Will there be enough in 2025? [J]. BioScience, 1998: 629-637.

[73] Raju K, Vijayaraghavan K, Seshachalam S, et al. Impact of anthropogenic input on physicochemical parameters and trace metals in marine surface sediments of Bay of Bengal off Chennai[J]. India Environmental Monitoring and Assessment, 2011, 177(1-4): 95-114.

[74] Richter B D, Baumgartner J V, Braun D P, et al. A spatial assessment of hydrologic alteration within a river network[J]. Regulated Rivers: Research & Management, 1998, 14(4): 329-340.

[75] Richter B D, Baumgartner J V, Powell J, et al. A method for assessing hydrologic alteration within ecosystems[J]. Conservation Biology, 1996, 10(4): 1163-1174.

[76] Richter B D, Thomas G A. Restoring environmental flows by modifying dam operations[J]. Ecology and Society, 2007,12(1):12.

[77] Saura S, Castro S. Scaling functions for landscape pattern metrics derived from remotely sensed data: Are their subpixel estimates really accurate? [J]. ISPRS Journal of Photogrammetry and Remote Sensing, 2007, 62(3): 201-216.

[78] Shiau J T, Wu F C. Compromise programming methodology for determining instream flow under multiobjective water allocation criteria[J]. Journal of the American Water Resources Association, 2006, 42: 1179-1191.

[79] Theobald D M. Estimating natural landscape changes from 1992 to 2030 in the conterminous US[J]. Landscape Ecology, 2010, 25(7): 999-1011.

[80] Tockner K, Stanford J A. Riverine flood plains: present state and future trends[J]. Environmental Conservation, 2002, 29(03): 308-330.

[81] Turner M G. Landscape ecology: the effect of pattern on process[J]. Annual Review of Ecology and Systematics, 1989, 20: 171-197.

[82] Uuemaa E, Roosaare J, Kanal A, et al. Spatial correlograms of soil cover as an indicator of landscape heterogeneity[J]. Ecological Indicators, 2008, 8(6): 783-794.

[83] Uuemaa E, Roosaare J, Mander Ü. Scale dependence of landscape metrics and their indicatory value for nutrient and organic matter losses from catchments[J]. Ecological Indicators, 2005, 5(4): 350-369.

[84] Verbunt M, Zwaaftink M G, Gurtz J. The hydrologic impact of land cover changes and hydropower stations in the Alpine Rhine basin[J]. Ecological Modelling, 2005, 187(1): 71-84.

[85] Verstraeten G, Prosser I P. Modelling the impact of land-use change and farm dam construction on hillslope sediment delivery to rivers at the regional scale[J]. Geomorphology, 2008, 98(3): 199-212.

[86] Walter R C, Merritts D J. Natural streams and the legacy of water-powered mills[J]. Science, 2008, 319(5861): 299-304.

[87] Wang Y, Zhou L. Observed trends in extreme precipitation events in China during 1961–2001 and the associated changes in large-scale circulation[J]. Geophysical Research Letters, 2005, 32(9): L09707.

[88] Wu J. Effects of changing scale on landscape pattern analysis: scaling relations[J]. Landscape Ecology, 2004, 19: 125-138.

[89] Xie X, Cui Y. Development and test of SWAT for modeling hydrological processes in irrigation districts with paddy rice[J]. Journal of Hydrology, 2011, 396(1): 61-71.

[90] Xu C, Liu M, Zhang C, et al. The spatiotemporal dynamics of rapid urban growth in the Nanjing metropolitan region of China[J]. Landscape Ecology, 2007, 22(6): 925-937.

[91] Yang J, Liu S, Dong S, et al. Spatial analysis of three vegetation types in Xishuangbanna on a road network using the network K-function[J]. Procedia Environmental Sciences, 2010, 2: 1534-1539.

[92] Yang T, Zhang Q, Chen Y D, et al. A spatial assessment of hydrologic alteration caused by dam construction in the middle and lower Yellow River, China[J]. Hydrological Processes, 2008, 22(18): 3829-3843.

[93] Yang Z, Wang Y, Shen Z, et al. Distribution and speciation of heavy metals in sediments from the mainstream, tributaries, and lakes of the Yangtze River catchment of Wuhan, China[J]. Journal of Hazardous Materials, 2009, 166(2-3): 1186-1194.

[94] Ye C, Li S, Zhang Y, et al. Assessing soil heavy metal pollution in the water-level-fluctuation zone of the Three Gorges Reservoir, China[J]. Journal of Hazardous Materials, 2011, 191(1-3): 366-372.

[95] Yoo C. Long term analysis of wet and dry years in Seoul, Korea[J]. Journal of Hydrology, 2006, 318(1): 24-36.

[96] Zacharias I, Dimitriou E, Koussouris T. Quantifying land-use alterations and associated hydrologic impacts at a wetland area by using remote sensing and modeling techniques[J]. Environmental Modeling & Assessment, 2004, 9(1): 23-32.

[97] Zeilhofer P, de Moura R M. Hydrological changes in the northern Pantanal caused by the Manso dam: Impact analysis and suggestions for mitigation[J]. Ecological Engineering, 2009, 35(1): 105-117.

[98] Zhang W, Feng H, Chang J, et al. Heavy metal contamination in surface sediments of Yangtze River intertidal zone: An assessment from different indexes[J]. Environmental Pollution, 2009, 157(5): 1533-1543.

第 8 章　大坝影响下河流生态系统管理

8.1　河流生态调度的内涵

水利工程控制改变了河流的自然水文情势、水生生态系统和河流自然景观（鲁春霞等，2011）。水库蓄水运行后，对于其上下游物理性质的影响可以划分为两类：第一类是栖息地特征变化；第二类是水文、水力学因子影响。第一类问题主要靠河流生态恢复工程解决，第二类问题可能选择的办法是改善现行的水库调度方法，在不影响水库的社会经济效益的前提下，尽可能考虑河流生物对于水文、水力学因子的需求。生态调度指的是在水利水电工程的开发和建设过程中，同时兼顾生态效益、社会效益和经济效益。即在充分发挥水利水电工程的防洪、发电、灌溉、航运、旅游等社会经济功能，同时充分将生态因素考虑在内，减轻其对生态系统造成的影响，并逐步对生态系统进行恢复，创造更大的生态效益，即兼顾河流生态系统健康的水库调度方法。生态调度需要根据具体的工程特点制订相应的生态调度方案，以满足流域水资源优化调度和河流生态健康的目标（王远坤等，2008）。水利工程的生态调度是针对具体的河流水利工程对象，如水库大坝，探讨其调度和运行对河流生态系统的影响以及相应的对策措施。

8.1.1　生态调度的研究

目前，基于水利水电工程影响下的生态调度研究受到关注。但是为了维护河流的生态环境功能而进行的水库调度实践很早就已出现。如 1970—1972 年南非潘勾拉水库制造人造洪峰创造鱼类产卵条件（方子云，2005）。美国的诺阿诺克河在 1989 年后，在鲈鱼产卵期间控制流量和流量变幅（陈启慧，2005）。1996 年、2000 年和 2003 年美国科罗拉多河进行了 3 次生态径流实验(陈启慧,2005)。1991—1996 年,田纳西河流域管理局（TVA）在其管理的 20 个水库通过提高水库泄流水量及水质，对水库调度运行方式进行了优化调整。具体包括：通过适当的日调节、涡轮机脉动运行、设置小型机组、再调节堰等提高下游河道最小流量，通过涡轮机通风、涡轮机掺气、表面水泵、掺氧装置、复氧堰等设施，提高了水库下泄水流的溶解氧浓度，对改善下游水域生态环境起了重要作用（Higgins and Brock，1999）。2004 年 5 月，TVA 董事会批准了一项新的河流与水库系统调度政策。这项政策将 TVA 的水库调度的视点从简单的水库水位的升降调节转移到运用其所管理的水库来管理整个河流系统的生态需水量（吕新华，2006）。我国在黄河、黑河、丹江口和太湖等流域实施水量统一调度和库湖联合调度也都取得了较好的成果。黄河流域水量调度保证了入海水量，消除了枯水季节河流断水的情况；黑河流域为遏制下游生态环境破坏，实施水量统一调度以来，流域生态系统逐步恢复；丹江口水电站为控制汉江下游水体富营养化，加大了枯水季节下泄流量；太湖流域调整河网地区闸坝运行方式，促进水流交换和水质改善等（郝志斌等，2008）。2006 年，三峡工程启动补水调节机制，发挥长江流域生态调度的作用。

目前，对于生态调度来说，更多的是单一生态目标的生态调度，而且集中在单一水库生态调度中，尚未形成完整的理论和成熟的模式。主要的研究内容包括改善水质、泥沙调控与保护生态系统。其中水质调控可以包括低温水的调控与控制咸潮的入侵等，保护生态系统是生态调度的主要内容，如利用水库调度保护生态系统旨在保护生物多样性、保护鱼类生产、保护下游湿地和补给下游地下水。河道干流的大型调峰电站对河道流量的调节显著，可能产生河段的缺水或断流，如岷江的干流及支流（蔡其华，2006）。国内泥沙调控研究以黄河流域为典型案例区，如宋进喜（2005）、严军（2004）、申冠卿（2006）等学者分别提出了输沙用水量的计算方法，指导水库调度调整下游河道的冲淤形势，黄河上的多次调水调沙试验、三峡水库的双汛限方案等都在尝试实践蓄清排浑的调度方式（周建军等，2002）。另外，水库调度也可以控制某些病虫害的爆发。美国田纳西河流域管理局水库体系的经验表明，如果在蚊子繁殖季节使水库水位每周升降 0.3 m，就会致命地破坏蚊子的生命周期（胡和平等，2008）。

"生态调度"方面所关注的问题归纳起来包括以下几方面的内容：经济效益、社会效益与生态效益的耦合；生态调度与河流生态系统健康，生态调度与生态环境补偿；生态调度的方法与措施，河流水质的变化也是水库调度必须要考虑的重要问题；水利工程调度的生态准则是保证下游河道的最小生态环境需水量等（史艳华，2008）。

8.1.2　水利水电工程影响下的生态调度措施

8.1.2.1　维持河道基本功能的生态需水量调控

河流生态与环境需水可以被视为维护生态与环境不再恶化并有所改善所需的水资源总量，包括为保护和恢复内陆河流下游天然植被及生态与环境的用水、水土保持及水保范围之外的林草植被建设用水、维持河流水沙平衡及湿地和水域等生态环境的基流、回补区域地下水的水量等方面。应综合考虑确定水库下游维持河道基本功能的需水量，包括维持河流冲沙输沙能力的水量；保持河流一定自净能力的水量；防止河流断流和河道萎缩的水量；维持河流水生生物繁衍生存的必要水量（吕新华，2006）。除了河流廊道以外，还要综合考虑与河流连接的湖泊、湿地的基本功能需水量，考虑维持河口生态以及防止咸潮入侵所需的水量。要以满足河流生态需水为目的，保持河流一定自净能力的水量（王远坤等，2007）。近年来，"生态基流"已经成为水利科研的一个热点课题。实际上，河流的生态基流不仅与河流生态系统的结构和功能有关，而且与流域的气候、土壤、地质和其他诸多因素有关，同时还与河流水文的动态特征密切相关。所以生态基流是一个极其复杂的问题，试图给出较为精确的河流"生态基流"量值计算方法可以说是十分困难的事情。从应用角度看，"生态基流"是一个用于河流宏观管理的工具，只要满足生产需要也并不需要过于复杂的计算方法。如同西方一些国家规定的那样，最小生态需水量是河流多年平均流量的某一个百分数，比如10%。我国可以列举的案例是根据长江流域综合规划的要求，长江流域生态基流根据多年水文径流量资料，一般采用90%或95%保证率的最枯月河流平均流量（董哲仁等，2007）。针对具体水利工程的运行情况，结合河流系统各个方面的用水需求，运用电脑模型和人工智能技术，掌握河流的基本生态环境需水量的变化，将会给水利工程实施生态调度提供理论依据和操作指南。

8.1.2.2　模拟自然水文情势的生态调度

（1）可以模拟自然水文情势的水库泄流方式，改变现行水库调度中水文过程均一化的倾向，为水生生物繁殖、产卵和生长创造适宜的水文学和水力学条件。需要选择标志性物种，建立相应的数学模型，并掌握水库建设前水文情势，包括流量丰枯变化形态、季节性洪水峰谷形态、洪水来水时间和长短等因子与鱼类和其他生物的产卵、育肥、生长、洄游等生命过程的关系。调查、掌握水库建成后由于水文情势变化产生的不利生态影响。还需要对采取不同的水库生态调度方式影响生态过程进行敏感度分析。在此研究的基础上，制订合理的生态调度方案（董哲仁等，2007）。郝彩莲等（2013）利用分布式水文模型模拟双峰寺水库调度前后坝址下游的水文循环过程，根据规划阶段水库调度存在的生态问题，修正调度方法，分析采用修正方法后对武烈河下游水文情势及下游河流生态环境蓄水的影响。杨娜等（2012）基于RVA方法建立了考虑水流情势天然性要求的河流生态目标，并根据目标集对河流环境的隶属性，采用模糊学理论确定出目标集的隶属函数，作为优化目标。再将该方法用于丹江口水库，建立基于其下游襄阳断面河道水流情势要求的生态调度模型，并进行优化求解，得出最优出流过程对襄阳断面的环境友好度为0.5。

（2）应合理运用大坝孔口，降低温度分层影响，控制低温水下泄，降低其对坝下游水生动物的产卵、繁殖和生长的影响。根据水库水温垂向结构，结合下游河段水生生物的生物学特性，调整利用大坝不同高程泄水孔口的运行规则。针对冷水下泄影响鱼类产卵、繁殖的问题，可采取增加表孔泄水的机会，以满足水库下游的生态需求（董哲仁等，2007）。

（3）应控制下泄水体气体过饱和。高坝下泄水体气体过饱和，对水生生物会产生不利影响，特别是鱼类繁殖期，会造成仔幼鱼死亡率提高，对于成鱼易发"水泡病"。针对这个问题，可以在保证防洪安全的前提下，延长泄洪时间，适当减少下泄最大流量。研究优化开启不同高程的泄流设施，使不同掺气量的水流掺混。另外，有条件的河流实行干支流水利枢纽联合调度，降低下游汇流水体气体含量（董哲仁等，2007）。

8.1.2.3 基于泥沙控制的生态调度

水库通过采取"蓄清排浑"的调度运行，结合调整运行水位，利用底孔排沙等措施，可减少泥沙淤积，延长水库寿命。水库排沙分为三种类型：壅水排沙、沿程冲刷与溯源冲刷（韩其为，2003）。后两种表示出库沙量大于进库沙量，水库前期淤积物被冲走。由于流量越大，排沙的含沙量越大，因此加大排沙量最有效的方法是在大流量条件下降低底坝前水位。壅水排沙，一般分为壅水明流排沙与壅水异重流排沙。前者是指在水库蓄水期内的排沙，服从不平衡输沙规律，排沙较少。后者是指水库水位下降较多，流量大时的排沙。挟沙水流进入蓄有清水的水库以后，在一定条件下迁入库底形成异重流。异重流有明显潜入部位，在平面上呈舌形。异重流排沙较明流要大。水库冲刷是水库排沙的特殊部位，即排沙比大于 1 的情况。水库冲刷按照坝前水位下降快慢与冲刷部位的差别又分为沿程冲刷与溯源冲刷。我国许多水库在汛期往往采取"敞泄排沙"的方式。敞泄排沙是指水库基本不蓄水，有足够的泄流设施敞开，来流量能全部通过水库时的排沙。敞泄排沙大部分是在洪水期间进行。用这种方式排沙往往能够带走大部分以至全部来沙，甚至带走部分前期淤积物（董哲仁等，2007）。包为民等（2007）应用异重流总流微分模型模拟坝址泥沙运动过程，结合水库入库洪水过程，进行了旨在出库排沙比最大的水沙联合调度模型的研究，并以三门峡水库为例进行计算，模拟坝址泥沙运动过程，有效辅助制订水库调水调沙方案。

8.1.2.4 基于水质管理的生态调度

水库水质分布具有时间分布特征和竖向分层特征，为防止水库水体的富营养化，可以通过改变水库的调度运行方式，在一定时段降低坝前蓄水位，缓和对库岔、库湾水位顶托的压力，使缓流区的水体流速加大，破坏水体富营养化的条件。也可以考虑在一定时段内加大水库下泄量带动库区内水体的流动，达到防止水体富营养化的目的（董哲仁和孙东亚，2007）。因此，根据污染物入库的时间分布规律制订相应的泄水方案，通过水坝竖向分层泄水，能将底层氮、磷浓度较高的水排泄出去，利用坝下流量进行稀释，可以有效控制库区水污染。另外，还可以通过设计前置水库，拦截入库污染物，控制水库的富营养化。至于坝下区域，则需要将具体时段和地点的水质监测情况，及时进行反馈，以制定相应的释放水策略。

另外，水库、闸坝应急调度也可以应对突发性水污染事故的发生，因此制订重点、重要河流水污染突发性事故预案十分必要，合理调度运用水库、闸坝是其中的一项重要措施。对于闸坝群实施污染的调度运用，一方面保证社会经济用水需求；另一方面兼顾污染防治的目标，实施新的调度方案（董哲仁和孙东亚，2007）。兼顾防污目标，进行生态调度，可以利用稀释和降解作用减轻汛期泄洪造成的水污染，采取干支流污水错峰调度，防止干流、支流的污水叠加，以缓解对下游河湖的污染影响（索丽生，2005）。夏军等（2008）以中下游重点闸——蚌埠闸为例，分析水生态指标与同期水质指标的关系，建立淮河水文一水质一生态耦合模型，提出水利闸坝工程对水生态影响的评价方法。

8.1.2.5　生态调度的监测与管理体系

大型水利工程的调度需要协调各部门利益，而且必须建立具有相对完善的、运作高效的管理体制。成立由多个相关的生态调度管理机构，并让利益相关方代表参与管理。在协调各方需求的基础上，制订出最后的调度规程，付诸实施。在科学研究的基础上，逐步制定和完善相关的生态法律、法规，减少不同行业之间的利益纷争（吕新华，2006）。

有效的水利工程生态调度，需要管理体制和运行体制提供保障。管理体制主要包括技术主管部门的技术规范、行政主管部门的政策导向、地方用水户的协商机制等，运行机制主要包括改善区域水环境工程费用分摊机制、生态环境监测评估、供水监督体系等。应根据国内外在水利工程生态调度方面的政策规定、管理机构设置和权限等方面的经验，建立适合我国国情的水利工程生态调度管理体制（禹雪中等，2005）。

需要建立权衡经济社会效益与生态效益之间关系的评估方法和指标体系。兼顾生态的水库多目标调度是一种有效的生态补偿手段。要明确生态补偿的主体。各级政府部门应作为执法监督方实施有效的监督。同时还需建立水库上下游以及梯级水库之间的协调机制，建立防洪、发电、灌溉、供水、航运、渔业、旅游等各个部门利益的协调机制（董哲仁和孙东亚，2007）。

另外，对于水利水电工程的功能设计需要进一步加强。如溯河洄游鱼类通道设计、对水轮机设备进行技术改造等。工程技术措施的改进有望更好地解决大型水库泥沙的冲淤平衡问题，延长水库寿命直至能永久使用；减小水库水温分层对水生生物生境带来的不利影响；缓解水坝下泄水流中溶解氧不足或者是溶解气体过饱和对下游鱼类生长与繁殖的影响等。

8.1.3　水库生态调度的模型方法

国内外对于生态调度模型方法包括：河流生态需水量调度、模拟生态洪水调度、防治水污染调度、控制泥沙调度、生态因子调度、水系连通性调度等（Harman and Stewardson，2005）。

目前，国内大多数水库的主要功能仍然是在满足防洪要求的基础上尽可能多地发电，为了便于将生态调度结果与水库原有调度结果进行比较，分析生态调度对水库原有功能的影响，尹正杰等（2013）提出了水库生态调度模型方法。选择发电量最大作为调度目标，生态流量作为约束条件，其目标函数为：

$$E = \max \sum_{t=1}^{T} P_t \times \Delta t \tag{8-1}$$

式中，E 为调度期总的发电量；T 为计算时段总数；P_t 为时段出力；Δt 为计算时段。

对于梯级水库来说，其公式可以表达为：

$$E = \max \sum_{t=1}^{T} \sum_{t=1}^{N} P_{it} \cdot \Delta t \tag{8-2}$$

式中，N 为水电站总数；P_{it} 为 i 水库 t 时段出力；Δt 表示计算时段。

其约束条件可以包括：①水量平衡；②水位过程约束；③发电流量约束；④电站出力限制；⑤水电站出力特性；⑥调度期始末水位约束；⑦生态约束。

对于生态流量约束，要求水库下泄流量不小于设定的生态流量下限要求，即

$$(Q_{i,t} + S_{i,t}) \geqslant Q_{et} \tag{8-3}$$

式中，Q_{et} 为几种常用生态流量计算方法得出的河流生态流量下限；$(Q_{i,t} + S_{i,t})$ 表示水库下泄流量，为发电流量与弃水流量之和。但当模型运行无法满足该约束时，说明生态流量遭破坏，这时对发电量赋予足够大的约束，记录并统计生态约束不满足的次数尹正杰等（2013）。

生态约束主要包括：①河流生态需水量：要求水库下泄流量尽量满足适宜生态流量，遭遇特枯年份无法满足适宜生态流量的情况下，尽量满足最小生态流量；②模拟人造洪水：要求水库的下泄流量过程能够跟踪生态洪水，形成鱼类所需的洪峰涨水要求，满足鱼类产卵繁殖的需要（康玲，2010）。生态流量约束方案是生态调度的重点，如对于生态流量，较为常见的有最小月平均流量方案，即以最小月平均实测流量的多年平均值作为各月生态流量的基本要求。7Q10 方案：以 90% 保证率最枯连续 7d 的平均流量作为河流最小生态流量。Tennant 方案：以 Tennant 方法推荐的河流流量状况分级中的"好"等级的基流标准，作为各月生态流量的下限，即 4—9 月基流标准为月平均流量的 50%，10 月—次年 3 月基流标准为月平均流量的 30%（尹正杰等，2013）。

对于生态调度来说，由于水库运行调度对河流生态的影响主要源于对天然水文情势的改变，在目前难以科学评价生态流量合理性的情况下，生态流量约束下水库引起的水文变化度可以作为河流生态流量设置合理性评价的替代标准。因为天然水文过程的变化程度越小，说明水库调度对河流生态水文的影响越小，进而从侧面说明河流生态流量约束方案设置的合理性越高（尹正杰等，2013）。

目前，对于生态调度来说，基于过程与多目标的生态调控受到重视，有学者提出生态流量过程线的概念，即满足下游各生态环境需要的流量过程范围。生态流量过程线作为生态调度的基础，是生态调度需要实现的生态目标的具体体现，使得实施多目标的水库生态调度成为可能。生态流量过程线的设计方法的核心是分析各生态环境问题所需要的流量过程，根据各生态环境目标的优先级等原则组合出包括若干生态环境目标的多个生态方案。若生态方案包括若干生态环境目标对应的 M 个生态流量过程，则按照一定的规则综合出可以解决或缓解多个生态环境问题的生态流量过程线。生态流量过程线下限的概念见图 8-1。

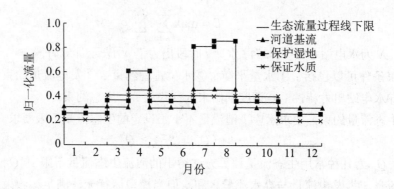

图 8-1 生态流量过程线概念示意

资料来源：胡和平等，2008。

总之，我国的生态调度还处于理论研究和初步探索阶段，已取得了前期初步的成果，但缺乏多目标的生态调度具体应用实例，仍有很大的提高和发展空间。首先，国内的生态调度缺乏系统的理论指导，缺乏对生态调度的理论基础河流生态学的研究，使得各种监测资料不足，影响生态调度的后期展开。其次，目前我国大多数的生态调度仍以单一的水质改善为目标，具有明确的生物保护对象的生态调度实践还较少。最后，水利水电工程生态环境影响的后期评估工作的基础仍然薄弱，无法实现后期跟进改善和提高工作。并且生态调度的长效机制尚未建立，各部门和各行业协调度不高，不能对因生态调度而引起的利益关系做出很好的调整，缺乏长效机制作用严重制约着生态调度的可持续性。总之，与发达国家对比，我国在生态调度实践、生态调度的基础工作、生态调度法律法规体系、水环境管理体制和运行机制等方面都有明显差距。生态调度水平的高低受制于流域综合管理的水平，未来需逐步从应急性生态调度过渡到日常性制度化的生态调度。在该过程中，应该有选择地吸收国外的生态调度经验，遵循近自然水流情势和因地因时因物种制宜的基本准则，充分重视对生态调度的阶段性特征的认识，制定适合国情的近期和远期目标，开展适合我国特色的生态调度调控理论及技术方法研究，逐步建立起维护河流生态健康的长效机制，积极稳妥地推进生态调度工作（谭红武等，2009）。

8.2 水利水电工程建设与生物多样性保护措施

8.2.1 水利水电工程建设与水生生物保护

水生生物资源具有巨大的经济、社会和生态价值。在水利水电开发、规划、建设和项目环境管理工作中，涉及国家级自然保护区、风景名胜区、珍稀特有鱼类及其集中"三场"等重要栖息地。所以对于水生生物保护，生态流量、保留天然河段长度、重要生态保护措施的有效性、"电调服从水调、水调服从生态调度""河流连通、过鱼设施贯通"等流域水电开发环保理念作为"生态红线"运用在"流域生态保护规划"的制定实施过程中。

根据《中华人民共和国环境保护法》《中华人民共和国渔业法》《中华人民共和国水生野生动物保护法》《中华人民共和国环境影响评价法》、国务院《中国水生生物资源养护行动纲要》《水电水利建设项目河道生态用水、低温和过鱼设施环境影响评价指南（试行）》等有关法律、法规，坚持"统筹规划、保护优先、有序开发、严格准入，强化监管"的原则，使得水利水电工程建设对生物多样性的影响尽可能降低。对于水生生物多样性保护来说，主要是基于生态流量的调控、鱼类增殖放流、低温水的减缓措施、鱼类栖息地的重建与恢复以及过鱼工程措施的实施（禹雪中等，2005）。

美国水电大规模开发开始于 20 世纪 30 年代，水电工程长期运行中鱼类保护的实践经验比较丰富，在法律法规、管理体制和技术措施等方面已经形成了比较完整的体系，这对于我国加强以鱼类保护为重点的水电工程运行期环境管理具有重要的借鉴意义。根据《联邦电力法案》《濒危物种法案》《鱼类与野生动物协调法案》等法律的相关规定，美国渔业与野生动物局和国家海洋和大气管理局渔业署对所有水电项目的鱼类和野生动物保护进行直接管理。对于联邦所有的骨干水电工程，美国渔业与野生动物局或美国国家海洋和大气管理局渔业署提出鱼类保护的意见和要求，对电站长期运行阶段的鱼类保护进行直接管理和监督，哥伦比亚河流域骨干电站的鱼类保护是典型范例。对于非联邦项目，美国渔业与野生动物局或美国国家海洋和大气管理局渔业署对电站运行期间的鱼类保护措施提出建议，在这些电站换发运行许可证时，这些建议将提交给联邦能源管理委员会，由其决定是否实施这些措施，一旦决定实施就具有强制性（禹雪中等，2005）。

8.2.1.1　泄放生态流量措施

在水电项目环境影响评价阶段应编制生态流量泄放方案。现阶段新建电站最小下泄生态流量原则上不得低于坝址处多年平均流量的 10%；在水生生物丰富河段的鱼类产卵季节，电站下泄生态流量原则上不得低于坝址处多年平均流量的 30%；当天然水流量小于规定下泄最小生态流量时，电站下泄生态流量按坝址处天然实际来流量进行下放。生态流量泄放应优先考虑专用泄放设施。

如在雅砻江锦屏大河湾水电开发中，锦屏二级水电站水库正常蓄水位 1 646 m、死水位 1 640 m，与锦屏一级厂房尾水衔接，总库容 0.14 亿 m³，调节库容 0.05 亿 m³，为日调节水库。根据环境保护要求，电站运行期间，将下泄最小不低于 45 m³/s 的生态流量，至少相当于一条山区中型河流的流量规模。下泄生态环境流量是针对锦屏二级水电站长隧洞引水式开发采取的一项重要水生生态保护措施，可有效避免电站运行造成局部河段脱水，并可维持锦屏大河湾 119 km 减水河段的急流生态环境。此外，下泄生态流量形成的人造洪峰，可以促使原河流型鱼类充分利用大河湾特殊的生态环境，形成新的产卵场所。生态流量泄放，可维持锦屏大河湾河道水文特征和生态环境，使水生生物能充分利用大河湾作为栖息场所，保障原河流型鱼类的生存与繁衍（陈云华，2012）。

在国内外水电开发建设过程中，为了尽可能地利用水能资源，过去考虑较多的是区域经济的发展和发电效益，而对保护生态水环境考虑得较少，出现了一些水电站不考虑合理的最小下泄流量，而引起下游河段水环境恶化等问题。

随着现代科学技术的发展，基于水电站下游河道生态环境对水量的动态需求和水库上游来水的频率及数量的考虑，水电站下游河道的生态流量运行模式往往利用数学模型进行模拟和量化，而不再使用一般的水文统计方式。例如，在瑞士的布瑞诺河流域水电站群的生态流量控制研究中，使用 AQUASIM 水动力数学模型，根据布瑞诺河上的梯级电站运行方式和下泄的水量，以及自然气候气温等变化，通过数学模型的运算模拟，对布瑞诺河各水生生物栖息的河段的流量、水位、水温等参数进行了量化，将生态影响与管理方案相结合，确定了对下游河道生态流量的动态管理。在美国对河道内流量进行了研究，从 20 世纪 70 年代至 80 年代末期，出现了许多河道生态环境需水的计算方法（孙小利等，2010）。

水电站生态流量管理是一项综合性的项目，要针对某种需要保护的水生生物，以往的水文统计确定最小生态流量方式已经不再使用了，通常使用河流动态数学模型，考虑各种水流的流态，在各种自然条件下，模拟对所要保护和恢复的河道中生物群落和栖息环境的动态变化进行量化和优化。

8.2.1.2 鱼类增殖放流措施

英美等国利用人工繁殖放流方式增殖鱼类取得了显著的成效，国内在建设葛洲坝枢纽时对中华鲟采取人工繁殖放流，也取得了成功。目前来看，鱼类增殖放流保护措施不失为一种快捷、经济的保护手段（周小愿，2009）。

鱼类增殖放流站建设，也是减少工程建设对鱼类资源造成的不利影响、有效保护鱼类种群资源的重要措施。依据放流水域生境适宜性和现有栖息空间的环境容量，明确各增殖站放流目标、规模和规格。根据场地布置条件，合理进行增殖站布局和工艺选择，保证鱼类增殖放流站在工程蓄水前建成并完成运行能力建设。

如锦屏—官地水电站鱼类增殖站建设集鱼类养殖、放流、研究于一体，设计放流 4 ～ 15 cm 的苗种，每年可达 150 万～ 200 万尾。主要构（建）筑物有综合管理房、催产孵化和开口鱼苗培育车间、鱼苗培育车间、鱼种培育车间等，配套有发电机房、监控及安防运行系统、抽水泵站等。环形亲鱼池采取底部铺设卵石、人造水流等措施模拟天然河道环境，促使亲鱼正常生长并性腺发育成熟；工厂化养殖车间内部安装有技术先进的循环水处理系统，经过生物过滤、紫外消毒、恒温加热等供给优质水源，保障亲鱼健康生产和幼鱼苗壮成长；室外养殖则通过泵入的雅砻江江水进行适应性驯养，确保放流鱼类能尽快、较好地融入天然河道水环境。2012 年，站内已成功实现了鲈鲤（*Percocypris pingi*）、短须裂腹鱼（*Schizothorax wangchiachii*）、长丝裂腹鱼（*Schizothorax dolichonema Herzenstein*）、细鳞裂腹鱼（*Schizothorax chongi*）的人工繁殖培育（陈云华，2012）。

对珍稀濒危物种进行专项救护是人工增殖保护研究的重要内容，需要对濒危物种如川陕哲罗鲑（*Hucho bleekeri*）、长丝裂腹鱼、澜沧裂腹鱼（*Schizothorax lantsangensis*）、厚唇裸重唇鱼（*Gymnodiptychus pachycheilus*）、兰州鲇（*silurus lanzhouensis*）、黄石爬鳅

（*Euchiloglanis kishinouyei*）的种类进行重点研究，包括增殖保护方式、增殖保护技术措施的研究，通过珍稀濒危鱼类的人工驯养和江河增殖放流，达到种质资源保护并逐步复壮其渔业资源的目的，同时建立濒危物种种质资源档案（申志新等，2012）。

8.2.1.3　低温水减缓措施

对具有多年调节、年调节和季调节性能水库，工程应采取分层取水减缓措施；对具有季调节性能以下的水库，如研究论证存在重大影响，应采取分层取水减缓措施。

单层进水口、两层进水口、叠梁门多层取水等 3 种不同电站取水方案的设计和运行参数不同（见表 8-1），对下泄水温的调节作用和对下游生态环境的影响不同。分层取水措施能有效提高水库泄水温度，减缓水库下泄低温水的影响；叠梁门结构能够实现表层取水，对水库低温水的改善效果要优于多层进水口结构。

表 8-1　不同电站取水方案的设计和运行参数

	单层进水口方案	两层进水口方案	叠梁门方案
水工结构	单层进水口	两层进水口	三层叠梁门
取水底板高程	736 m	上层：774 m 下层：736 m	1 层门顶：774.04 m 2 层门顶：761.36 m 3 层门顶：748.68 m 底坎：736 m
运行水位	812 ～ 765 m	812 ～ 803 m，使用上层取水口 803 ～ 765 m，使用下层取水口	812 ～ 803 m，整体挡水 803 ～ 790.4 m，吊起 1 层门 790.4 ～ 777.7 m，吊起 1、2 层门 777.7 ～ 765 m，无门挡水
取水型式	深层取水	上层取水	表层取水
取水层数	单层	两层	四层
取水厚度	12 m	上层：12 m 下层：12 m	1 层：29.0 m 2 层：29.04 m 3 层：29.02 m

资料来源：张士杰，2012。

分层取水作为选择性获取适宜水温的有效工程措施，在国内大型水库的应用较少。大型水库低温水下泄对农业生态和水生生态产生较大不利影响，国内在高坝大库设计中多采用叠梁门表层取水结构来获取满足农作物的灌溉水温和鱼类生活史需求水温，其运用的下泄水温调节效果多采用立面二维或垂向一维水温模型进行模拟。在张士杰等（2012）对水库低温水的生态影响及工程对策研究中，利用数学模型技术模拟大型水库分层取水措施对水温调控效果的案例表明，叠梁门分层取水结构能够有效提高水库泄水温度，最大限度减缓水库低温水下泄对生态系统的不利影响，实现生态环境保护和经济效益的较好协调，叠梁门比较适合作为国内生态友好型大型水库工程建设的保护措施。

8.2.1.4 重建鱼类栖息地

栖息地是生物赖以生存、繁衍的空间和环境，关系着生物的食物链和能量流。在各种水域环境中，对鱼类的生存和繁衍起着关键作用的那些生境成为水域生态学和渔业管理的关注焦点。这些生境通常被称为鱼类关键生境，或鱼类基础生境（Essential Fish Habitat，EFH）。鱼类栖息地保护是鱼类有效保护的重要措施，是为河流保留生态特征的重要手段，是基因交流和增殖放流的基地，是协调鱼类保护和水电开展的重要手段。

鱼类重要的生活环境要素有流量、水深、流速、水质、河流形态、河床材料等因子，然而与鱼类的生活史密切相关的环境要素为流量、水质和河流形态。河流不仅仅保证鱼类的迁徙自由还要保证鱼类生活所需的环境，即：水质良好，有充足的饵料；与河流中鱼的生活史相对应的产卵场、庇护场所、觅食场；确保干支流的连续性；维持河流上、中、下游各段所具有的特征；保持河床材料的多样性，减少泥沙淤积；流量充足且具有季节变动性。进行河流生态恢复时，应重视上述适于鱼类生存的环境条件，并要充分把握各河流特性。在建设水利工程时要尽可能保持鱼类的生存条件。

鱼类栖息地的质量可以直接从鱼类对其利用的强度上反映出来，质量越高的栖息地，其支撑的鱼类密度往往也越高。目前，有学者从基于鱼类功能群的组成情况评价南加利福尼亚湾的鱼类栖息地，功能群越复杂，则相应的栖息地利用率越高，其价值也就越大。《生物学评估操作规范》（OCAP BA）指出，在 EFH 的识别过程中，对鱼类繁殖、产卵和洄游起关键作用的 EFH 必须包含以下各方面的详细信息：①底质组成；②水文水质；③水量、水深和流态；④栖息地外延的梯度变化和稳定性特征；⑤饵料生物组成；⑥栖息地覆盖度及复杂性；⑦栖息地的垂直和水平空间分布特征；⑧栖息地的各种进出口和通道；⑨栖息地的连续性特征等（章守宇和汪振华，2011）。

目前，重建栖息地方法中，对栖息地的识别主要包括：借鉴渔民的以往经验和渔业科学家的已有研究结果；利用水下声学设备（如探鱼仪、旁扫声呐等）、稳定同位素示踪法进行分析；通过独立的生物、生态学调查；基于目标种不同生活史的多阶段模型判别；利用 GIS、RS 等空间分析手段结合现场环境和生物数据；基于鱼类生物学数据和环境数据的栖息地指数模型（章守宇和汪振华，2011）。张雄等（2014）对金沙江下游水电开发影响栖息地进行识别，通过河段分类—河段样方调查—河流整体评估的方法评估了支流栖息地质量；结合鱼类调查、栖息地评估、年径流量和水电开发强度等，得出了各支流的保护优先级依次为：牛栏江＞西溪河＞黑水河＞普渡河＞龙川江＞鲹鱼河＞西宁河＞美姑河＞以礼河＞普隆河＞勐果河＞小江。并建议将乌东德库区的龙川江和鲹鱼河、白鹤滩库区的黑水河和普渡河、溪洛渡库区的牛栏江和西溪河，以及向家坝库区的西宁河作为金沙江下游鱼类优先保护支流。

河流水电规划和项目设计阶段，应结合鱼类栖息地生境本底情况，从流域层面全面调查研究分析，编制确定栖息地保护方案，明确栖息地保护目标、具体范围及采取的工程措施，在鱼类栖息地生境保护及建设中，既要注重局部河段微生境的保护，又要站在更高尺度上建立不同栖息地之间的相互联系，注重栖息地的整体布局。并在水电开发同时落实栖息地保护措施。各级人民政府、建设单位及设计，应高度重视，切实落实鱼类栖息地保护措施。

工程建设使鱼类"三场"和重要栖息地遭到破坏和消失，应尽量选择适宜河段人工营造相应水生环境。工程建设造成珍稀、特有鱼类资源量下降，影响鱼类种群稳定的除了人工增殖措施外，还要在自然条件适宜河段设立鱼类保护区和禁渔区。鱼类栖息地保护可以采用就地保护和迁地保护两种方式，对鱼类资源进行全面保护。就地保护是以防止生境破坏或退化来达到保护物种及其遗传特性的目的；迁地保护是对就地保护的一种补充措施（包括异地移种、建立繁殖场和基因库等方法）。

如贵州省北盘江马马崖一级水电站建设过程中，通过对涉及的北盘江干流及其支流的调查，按照鱼类生活习性和天然栖息地特点，推荐对支流西泌河实施栖息地保护，电站建设单位与当地政府承诺不对西泌河实施水电开发，并对西泌河采取相应的工程、生态及其他措施，做到了干流开发和支流保护。对于澜沧江流域，功果桥以上以高原区系的鱼类为主，功果桥以下至小湾以上江段，高原鱼类有延伸分布，但东洋鱼类区系成分逐渐升高，鱼类种类也向下逐渐增加，景洪以下鱼类组成最为丰富，长距离洄游性鱼类很少上溯至景洪以上江段，而是进入补远江产卵繁殖。对于栖息地保护来说，将上游的色曲、麦曲支流及卡贡附近澜沧江干流作为高原鱼类的主要栖息地予以保护，下游以补远江鱼类保护区为主体，将橄榄坝以下干流和南腊河支流形成整体，从而有效保护东洋区系的鱼类。通过上下两个主体栖息地保护，能够保护澜沧江两大鱼类区系的主要种类（赵承远等，2013）。

8.2.1.5　过鱼设施

（1）过鱼设施的制订

水利水电工程应结合保护鱼类的重要性、影响程度和过鱼效果等，综合分析论证采取过鱼措施的必要性。对需要采取过鱼措施的水电梯级，应在深入研究有关鱼类生态习性和种群分布的基础上，与栖息地、增殖站等鱼类保护措施进行统筹协调，经过技术、经济、过鱼效果等综合比较后确定过鱼设施型式。应深入开展过鱼设施的技术方案研究，做好鱼道水工模型试验和鱼类生物学试验，落实过鱼设施建设，保证过鱼设施按设计方案正常运行（环境保护部，2014）。

应在研究有关鱼类生态习性和种群分布基础上，综合考虑地形地质、水文、泥沙、气候以及水工建筑物型式等因素，确定电站过鱼设施型式。现阶段对水头小于 20 m 范围的项目，原则上应重点研究采取仿自然通道措施；对水头大于（含等于）20 m、小于 50 m 范围的水电建设项目，原则上应重点研究采取鱼道或鱼道与仿自然通道组合方式；对水头大于（含等于）50 m 的项目，重点研究采取升鱼机、集运鱼系统或不同方式组合的过鱼措施（环境保护部，2014）。

鱼类的洄游是一种有一定方向、一定距离和一定时间的变换栖息场所的运动。这种运动通常是集群的、有规律的、有周期性的，并具有遗传的特性。依据洄游的目的，可以将洄游分为索饵洄游、越冬洄游和产卵洄游。拦河筑坝会阻断或延滞鱼类的洄游，造成栖息地的丧失或改变，导致鱼类的减少甚至是灭绝。目前多采用过鱼设施来缓解这种现象。

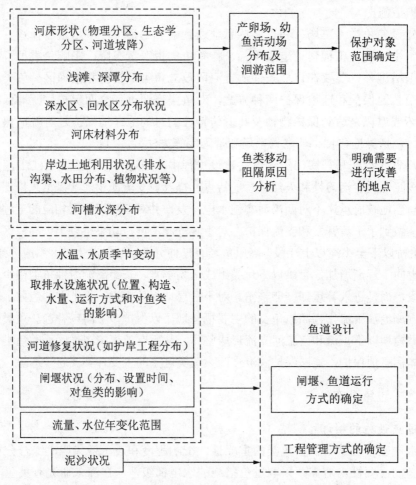

图 8-2   鱼道设计前的调查内容与鱼道设计之间的关系

资料来源：董哲仁等，2007。

在欧洲修建鱼道的历史约有 300 年，至 20 世纪 60 年代初期，美、加两国有过鱼设施 200 座以上，西欧各国有 100 座以上，前苏联有 18 座以上，日本在 1933 年就有 67 座。20 世纪 80 年代以后，经过不断完善，过鱼效果显著提高。我国已建成小型鱼梯 40 多座，并在沿江、沿海闸门上开设过鱼窗或过鱼闸门，实施"灌江纳苗"。纵观国内外鱼道发展历史，鱼道发展是一个不断试验研究、不断工程实践、不断优化设计并逐渐达到良好过鱼效果的过程。

国家环保总局 2006 年印发了《水电水利建设项目河道生态用水、低温水和过鱼设施环境影响评价技术指南（试行）》的环评函，比较系统地提出了我国对过鱼设施环境影响评价技术的要求。对过鱼设施类型、过鱼设施的结构与鱼道设计的技术参数加以规定。

（2）过鱼设施的类型

世界范围内已经设计建造了多种过鱼设施，国外有学者提出如下分类体系：

①水渠式鱼道，如平面式鱼道、导墙式鱼道、阶梯式鱼道等；

②捞扬式鱼道（升鱼机式鱼道）；

③闸门式鱼道；

④特殊鱼道。

从发展的趋势来看，捞扬式鱼道有望成为高坝过鱼的途径，闸门式鱼道被广泛应用于河口大堰及河流中下游通江湖泊出口节制闸。河流中上游地区大部分采用水渠式鱼道特别是阶梯式鱼道。平面式和导墙式鱼道已渐成过去。

我国的学者在 20 世纪 80 年代也提出了如下过鱼设施分类系统：

①鱼梯，如直墙式鱼梯、导墙倾斜式鱼梯、深导墙式鱼梯、池式鱼梯、丹尼尔式鱼梯等；

②鱼闸（闸门式鱼道）；

③升鱼机与索道式鱼道；

④集鱼船；

⑤特殊鱼道，如鳗鱼梯、浮鱼梯、幼香鱼鱼梯、管道式鱼梯、过鱼闸窗等。

鱼梯或水渠式鱼道的基本设计原理都是一致的，有的形式结构是从另一种形式结构改良而来，因此简单地将其归纳为槽式鱼道和池式鱼道两种类型。合适鱼道的选择取决于鱼的种类、水力条件、蓄水位、费用和其他因素。

几种主要过鱼设施的结构如下：

①过鱼闸（窗），即在与江河隔离的湖泊、河闸门处，采用过鱼闸（窗）纳入鱼、蟹苗种，补充水产资源的方法称开闸（窗）纳苗。在长江流域颇为盛行，并有一定效果。

②水渠式鱼道（鱼梯），包括槽式鱼道与池式鱼道。槽式鱼道结构简单，节省费用，仔幼鱼易于降河；但鱼道流速大，无休息池，只能建在低水头处，适用于鲑、鳟鱼。池式鱼道结构复杂，费用较大，池室多，可设休息池，流速小，鱼类易上易下；但流态复杂，常使上溯鱼类延搁太久。

③鱼闸，鱼闸的运作原理同船闸相同。这种鱼道一般有两个闸室，一个位于坝的上首，另一个位于坝的底部，上、下两端闸门交错启闭进行过鱼，两者由斜井或竖井相连接。每隔一定时间，关闭底部闸室。底部闸室关闭时，闸室内水位上升，闸室中的鱼群可沿斜井往上游，并通过上闸室的溢水闸游出。

④升鱼机，升鱼机适宜建在高坝上，其基本形式有两种，一种是单线，另一种是双线。与其他类型的过鱼设施相比，升鱼机的主要优点在于它们的建设费用低，即实际费用跟大坝的高度无关；总体积小；对上游水位变化的敏感度低。升降机的主要缺点就是它的运行及维修的费用很高。

⑤集运鱼船即"浮式鱼道"，可移动位置，适应下游流态变化，移至鱼类高度集中的地方诱鱼、集鱼。集运鱼船由集鱼船和运鱼船两部分组成。即由两艘平底船组成一个"鱼道"。集鱼船驶至鱼群集区，打开两端，水流通过船身，并用补水机组使其进口流速比

河床流速大 0.2 ~ 0.3 m/s，以诱鱼进入船内，通过驱鱼装置将鱼驱入紧接其后的运鱼船，即可通过船闸过坝后将鱼放入上游。

⑥索道式鱼道，在水位变化大的高坝，可采用一种升鱼索道进行过鱼。如美国俄勒冈州的 Round Butte 坝就有这种装置。它由集鱼装置、吊桶、索道 3 部分组成。其工作运转靠电站出水口用水泵抽吸 5.7 m³/s 造成人工水流，将鱼诱入蓄鱼槽，然后通过模槽将鱼导入吊桶，而后吊桶徐徐上升，越过坝顶卸鱼于水库再复位。一个行程所需时间为 30 ~ 40 min。鱼的下行装置是一种戽斗，在水库水面造成 11.3 m³/s 人工水流，诱鱼入戽斗，当戽斗满水后，门和自动阀门开启，鱼被送到出水口卸放。

⑦特殊鱼道，均为特殊对象而设，如香鱼道、鳗鱼道等。香鱼道为幼香鱼梯，兼捕幼香鱼。鳗鱼道是一种独特装置，在各型式鱼梯侧墙设置鳗洞或建筑成特殊结构的鳗鱼梯（刘胜祥和薛联芳，2006）。

（3）鱼道设计的技术参数

鱼道位置通常根据其河流落差而定，一般来说，河流落差在 50 m 以下的，在河道的任何一旁设置均可，而水头 100 m 以上的必须在两岸同时设置。鱼道应根据过鱼对象进行具体设计，不同的鱼类有不同的要求。但为了保证过鱼设施有良好性能，应满足一些基本要求：

①鱼道入口

鱼道入口必须易被鱼类发现，有利于鱼类集结。近年来，都将入口布置在电站尾水口上方，利用水电站泄水诱鱼，或者布置在溢洪道侧旁。当鱼道延伸至河道当中时，入口不能超过河床太高，应与河床斜坡衔接，入口处水深至少 1 m。

入口有足够大小，一般要求等于鱼道宽度。对垂直隔板与孔口式鱼道，其入口宽度可以小于鱼道宽度。加拿大渔业部和国际太平洋鲑渔业协会（1995 年）建议孔口以 0.5 ~ 1 m² 为宜，每个孔口流量保持在 0.68 ~ 2.7 m³/s。入口流速造成诱鱼条件，诱鱼流速应高于起点流速，而低于临界流速，如鲟科鱼类最适宜流速为 0.6 ~ 0.8 m/s，闪光鲟为 0.5 ~ 0.7 m/s，鲑鱼为 0.8 ~ 1.0 m/s。

②鱼道流速

鱼道流速应适合各种主要鱼类洄游通过。鱼道中流速与大坝水头及鱼的静水临界游速有关。对于鲑鱼，鱼道内允许流速为鲑鱼在静水中临界游速的 1/3，约为 1.52 m/s，鲤属鱼约 0.4 m/s，鲃属鱼约 2.4 m/s，香鱼约 1.2 m/s。在河流梯级开发中，位于下游鱼道允许流速可略大于上游鱼道的允许流速。当鱼道为多种过鱼对象设计时，以溯游能力最差的一种对象的允许流速为标准。

③鱼道尺寸

鱼道尺寸是指鱼道总长度、池室大小、过鱼孔大小等。鱼道总长度取决于鱼道运行水位差、隔板间距、休息池和允许流速等因素。

④出口布置

鱼道出口要求布置在水较深（至少 1 m）和流速较小的地点，位置设在最低水位线下，便于亲鱼上溯。在任何水位情况下，进入鱼道最上一级泄水的流量均能保持大致不变，使鱼道能连续运转。或者使用一种鱼道和输鱼渠相结合的出口控制系统。它能适应水库水位的大幅度变动，使亲鱼通过出口控制系统上溯，又能在同一系统中为向下游降河鱼类提供进口通道，并引导幼鱼通过鱼道游到水库下游。

鱼道出口在溢水区附近比较好，不应过于靠近电厂和溢洪道进口。为了防止漂浮物进入，可在出口布置拦污栅。

⑤其他条件

各种鱼类喜光性不一，鱼道要根据过鱼对象的要求采光。如鳗鱼要求在黑暗条件下过鱼，香鱼可建明鱼道，鲑鱼道要求水深一些。此外，鱼道还应设有导鱼设备、观察计数设备、闸门、检修及照明设备等。

修建鱼道有其自身的基本要求：能够确实有效地使当地的洄游或半洄游鱼类通过；保证洄游性鱼类在鱼道中的安全；在遇到正常使用时可以对洄游性鱼类进行观察、计数、监测；鱼道入口必须易为鱼类所发现，有利于鱼类集结的地方；鱼道流速应适宜各种主要经济鱼类洄游通过；鱼道尺寸应适中；鱼道出口要布置在水较深和流速较小的地点，位置设在最低水位线下，便于亲鱼上游；根据实际情况，在遇到设置位置的选择上要进行多次试验，选取最佳的位置。

总之，在鱼道设计时，首先要重视鱼类生态学研究，要实地调查这类建筑物的使用效果和存在的问题。在细部设计中，大多需通过模型实验确定有关参数。

（4）鱼道的运行管理

鱼道运行管理的主要内容包括：根据不同季节及上下游水位情况，确定鱼道的最优运行方式；了解鱼道进口附近不同鱼类的活动规律，鱼道的进鱼情况和过鱼效果；观测不同鱼类对隔板过鱼孔流速和隔板间流态的适应性；进行鱼道放鱼试验和鱼类对光、电、声、色等各种因素的反应试验；调查鱼类资源的变化情况，评价鱼道运行效益；积累鱼类运行资料，为将来的设计提供参考（刘胜祥和薛联芳，2006）。鱼道的运行方式包括一般运行方式、控制运行方式、倒灌运行方式以及交替运用方式。

目前，以上的过鱼设施、珍稀特有鱼类增殖放流、生态调度已经在我国的水电工程得到实施，作为栖息地补偿的支流生境替代也在金沙江、澜沧江等流域的水电开发中进行实践。但是我国对于这些技术措施的实践经验在时间和数量上都还比较有限，尤其对于如何从流域整体性角度进行鱼类保护的合理规划更加欠缺。对于新建和已经实施了鱼类保护措施的水电站，需要从流域尺度统筹考虑各项措施的功能定位、空间布局以及相互协调。对于建设时间较早、缺少鱼类保护措施的水电工程，有必要论证增建鱼类保护设施、调度调整和栖息地补偿等技术措施的必要性。对于重要流域的梯级电站，在制订原则性要求的基础上还需要明确关键的技术指标，并且确定实施的工程内容和时间要求。

8.2.2　水利水电工程建设与陆域植被生态恢复

水利水电工程建设常对项目区自然生态环境带来影响，施工中所产生的岩质边坡、土质边坡、弃土和弃渣等扰动可能导致项目区的生态系统退化、生物多样性丧失、水土流失和地质灾害加剧。扰动区植被生态恢复关系到工程安全运行和其所在区域的可持续发展（曾旭等，2009）。

8.2.2.1 大型水利水电工程扰动区植被的生态恢复

生态恢复是根据生态学原理，改变生态系统退化的主要因子及生态过程，调整优化系统秩序，使生态系统的结构、功能和生态学潜力尽快地恢复到一定的或者原有的水平甚至上升到更高的水平。不同层次的生态恢复需要考虑物种、种群、群落、生态系统与景观的适宜性。对于物种群落层次，主要考虑恢复区的主导生态因子原理、限制性与耐性定律、物种相互作用原则、边缘效应、生态演替原则等。而生态系统景观层次，需要考虑生态适宜性与景观格局原理、空间异质性原理等。

一般来说，大型水电工程扰动区的生态恢复应遵循以下原则：①植被系统的整体性。应系统规划设计扰动区的植被建设，统筹安排每个植被恢复项目的设计与实施，使整个扰动区的植被形成一个整体。②生态系统的安全性与生产性。以水电安全生产为基本要求，构建与水电生产规律相符合的人工生态系统。要求稳固地表，杜绝滑坡，具有较高的生产力和自我恢复能力。③功能的多重性及协调性。所建植被既要具有减少水土流失、增加生物多样性、调节小气候等生态功能，又要能美化环境，满足人们休闲、旅游等方面的要求。④恢复进程的逐步性。先构建先锋群落，逐步调控，向目标植被类型与生态系统演替（曾旭，2009）。

水利水电建成后，以水电工程大坝为中心的区域向协调区及其外围辐射，大致都可建立三个层次的生态功能分区。如曾旭等（2009）在研究向家坝植被的生态恢复中将向家坝工程扰动区植被分为工程核心区、工程过渡区和工程缓冲区 3 个功能区进行生态恢复。刘媛媛等（2008）将三峡坝区分为生态景观核心区、生态保育协调区、生态辐射区 3 个生态分区进行生态修复规划。

景观层次上，根据各区域的功能需求、地理地质与生态环境特点和扰动特征，确定其生态恢复与建设的项目和内容，然后，设计各项目的建设方案。在规划和设计中，可在某些潜在的战略部位引入斑块，使它们成为"跳板"，建立源间联系廊道和辐射道（傅伯杰等，2008）。通过对这些关键部位上景观斑块的引入或改变，以最少用地和最佳格局维护景观生态过程的健康。景观的生态恢复与重建是长期的（许文年等，2010）。

陆域植被恢复项目在短期内能取得较好的效果，但其后却常常出现退化现象。需要加强监测和管理。植被的恢复一般是先通过引入先锋物种作为群落恢复的驱动物种，改善小环境，其后逐步引入其他物种，增加群落的稳定性和物种多样性。因此，后期的监测与管理十分重要，要长期监测其恢复项目景观变化动态，根据设计目标和实际演替进程，适时地进行调整，促进恢复进程（夏萍娟等，2013）。

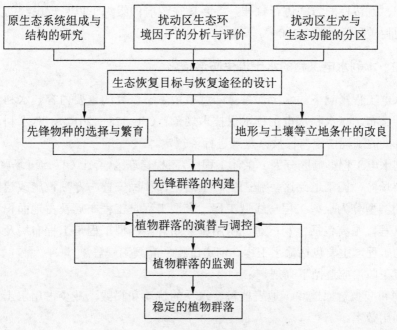

图 8-3　扰动区植被生态恢复技术路线

资料来源：曾旭等，2009。

　　大型水利水电建成后，流域内植被资源也是需要保护的重要内容。库区森林植被保护对于控制水土流失具有重要作用。制定切实可行的植树造林、封山育林和幼林抚育规划，合理调整评价区的植被结构。管护对象为禁伐区内的森林、灌木林和限伐区内的森林、部分灌木林和商品林区的部分林地，包括国有林（含国有林场、森林公园等国有森林、灌木林）、集体林（含乡村林场及集体所有的森林、灌木林）、个体林（自留山、责任山上的森林、灌木林）。要按照生态学原理，选择地方品种和地方特色，遵循植被演替规律，在绿化的基础上进行环境美化，应根据自然地理环境的特点和植物的生态适应性及自然演替规律，增加多种林木成分。建库后，要实行退耕还林，坡度在 25°以上的地段要种草、种树，坝址附近的山坡要作为重点（刘胜祥和薛联芳，2006）。

　　对于植被资源的管理也必须重视，在库区流域范围内，建议采用巡山和设卡两种方式进行森林管护。在移民安置区，防止村民在离开前乱砍滥伐森林，在交通不便、人员稀少的高山、远山区，建立精干的森林专业管护队伍，实行封山设卡管护；在交通便利、人口稠密、林农交错的低山、近山区，采用划分森林管护责任区的办法，实行个体承包，专人巡山管护。在国有林区设立天然林资源保护管理所，集体林区设立天然林资源保护管护站，各责任区明确专职的天然林护林员，专门负责森林资源的管护。在森林分类经营区划的基础上，根据各乡（镇、场）森林资源的分布、林分结构、生态地理位置等因素，划分成若干个管护片、责任区（或地块），实施专人分区管理。为使森林保护资源落到实处，为了让群众都知道禁伐区、限伐区的范围，规范民众行为，共同搞好森林资源管护，必须以立碑、宣传栏的方式进行宣传，各乡镇在政府的组织下以乡规民约的方式协助森林管护（刘胜祥和薛联芳，2006）。

8.2.2.2 水利水电工程的水土流失防治措施

水利水电工程影响下的水土保持是陆域植被生态恢复的重要内容。水利部针对水土流失防治，颁布了《水利水电工程水保技术规范》（SL 575—2012），对水利水电干扰区植被水土流失的工程措施与植被恢复等进行了规定。

将水利水电工程影响区分为：主体工程区，工程管理区，弃土（石、渣）场区，土（块石、砂砾石）料场区，施工道路区，施工生产生活区，移民安置与专项设施改建区等。并对工程影响的类型分为点型工程与线型工程。点型工程是工程布局及占地面积集中、呈点状分布的工程，主要包括水利枢纽、闸站、泵站等。线型工程是工程布局及占地面积呈线状分布的工程，主要包括输水工程、河道工程、灌溉工程等。

水土流失防治应遵循下列规定：

①控制和减少对原地貌、地表植被、水系的扰动和损毁，减少占用水土资源，注重提高资源利用效率。

②对于原地表植被、表土有特殊保护要求的区域，应结合项目区实际剥离表层土、移植植物以备后期恢复利用，并根据需要采取相应防护措施。

③主体工程开挖土石方应优先考虑综合利用，尽量减少借方和弃土（石、渣）。弃土（石、渣）应设置专门场地予以堆放和处置。弃土（石、渣）严禁直接倾倒入江河、湖泊和已建成水库。

④在满足功能要求且不影响工程安全的前提下，水利水电工程边坡防护应采用生态型防护措施；具备条件的浆砌石、混凝土等护坡及稳定岩质边坡，应采取有效措施覆绿。

⑤开挖、排弃、堆垫场地宜采取拦挡、护坡、截排水及整治措施。弃土（石、渣）场设计应在土（石、渣）体稳定基础上进行。

⑥改建、扩建项目拆除的建筑物弃土（石、渣）应合理处置，优先考虑就近填凹、置于底层，其上堆置弃土的方案。

⑦施工期临时防护措施应在主体工程施工组织设计的水土保持评价基础上合理确定，宜采取拦挡、排水、沉沙、苫盖、临时绿化等临时防护措施，控制和减少施工期水土流失。

⑧施工迹地宜及时进行土地整治，根据土地利用方向，恢复为耕地或林草地。西北干旱区施工迹地可采取碾压、砾石（卵石、黏土）压盖等措施，并严格控制施工扰动。

水土防治规范中，对植被建设工程进行了分级分类。要求 1 级植被建设工程应充分考虑景观、游憩、环境保护和生态防护等多种功能的要求，按照园林绿化工程标准执行。2 级植被建设工程应考虑生态防护和环境保护要求，适当考虑景观、游憩等功能要求的绿化工程，按照生态公益林的要求执行，并参照园林绿化标准适度提高。3 级植被建设工程应考虑生态保护和环境保护要求，按照生态公益林绿化标准执行。

8.3　水利工程影响下的河流生态恢复

8.3.1　河流形态多样性的维持

河流的形态特征是河流自然演化的结果，一般用地貌特征和几何特征两方面进行描述。比较具有代表性的是 Rosgen 地貌分类模型，分 4 个层次对自然河流进行分类，四个层次分别从地貌特征（如河道坡降、平面形态、横断面几何特征等）、地貌描述准则主要特征（包括地形 / 土壤特征、宽窄率、蜿蜒度、河道坡度和河床材料等）、河岸生态特征（如岸带植被带、淤积模式、蜿蜒模式、河道约束特征、鱼类栖息地指数、水情、河流规模分类、植物残骸分布、河道稳定性指数和河岸侵蚀度等）与河流生态工程（如生态修复措施的有效性等）（赵伟东，2010）。

水利工程极大地改变了自然河流的形态多样性，表现在切断了河流廊道横向和纵向的联系，造成自然河流的非连续化，改变了下游河流的自然状态，淹没了上游河流原始地貌，引水式电站还造成坝后脱水段，河流纵向的联系被改变。同时，下游河道渠系化等，也使得河流与其密切相关的漫滩、泡沼、湿地的横向联系切断，导致它们形态和功能的改变，自然河流所特有的急流、浅滩、深潭、沼泽等河流形态消失。河流形态多样性具有重要的生态功能。河流形态多样性是生境多样性的基础，是河流生物多样性的条件。河流生态的多样性为河流廊道内的不同生物提供了不同的生存环境，保证不同生物的生长、发育和繁衍的空间，河流廊道内形态具有多样性，生境才会具有多样性，生物多样性才能有保证。河流的不同形态在地貌上的表现不同，所具有的生态功能就有所不同。比如河流的蜿蜒程度不同，河段的水流状况就会不同，提供给不同鱼类的产卵、生存条件也会不同（赵伟东，2010）。

河流生态系统结构和功能的修复首先取决于河流形态的修复，只有河流形态的多样性得到了恢复和修复，河流的生态系统多样性才能建立和保证，才能真正地实现河流的生态修复。这主要包括：尽可能恢复河流的纵向连续性和横向连通性；尽可能保持河流纵向和横向形态的多样性。在纵向上，修复河流蜿蜒性，在河床上创建深潭—浅滩序列；在横向上，构建包括主河槽和洪泛区在内的多样性断面形态，并采用生态型岸坡防护结构，避免河流岸坡的硬质化。河流形态多样性的修复应根据自然河流的形态特点，遵循河流形态多样性与流域生物群落多样性相统一的原则，在参考同流域内自然河流形态的基础上，结合现状河流的地形条件和相关规划进行。具体来说，主要的恢复技术包括：河流横向生境多样性修复技术、河流横向断面多样性修复技术、浅滩—深潭结构营造技术、人工湿地修复技术等（赵伟东，2010）。

①河流纵向蜿蜒形态多样性修复技术：自然河流呈现蜿蜒曲折的形态，使得河流具有丰富多样的生境，河流横向生境呈现多样化生境条件，为鱼类提供不同的生境条件。但以往水利工程实施过程中，为提高河流的泄洪能力，大多将河道截弯取直，破坏了河流的自然生境。因此，从鱼类保护角度，在水利水电工程建设过程中，应尽量保留原河

道的自然蜿蜒形态。在水利水电工程鱼类栖息生境保护中，栖息生境保护的直线形河道部分，因地制宜地进行人工优化改造，模仿自然河流的蜿蜒形态，重塑河流的弯曲形态，使河流逐渐恢复原始的自然风貌。

②河流横向断面多样性修复技术：在满足河流防洪功能的前提下，修复河道的自然断面，改变单一的断面结构，采用复式断面，因地制宜，使河流淤积形成自然的沙洲，提高河床断面流速、水深多样化分布，为水生动植物提供更多的栖息地类型。

③浅滩—深潭结构营造技术：自然河流的纵断面呈现浅滩和深潭交错的格局，创造出急流、缓流和紊流等多样性的水流流态，形成多样化的河流生境，有利于增加水体溶解氧含量和生物多样性。在河流的不同位置制造出不同的浅滩和深潭，能为鱼类提供一个生长繁殖和栖息的场所。通常浅滩—深潭营造采用人工堆放自然抛石，借助水流自然冲刷的方式修复浅滩—深潭结构。

④人工湿地修复技术：通常结合其他功能（如净化河流水质，增加河道景观等），进行统筹考虑和布置，不仅减少了对河流水体污染，还可以增加河流景观，保持河流自然生态，为鱼类以及两栖动物提供栖息地。

8.3.2　水库泥沙淤积防治措施

水库泥沙淤积防治是一个系统工程，分为拦、排、清、用四个方面，具体包括：减少泥沙入库、水库排沙减淤、水库清淤、出库泥沙的有效利用（谢金明等，2013）。

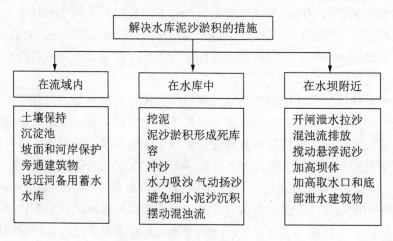

图 8-4　水库泥沙淤积防治措施

8.3.2.1　拦减水库上游来沙

开展水土保持，最大限度地减少水土流失，是防治水库淤积的根本途径。在水土流失特别严重的地区，还可因地制宜采取坝库联合运用、绕库排浑、引洪放淤和渠道外蓄水等措施，防止泥沙入库。水土保持措施要因地制宜实施，分别采用不同的工程及生物治理措施。在丘陵沟壑区，以坡面上修筑水平梯田，沟道里打坝淤地，草田轮作，植树造林为主；在风沙区，以引水拉沙造田，种草植树，营造防风固沙林、护田林为主；在土石山区，以修筑梯田、台田，闸沟淤地，种草植树，封山育林，恢复植被为主；在平原盆地区，以固岸防冲，平整土地，引洪淤灌，营造农田防护林为主。

采用工程措施，减少入库泥沙。上坝拦泥，下坝蓄水。在水库上游支流或干流上修建拦泥坝，拦截泥沙；清浑分治，根据水库周围具体地形条件，修建工程措施，对清浑水分而治之（谢金明等，2013）。

8.3.2.2　利用泄洪排沙设施排沙

利用水库泄洪排沙设施，选择合理的水库运行调度方式可进行排沙。根据对入库水沙的控制程度，水库运行方式可分为蓄洪拦沙、滞洪排沙和蓄清排浑三类。不论哪类运行方式，排沙减淤主要有三种渠道，即冲沙、异重流排沙和浑水水库排沙（谢金明等，2013）。

冲沙是指通过降低库水位，提高库区水流流速，使入库泥沙或已经淤积的泥沙通过泄水孔下泄。通常在汛期进行冲沙，在汛末关闭泄水孔闸门，蓄积清水以备枯水期使用。冲沙效率取决于水库的地形位置、泄水流量、泄水孔高程、入库泥沙特性、运用方式、冲沙历时等。一个水库如果具备以下条件，可以使用冲沙方法：第一，库容流量比较小，有多余的水可用于冲沙；第二，有明显的干湿季，水库可在雨季的前期排沙，而在后期蓄水；第三，从经济效益考虑，排沙较适用于给水工程，对水电站来讲，为了冲沙而降低水位将导致发电能力下降。

异重流排沙是指在水库发生异重流时，通过打开泄水孔的方式将泥沙排除出库。排沙效果因水库的长短、形状、库底坡降、来水来沙量的大小、坝前泄流设施高程和调度情况而异。如果运用恰当，中小型水库异重流排沙比可达到80%以上。异重流排沙耗水率较高，在水资源短缺地区需要慎重考虑。

浑水水库排沙是指利用异重流在清水下形成的浑水水库，通过打开闸门下泄下层浑水的排沙方式。采用此方式的中小型水库排沙比一般可达60%，最高可达80%以上。陕西南秦水库多年平均浑水水库排沙比接近60%。浑水水库排沙具有排沙比高、耗水率低，并且能够蓄水的优点，常在用水紧张的干旱、半干旱地区采用。

8.3.2.3　利用机械设备挖除水库泥沙

利用机械设备将已经落淤或进入水库的泥沙清除出库，包括挖泥船挖沙、水力虹吸抽沙清淤、气力泵清淤、射流泵清淤和空库干挖等。其优点在于耗水量小，对环境影响相对较小，缺点在于需要消耗外部动力，清淤能力与清淤范围有限，清淤成本高，而且挖出的泥沙处置困难。挖泥船清淤主要是利用机械式（泥斗式）或水力式（吸扬式）挖泥船，对水库某一区域进行清淤。该方法的优点在于机动性好，不受水库调度影响，耗水量少，清淤时水库可照常运行。缺点在于清淤能力有限，深水区不便于应用，已开挖的部分在洪水期可能再次被淤塞。由于挖沙设备的运输比较困难，挖泥船挖沙的成本比较高，只有在大型水库上才考虑（谢金明等，2013）。

8.3.2.4 出库泥沙的有效利用

出库的含沙浑水应尽可能地利用，不仅能充分利用水资源，降低清淤成本，还可以减少下游河道及水库的泥沙负担。出库泥沙的处理可分为三类：泥沙回归下游河道或上游侵蚀区；引浑放淤，缓解用水矛盾，改善土壤；用作建筑材料。

对于清除出库的泥沙，最自然的处置方法是让泥沙回归河道。尽管这样会降低清淤成本，但需考虑下游水库、港口、灌区等的清淤成本和对下游生态环境等的影响。往河道下泄含沙水流，一旦河流流速减小，将会在下游造成淤积，只能再次清淤。另外，若水库泥沙淤积是由土壤侵蚀造成的，最理想的处理方法是将库区淤积的泥沙运回侵蚀区。由于土壤侵蚀区是河道泥沙的主要来沙区，在将泥沙运回该区域前，需事先在该区域开展相应的治理措施，避免泥沙再次轻易进入河道（谢金明等，2013）。

尽管人们对于水库泥沙沉积的原因和过程已经颇有认识，但是可持续的、预防性的措施在新建水库的设计中还是很少被考虑到。为了避免水电站的运行出现问题，现有水库中，人们往往采取短效措施解决泥沙沉积问题。由于大多数措施在短时间内会丧失其效果，可能因此威胁到水库的可持续运行和有价值的峰荷电能的生产。目前全球水库每年由于泥沙沉积导致的平均库容损失，已经高于为灌溉、防洪、供水及水力发电而新建水库所增加的库容量。如在亚洲，可以用于水力发电的80%的有效库容在2035年将消失。

8.3.3 大坝移除与河流恢复

大坝也类似人类和其他动植物一样，有着生老病死的自然过程。当一些病险坝的维护费用高昂或其寿命超过设计的使用年限、功能丧失、运行效益差时，经综合评估论证后，可以实施退役或拆除。可以肯定地预言，今后随着大量大坝的老化，被拆除和更新的大坝会越来越多（彭辉等，2009；刘咏梅，2011）。

美国在20世纪初只拆除过极少数小坝，但自1980年开始，拆坝数量和被拆坝的高度都有所增加，1980年以来已拆除水坝350座，仅1995—2000年就拆除了140座。2001年美国在9个州拆除约60座坝，1999—2003年拆坝168座。在过去的10年里，进行退役评价和被拆除大坝的数量一直在稳步增长。我国现有水库近8.6万座，许多水库大坝的服役期已经达到了40～50年，很多大坝已经丧失功能、效益低下，甚至成为病险坝，严重威胁水库下游人民生命财产的安全，每年汛期水库出险、溃坝事故时有发生。随着水库运行年限的不断增加，将有更多的水库面临降等与报废。但迄今为止，降等使用或报废的水库绝大多数为小型水库。因此，大坝的降等、报废与拆除已经成为水利管理工作中日益迫切的研究课题（方崇等，2008）。

水库大坝退役的原因主要包括：环境保护、工程安全和经济效益3方面。若在权衡比较中选定工程退役，应首先进行退役评估，退役评估主要包括：工程审查、淤积处理方案认定和环境评价等内容。美国土木工程师协会（ASCE）公布了大坝及水电设施退役导则（1997），为退役评估提供一种技术方法，可用以评估拆除工程的技术措施、淤积处理和环境影响等问题，通过工程审查可确定拆除措施的可行性（王正旭，2002；向衍等，2008）。

水利部制定了《水库降等与报废管理办法（试行）》并于 2003 年 7 月 1 日起实施，给出了大坝符合降等与报废的条件，为水库大坝的报废提供了依据。该管理办法适用于总库容在 10 万 m^3 以上（含 10 万 m^3）的已建水库。降等是指因水库规模减小或者功能萎缩，将原设计等别降低一个或者一个以上等别运行管理，以保证工程安全和发挥相应效益的措施。报废是指对病险严重且除险加固技术上不可行或者经济上不合理的水库以及功能基本丧失的水库所采取的处置措施。大坝和其他设施的退役和拆除为生态系统的恢复带来了新的机遇。对于符合下列条件之一的水库，应当予以报废。即：①防洪、灌溉、供水、发电、养殖及旅游等效益基本丧失或者被其他工程替代，无进一步开发利用价值的；②库容基本淤满，无经济有效措施可将其恢复的；③建库以来从未蓄水运用，无进一步开发利用价值的；④遭遇洪水、地震等自然灾害或战争等不可抗力，工程严重毁坏，无恢复利用价值的；⑤库区渗漏严重，功能基本丧失，加固处理技术上不可行或者经济上不合理的；⑥病险严重，且除险加固技术上不可行或者经济上不合理，降等仍不能保证安全的。

大坝的建设改变了江河的天然环境，大坝的拆除也会改变上下游的水生生态系统。这种改变随时间和空间而变化。图 8-5 显示了大坝拆除对生态环境的时空影响。拆坝对河流的生态系统影响巨大，主要包括河流的物理、化学、生物的变化范围、时间、过程等。拆坝后河流的生态修复是一项十分艰巨的任务，河流的评估需要确认河流的生物状况，包括分析栖息环境的恢复、水文水质条件变化等在不同时空尺度对河流生物群落的影响程度（向衍等，2008；谢雪峰，2008）。

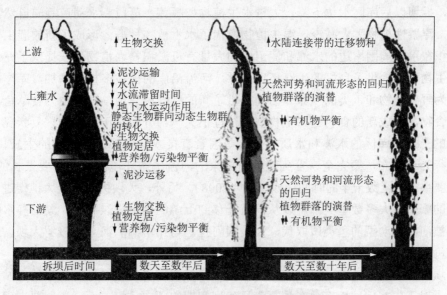

图 8-5　大坝拆除对生态环境的时空影响

资料来源：向衍等，2008。

大坝的拆除对紧邻大坝区域和库区产生重大影响，并很可能对下游较远区域产生影响。拆坝后水生有机体重新与上游源头地区发生联系，可向上游洄游，因此拆除大坝可能对上游被淹没河段产生影响，涉及能量交换、泥沙重分布以及鱼类通道等问题。

①大坝移除后对物理环境的影响：大坝拆除后，河流失去了水库的调节作用，流量随着流域降雨量的改变而产生变化。由于水力坡降的加大，河流的流速也相应增大，短期内库区内大量淤积的泥沙涌向下游河床，堵塞砾石的缝隙，对鱼类产卵环境和栖息地产生影响。但随着时间的推移，河流泥沙可以恢复到建坝之前的水平。因此，在拆坝后短期内对鱼类的生长和繁殖造成一定影响，但经过数年的泥沙运移后，库区内的淤泥逐渐被搬运完毕，水流挟沙量减少，水流清澈，下游河床趋于稳定，有利于鱼类的生长与繁衍（方崇等，2008）。流速的改变使得浅滩、弯道、急滩河段增多，造成鱼类栖息环境发生变化。另外，拆坝后，由于河流水深减小，水流较浅，水温在深度上分布较为均匀，无成层性。水温年内变化表现为与气温变化较强烈的一致性特征，水流恢复了建坝前河流的水温状态，改变了生物生存的条件。2008 年春季，美国蒙大拿州克拉克福克河的米尔顿水库大坝移除后几个月内，有超过 180 000 m^3 的沉积物（远超出预测值）从水库上游的河床中被冲刷走。大坝拆除后，上游排放的有毒物质附着在堆积的细小泥沙上得以释放，如果不采取预防措施，拆坝可能导致大坝污染泥沙的再悬浮，另外，拆坝时水库水位的迅速下降会造成流速和压力的短期增长，对鱼类的生活造成影响。

②大坝移除后对生物的影响：大坝拆除后虽然短期内水库水质时常会出现退化，但从长时间尺度来看，河流生境的恢复有利于水生栖息地环境的改善，生态因子都会向着河流生态系统转变，适宜河流生态环境的物种数目会增加。河流区域的植被多样性也同时增加，拆坝以后库区水位下降，大量水生植物如睡莲、莴苣、水葫芦等向自然河段下游漂流，浮游性植物大大减少，湿生植物取代了水生植物种群，形成了新的湿生生物群落。蓄积在水库周围岸边的水潭和泥沼内的大量有机淤积物为植物生长提供了充足的养分，为生物群落提供了良好的生存环境条件。河流沿岸的植被多样性增加，库岸的湿地增加，为野生动物和鱼类的产卵和活动提供了新的种群栖息地，同时也为食草鱼类提供充足的食物，形成新的食物链。生物恢复过程很大一部分归功于生境的恢复状况，包括栖息地的土层、库区的水温和水质等，这些因素直接或间接地影响生物的生长、发育、生殖、行为和分布，要完全恢复到建坝前原来的河流生态环境的状态需要很长的时间，可能需要数年甚至数十年的时间（谢雪峰，2008）。另外，大坝拆除后极大地促进了洄游性鱼类的繁殖，大多数鱼类都可以从下游迁移到上游的栖息地。同时，湖泊静水型的鱼类逐渐被河流流动型的鱼类所取代，如美国阿拉巴马州塔泊萨河上的梭罗大坝，经过治理后，鱼类从 25 种增加到 46 种（方崇等，2008）。

大坝拆除除需要考虑一系列复杂的社会、经济和环境问题以及对大坝的电站发电等影响外，对于生态问题而言，在是否满足建坝初期的预定目标方面，还需要考虑以下的问题：大坝拆除是否有利于濒危物种的恢复？大坝拆除是否有利于防止河流中外来物种的入侵或者是否有利于保护当地物种？大坝拆除前水库泥沙的污染情况如何？大坝拆除后泥沙能否有利于形成下游河滩？大坝拆除会增加湿地面积还是减少湿地面积？水文特征变化规律的探讨，河流系统水体、泥沙、生物连通性研究，河流泥沙淤积与水库管理的关系研究，大坝与河流景观、生物生境的关系研究，生物群落的分布、繁衍与大坝的关系研究。

总体而言，水库大坝的退役评估应以社会经济效益最大、对生态环境的负面影响最小为总原则，具体如下：①安全原则。即水库大坝各建筑物应在各种设计荷载组合作用下，满足强度、稳定和耐久性等的安全要求；②工程效益原则。水库工程应发挥设计所规划的防洪、灌溉和发电等工程效益；③生态环境原则。随着社会和国内外对生态环境受水利水电工程的影响越来越重视，人与自然和谐共处也日益被强调。

退役评估的研究内容包括以下 5 个方面：

①将包含防洪标准和溢洪道泄流能力，施工导流和围堰布置，大坝、电厂设施和辅助设施部分或全部拆除，机械和电气设备的拆除，考虑泥沙管理、环境要求、洪水和湿地所采取的工程措施，增加娱乐设施，施工以及拆除方案的投资预算及施工计划，运行维护费用等各种因素，进行多因素综合退役评估。

②环境影响的评价要考虑到法律以及相应的许可制度等，主要包括水温与水质、鱼类、野生动物、植被和文化、历史、考古资源以及景观资源、休闲娱乐、土地利用等。

③决定拆坝时要有足够的科学根据，必须谨慎从事，力求社会、环境、经济、资源的利用协调发展。

④退役评估中最重要的是预测淤沙运动和环境变化，大坝拆除后库区泥沙的处理方案直接影响大坝拆除方案决策的制定。

⑤对退役坝方案，通过效益成本分析，研究不同方案的技术与经济的可行性以及资源综合利用效益等（仲琳等，2001）。

8.4　水利水电工程的生态补偿

大型水利枢纽工程的兴建，不可避免地会产生一些负面影响，除了对水生生态的影响外，还包括对周围居民的影响，如淹没大量的农田等，随着生态意识的提高，社会各界关注大坝对生态补偿的影响的人越来越多。在对资源利用与环境保护的领域中，有两种对立的理论，一种称之为资源主义（Resourcism），主张最大限度持续地开发可再生资源。另一种称之为自然保护主义（Preservationism），其主要观点是对于自然界中的尚未开发区域，反对人类居住和进行经济开发。实际上，人类社会生活离不开水库大坝，而大规模拆除大坝也是完全不现实的。统计资料表明，西方国家拆除的水坝数量相对也是很少的，比如美国在 20 世纪 90 年代共拆除了 180 座小型水坝，而且其中多数是达到服务寿命应该退役的水坝（董哲仁，2006）。实践表明，大坝对于河流生态系统的负面影响，可以通过工程措施、生物措施和管理措施在一定程度上避免、减轻或补偿。

8.4.1 水利水电工程的生态补偿机制

关于生态补偿的概念目前还没有形成统一的定义，普遍认可的两种定义如下：狭义的生态补偿是指对由人类的社会经济活动给生态系统和自然资源造成的破坏及对环境造成的污染的补偿、恢复、综合治理等一系列活动的总称；广义的生态补偿还包括对因环境保护丧失发展机会的区域内的居民进行资金、技术、实物上的补偿和政策上的实惠，以及增进环境保护意识，提高环境保护水平而进行的科研、教育活动及费用支出（蒋杰，2007）。生态补偿是当前生态学与生态经济学界广泛关注的热点问题。国外生态补偿主要涉及流域、森林、农业、生物多样性、自然保护区等领域；国内生态补偿的实践最早是在矿区和公益林领域，尤其是公益林的生态补偿占绝对比例，并逐渐扩展到了流域、区域、自然保护区、生态工程等领域（肖建红，2011）。

水利水电工程的生态补偿机制，可以对为改善库区及其周边生态环境做出奉献的人给予关心和补偿。实施生态移民、改善生态环境，受益的是更大范围的区域和更多的人，而做出奉献的是一部分移民等。本着公平的原则，这部分移民也应该得到社会的关心、帮助和补偿。通过一定的生态补偿方式来有效保护水库库区及其周边生态环境，从而将由于水利水电的开发而对生态环境的破坏降到最低限度。水利水电工程通过生态补偿，反哺环境，不仅能改善当地的生态环境，而且能为自身服务，走水电生态化之路，为发展创造良好条件和环境，实现可持续发展，实现经济效益 - 社会效益 - 环境效益的协调统一（夏峰等，2005）。移民和河流生态系统本身是主要的生态补偿对象，而如何确定生态补偿标准是生态补偿研究的重点和难点问题。

从河流的生态系统服务功能出发，分析大坝对河流生态系统服务功能的影响，运用市场价值法、机会成本法、影子工程法、影子价格法、防护费用法等评估方法，针对不同的受损对象进行价值评估，构建生态补偿模型，在此基础上进行生态补偿。

8.4.2 基于生态系统服务功能的生态补偿

河流生态系统提供的服务功能维持着人类赖以生存的条件，同时还为人类社会提供了各种福利。这包括：维持生物多样性；提供食品、药品和材料；淡水的净化；水分的涵养与旱涝的缓解；局部气候的稳定；废弃物的解毒和分解；种子的传播和养分的循环；人类审美需求的满足等。这些服务功能一部分是实物型的生态产品，比如食品、药品和材料，其经济价值可以在市场流通中得到体现。另一部分是非实物型的生态服务，包括生物群落多样性、环境、气候、水质、人文等功能。这些功能往往是间接的，却又对人类社会经济产生深远、重要的影响（董哲仁等，2006）。

长期以来，人们认为河流生态系统的服务功能是大自然的无偿恩赐，是可以免费得到的。当大规模的治河工程给人们带来巨大的、直接的经济利益时，却发现河流丧失了若干服务功能，这对于人类社会经济的影响可能是间接的，但其后果严重。

如果对于河流生态服务功能的价值开展评估并进行量化，以法律的形式纳入国民经济核算体系，其作用巨大。首先，在大型水利水电工程立项决策时，可以全面权衡工程的直接社会经济效益与生态系统服务功能损失之间的利弊得失，以避免为获得直接经济效益而损害生态系统服务功能的短期行为。其次，也可以促使工程项目业主采取更多的生态补偿措施，缓解对于河流生态系统的胁迫，减少服务功能损失的总价值。最后，这种评估也可以定量地提出工程项目业主应该提供的生态补偿资金数额（董哲仁，2006）。

生态资源本身所具有的价值和因水利水电工程而受损的其他生态价值是很复杂的，往往难以量化。因此，各地水利工程基于当地的具体情况和利益关系，建立了不同的评估模型。

如湖南省常德市皂市水利枢纽工程，构建了 5 个生态补偿主体受益评估模型（调蓄洪水生态供给足迹评估模型、水力发电生态供给足迹评估模型、水库灌溉生态供给足迹评估模型、改善航道生态供给足迹评估模型、水库养殖生态供给足迹评估模型）和 8 个生态补偿对象受损评估模型（水库泥沙淤积生态需求足迹评估模型、水库淹没生态需求足迹评估模型、移民安置区建设生态需求足迹评估模型、水土流失生态需求足迹评估模型、工程占据生态需求足迹评估模型、工程施工能源消耗生态需求足迹评估模型、工程施工生产污水排放生态需求足迹评估模型、生产建筑材料水泥和钢材生态需求足迹评估模型），从河流生态系统服务功能视角对皂市水利枢纽工程生态补偿标准进行了评估（肖建红等，2012）。

8.4.3 对移民及受损居民的补偿

对移民及受损居民的补偿标准是关系到水利水电工程生态补偿效果的重要问题。补偿太多，不利于水利水电工程经济效益的发挥；补偿太少，难以调动移民和受损失农民保护生态环境的积极性，难以使生态环境的恢复和建设落实到位，不利于生态环境的保护、恢复与建设。因此，要结合各水利水电工程的具体情况对移民及受损居民进行补偿。

移民的生态补偿既包括迁移区的安置补偿费用，也包括安置区的基础设施建设费用。要保证安置区和迁移区达到动态平衡，迁移区的人口规模足以使安置区单位受影响人口基础设施建设成本最小，而迁移区总补偿成本也最小，可达成如下关系式（张军，2006）：

$$Q=S/q \tag{8-4}$$

$$Q_0=C/q \tag{8-5}$$

式中，Q 为迁移区受影响人口；S 为迁移区移民的总补偿费用；Q_0 为最终动态均衡时的移民人口；C 为某移民安置区总投入费用的固定数值，元；q 为迁移区单位受影响人口支出的补偿费用，元／人，它是一个由政策决定的变量，代表了补偿政策。

当一个移民安置区的总投入建设费用固定不变时，如果移民规模增加，那么移民安置区的单位移民费用将出现下降，但迁移区移民的补偿费用却上升。因此，各水利水电工程应在充分考虑移民安置区的环境、资源、基础条件等要素后，通过以上方法进行优化决策和均衡核算，原则上不将原村的移民分开安置，并将人数少的小村合并，使之达到安置区与迁移区的动态平衡（周祖光，2008）。

8.4.4 生态补偿的方式与展望

水电开发的生态补偿包括两个方面：一是对受损群体和区域的补偿，包括直接经济损失的补偿以及间接经济损失的补偿；二是对因水电开发而受到生态环境影响区域的环境修复和长期保护，包括在需要的地方进行的监测及环境灾害的防治等。具体来说，生态补偿方式体现在四个方面：政策补偿、实物补偿、资金补偿、技术补偿（周祖光，2008；肖建红等，2012）。

其中政策补偿是协调国家、集体和个人三者之间利益关系的关键；实物补偿是开发者和政府运用物质、劳力和土地等进行的实物性生态补偿；资金补偿是当地政府以直接或间接的方式向生态保护和建设者、生态移民或受损者提供资金支持，如补贴、减免税收等；技术补偿是当地政府和水利水电工程建设者，对生态移民及因保护生态环境而受到损失者无偿提供技术咨询和援助，指导他们运用现代科学技术搞好生态保护与建设。

在环境保护管理领域，"谁污染，谁付费"的原则，已经得到了国际社会的普遍赞同。参照这个原则，在大坝建设政策方面，建议明确"谁损害，谁补偿"的原则，明确水利水电工程业主是负责生态补偿的主体。补偿的标准不仅仅局限在保护濒危、珍稀动植物或者库区植被恢复等资金需要，而应以河流生态系统服务功能损失总价值作为补偿标准的依据。补偿的范围不应仅仅局限于水库和大坝下游局部，应该是针对全流域的。

长期以来，在强势的人类活动面前，河流系统的生物群落承受了越来越大的压力。但是生物无言，无力申诉。在这种形势下，政府水行政管理部门和流域管理部门就应该肩负起河流保护者的责任，成为河流生态系统的代言人。同时，有必要在河流开发利用与生态环境保护工作中建立起一种制约与协调机制。

建议以法律和法规的形式确定以下原则：水利水电工程除满足社会经济需求外，还需兼顾生态健康的需求，需要建立权衡经济社会效益与生态效益之间关系的评估方法和指标体系。各级政府部门应作为执法监督方实施有效的监督。同时还需建立政府、建设者和人民之间的协调机制，建立防洪、发电、灌溉、供水、航运、渔业、旅游等各个部门利益相关者的协调机制。

8.5 水电站绿色认证体系

在实现应对气候变化国家目标的高度对待水电开发的同时，如何在大力发展水电的过程中有效地协调能源与环境、移民、减贫的关系，借鉴国外经验，建立符合绿色可持续和与我国当前经济社会发展水平相适应的评价指标和标准，指导规划、建设和运行中的水电开发，受到广泛的关注（刘恒等，2005）。

8.5.1 国外绿色水电概况

20世纪80年代开始，欧美一些发达国家围绕水电开发对河流生态影响、河流生态恢复等方面开展了大量研究工作，建立了相应的技术指南、认证程序和技术标准，有代表性的有瑞士"绿色水电认证"和美国"低影响水电认证"（Truffer et al.，2001；Bratrich et al.，2004；Low Impact HydroPower Institute，2004）。此外，国际水电协会、加拿大、意大利也开展了相关研究（刘恒等，2005）。比如美国的认证将水电工程的环境影响与经济激励联系起来，采取经济激励的办法，通过认证的工程可以将电价上调，额外的收益用于河流的生态修复。截至 2014 年 2 月，已经有 28 个州的 113 座水电站通过认证，装机容量共计 4.4 GW。

8.5.1.1　安全管理模式

瑞士的大坝安全管理处于国际先进水平。瑞士的水与水能资源可谓得天独厚，十分丰富，在多处兴建水库和蓄水池。而自 20 世纪 70 年代后，瑞士新的大坝与水电站工程建设很少，将工作重点转移到工程安全与运行管理方面，经过几十年的实践，已经建立了比较完善的大坝安全与水电站运行管理体系。

瑞士在 1957 年就基于《瑞士联邦水工程法》制定了《大坝安全条例》，该条例规定了涉及大坝安全的相关各方（如大坝安全监管机构、业主、资深工程师以及独立专家）的职责。瑞士联邦能源局（Swiss Federal Office of Energy，FOE）是瑞士大坝的最高管理机构，集中精力管理大坝。此外，大坝安全监管机构负责对新坝建设项目以及已建坝修补加固项目进行审批，在最终设计正式批准之前，工程不得开工建设（贾金生，2011）。

为了将大坝风险减至最小，并尽可能控制风险，瑞士提出了综合大坝安全管理的概念，主要包括结构安全、大坝监测与维护、应急计划三方面。并且很多大坝都安装了洪水报警系统。

8.5.1.2　绿色水电认证

2001 年，瑞士联邦环境科学与技术研究所（EAWAG）提出了水电站绿色电力认证的概念、程序和标准。绿色水电的概念起源于"绿色电力"。自 20 世纪 90 年代初以来，私人用户已经可以选择使用符合环境标准的电力产品（表示电力生产和传输方式减轻了对环境的破坏），即绿色电力。如果水电站达到绿色电力的基本要求，即水电站运行和设计都采取了保护环境的方式，就可以核准为绿色水电站（陈凯麒等，2008）。

（1）绿色水电的认证程序

迄今，国际上还没有统一的进行绿色水电认证的程序，尤其对于河流生态系统的影响依然没有得到满意的解决（Truffer B，2011）。EAWAG 建立了环境上可信、科学和实用的"四步法"绿色水电认证程序（图 8-6）。

步骤 1：分析自身的生态绩效决定"做"还是"不做"。

步骤 2：制订管理计划。申请认证的水电站要以基本要求和生态投资两个部分为基础制定一个管理计划。其中，基本要求是指绿色水电生产商满足的一般生态标准，这些基本要求被组织在一个所谓的环境管理矩阵中；生态投资是指在出售的电力所得中，水电企业将固定比例的资金用于受水电站影响流域的环境修复、保护和改善。

步骤3：审核行动计划。满足基本要求和生态投资要求的水电站，由专门的机构对其电厂设施和河流进行一次独立检查，如果满足要求，就可以颁发生态标志。

步骤4：监测及再认证。对电厂的环境效应进行监测，以便为5年后重新认证提供依据（陈凯麒和吴佳鹏，2008）。

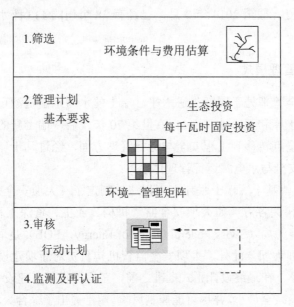

图 8-6　绿色水电认证的阶梯式评价步骤

（2）绿色水电认证的要求

从绿色水电的认证程序可以看出，认证的核心问题是制定一套统一、基本的绿色电力标准，EAWAG以"驱动力"概念为主要依据选择评价框架，参考大量的相关理论性和应用性出版文献，通过生态影响与管理方案相结合，构建了一个所谓的环境管理矩阵。在矩阵中，与水电站发电有关的运行问题用5个方面的管理来描述：①河道水流调节；②调峰；③水库管理；④河流泥沙管理；⑤水电站设计。应对这5个方面加强组织，以使水电站按照生态优化的方式运行（刘恒等，2010；贾金生，2011）。

此外，在环境上也选择5个方面，基本涵盖了河流生态完整性最重要的内容，包括：①水文特性；②河流系统的连通性；③河流形态和地貌；④景观特征和生物生境；⑤生物群落。整个矩阵为其25个域中的每一个域定义了环境目标、基本要求和详细的方法。除了环境管理矩阵定义的基本要求以外，还必须具备保证改善本地生态条件措施的实施投资，即生态投资。生态投资措施是在基本要求之上进行的进一步改善，其执行可以与电力销售联系起来，并向消费者解释。图8-7表示绿色水电认证的基本原理，图中生态完整性是生态评估的基本要求。

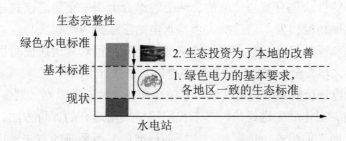

图 8-7　绿色水电认证两类要求示意

　　瑞士绿色水电基本标准从水文特征、河流系统连通性、泥沙与河流形态、景观与生境、生物群落 5 个方面反映健康河流生态系统的特征，并通过 5 个方面的管理措施来实现，即最小流量管理、调峰、水库管理、泥沙管理、电站设计。环境范畴与管理范畴的内容结合，形成一个环境管理矩阵，表示每一个方面的生态环境目标都可以通过采取相应的管理措施来实现（贾金生，2011）。

　　（3）绿色水电认证的作用

　　绿色水电认证的作用可以归纳为环境和经济两个方面。在生态环境方面，通过认证程序和动态管理，努力把水电站对生态环境的负面影响降低到最小限度，实现水电的可持续发展。在经济方面，客观地对绿色水电进行认证可以获得消费者的信任，同时保护真正的绿色电力提供商能够从环境保护中获得效益，从而免受不当竞争的影响（贾金生，2011）。

8.5.2　构建中国特色水电站绿色认证体系

　　我国水电建设走过了 100 年，水电开发迎来了新机遇，也面临着环境保护目标更高、移民安置更难等新挑战。构建符合我国经济社会发展阶段的绿色水电评价体系，开展绿色水电认证，增强水电开发者在规划、建设和运行过程中的生态环境保护意识，将有效缓解水电开发与生态环保、移民等之间的矛盾，引导水电全面、协调和可持续发展。借鉴国外经验，结合中国国情，目前初步探讨了构建我国绿色水电评价指标和认证体系等问题（刘恒等，2010）。

　　国外绿色水电认证以市场和政策激励的方式进行。通过认证对环境影响较小的水电站在市场上获得优势，使水电开发过程中环境保护的实际要求与电力市场的竞争机制结合在一起，实现环境保护和经济效益的双赢。

　　在瑞士，绿色水电认证制度已被证明是成功的。一方面，绿色水电认证的技术标准提供了具有可操作性的指南，直接改善了一些水电站所处河流的生态环境状况；另一方面，绿色水电认证对于绿色电力提供商的市场营销发挥了积极作用，为大量的电力用户提供了有吸引力的产品（贾金生等，2011）。

　　我国环保、资源和能源部门的管理体制与西方有根本性的不同，经济社会发展阶段也有明显的差异，很难照搬国外的做法。但是就方法论而言，将社会相关部门的评定意见纳入评价体系的做法是有参考价值的。瑞士的综合大坝安全管理模式与绿色水电认证制度从可持续发展角度出发，通过对大坝与水电站工程给周边居民与生态环境带来的风险进行综合评估和有效管理，最大限度地降低和控制工程对周边居民与生态环境的不利影响，这为我国大坝安全与水电站运行管理提供了十分有益的参考。

我国绿色水电评价应该坚持可持续、系统性和务实性三项原则（刘恒等，2010）。要广泛吸收国外相关工作的先进经验，基于我国国情采用适合的评价方法。依照"计划—执行—检查—行动"的模式，依据统一的框架标准，采用系统的方法进行。建立评价框架时可以采用现场调查、选择典型流域进行野外实验以及室内模拟实验等方法，分析绿色水电评价相关指标的阈值，设定评价标准。绿色水电评价工作应将环保部门的相关意见吸收进来，尤其是在工程环境影响评价等方面。在实际操作中，通过构建科学合理的评价指标体系，依据各个因子的状态水平，采用单因子评价与综合评价相结合的方法，如层次分析法、模糊综合评价法、专家打分法、对比分析法等，实现对系统要素的状态评定，保证评价的客观公正。

评价指标体系是评价关键因子的集中体现，反映了各因子间的逻辑关系。评价指标体系应具有全面完善的评价内容和科学合理的组织结构。根据初步研究，我国绿色水电评价指标体系，在内容上应该包含环境、经济、社会三个方面，在体系结构上相互关联，将要素、因子有机地组合在一起，满足评价需要，支持决策管理（刘恒等，2010）。基于我国水电管理现状，建议通过控制筛选、绿色达标、绿色定级三个阶段来实现对绿色水电的评定。在控制筛选阶段，以国家水电工程规划、设计、施工、验收等阶段的相关法律法规为准则，对水电工程进行初步筛选，只有通过国家相关法律法规要求的水电工程才有进一步进行绿色水电评价的资格。在绿色达标阶段，依据在水电站扰动下水文、环境地质、水质、生态、景观的状态所反映的自然环境状态进行评价。当自然环境状态评价结果达到一定水平时，该水电站即达到了绿色水电基本生态标准。在绿色定级阶段，是对绿色达标的水电站，综合其社会经济压力状态和社会响应措施进行定级。根据评价结果认定 A 级、AA 级和 AAA 级三个等级。

为了客观公正地进行评价和认证，认证工作的实施需要有完善的组织机构。在我国，电力市场以国家统一管理为主，同时我国的非政府组织、民间机构并不发达，因此我国绿色水电认证的机构需要经过多方论证，建立符合国情和经济社会发展阶段的认证体系。制定和完善科学的认证标准，采用透明的认证程序，科研院所和行业协会可以通过适当的方式参与或为认证机构提供技术支持和咨询工作，共同探讨适合中国国情的绿色水电扶持政策。为使水电的开发和运营管理者积极参与到"绿色水电"的实践当中，应从政策推动、经济激励和市场调节等方面进行激励。完善制度化建设，采取融资激励、财税激励和电价补贴等措施，协调开发商、设备供应方、设计方和施工及监理等方面，在绿色水电产业的发展过程中共同受益（刘恒等，2010；贾金生等，2011）。

绿色水电理念是协调水电开发与生态环境保护、移民安置等矛盾的新尝试。建立符合我国经济社会发展阶段的绿色水电评价指标体系，并进一步构建"绿色水电认证体系"，将有助于解决水电开发的环境和移民困扰，积极引导我国水电开发向全面、协调和可持续的方向发展（刘恒等，2011）。

8.6　环境影响评价中对水利水电工程生态系统管理

参照《环境影响评价技术导则—生态影响》（HJ 19—2011），生态影响的防护、恢复与补偿原则应包括如下内容：应按照避让、减缓、补偿和重建的次序提出生态影响防护与恢复的措施；所采取措施的效果应有利修复和增强区域生态功能。凡涉及不可替代、极具价值、极敏感、被破坏后很难恢复的敏感生态保护目标（如特殊生态敏感区、珍稀濒危物种）时，必须提出可靠的避让措施或生境替代方案。涉及采取措施后可恢复或修复的生态目标时，也应尽可能提出避让措施；否则，应制订恢复、修复和补偿措施。各项生态保护措施应按项目实施阶段分别提出，并提出实施时限和估算经费。

《关于加强自然保护区管理有关问题的通知》（环办〔2004〕101 号）指出：涉及自然保护区的建设项目，在进行环境影响评价时，应编写专门章节，就项目对保护区结构功能、保护对象及价值的影响作出预测，提出保护方案，根据影响大小由开发建设单位落实有关保护、恢复和补偿措施。

8.6.1　生态保护措施

参照《环境影响评价技术导则—生态影响》（HJ 19—2011），生态保护措施需要包括保护对象和目标，内容、规模及工艺，实施空间和时序，保障措施和预期效果分析，绘制生态保护措施平面布置示意图和典型措施设施工艺图。估算或概算环境保护投资。对可能具有重大、敏感生态影响的建设项目，区域、流域开发项目，应提出长期的生态监测计划、科技支撑方案，明确监测因子、方法、频次等。明确施工期和运营期管理原则与技术要求。可提出环境保护工程分标与招投标原则，施工期工程环境监理，环境保护阶段验收和总体验收、环境影响后评价等环保管理技术方案。

参照《环境影响评价技术导则—水利水电工程》（HJ/T 88—2003）6.2.5 生态保护措施，主要包括如下内容，该内容已经涵盖《农村水电站工程环境影响评价规程》（SL 315—2005）的要求：

①珍稀、濒危植物或其他有保护价值的植物受到不利影响，应提出工程防护、移栽、引种繁殖栽培、种质库保存和管理等措施。工程施工损坏植被，应提出植被恢复与绿化措施。

②珍稀、濒危陆生动物和有保护价值的陆生动物的栖息地受到破坏或生境条件改变，应提出预留迁徙通道或建立新栖息地等保护及管理措施。

③珍稀、濒危水生生物和有保护价值的水生生物的种群、数量、栖息地、洄游通道受到不利影响，应提出栖息地保护、过鱼设施、人工繁殖放流、设立保护区等保护与管理措施。

④工程建设造成水土流失，应采取工程、植物和管理措施，保护水土资源。工程水土保持方案的编制及防治措施技术的确定，应按《开发建设项目水土保持方案技术规范》（SL 204—98）的规定执行。对采取的水土保持措施应从生态保护角度分析其合理性。

⑤工程运行造成下游水资源特别是生态用水减少时，应提出减免和补偿措施。

⑥开展生态监测。针对生态保护措施中的难点提出研究项目规划。

陆生动物保护：对于淹没线以上陆生动物的保护，关键是保护现有的自然植被，保护其原有生境；对于生活在水库淹没线以下的陆生动物，在库区附近非淹没区选择相似的新栖息地，规划好迁移通道，在蓄水前实施迁移保护。陆生植物保护：依次选择就地保护、移植保护、异地重建等措施。水生动物和鱼类保护：建立自然保护区、设置过鱼设施、人工增殖放流、采用生态调度方式等。

8.6.2　生态系统监测与管理

对有重要生态影响的物种和可能具有较大生态风险的建设项目、区域、流域开发项目及规划，提出长期的生态监测计划，明确监测因子、方法、频次、经费来源、工作组织结构等，并开展阶段性的回顾评价。

应监测工程施工期和运行期有关环境要素及因子的动态变化，制订环境监测计划。应对工程有关突发性环境事件进行跟踪监测调查。

监测站、点布设应针对施工期和运行期受影响的主要环境要素及因子设置。监测站、点应具有代表性，并利用已有监测站、点。

监测站基建规模和仪器设备应根据所承担的监测和管理任务确定。

监测范围应与工程影响区域相适应。监测调查位置与频率应根据监测调查数据的代表性，生态环境质量，监测对象生活习性和特征要求确定。

监测方法与技术要求，必须符合国家现行的有关环境监测技术规范和环境监测标准分析方法。

生态系统管理与生物多样性保护应包括管理计划的编制，分阶段提出水域和陆域生态系统管理与具体的生物多样性保护措施的实施计划，进行生境质量分析与评价及生态保护科研和技术管理等；管理人员的编制，建议纳入项目的生态管理机构，并落实管理人员的职能。

生态系统管理与生物多样性保护的任务应包括：生物多样性保护保护政策、法规的执行；生物多样性保护管理计划的编制；生物多样性保护保护措施的实施管理；提出工程设计、工程环境监理、工程招投标的环境保护内容及要求；生态环境质量分析与评价以及生物多样性保护科研和技术管理等。

生态系统管理与生物多样性保护应列为工程管理的组成部分，并贯穿工程施工期与运行期。

生态系统管理与生物多样性保护的任务应包括：环境保护政策、法规的执行；环境管理计划的编制；环境保护措施的实施管理；提出工程设计、工程环境监理、工程招投标的环境保护内容及要求；环境质量分析与评价以及环境保护科研和技术管理等。环境管理体制及管理机构和人员设置应根据工程管理体制与环境管理任务确定。

现行标准中涉及水利工程环境的标准有《江河流域规划环境影响评价规范》《环境影响评价技术导则—水利水电工程》等。但是，上述标准多是对水利工程的环境影响评价行为进行规范和约束，缺乏水工程规划、设计、运行的生态保护标准。从现有的标准体系来看，存在如下问题：一是现有规划设计技术规范中，有关生态环境保护的指标很少，对于河流、流域尺度的生态影响考虑较少，工程规划设计中难以科学确定保护和修复的目标，措施设计缺乏依据；二是现有的生态环境保护行业标准较混乱，现行的有关河流生态需水量确定、水生生物保护等方面的技术规定对水资源属性和适度开发重要性考虑不周，许多内容脱离流域经济发展、水资源利用和工程规划建设的实际，造成水利工程建设管理工作与流域生态保护脱节的被动局面；三是水生态环境保护技术规范缺乏，在水利规划设计中，有关流域规划环境保护、环境影响评价、河流生态系统健康评价、生态与环境保护的水工程调度、流域生态修复与重建等方面的技术依据不足。

资金缺乏是目前水电资源开发中生物多样性保护的主要问题和障碍，无论在开展生物多样性保护科学研究还是落实具体保护措施方面都有资金缺乏的现象，有些大型水电工程水库淹没涉及或影响具有重大保护价值的物种，但其研究和保护经费都很少或者难以落实。其次是开发与保护的矛盾难以协调。实践表明，建立自然保护区是生物多样性保护的有效措施，但由于地方利益和国家利益的矛盾，往往难以落实。一些地区为了追求眼前的经济利益，不惜以牺牲生物多样性为代价。此外，尽管在过去的水电资源开发中对生物多样性保护做了大量工作，但大部分仍停留在规划阶段，少数已实施的保护措施缺乏对实施效果的跟踪研究，因此，难以对这些措施的实施效果作出评价。这些问题与法制不健全、保护意识不强、重视不够密切相关。

参考文献

[1] 包为民, 万新宇, 荆艳东. 多沙水库水沙联合调度模型研究 [J]. 水力发电学报, 2007(6): 101-105.

[2] 蔡其华. 充分考虑河流生态系统保护因素完善水库调度方式 [J]. 中国水利, 2006 (2): 14-17.

[3] 曹丽军, 刘昌明. 水电开发的生态补偿方法探讨 [J]. 水利水电技术, 2010, 7: 5-8.

[4] 曾旭, 陈芳清, 许文年, 等. 大型水利水电工程扰动区植被的生态恢复——以向家坝水电工程为例 [J]. 长江流域资源与环境, 2009, 11: 1074-1079.

[5] 陈凯麒, 吴佳鹏. 瑞士绿色水电认证对我国水电开发评估的启示 [J]. 电力环境保护, 2008, 24(6): 48-51.

[6] 陈启慧. 美国两条河流生态径流试验研究 [J]. 水利水电快报, 2005 (15): 23-24.

[7] 陈云华. 雅砻江锦屏大河湾水生生态环境保护研究 [J]. 水力发电, 2012, 10: 5-7, 56.

[8] 董哲仁. 河流生态恢复的目标 [J]. 江河治理, 2004a, 10: 6-10.

[9] 董哲仁.河流形态多样性与生物群落多样性 [J].水利学报,2003,11: 1-7.

[10] 董哲仁.生态水工学的理论框架 [J].水利学报,2003,1: 1-6.

[11] 董哲仁.试论生态水利工程的设计原则 [J].水利学报,2004b,10: 1-5.

[12] 董哲仁.筑坝河流的生态补偿 [J].中国工程科学,2006,8(1): 5-10.

[13] 董哲仁,孙东亚.生态水利工程原理与技术 [M].北京:中国水利水电出版社,2007.

[14] 董哲仁,孙东亚,赵进勇.水库多目标生态调度 [J].水利水电技术,2007,38(1): 28-32.

[15] 方崇,苏超,陆克芬,等.退役大坝拆除后对河流鱼类生长环境的影响 [J].安徽农业科学,2008,36(19):8120-8122.

[16] 方子云.中美水库水资源调度策略的研究和进展 [J].水利水电科技进展,2005,25 (1) : 1-51.

[17] 傅伯杰,吕一河,陈利顶,等.国际景观生态学研究进展 [J].生态学报,2008,28(2): 798-804.

[18] 郝彩莲,金鑫,严登华,等.基于分布式水文模型的水库生态调度方案修正研究——以双峰寺水库为例 [J].水利水电技术,2013,44(12): 88.

[19] 郝志斌,蒋晓辉,商崇菊,等.水利工程生态调度研究 [J].人民黄河,2008,30(12): 10-12.

[20] 胡和平,刘登峰,田富强,等.基于生态流量过程线的水库生态调度方法研究 [J].水科学进展,2008,19(3): 325-332.

[21] 环境保护部.关于深化落实水电开发生态环境保护措施的通知 [EB]. 2014.

[22] 贾金生,徐耀,郑璀莹.国外水电发展概况及对我国水电发展的启示（七）—瑞士大坝安全管理与绿色水电认证 [J].中国水能及电气化,2011,74(3): 8-12.

[23] 贾金生,袁玉兰,李铁洁.2003 年中国及世界大坝情况 [J].中国水利,2004,13: 25-32.

[24] 蒋杰,王承云,梁逢斌.从生态补偿的角度分析水库移民安置补偿机制 [J].人民长江,2007,12: 85-87.

[25] 李英南,赵晟,王忠泽.泸沽湖特有水生生物的保护初探 [J].云南环境科学,2000,2: 39-41.

[26] 林启才.美国拆坝现象的原因及其哲学思考 [J].黑龙江水专学报,2007,3(34): 5-7.

[27] 刘恒,董国锋,张润润.构建中国特色绿色水电评价和认证体系 [J].水电及农村电气化,2010,22: 46-50.

[28] 刘胜祥,薛联芳.水利水电工程生态环境影响评价技术研究 [M].北京:中国环境科学出版社,2006.

[29] 刘咏梅.浅谈我国退役水库拆除对生态环境影响研究 [J].中国水运,2011,1(11): 146-147.

[30] 刘媛媛.三峡坝区景观生态修复规划研究 [D].武汉:华中农业大学,2008: 57-58.

[31] 鲁春霞,刘铭,曹学章,唐笑飞.中国水利工程的生态效应与生态调度研究 [J].资源科学,2011,33(8): 1418-1421.

[32] 吕新华.大型水利工程的生态调度 [J].科技进步与对策,2006,7:129-131.

[33] 潘家铮.千秋功罪话水坝 [M].北京:清华大学出版社,2000: 10-48.

[34] 潘家铮.水电与中国 [A]// 联合国水电与可持续发展研讨会论文集,北京,2004.

[35] 彭辉,刘德富,田斌.国际大坝拆除现状分析 [J].中国农村水利水电,2009,5: 130-135.

[36] 申冠卿,姜乃迁,李勇,等.黄河下游河道输沙水量及计算方法研究 [J].水科学进展,2006,17

(3)：407-413.

[37] 申志新，简生龙．三江源区水生生物状况及保护对策 [J]. 青海农林科技，2012，3: 37-40.

[38] 史燕华．基于河流健康的水库调度方式研究 [D]. 南京：南京水利科学研究院，2008.

[39] 宋进喜，刘昌明，徐宗学，等．渭河下游河流输沙需水量计算 [J]. 地理学报，2005，60 (5)：717-724.

[40] 孙小利，赵云，于爱华．国外水电站生态流量的管理经验 [J]. 水利水电技术，2010，2: 13-16.

[41] 唐晓燕．美国和加拿大水利工程生态调度管理研究及对中国的借鉴 [J]. 生态与农村环境学报，2013，29 (3)：394-402.

[42] 汪恕诚．论大坝与生态 [J]. 水力发电，2004，30(4): 1-5.

[43] 王远坤，夏自强，王桂华．水库调度的新阶段——生态调度 [J]. 水文，2008，28(1): 7-10.

[44] 王正旭．美国水电站退役与大坝拆除 [J]. 水利水电科技进展，2002，22(6): 61-63.

[45] 夏峰，洪尚群，叶文虎．云南水电生态化的生态补偿 [J]. 人民长江，2005，2: 31-33，47.

[46] 夏军，赵长森，刘敏，等．淮河闸坝对河流生态影响评价研究——以蚌埠闸为例 [J]. 自然资源学报，2008 23(1): 48-60.

[47] 夏萍娟，陈芳清．大型水利水电工程扰动区景观生态恢复与建设的探讨 [J]. 长江流域资源与环境，2013，22(Z1): 103-107.

[48] 向衍，盛金保，杨孟等．水库大坝退役拆除及对生态环境影响研究 [J]. 岩土工程学报，2008，11: 1758-1764.

[49] 肖建红，陈绍金，于庆东，等．基于河流生态系统服务功能的皂市水利枢纽工程的生态补偿标准 [J]. 长江流域资源与环境，2012，5: 611-617.

[50] 肖建红，陈绍金，于庆东，等．基于生态足迹思想的皂市水利枢纽工程生态补偿标准研究 [J]. 生态学报，2011，22: 6696-6707.

[51] 谢金明，吴保生，刘孝盈．水库泥沙淤积管理综述 [J]. 泥沙研究，2013(3):71-80.

[52] 谢雪峰．美国生态工程之大坝拆除的经验与思考 [J]. 科协论坛，2008，4: 95-96.

[53] 徐乾清．水利发电开发应建立在江河综合规划基础上 [A]// 联合国水电与可持续发展研讨会论文集，北京，2004.

[54] 徐中民，张志强，程国栋．生态经济学—理论方法与应用 [M]. 济南：黄河出版社，2003.

[55] 许文年，熊诗源，夏振尧．水利水电工程扰动区景观生态廊道构建方法研究 [J]. 水利水电技术，2010，41(3): 17-20.

[56] 严军，胡春宏．黄河下游河道输沙水量的计算方法及应用 [J]. 泥沙研究，2004 (4)：25-32.

[57] 杨娜，梅亚东，许银山，等．基于下游河道水流情势天然性要求的水库优化调度 [J]. 水利发电学报，2012，31(5): 84-89.

[58] 禹雪中，杨至峰，廖文根．水利工程生态与环境调度初步研究 [J]. 水利水电技术，2005，36(11): 20-22.

[59] 张军，王华，董温荣，等，南水北调供水西部制水价模型探讨 [J]. 水利经济，2006，24 (3)：34-35.

[60] 张士杰，刘昌明，谭红武，等．水库低温水的生态影响及工程对策研究 [J]. 中国生态农业学报，

2011, 6: 1412-1416.

[61] 张士杰, 彭文启, 刘昌明. 高坝大库分层取水措施比选研究 [J]. 水利学报, 2012, 6: 653-658.

[62] 章守宇, 汪振华. 鱼类关键生境研究进展 [J]. 渔业现代化, 2011(5): 58-65.

[63] 赵承远, 王烈恩, 王海龙, 等. 澜沧江流域水电开发对鱼类栖息地保护研究与实践——以基独河鱼类栖息地保护为例 [A]// 水电 2013 大会——中国大坝协会 2013 学术年会暨第三届堆石坝国际研讨会论文集, 2013: 156-162.

[64] 赵伟东. 河流形态保护与恢复综评 [J]. 黑龙江水利科技, 2010, 38(3):218-219.

[65] 周建军, 林秉南, 张仁. 三峡水库减淤增容调度方式研究—多汛限水位调度方案[J]. 水利学报, 2002 (3): 11-19.

[66] 周小愿. 水利水电工程对水生生物多样性的影响与保护措施 [J]. 中国农村水利水电, 2009, 11: 144-146.

[67] 周祖光. 大隆水利枢纽工程生态补偿机制研究 [J]. 水利经济, 2008, 4: 65-68, 78.

[68] ASCE. River Restoration Subcommittee on Urban Stream Restoration, Urban stream Restoration[J]. Journal of Hydraulic Engineering ASCE, 2003:491-493.

[69] Bratrich C, Truffer B, Jorde K, et al. Green hydropower: a new assessment procedure for river management[J]. River Research and Applications, 2004, 20(7): 865-882.

[70] Brookes A, Shields J R. River Channel Restoration[M]. John Wiley & Sons, UK, 2001.

[71] Costanza R, d' Arge R, Rudolf de Groot, et al. The value of the world's ecosystem services and natural capital[J]. Nature, 1997, 387: 253-260.

[72] Harman C, Stewardson M. Optimizing dam release rules to meet environmental flow targets[J]. River Research and Applications, 2005, 21: 113-129.

[73] Hart D D, Poff N L. Dam removal and river restoration: special section[J]. BioScience, 2002, 52: 653-747.

[74] Higgins J M, Brock W G, Overview of reservoir release improvement at 20 TVA dams[J]. Journal of Energy Engineering, 1999, 125(1): 1-17.

[75] Low Impact HydroPower Institute. Low impact hydroPower certifieation Program: certification Package. 2004.

[76] Truffer B, Markard J, Bratrich C, et al. Green electricity from AL2 PINE hydropower plants[J]. Mountain Research and Development, 2001(21): 19-24.

[77] Vannote R L, et al, The river continuum concept[J]. Canadian Journal of Fisheries and Aquatic Sciences, 1980, 37: 130-137.